计 算 机 科 学 丛 书

原书第2版

嵌入式系统导论
CPS方法

[美] 爱德华·阿什福德·李（Edward Ashford Lee） 桑吉特·阿伦库马尔·塞希阿（Sanjit Arunkumar Seshia） 著
加州大学伯克利分校

张凯龙 译
西北工业大学

Introduction to Embedded Systems
A Cyber-Physical Systems Approach, Second Edition

机械工业出版社
China Machine Press

图书在版编目（CIP）数据

嵌入式系统导论：CPS方法（原书第2版）/（美）爱德华·阿什福德·李（Edward Ashford Lee），（美）桑吉特·阿伦库马尔·塞希阿（Sanjit Arunkumar Seshia）著；张凯龙译 . —北京：机械工业出版社，2018.8

（计算机科学丛书）

书名原文：Introduction to Embedded Systems: A Cyber-Physical Systems Approach, Second Edition

ISBN 978-7-111-60811-0

I. 嵌…　II. ① 爱…　② 桑…　③ 张…　III. 微型计算机 - 系统设计　IV. TP360.21

中国版本图书馆 CIP 数据核字（2018）第 201133 号

本书版权登记号：图字　01-2017-0151

本书从 CPS 的视角，围绕嵌入式系统的建模、设计和分析三方面，深入浅出地介绍了设计和实现 CPS 的整体过程及各个阶段的细节，重点是论述系统模型与系统实现的关系，以及软件和硬件与物理环境的相互作用。本书共四部分，其中第一部分着重分析了连续动态、离散动态与混合系统等模型以及状态机组合模型和并发计算模型等基础理论。第二部分聚焦于系统的设计，以理论化的方式阐述了传感器、执行器、处理器、存储器、输入与输出等硬件组件以及多任务和调度等核心软件机制。第三部分详细论述了 CPS 的分析与验证方法，还针对日益严重的物联网空间安全问题阐述了安全性与隐私性的内容。第四部分给出了有关集合与函数、复杂性与可计算性的两个附录。

本书适合研究型大学计算机、自动化、电子信息及电气工程等专业的高年级本科生、研究生学习，尤其适合作为高级嵌入式系统类课程的授课教材或参考教材。

出版发行：机械工业出版社（北京市西城区百万庄大街 22 号　邮政编码：100037）

责任编辑：余　洁		责任校对：李秋荣	
印　　刷：北京诚信伟业印刷有限公司		版　次：2018 年 9 月第 1 版第 1 次印刷	
开　　本：185mm×260mm　1/16		印　张：20.25	
书　　号：ISBN 978-7-111-60811-0		定　价：89.00 元	

凡购本书，如有缺页、倒页、脱页，由本社发行部调换

客服热线：(010) 88378991　88361066	投稿热线：(010) 88379604
购书热线：(010) 68326294　88379649　68995259	读者信箱：hzjsj@hzbook.com

版权所有·侵权必究

封底无防伪标均为盗版

本书法律顾问：北京大成律师事务所　韩光 / 邹晓东

文艺复兴以来，源远流长的科学精神和逐步形成的学术规范，使西方国家在自然科学的各个领域取得了垄断性的优势；也正是这样的优势，使美国在信息技术发展的六十多年间名家辈出、独领风骚。在商业化的进程中，美国的产业界与教育界越来越紧密地结合，计算机学科中的许多泰山北斗同时身处科研和教学的最前线，由此而产生的经典科学著作，不仅擘划了研究的范畴，还揭示了学术的源变，既遵循学术规范，又自有学者个性，其价值并不会因年月的流逝而减退。

近年，在全球信息化大潮的推动下，我国的计算机产业发展迅猛，对专业人才的需求日益迫切。这对计算机教育界和出版界都既是机遇，也是挑战；而专业教材的建设在教育战略上显得举足轻重。在我国信息技术发展时间较短的现状下，美国等发达国家在其计算机科学发展的几十年间积淀和发展的经典教材仍有许多值得借鉴之处。因此，引进一批国外优秀计算机教材将对我国计算机教育事业的发展起到积极的推动作用，也是与世界接轨、建设真正的世界一流大学的必由之路。

机械工业出版社华章公司较早意识到"出版要为教育服务"。自1998年开始，我们就将工作重点放在了遴选、移译国外优秀教材上。经过多年的不懈努力，我们与Pearson, McGraw-Hill, Elsevier, MIT, John Wiley & Sons, Cengage等世界著名出版公司建立了良好的合作关系，从他们现有的数百种教材中甄选出Andrew S. Tanenbaum, Bjarne Stroustrup, Brian W. Kernighan, Dennis Ritchie, Jim Gray, Afred V. Aho, John E. Hopcroft, Jeffrey D. Ullman, Abraham Silberschatz, William Stallings, Donald E. Knuth, John L. Hennessy, Larry L. Peterson等大师名家的一批经典作品，以"计算机科学丛书"为总称出版，供读者学习、研究及珍藏。大理石纹理的封面，也正体现了这套丛书的品位和格调。

"计算机科学丛书"的出版工作得到了国内外学者的鼎力相助，国内的专家不仅提供了中肯的选题指导，还不辞劳苦地担任了翻译和审校的工作；而原书的作者也相当关注其作品在中国的传播，有的还专门为其书的中译本作序。迄今，"计算机科学丛书"已经出版了近两百个品种，这些书籍在读者中树立了良好的口碑，并被许多高校采用为正式教材和参考书籍。其影印版"经典原版书库"作为姊妹篇也被越来越多实施双语教学的学校所采用。

权威的作者、经典的教材、一流的译者、严格的审校、精细的编辑，这些因素使我们的图书有了质量的保证。随着计算机科学与技术专业学科建设的不断完善和教材改革的逐渐深化，教育界对国外计算机教材的需求和应用都将步入一个新的阶段，我们的目标是尽善尽美，而反馈的意见正是我们达到这一终极目标的重要帮助。华章公司欢迎老师和读者对我们的工作提出建议或给予指正，我们的联系方法如下：

华章网站：www.hzbook.com

电子邮件：hzjsj@hzbook.com

联系电话：（010）88379604

联系地址：北京市西城区百万庄南街1号

邮政编码：100037

华章教育

华章科技图书出版中心

译者序

Introduction to Embedded Systems: A Cyber-Physical Systems Approach, 2E

接触本书原著是在 2017 年 11 月，时值我受西北工业大学国际著名高校访问计划资助对 UC Berkeley（加州大学伯克利分校）进行短期学术访问。众所周知，UC Berkeley 的计算机科学专业在国际上享有盛名，为全球的计算机专业人才培养以及技术发展做出了杰出贡献。为此，我希望借此机会从多个方面来展开学习和交流。一方面，我应邀与 UC Berkeley PATH（Partners for Advanced Transportation Technology）研究所、机械工程系（ME）、电气工程与计算机科学系（EECS）等机构的学者及其团队就无人车与智能交通领域的研究进行深入、充分的学术交流。同时，我也抓紧时间参与电气工程与计算机科学系的本科生、研究生课程，以体验和了解该专业的教学体系、相关课程的内容组织和教学方法等。鉴于我已从事嵌入式系统教学十余年，Edward Ashford Lee 教授所开设的"嵌入式系统导论"（Introduction of Embedded System，课程代码 EECS 149）课程也就成为要旁听的重点，并提前购买了本书原著（原著采用了新的出版方式，课程网站上提供了可下载的 PDF 文件，本书"前言"对此进行了简要说明）。藉由课程，与 Edward Ashford Lee 教授进行了交流，随后应教授的邀请在混合与嵌入式软件系统中心（CHESS）做了学术报告，并初步达成了将这本优秀著作翻译为中文的意向，是为本翻译工作的开端。

纵观全书，我们可以发现本书内容视角独特、内容新颖、方法独到，其立意于嵌入式系统技术发展的新阶段——信息物理融合系统（CPS），重点以与之相关的数学、模型、机制等计算机科学的理论和方法为主要内容，形成了一个强调理论性和原理性的知识体系。本书用"理论"的方式来深入阐述嵌入式系统这一实践性强的工科课程，体现出作者深厚的理论基础、广博的专业知识以及创新的专业思维。在自然科学范畴，归纳并建立正确的基础理论体系或者用这样的理论体系来指导实践，是跳出万变现象来彻底解决一系列科学、工程问题的根本。如爱因斯坦所言："数学之所以有高声誉，另一个理由就是数学使得自然科学实现定理化，给予自然科学某种程度的可靠性。"嵌入式系统基础理论体系的建立也是如此，其会让具体科学、工程问题的解决更为可靠，也常常可以免去嵌入式系统设计过程中由经验性、试验性工作所带来的种种困扰。当然，从理论的角度出发来学习嵌入式系统知识具有两大挑战：一是要有良好的理论基础，以保证对本书内容的深刻理解和掌握；二是要有良好的计算机工程基础，以实现抽象理论与具体设计方法的融会贯通。这对读者的学习基础及目标都提出了更高的要求。因此，本书适合计算机科学、计算机工程及相关电子类专业的高年级本科生和研究生学习。

我于 2017 年出版了《嵌入式系统体系、原理与设计》一书，该书偏重于计算机工程相关的原理与方法，与本书的内容体系完全不同。显然，本书的翻译工作对于我来说将是一个极为宝贵的专业学习机会，为此我坚持了" Working by Learning，Learning by Doing"的工作态度以及一人完成翻译的工作方式。翻译是二次创作的过程，科技著作的翻译更是如此——既要准确还原书中阐述的专业知识和观点，同时还要尽可能润色文字以符合中文读者的阅读习惯。在互联网时代，计算机搜索工具和翻译工具的出现为翻译工作提供了极大的便利。不可否认，基于大数据和深度学习的自然语言翻译技术已经取得了长足的进展，偶尔也会对某个句子给出令人赞叹之译。但翻译不仅是语言的事情，还涉及知识、领域、文化、习惯等多个方面，因此，这些工具目前仍只能作为辅助，距离完全替代人的工作还有很长的路要走。为了做到尽量准确，在翻译过程中我不断查阅资料，尽力拓展与内容相关的专业知识并不断学习翻译方法和规范。在这段夜以继日的日子里，我能够时时体会到深入学习和不断进步的成就感，这已经完全抵消了身体上的疲劳！正如高斯所言："给我最大快乐的，不是已懂得的知识，而是不断学习；不是已达到的高度，而是继续努力攀登。"这里，也引用著名作家路遥先生一段经典的文字与广大读者共勉："我的创作历程是艰苦地摸索前行的历程。几乎每走一步都要付出身心方面的巨大代价。我认识到，文学创作从幼稚趋向于成熟，没有什么便利的那些所谓技巧，而是用自我教育的方式强调自身对这种劳动持正确的态度，这不是'闹着玩'，而应该抱有庄严献身精神，下苦功夫……我要求自己，在任何时候都不丧失一个普通劳动者的感觉，要永远沉浸在生活的激流之中。所有这些我都仍将坚持到底。"

感谢在翻译工作期间给予我关心、支持和帮助的所有人！特别是原著的两位作者——UC Berkeley 电气工程与计算机科学系的 Edward Ashford Lee 教授和 Sanjit Arunkumar Seshia 教授，以及 UC Berkeley PATH 研究所的 Zhang Wei-Bin 研究员，正在 UC Berkeley 作访问教授的 MINES Paristech 机器人研究中心主任 Arnaud de La Fortelle 教授，西北工业大学计算机学院的张艳宁教授、王庆教授、尚学群教授、郭阳明教授、邓磊副教授、吴晓副教授，以及机械工业出版社华章公司的佘洁编辑、张梦玲编辑和姚蕾编辑！

感谢在书稿校对阶段付出辛勤努力、贡献智慧的课题组硕士研究生王雨佳、李孝武、谢策、李刘洋、费超、王敏、谢尘玉、巩政！他们聪颖好学、充满活力又富有团队合作精神，希望继续与他们共同学习并携手迎接新的挑战！

感谢我的家人，让我心中充满了爱和责任，也给予了我不断前行的力量！特别感谢我的太太李瑜女士，感谢她一如既往地信任和支持我，在这段漫长的日子里再一次打理了家庭大大小小的事务，让我能够静心、专心于本书的翻译工作！感谢嘉航和嘉芮两位小朋友，他们让生活时时充满童趣，愿爱陪伴他们成长！

这是我的第一本译作。虽自觉已尽力，但个人知识与能力有限，不妥之处在所难免，期待广大读者的宝贵意见和建议（我的邮箱：kl.zhang@nwpu.edu.cn）。

本书内容

　　计算机及软件最常见的用途是在人类消费及日常活动中进行信息处理，我们使用它们来撰写书籍（就像本书）、在互联网上查询信息、通过电子邮件进行通信，以及记录金融数据等。然而，生活中绝大多数的"计算机"并不可见。它们控制汽车的引擎、刹车、安全带、安全气囊以及音频系统；它们将你的声音进行数字编码，进而转换为无线电信号并从你的手机发送到基站；它们控制着微波炉、冰箱以及洗碗机；它们驱动从桌面喷墨打印机到工业大容量打印机等各式打印设备；它们控制工厂车间的机器人、电厂的发电机、化学工厂的生产过程以及城市的交通灯；它们在生物样本中检测细菌，构建人体内部的图像并评估生命体征；它们从太空的无线电信号中寻找超新星及地外智慧生物；它们给予玩具"生命"，使其可以与人进行触觉、听觉的交互；它们控制飞行器及火车，等等。这些"隐蔽"的计算机被称为**嵌入式系统**（Embedded System），其中所运行的软件则被称为**嵌入式软件**（Embedded Software）。

　　尽管嵌入式系统已广泛地存在和应用，但计算机科学在其相对较短的发展历程中仍以信息处理为核心。直到近些年，嵌入式系统才得到研究者越来越多的关注。同样，也是直到近些年，本领域的研究者和机构才日益意识到设计和分析这些系统需要不同的工程技术。尽管嵌入式系统自20世纪70年代就被应用，但这些系统更多时候是被简单地看作小型计算机系统，如何应对资源受限（处理能力、能源、存储空间受限等）是其核心工程问题。由此，设计优化就成为嵌入式系统的工程挑战。由于所有设计都会从优化过程中受益，因此，嵌入式系统学科也就与计算机科学的其他学科没什么区别，只是要求我们更加积极地应用这些共性优化技术。

　　近来，研究者已经认识到嵌入式系统的主要挑战源自于其与物理进程的交互，而并非资源的限制。美国国家科学基金会（NSF）的项目主管 Helen Gill 率先提出了"信息物理融合系统"（Cyber-Physical System，CPS）[⊖]这一概念，以强调计算进程与物理进程的集成。在信息物理融合系统中，嵌入式计算机与网络对物理进程进行监测和控制，且物理进程与计算之间存在着相互影响的反馈环路。为此，该类系统的设计就需要充分理解计算机、软件、网络以及物理进程之间相互关联的动态特性。研究关联的动态特性就使得嵌入式系统有别于其他学科。

　　在研究 CPS 的过程中，所谓的通用计算很少涉及的一些关键问题就开始浮现出来。例如，通用软件中，任务执行时间是一个性能指标，而不是正确性指标。过长的任务执行时间并不会引入错误，仅会导致不太方便，也因此价值较低。但对于 CPS 而言，任务执行时间可能对整个系统的功能正确性非常关键。这是因为，相对于信息世界，物理世界中的时间流逝是无法挽回的。

　　⊖　也译为信息物理系统、赛博物理系统。——译者注

而且，CPS 中很多事件都是同时发生的。物理进程通常由这样一组同时发生的事件所构成，这明显有别于顺序化的软件执行过程。Abelson 等（1996）将计算机科学描述为"程序化认识论"，认为这是关于程序的知识。相比较而言，物理世界中的进程很少是顺序化的，而是由诸多并行进程所构成。那么，通过设计影响这些进程的一组动作来评估和控制其动态特性就成为嵌入式系统设计的首要任务。所以，并发性才是 CPS 的本质，在设计和分析嵌入式软件中存在的诸多技术挑战也都源自于桥接和弥合固有顺序化语义与并发性物理世界的需要。

写作动机

软件与物理世界交互的机制正在发生着快速变化。今天，整个趋势正朝着"智能化"传感器和执行器（或作动器）的方向发展，这些组件搭载了微处理器、网络接口以及可以远程访问传感器数据并激活执行器的软件。无论现在是被称作物联网（IoT）、工业 4.0、工业互联网、机器通信（M2M），还是万物互联、智慧地球、万亿传感器（Trillion Sensor）世界、雾计算（Fog，类似于云计算，但更近于地面）等，其发展前景实际上都是深度连接信息世界与物理世界的技术。在物联网领域中，这些"世界"之间的接口都是从信息技术特别是网络技术中获取灵感并演化而来。

物联网接口是非常方便的，但仍然不适合这两个不同世界之间的紧密交互，对于实时控制及安全攸关系统尤其如此。紧密交互仍然要求综合且复杂的底层设计技术。嵌入式软件设计人员被迫投入更多精力来关注中断控制器、内存架构、汇编级编程（以利用特定指令或者精确地控制时序）、设备驱动设计、网络接口以及调度策略等问题，而不是聚焦于具体想要实现的行为。

这些技术（无论顶层还是底层）的庞大体系及复杂度促使我们开设如何掌握这些技术的导论性课程。但是，一门更好的导论课程应该关注如何对软件、网络及物理进程的关联动态特性进行建模和设计，且该类课程仅介绍现今（而不是早期）达成这一目标的技术。本书就是我们针对该类课程所撰写的。

关于嵌入式系统的技术资料大部分都关注使计算机与物理系统实现交互的技术集合（Barr and Massa, 2006; Berger, 2002; Burns and Wellings, 2001; Kamal, 2008; Noergaard, 2005; Parab et al., 2007; Simon, 2006; Valvano, 2007; Wolf, 2000）。其他一些则关注采用计算机科学技术（如编程语言、操作系统、网络等）来处理嵌入式系统技术问题（Buttazzo, 2005a; Edwards, 2000; Pottie and Kaiser, 2005）。虽然目前这些实现技术对于设计和实现嵌入式系统是必要的，但是它们并未构成学科的知识核心。相反，其知识核心应该主要定位于可以结合计算与物理动态特性的模型和抽象。

一些书籍已经致力于从这一方面进行讨论。如《Modeling Embedded Systems and SoCs: Concurrency and Time in Models of Computation》（Jantsch，2003）关注计算的并发模型；《Embedded System Design：Embedded Systems Foundations of Cyber-Physical Systems》（Marwedel，2011）重点阐述软硬件行为的模型；《Embedded Multiprocessors: Scheduling and Synchronization》（Sriram and Bhattacharyya, 2009）侧重于信号处理行为的数据流模型，以及将其映射到可编程 DSP 的方法；《Principles of Cyber-Physical Systems》（Alur，2015）则聚焦于信息物理融合系统的形式化建模、规格以及验证。以上这些都堪称非常优秀的教材，深入地涵盖了某个特定的主题。并发模型（如数据流）以及软件的抽象模型（如状态图）

提供了一个比命令式编程语言（如 C 语言）、中断与线程以及设计者必须考虑的架构细节（如 Cache）等更好的起点。然而，这些书籍并没有提供一门导论课程所要求的全部内容。其要么过于专业，要么过于高深，或者是兼而有之。在"关注系统实现时所涉及模型及其关系"的指导思想下，本书主要提供了一系列导论性内容。

本书的主题是关于系统实现模型及其关系的。我们所研究的模型主要涉及动态性，即时域中的系统状态演化。我们不讨论表示系统结构静态信息的结构模型，虽然这些模型对于嵌入式系统设计亦非常重要。

基于模型开展研究具有非常突出的优势。模型可以具有形式化的属性，因此，我们可以给出关于模型的断定性描述。例如，我们可以断言一个模型是确定性的，这意味着对于相同的输入会有相同的输出。任何系统的物理实现都不可能有这样绝对的断定。如果我们的模型是对物理系统的良好抽象（这里的"良好抽象"是指其仅仅忽略了无关紧要的方面），那么，关于模型的明确断定将使我们对系统的物理实现足够信任。而这些信任将是极其有价值的，尤其对那些出现故障时会威胁人类安全的嵌入式系统更是如此。研究系统模型可以让我们了解这些系统在物理世界中的行为。

我们关注软硬件与其运行时所处物理环境的相互影响，这就要求对软件及网络的时间动态性进行显式建模，以及明确描述应用程序固有的并发特性。实现技术还未赶上这一理想目标的事实不应成为我们教授错误工程方法的理由。我们应该按照建模与设计方法所需要的内容来进行阐述，并且通过重点阐述相关原理来充实这些内容。因此，当今的嵌入式系统技术不应像以上所引用的大多数文献中那样被理所当然地呈现为事实和技巧的集合，反而应该是作为迈向良好设计实践的基石。那么，问题的焦点应该是良好的设计实践是什么，以及当今技术对此存在哪些阻碍和促进。

Stankovic 等人（2005）支持"现有面向 RTES（实时嵌入式系统）设计的技术并不能有效地支撑可靠、健壮的嵌入式系统的开发"这一观点。同时，他们提出了"提升编程抽象级别"的需要。而我们认为，提升抽象级别仍然是不够的，必须对所用的抽象进行根本性改变。例如，软件的时间特性在较低层抽象中完全缺失时，就不可能将其引入更高层的软件抽象之中。

我们需要具有可重复时间动态性的健壮、可预测的设计（Lee，2009a），这就必须要构建可以恰当反映信息物理融合系统实际特性的抽象。其结果是，CPS 的设计将会变得更加复杂，涉及更多的自适应控制逻辑、时域中的演化性和更高的安全性与可靠性等，所有这些都不会受到当今设计的脆弱性的影响——小的变化将会产生巨大的影响。

除了处理时间动态性之外，CPS 设计总是面临着并发问题的挑战。由于软件深深植根于顺序化抽象，诸如中断与多任务、信号量与互斥等并发机制就显得尤为重要。为此，我们在本书中致力于对线程、消息传递、死锁避免、竞态条件以及数据确定性进行重点讨论和理解。

本版说明

这是本书的第 2 版。除了修订一些错误、改进论述及措辞之外，本版增加了两个新的章节。第 7 章介绍了传感器与执行器，其重点是建模。第 17 章则阐述了嵌入式系统安全与隐私的基础知识。

缺失的内容

即使补充了新的内容，本版的内容体系仍然是不够完整的。事实上，在 CPS 的背景下完全覆盖嵌入式系统的内容体系也是不可能的。加州大学伯克利分校的本科生嵌入式系统课程（课程网址：http://LeeSeshia.org）中所涉及的以及希望在本书后续版本中所涵盖的具体主题包括网络、容错、仿真技术、控制理论以及软硬件协同设计等。

如何使用本书

本书内容分为建模、设计与分析三个主要部分，如图 1 所示。这三个部分的内容相对独立，主要是为了便于同时阅读。读者可以用八个阶段来完成本书的系统阅读，如图 1 中的虚线所示。大多数阶段都包括两个章节，如果两周完成一个阶段的话，那么就可以在 15 周的学期内完成本书内容的学习。

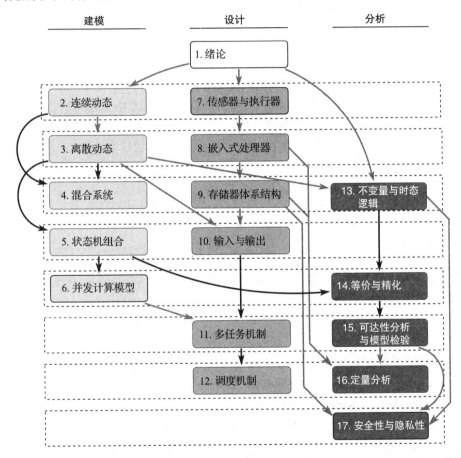

图 1　本书各章节间的强弱依赖关系：黑色箭头线表示章节之间有强依赖关系，灰色箭头线表示弱依赖。当第 i 章与第 j 章之间是弱依赖关系时，学习第 j 章时几乎不需要阅读第 i 章的内容，或者可跳过一些实例或特定的分析技术

附录中提供了在其他教材中述及的、对阅读本书相当有益的基础知识。附录 A 回顾了集合与函数的符号。在嵌入式系统学习中，符号化方法提供了比常见方法更高的精确度。附

录 B 回顾了可计算性与复杂性理论的基本结论，这有益于深入理解系统建模与分析中所存在的诸多挑战。需要说明的是，附录 B 依赖于第 3 章中所述状态机的形式化方法，因此，这一部分的阅读要以第 3 章为基础。

鉴于近来的技术进步正在根本性地改变着出版业，本书的发行也采用了非传统的方式。免费的 PDF 形式专为在平板电脑上阅读而设计，读者可在网站 http://LeeSeshia.org 下载该 PDF 文件。其布局采用了优化设计，适合于中等大小的屏幕，尤其是笔记本电脑以及 iPad 等平板电脑。而且，超链接及色彩的广泛使用将大大提升在线阅读的体验。

我们试图使本书适应于电子书格式，理论上适合在各种大小的屏幕上阅读，以充分利用各种常用屏幕的优势。然而，正如 HTML 文档一样，电子书的格式采用了重排（reflow）技术，在加载过程中要重新计算页面布局。重排结果高度依赖于屏幕大小，而且在很多屏幕上显示得并不理想。因此，我们选择了对布局进行控制，且不推荐在智能手机上进行阅读。

尽管电子阅读非常方便，但我们仍然认为纸质载体是有其实际价值的，读者可以随手翻阅，也可以将其显眼地放在书架上。

读者对象

本书主要适合高年级本科生、低年级研究生进行学习，也适合希望理解嵌入式系统工程原理的从业工程师以及计算机科学家。我们假定读者已经拥有诸如计算机结构（例如，应该知道 ALU 是什么）、计算机编程（本书采用 C 语言）、基本的离散数学和算法等基础知识，并且对信号与系统有最基本的了解（例如，采样时间连续信号意味着什么）。

错误反馈

如果你发现本书中存在错误或印刷错误，或者对本书有任何改进建议或其他意见，请发电子邮件至如下地址：

authors@leeseshia.org

无论是电子版还是纸质版，都请提供本书的版本信息以及相应的页码。谢谢！

致谢

衷心感谢以下人员对此书做出的贡献以及提出的宝贵建议：Murat Arcak、Dai Bui、Janette Cardoso、Gage Eads、Stephen Edwards、Suhaib Fahmy、Shanna Shaye Forbes、Daniel Holcomb、Jeff C. Jensen、Garvit Juniwal、Hokeun Kim、Jonathan Kotker、Wenchao Li、Isaac Liu、Slobodan Matic、Mayeul Marcadella、Le Ngoc Minh、Christian Motika、Chris Myers、Steve Neuendorffer、David Olsen、Minxue Pan、Hiren Patel、Jan Reineke、Rhonda Righter、Alberto Sangiovanni-Vincentelli、Chris Shaver、Shih-Kai Su（亚利桑那州立大学 CSE 522 课程的学生，该课程由 Georgios E. Fainekos 博士讲授）、Stavros Tripakis、Pravin Varaiya、Reinhard von Hanxleden、Armin Wasicek、Kevin Weekly、Maarten Wiggers、Qi Zhu，以及过去几年 UC Berkeley 电气工程与计算机科学 149 课程⊖中的所有学生，特别是 Ned Bass 和 Dan Lynch！特别感谢 Elaine Cheong 博士，她仔细地阅读了本书的大部分章

⊖ EECS 149 课程：嵌入式系统导论。——译者注

节，并给出了许多有益的建议！感谢本书首次出版以来帮助我们修改错误、改进内容的所有读者！特别感谢我们的家人，特别是 Edward 的家人 Helen、Katalina 和 Rhonda，以及 Sanjit 的家人 Amma、Appa、Ashwin、Bharathi、Shriya 和 Viraj，感谢他们的耐心和支持！

延伸阅读

近年来已经出现了很多嵌入式系统相关书籍。这些书籍以令人惊讶的多元化方式来处理相关主题，且通常是论述已经转入嵌入式系统的、更为成熟的学科观点，如 VLSI 设计、控制系统、信号处理、机器人学、实时系统或者软件工程。其中一些是对本书内容的有益补充。在此，我们将这些书籍强烈推荐给希望拓展理解本主题相关内容的读者。

《Computer Architecture: A Quantitative Approach》（Patterson and Hennessy，1996）一书虽然没有聚焦于嵌入式处理器，但该书是计算机体系结构的标准参考书目，也是任何对嵌入式处理器体系结构感兴趣的读者的必读书目。《Embedded Multiprocessors: Scheduling and Synchronization》（Sriram and Bhattacharyya，2009）侧重于信号处理应用，如无线通信、数字媒体，并对数据流编程方法给予了特别全面的覆盖。《Computers as Components: Principles of Embedded Computer Systems Design》（Wolf，2000）对硬件设计技术、微处理器体系结构及其对嵌入式软件设计的意义进行了阐述。《Functional Verification of Programmable Embedded Processors：A Top-down Approach》（Mishra and Dutt，2005）基于体系结构描述语言（ADL）对嵌入式体系结构进行了介绍。《DSP Software Development Techniques for Embedded and Real-Time Systems》（Oshana，2006）专门对德州仪器（TI）的 DSP 处理器进行了介绍，并概述了体系结构方法和汇编级编程。

从软件角度，《Hard Real-Time Computing Systems: Predictable Scheduling Algorithms and Applications》（Buttazzo，2005a）对实时软件的调度方法进行了精彩论述。Liu（2000）提出了一种用于处理偶发实时事件的软件技术。《Languages for Digital Embedded Systems》（Edwards，2000）一书非常好地阐述了一些嵌入式系统设计中所使用的面向领域的高级编程语言。《Principles of Embedded Networked Systems Design》（Pottie and Kaiser，2005）对嵌入式系统中的网络化技术特别是无线网络进行了很好的阐述。《Better Embedded System Software》（Koopman，2010）一书论述了嵌入式软件的设计过程，包括需求管理、项目管理、测试计划以及安全计划等。《Principles of Cyber-Physical Systems》（Alur，2015）就信息物理融合系统的形式化建模与验证提供了非常好的、有深度的处理方法。

如前所述，并没有任何一本书可以综合、全面地覆盖嵌入式系统工程师可用的所有技术。读者可以在很多关注当今设计技术的书籍中找到相应的有用信息（Barr and Massa, 2006; Berger, 2002; Burns and Wellings, 2001; Gajski et al., 2009; Kamal, 2008; Noergaard, 2005; Parab et al., 2007; Simon, 2006; Schaumont, 2010; Vahid and Givargis, 2010）。

教师注意事项

在伯克利，我们以本书作为高年级本科生课程"嵌入式系统导论"的教材。通过以下网址可以获取本书的讲义及实验材料：

http://LeeSehia.org

另外，教学机构中具有资格⊖的教师可以通过以下网址获得解答手册以及其他教学资料：

http://chess.eecs.berkeley.edu/instructors/

或者，也可通过电子邮件联系作者，邮件地址：authors@leeseshia.org。

⊖ 所谓资格，是指已经申请并获得了 CHESS 网站教师工作组的账号；CHESS 是加州大学伯克利分校混合与嵌入式软件系统中心（Center of Hybrid and Embedded Software Systems）的缩写。——译者注

绪　　论

　　信息物理融合系统（CPS）是对计算进程与物理进程进行集成所形成的综合系统，其行为由系统的信息部分及物理部分共同定义。嵌入式计算机与网络监测并控制物理进程，且通常情况下这些物理进程与计算进程在反馈环路中相互影响。CPS 主要是关于物理和信息的交叉，而并非简单的合成，这是对认知的挑战。因此，独立地理解物理组件和计算组件远远不够，我们必须深入地理解它们之间的交互特性。

　　在本章，我们将基于一些 CPS 应用实例来归纳该类系统的工程原理以及它们的设计过程。

1.1　应用

　　可以说，CPS 应用具有超越 20 世纪信息技术革命的潜能。我们可以先来分析如下几个示例。

　　示例 1.1　心脏手术时通常要求先让心脏停止跳动以进行手术，然后再恢复心脏的跳动。此类手术通常都是非常危险的，而且对身体有副作用。一些研究团队已经着手研究新的方案，以使得医生可以在心脏正常跳动时执行手术。这里有两个关键的想法可以使其成为可能。首先是采用机器人控制的手术工具，以使得工具可以在心脏跳动中进行移动操作（Kremen，2008）。由此，外科医生就可以在心脏正常跳动时对心脏上的某个点施加一定的压力。其次，立体视频系统可以为外科医生呈现静止的心脏影像（Rice，2008）。对于医生而言，心脏似乎已经停止，但实际上心脏仍在跳动。那么，要实现这样的外科手术系统，就必须对心脏、工具及其计算系统的软硬件进行全面建模。这要求对软件进行精密的设计，以保证精确的定时以及故障处理所需的安全回退操作。同时，这也要求对模型与设计进行详细分析以保证具有高可信度。

　　示例 1.2　再来看看交通灯与车辆协同以保证高效交通流的城市情景。想象一下，除非在不同方向上有多辆车同时通过路口，否则红灯时并不必停车的场景。实现该系统的一种方法是采用昂贵的道路设施来检测道路上的车辆，而另一种可能更好的方法则是让车辆进行自主协作。车辆感知位置信息，并互相通信来协同使用诸如交叉路口等共享道路资源。当然，保证该类系统的可靠性是其可被应用的必要条件，因为故障通常会是灾难性的。

　　示例 1.3　设想一架不会坠落的飞机。虽然杜绝引起飞机坠毁的所有问题是不可能的，但是，好的飞行控制系统（简称飞控系统）设计可以防止某些问题的发生。这些系统正是非常好的信息物理融合系统示例。

　　在传统飞行中，飞行员通过座舱中的控制系统和飞机机翼、尾翼间的机械与联动机构来控制飞机。在采用**电传操纵**（fly-by-wire）的飞机中，飞行计算机解算飞行员的指令，并通过网络将这些指令发送给机翼与尾翼的执行器。采用电传操纵的飞机较传统飞机更轻，因此能效也更高，而且这些飞机也被证明有更高的可靠性。事实上，几乎所有新式飞机的设计中都采用了电传操纵系统。

在电传操纵飞机系统中，由于计算机会解析并传输飞行员的指令，因此，计算机也可以修改这些指令。诸多现代飞控系统可以在特定环境下修改飞行员指令。例如，空客的商用飞机使用了**飞行包线保护**（flight envelope protection）技术来防止飞机超出其安全操作的范围。其应用之一就是防止因飞行员操作失误所导致的飞行失速问题。

飞行包线保护的概念可以被进一步扩展，以帮助防止其他可能导致飞机失事的问题出现。例如，如果实现了 Lee（2001）所提出的**软墙**（soft wall）系统，该系统将能跟踪飞机所在的位置，进而防止飞机飞入诸如群山、建筑群等障碍物中。在 Lee 提出的方案中，当飞机接近障碍物的边界时，其飞控系统将会创建一个虚拟推力，而飞行员的感觉就好像是飞机撞到了一堵"软墙"，从而迫使飞机离开。当然，要设计和实现这样的一个系统还面临着诸多的技术与非技术挑战。Lee（2003）在其技术备忘录中对相关问题进行了讨论。

尽管前一示例所提及的"软墙"系统设想属于绝对的未来派，但在汽车安全方面已经得到一些基本应用，或者已经处于研究与开发的高级阶段。例如，目前许多汽车都可以检测到因疏忽所导致的车道偏离，并警告驾驶员。我们再来看看自动纠正驾驶员行为这一更具挑战性的问题。显然，这比只是警告驾驶员要困难得多。尤其是，我们如何才能保证控制系统仅在需要的时候才会做出响应并接管系统，并刚好在所需要的范围内进行干预呢？

我们还可以非常容易地想到很多其他应用示例，如老年人辅助系统、允许外科医生进行远程操作的远程手术系统、通过协作使得电网上电力平稳的家电设备等。另外，我们也很容易想到使用 CPS 来改进很多已有的系统，如机器人制造系统、发电配电系统、化工厂的过程控制、分布式计算机游戏、产品运输系统，以及建筑物的供暖/制冷与照明系统、电梯等运送装置、可检测自身"健康状况"的桥梁等。这种改进对于安全、能耗以及社会经济均产生了巨大的潜在影响。

上述很多示例都将采用如图 1-1 所示结构，其由三个主要部分组成。首先，**物理装置**是信息物理融合系统的"物理"实体部分。这是系统中无法使用计算机或数字网络进行实现的部分，可包括机械组件、生物或化学过程以及操作人员。其次是一个或多个计算**平台**，其由传感器、执行器、一个或多个计算机以及一个或多个操作系统（可能的话）所组成。第三是提供计算机间通信机制的**网络结构**。计算平台和网络结构共同构成了信息物理融合系统的"信息"部分。

图 1-1 给出了两个网络化平台，其拥有各自的传感器或执行器。执行器的动作执行会通过物理装置影响传感器所提供的数据。图中平台 2 通过执行器 1 控制物理装置，同时通过传感器 2 来测量物理装置的过程状态。标识为计算部件 2 的方块中实现了一个**控制律**，即依据传感器数据来决定向执行器发送什么指令。这个环路被称为**反馈控制**环路。平台 1 通过传感器 1 进行附加测量，并通过网络结构向平台 2 发送消息。计算部件 3 实现了一个辅助的控制律，与计算部件 2 的控制律合并，并且可能抢先于计算部件 2。

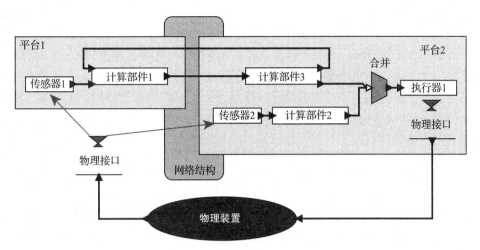

图 1-1 信息物理融合系统结构示例

示例 1.4 再以用于按需印刷服务的高速印刷机为例。该设备在结构上可能与图 1-1 相似，但集成了更多的平台、传感器和执行器。执行器控制将纸张送入印刷机的电机以及在纸上进行油印的电机。依据纸张类型、温度和湿度，控制律中可以包括补偿纸面拉伸的策略。图 1-1 所示的网络化结构可以用来实现快速关机，以防止卡纸时对设备造成损坏。这种快速关机需要在整个系统中进行紧密协调，以防止出现灾难性后果。在高端仪器设备系统以及能源生产与配给等应用中也存在类似情形（Eidson et al., 2009）。

关于术语 CPS

"Cyber-Physical System"（信息物理融合系统，CPS）一词出现于 2006 年，由美国国家科学基金会（NSF）的 Helen Gill 率先提出。我们可能会尝试将 CPS 与"cyberspace" ⊖ 相互关联起来，但实际上 CPS 一词的根源更为深远。更为确切地，通常认为 cyberspace 与 CPS 这两个术语源于同一个根，即 cybernetics（控制论），而并非将其中一个看作由另一个衍生而来。

"cybernetics"一词由对控制系统理论发展有巨大影响的美国数学家 Norbert Wiener 所提出（Wiener, 1948）。第二次世界大战期间，Wiener 提出了高射炮自动瞄准与射击技术。尽管他所运用的机制中并不包括数字计算机，但其所运用的原理类似于当今各种计算机反馈控制系统中所使用的机制。Wiener 从表示舵手、管理者、飞行员或方向舵的古希腊语 κυβερνητης（kybernetes）中引出了这个术语，隐喻其适用于控制系统。Wiener 将他对控制论的观点描述为控制与通信的结合。他的控制概念深深植根于闭环反馈理念之中，其中对物理进程的测量驱动控制逻辑，后者反过来又驱动物理进程。尽管 Wiener 并没有使用数字计算机，但控制逻辑实际上就是一种计算，因此，控制论也就是物理进程、计算及通信的融合。Wiener 未能预料到数字化计算及网络的强大作用。因此，"Cyber-Physical Systems"这一术语被含糊地解释为网络空间与物理进程的融合，这有助于强调 CPS 将会拥有的巨大影响力。CPS 所"撬动"的信息技术将远远超过 Wiener 所处时代最疯狂的梦想。

⊖ 即网络空间，也可音译为"赛博空间"。——译者注

当今有很多与 CPS 相关的流行词，如物联网（IoT）、工业 4.0、工业互联网、机器通信（M2M）、万物互联、万亿传感器以及雾计算等。所有这些都反映了一个技术观点，即我们的物理世界与信息世界深度互联。我们认为，CPS 这一术语比上述这些名词都要更为基础和持久，因为其并不直接涉及实现方法（如 IoT 中的"互联网"）以及特定的应用（如工业 4.0 中的"工业"），反而是把重点放在连接信息世界与物理世界这一工程传统的基础知识问题上。

1.2　启发式示例

本节我们将描述一个信息物理融合系统的启发式示例，目标是用这个例子来说明本书所涵盖主题广度的重要性。该具体应用是 Claire Tomlin 及其同事在斯坦福大学与伯克利大学间的合作项目支持下，面向多智能体控制所开发的自主多旋翼飞行器测试床（STARMAC）（Hoffmann et al., 2004）。STARMAC 是一个小型的**四旋翼**飞行器[⊖]，如图 1-2 所示。该系统的主要目的是用作多飞行器自主控制技术的试验台，其目标是让多个飞行器进行任务协作。

图 1-2　飞行中的 STARMAC 四旋翼飞行器（已获转载许可）

然而，要使得这样一个系统能够正常工作还存在诸多挑战。首先，飞行器的控制并不那么容易。飞行器的主要执行器是四个旋翼，其可以产生可变的下推力。通过平衡这些旋翼的推力，飞行器就可以执行起飞、着陆甚至在空中翻转的动作。那么，如何来确定这些推力呢？这就需要复杂的控制算法。

其次，飞行器的重量也是一个需要重点关注的因素。飞行器重量越大，其所携带的供电系统就越重，从而又导致飞行器重量增加。飞行器重量越大，飞行时需要的推力也越大，这意味着需要使用更大的、更高功率的电机和旋翼。当飞行器的重量足够大时，旋翼会变得非常危险，这是设计中必须要解决的一个重要瓶颈。另外，即使是相对较轻的飞行器，安全性也是一个相当重要的问题，系统的设计必须能够应对故障情况。

再次，飞行器需要在与环境交互的场景中运行。例如，它可能由一个通过遥控操作的监

　⊖　也称四轴飞行器。——译者注

视人员持续控制。它也可能自主运行，如自主起飞、执行任务、返回和着陆。由于没有监视人员的参与，自主操作就变得极为复杂和极具挑战性。自主操作需要更为精密的传感器。飞行器需要持续跟踪自己的位置（需要进行**定位**），感知障碍物，还要知道地面的位置。在良好的设计中，这些飞行器甚至可以自主降落在晃动的船只甲板上。飞行器同样还要持续监测其自身健康状况，发现故障并对其进行处理，以减小损失。

不难想象，诸多其他应用也拥有与四旋翼飞行器相似的问题特性。四旋翼飞行器降落到晃动的甲板上这一问题与在跳动的心脏上做手术具有一定的相似性（参见示例1.1），它们都要求对动态环境（船只、心脏）进行详细建模，并且要深刻地理解嵌入式系统（四旋翼飞行器、机器人）与环境间的动态交互机制。

本章后续内容将对本书的三个主要部分进行介绍，采用四旋翼飞行器的例子来说明这些不同部分是如何支持该类系统的设计的。

1.3 设计过程

本书的目标是阐明如何设计、实现信息物理融合系统。图1-3给出了设计过程的三个主要部分，即**建模**、**设计**与**分析**。其中，建模是通过模拟来加深对系统的理解的过程。模型模拟了系统并反映出系统的特性。模型指明了系统能**做什么**⊖。在前一节的示例中，设计即飞行器的结构化创建，指定系统**如何**执行其功能。分析是通过剖析来深入理解系统的过程，指定了系统**为什么**这样运行（或为什么未能依照模型的设计运行）。

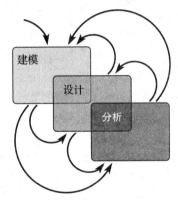

图1-3 创建嵌入式系统需要一个建模、设计和分析的迭代过程

如图1-3所示，该过程的三个部分是有所重叠的，其中，设计过程在这三个部分中不断迭代。通常情况下，该过程从建模开始，其目标是理解问题并设计解决策略。

示例 1.5 对于1.2节所述的四旋翼飞行器问题，我们可以从构造模型开始，这些模型将用户的垂直或横向飞行命令转换为四个电机的推力输出命令。由模型可知，当四个旋翼上的推力不同时飞行器将倾斜或横向飞行。

该模型可以采用诸如第2章中所述的技术（连续动态），构建一组微分方程来描述飞行器的动力学特性。之后，可以采用类似于第3章中的技术（离散动态）来构建对起飞、着陆、悬停、侧飞等模式进行模型刻画的状态机。接下来，基于第4章（混合系统）中的技术将两

⊖ 即功能。——译者注

种模型进行混合，创建系统的混合模型来研究操作模式的转换过程。进而，第 5 章（状态机组合）与第 6 章（并发计算模型）中的技术将为多飞行器模型、飞行器与其所处环境的交互模型、飞行器内部组件之间的交互模型等提供相应的组合机制。

这一过程可能会很快地进展到设计阶段。在这一阶段，我们开始选择组件（电机、电池、传感器、微处理器、存储系统、操作系统及无线网络等）并将其组合在一起。最初的系统原型可能会揭示模型设计中的缺陷，从而导致重新回到建模阶段并对模型进行修正。

示例 1.6　第一代 STARMAC 四旋翼飞行器的硬件架构如图 1-4 所示。图的左下角是一组用于飞行器定位与周围障碍物探测的传感器。中间的三个方框给出了三个不同的微处理器。其中，Robostix 是一个无操作系统的 8 位 Atmel AVR 微控制器，用以执行保障飞行的底层控制算法。其他两个处理器上部署了操作系统，以执行更高级的任务。这两个处理器都提供了飞行器及地面控制器协作使用的无线通信链路。

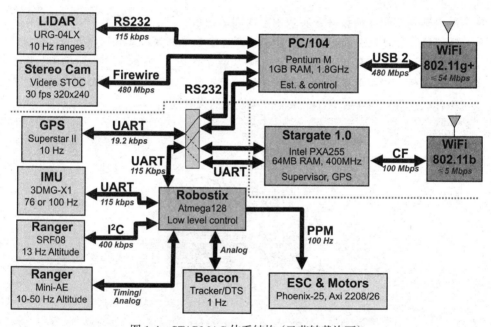

图 1-4　STARMAC 体系结构（已获转载许可）

第 7 章讨论传感器与执行器，包括图 1-4 中所示的惯性测量单元（Inertial Measurement Unit，IMU）和测距仪（Ranger）。第 8 章（嵌入式处理器）阐述了处理器体系结构，并对不同体系结构的特点进行了比较和讨论。第 9 章（存储器体系结构）介绍了存储系统的设计，特别强调其对整个系统行为的潜在影响。第 10 章（输入与输出）阐述了处理器与传感器和执行器之间的接口机制。第 11 章（多任务机制）和第 12 章（调度机制）关注软件体系结构，特别强调如何组织多实时任务。

在健全的设计中，在整个过程的早期阶段就要开展分析工作，包括对模型和设计的分析。模型分析可以是针对安全条件的，如保证一个不变量（invariant），其断定如果飞行器在距离地面 1m 的范围内，则垂直速度就不应大于 0.1(m/s)。设计分析可以是针对软件的定时行为，如确定系统响应紧急关机命令的时长。某些分析问题将同时包含模型与设计的细节。

以四旋翼飞行器为例，在网络连接中断且无法与飞行器通信时，明确系统将如何运行就非常重要。那么飞行器如何才能检测到通信已经中断呢？这就需要对网络和软件的精确建模。

示例 1.7　针对四旋翼飞行器问题，我们使用第 13 章（不变量与时态逻辑）的技术来详细说明飞行器操作的关键安全性需求。进而，我们采用第 14 章（等价与精化）以及第 15 章（可达性分析与模型检验）中的技术来验证软件实现中所满足的这些安全特性。第 16 章（定量分析）中的技术将被用于确定软件是否满足实时约束。最后，第 17 章中的技术被用于保证恶意入侵无法控制飞行器，并且飞行器所收集到的任何机密数据都不会泄露给敌手。

对应于图 1-3 所给出的设计过程，本书内容划分为三个主要部分，即建模、设计与分析（参见前言中的图 1）。下面我们对这三部分的方法进行简要阐述。

1.3.1　建模

建模是本书的第一部分，聚焦于动态行为的模型。首先在第 2 章中对物理动态性建模这一大问题进行分析，特别是关注时域的连续动态性。进而，在第 3 章以状态机作为主要的形式化方法来阐述离散动态性。第 4 章将连续动态性与离散动态性相结合来讨论混合系统。第 5 章主要介绍状态机的并发组合，并强调组合语义是设计者必须掌握的重要主题。第 6 章概述了计算的并发模型，包括如 Simulink 及 LabVIEW 等开发者常用的设计工具中所采用的模型。

在本书的建模部分，我们从整体的视角将**系统**简单地定义为各个部分的组合。**物理系统**是相对于软件与算法等概念性系统或**逻辑系统**的一个实体。系统的**动态性**是其在时域的演化，主要指其状态如何改变。物理系统的**模型**是对系统某些方面的描述，旨在深入理解系统特性。在本书中，模型具有可以进行系统分析的数学特性。该类模型可仿真系统的特性，从而洞察整个系统。

模型本身就是一个系统。那么，避免混淆模型及其所建模的系统就非常重要了，它们是两个不同的对象。如果系统模型准确地刻画了系统的特性，就认为这个系统具有高**逼真度**[⊖]。如果模型忽略了细节，就认为其是**抽象**的。不可避免地，物理系统模型的确会忽略一些细节，所以它们常常是对系统的抽象。本书的一个主要目标是理解如何使用模型，以及如何发挥它们的优势并应对其劣势。

信息物理融合系统（CPS）是由物理子系统和计算、网络组合而成的系统。信息物理融合系统模型通常包括这三个部分。通常，这些模型需要表示出动态和**静态属性**（指在系统运行过程中不会改变的属性）。需要强调的是，信息物理融合系统的模型并不需要同时具有离散与连续的部分。纯离散（或纯连续的）模型有可能使得所关注的属性保持高逼真度。

本部分所阐述的每个建模技术都是一个很大的主题，是一章甚至一本书都不能完全涵盖的。实际上，该类模型是工程、物理、化学及生物学等诸多分支学科的重点。本书的方法主要面向工程师。我们假定他们具有动态性数学建模的知识背景（给出物理学示例的微积分课程就已足够），进而关注如何构造不同的模型。这将构成信息物理融合系统的问题核心，因为将逻辑和概念上的信息部分与以实物存在的物理部分进行联合建模就是该问题的核心。为此，本书并不会尝试面面俱到，而是选择一些工程师广泛使用且深入理解的建模技术进行讨

⊖　fidelity，也译为拟真度、保真度。——译者注

论，进而阐述如何融合这些技术以形成信息物理融合的整体。

1.3.2　设计

本书的第二部分采用了非常不同的形式，呈现了设计本身的异构性。本部分关注嵌入式系统的设计，并重点解释它们在 CPS 中发挥的作用。第 7 章讨论传感器与执行器，重点介绍如何对它们进行建模，以便理解它们在整个系统动态性中的作用。第 8 章讨论了处理器体系结构，其重点是最适合嵌入式系统的特定属性。第 9 章阐述了存储器的体系结构，包括抽象（如编程语言中的存储模型）、物理属性（如存储技术）以及体系特性（如存储器分级、Cache、暂存器等），重点讨论存储器体系结构如何影响动态性。第 10 章介绍软件世界与物理世界之间的接口，讨论软件及计算机体系结构中的输入 / 输出机制，以及数字 / 模拟接口，也包括了采样机制。第 11 章介绍了操作系统的基础概念并重点阐述多任务机制，说明使用线程等机制的缺陷，并期望读者明白使用本书第一部分中的建模技术确实是有益的，它们将帮助设计者构建可信的系统设计。第 12 章介绍了实时调度，涵盖了本领域中的诸多经典结论。

在设计部分的所有章节中，我们特别关注提供并发性及时间控制的机制，因为这些问题在信息物理融合系统的设计中非常突出。在部署至产品时，嵌入式处理器通常具有特定的功能。例如，它们可以控制汽车引擎或者测量北极的冰层厚度。嵌入式处理器并不需要执行用户自定义软件的任何功能。因此，嵌入式处理器、存储架构、I/O 机制以及操作系统可以更加专用化。这将会带来非常多的好处。例如，它们的能耗更低，从而可以使用小容量电池长时间工作。或者，它们可能包括了执行特定操作的专用硬件，而这些操作在通用硬件上的运行成本高，如图像分析等。在设计部分，我们的目标是使读者能够批判地评估许多可用的技术产品。

这部分内容的目标之一就是教授学生在跨越传统抽象层（如硬件与软件、计算与物理进程等）进行思考的同时来实现系统。这样的跨层思考在系统实现中普遍有价值，由于嵌入式系统的异构性，其显得尤为重要。例如，程序员要实现由实值量表示的控制算法，就必须对计算机的运算机制（如定点数运算）有扎实的学习基础，进而创建出可靠的系统实现。类似地，满足实时约束的汽车软件的开发人员必须了解处理器的特性（如流水线、Cache 等），这些特性将会影响任务的执行时间，进而影响系统的实时行为。同样地，中断驱动软件或多线程软件的开发者必须理解底层软硬件平台所提供的原子操作，并使用适当的同步结构来确保所开发软件的正确性。本书的这一部分并没有对不同的实现方法和平台进行深入的讨论，而是试图让读者对这样的跨层机制有所了解，并通过练习来加深对这些主题的理解。

1.3.3　分析

每一个系统的设计都必须满足一组特定要求。对于通常用于安全攸关应用的嵌入式系统而言，证明系统满足设计要求是非常必要的。这些系统要求也被称作**属性**（property）或**规格**（specification）。Young 等人（1985）很好地描述了规格的必要性：

"没有规格的设计无法判断对或错，只可能是不可思议的！"

本书的分析部分聚焦于属性的精确规格，以及用于比较规格、分析规格和设计结果的技术。为了再次强调动态性，本书第 13 章阐述了可以准确描述系统动态属性的时态逻辑，且这些描述被视为模型。第 14 章关注模型间的关系：一个模型是否就是另一个模型的抽象，其在某种程度上是否等价？具体而言，这一章以类型系统[⊖]作为比较模型静态属性的一种方法，同时将语言包含和模拟关系作为比较模型动态属性的方法。第 15 章侧重于用以分析模型所呈现动态行为的技术，特别强调以模型检验作为分析这些行为的技术。第 16 章讨论了嵌入式软件定量属性的分析，如查找程序所消耗资源的边界，尤其侧重于执行时间的分析，以及对其他定量属性（如能耗、内存使用）的分析。第 17 章介绍了面向嵌入式系统设计的安全性与隐私性基础知识，包括密码学原语、协议安全性、软件安全性、安全信息流、旁路以及传感器安全性等。

在当前的工程实践中，采用如英语等自然语言来描述系统需求是非常常见的方法。那么，为了避免自然语言中固有的歧义，准确地描述需求就变得更加重要了。本书分析部分的目标是采用不易出错的形式化技术来替代上述描述方法。

重要的是，形式化规格还允许使用自动化技术来形式化地验证模型及其实现。本书在分析部分为读者介绍了形式化验证的基础知识，包括等价与精化检测以及可达性分析、模型检验等概念。在讨论这些验证方法的过程中，我们试图让验证工具的使用者了解其面纱底下的原理，从而让他们能从中获益更多。进而，通过对示例的讨论来支持使用者的观点。例如，如何使用模型检验技术来查找并发软件中的潜在错误，或者如何使用可达性分析来计算机器人的控制策略以完成特定的任务。

1.4 小结

信息物理融合系统本质上是异构混合的。它结合了计算、通信以及物理动态性，因此较同构系统更难建模、更难设计，也更难分析。本章概述了本书中所涵盖的系统建模、设计与分析的工程学原理。

⊖ 计算机科学中，类型系统用于定义如何将编程语言中的数值和表达式归类为许多不同的类型、如何操作这些类型，以及这些类型如何互相作用。——译者注

动态行为建模

这一部分介绍嵌入式系统建模，主要强调软件与物理动态性的联合建模。在第 2 章，我们首先讨论用于物理系统动态性建模的现有技术，重点在于这些系统的连续行为。在第 3 章，我们将讨论离散行为建模的相关技术，这些技术可以更好地反映软件的行为。在第 4 章，我们将这两类模型结合起来，并阐述如何通过混合系统对离散行为和连续行为进行联合建模。第 5 章和第 6 章致力于调和物理世界固有的并发本质和软件内在顺序化特性。第 5 章阐述如何将一组顺序化的状态机模型进行并发组合，并特别引入了同步组合的概念。第 6 章说明同步组合只是实现并发组合的一种方式。

连 续 动 态

为了更好地研究物理系统的动态性，本章有必要对一些建模技术进行回顾。我们从学习移动的机械部件开始（这个问题被称为**经典力学**）。这些用于研究机械部件动态性的技术广泛地延伸到其他物理系统，包括电路、化学过程与生物过程等。对于大多数人而言机械部件是最形象的，可以使我们的示例更加具体。机械部件的运动通常可以用**微分方程**或者等价地用**积分方程**来建模。实际上，该类模型仅对于"平滑"运动（我们可以通过采用线性、时间不变性和连续性等概念来使得这一描述更为精确）有良好的运行效果。对于非平滑运动，如机械部件碰撞的建模，可以采用表示不同运行模式及模式间存在突变（概念上是即时的）的模态模型。机械物体的碰撞可以被有效地建模为离散的瞬时事件。平滑运动与该类离散事件的联合建模被称为混合系统建模，这将在第 4 章学习。将离散行为与连续行为进行结合将使我们向着信息和物理进程的联合建模更进一步。

我们首先从简单的运动方程着手，该方程以**常微分方程**（ODE）[⊖]的形式提供了系统的模型。然后说明如何在参元（actor）模型中表示这些常微分方程，其中包括流行建模语言（如 NI 的 LabVIEW、MathWorks 的 Simulink 等）中的模型类。接下来，我们关注此类模型的特性，如线性、时不变性和稳定性，并考虑在操作模型时由这些特性所带来的影响。我们给出了一个用于稳定非稳系统的反馈控制系统简单示例。该类系统的控制器通常利用软件来实现，因此，这样的系统可以作为信息物理融合系统的一个典型案例。总体上，整个系统的特性源于信息和物理部分的相关属性。

2.1　牛顿力学

在本节，我们对经典力学的一些原理进行简要的回顾。这只是为了能够构建一些有趣的模型，但并不全面。感兴趣的读者可以继续查阅一些经典力学的文章，如 Goldstein（1980）、Landau 和 Lifshitz（1976）、Marion 和 Thornton（1995）等。

物理对象的空间运动可以表示为**六自由度**，如图 2-1 所示。其中，三个代表三维空间中的位置，另外三个表示空间中的方向。假设有三个轴 x、y 和 z，其中，依照惯例 x 轴的绘制递增向右，y 轴递增向上，而 z 轴指向页面外侧。**滚转角**（roll）θ_x 是绕 x 轴旋转的角度，按照惯例，0 弧度表示沿着 z 轴方向保持水平（即该角度是相对于 z 轴给出的）。**偏航角**（yaw）θ_y 是绕 y 轴旋转的角度，依惯例，0 弧度表示直接指向右侧（即相对于 x 轴给出的角度）。**俯仰角**（pitch）θ_z 是绕 z 轴的旋转角度，0 弧度通常代表水平指向（即相对于 x 轴给出的角度）。

___

⊖　即未知函数只含有一个自变量的微分方程。——译者注

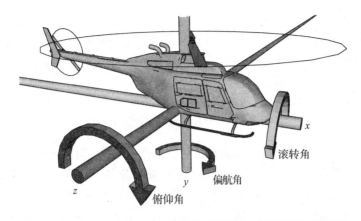

图 2-1　六自由度建模（空间位置以及滚转角、偏航角和俯仰角）

由此，物体的空间位置就被表示为形如 $f: \mathbb{R} \to \mathbb{R}$ 的 6 个函数，其中定义域表示时间，到达域⊖表示某个轴上的距离或者与该轴的夹角⊖。该类形式的函数被称为**时间连续信号**（continuous-time signal）⊜，常常被包含在向量值函数 $\boldsymbol{x}: \mathbb{R} \to \mathbb{R}^3$ 和 $\boldsymbol{\theta}: \mathbb{R} \to \mathbb{R}^3$ 中，其中 $\boldsymbol{x}$ 和 $\boldsymbol{\theta}$ 分别代表位置与方向。

位置和方向的改变符合**牛顿第二定律**，该定律中力与加速度相互关联。加速度是位置的二阶导数。我们的第一个公式即公式（2.1），用于处理位置信息。其中，$\boldsymbol{F}$ 是三个方向的力向量，M 是物体的质量，$\ddot{\boldsymbol{x}}$ 是 $\boldsymbol{x}$ 对时间的二阶导数（即加速度）。

$$\boldsymbol{F}(t) = M\ddot{\boldsymbol{x}}(t) \tag{2.1}$$

速度是加速度的积分，由以下方程给出。其中，$\dot{\boldsymbol{x}}(0)$ 是三个方向的初始速度。

$$\forall t > 0,\ \dot{\boldsymbol{x}}(t) = \dot{\boldsymbol{x}}(0) + \int_0^t \ddot{\boldsymbol{x}}(\tau)\,\mathrm{d}\tau$$

基于公式（2.1），该方程可进一步演化为如下形式：

$$\forall t > 0,\ \dot{\boldsymbol{x}}(t) = \dot{\boldsymbol{x}}(0) + \frac{1}{M}\int_0^t \boldsymbol{F}(\tau)\,\mathrm{d}\tau$$

位置是速度的积分，

$$\boldsymbol{x}(t) = \boldsymbol{x}(0) + \int_0^t \dot{\boldsymbol{x}}(\tau)\,\mathrm{d}\tau$$

$$= \boldsymbol{x}(0) + t\dot{\boldsymbol{x}}(0) + \frac{1}{M}\int_0^t\int_0^\tau \boldsymbol{F}(\alpha)\,\mathrm{d}\alpha\mathrm{d}\tau$$

其中，$\boldsymbol{x}(0)$ 是初始位置。基于这些方程，如果已知物体的初始位置、初始速度以及施加在物体上的三个方向上的作用力（时间的函数），就可以确定物体在任意时刻的加速度、速度以

⊖　codmain，也译为上域、陪域，区别于值域（range），函数的值域是到达域的子集。——译者注

⊖　相关符号参见附录 A。

⊜　时间连续信号的域可能被限定为 $\mathbb{R}$ 的一个连通子集，如 $\mathbb{R}_+$（非负实数）或者 [0,1] 区间。到达域可以是任意集合，但在表示物理量时实数是最有用的。

及位置。

这些作用于方向的运动方程使用了**转矩**，即旋转形式的作用力。这又是一个作为时间函数的三元素向量，代表了作用在物体上的净旋转力。它与角速度相关，形式类似于公式（2.1）。

$$T(t) = \frac{\mathrm{d}}{\mathrm{d}t}\Big(I(t)\dot{\theta}(t)\Big) \tag{2.2}$$

其中，T 是三个轴上的转矩向量，$I(t)$ 是物体的**转动惯量张量**。转动惯量$^\ominus$是一个 3×3 矩阵，其取决于物体的几何形状与方向。直观地讲，它将物体绕任一轴旋转的磁阻表示为其在三个轴方向上的一个函数。例如，如果物体是球形的，那么这个惯性在所有轴上都是相同的，因此，其将归约为一个常标量 I（或者等价地，归约为一个具有相等对角元素 I 的对角矩阵 I）。此时，该方程将与公式（2.1）非常相似，如式（2.3）所示。

$$T(t) = I\ddot{\theta}(t) \tag{2.3}$$

为了更加清晰地表示这三个维度，我们还可以将式（2.2）表示为如下形式：

$$\begin{bmatrix} T_x(t) \\ T_y(t) \\ T_z(t) \end{bmatrix} = \frac{\mathrm{d}}{\mathrm{d}t}\left(\begin{bmatrix} I_{xx}(t) & I_{xy}(t) & I_{xz}(t) \\ I_{yx}(t) & I_{yy}(t) & I_{yz}(t) \\ I_{zx}(t) & I_{zy}(t) & I_{zz}(t) \end{bmatrix} \begin{bmatrix} \dot{\theta}_x(t) \\ \dot{\theta}_y(t) \\ \dot{\theta}_z(t) \end{bmatrix} \right)$$

举例说明，$T_y(t)$ 是围绕 y 轴的净转矩（使得偏航角发生变化），$I_{yx}(t)$ 是用来确定绕 x 轴的加速度与绕 y 轴的转矩之间关系的惯量。

旋转速度是加速度的积分，如下式所示。其中，$\dot{\theta}(0)$ 即三个轴的初始旋转速度。

$$\dot{\theta}(t) = \dot{\theta}(0) + \int_0^t \ddot{\theta}(\tau)\,\mathrm{d}\tau$$

就球形物体而言，使用公式（2.3）可得以下方程。

$$\dot{\theta}(t) = \dot{\theta}(0) + \frac{1}{I}\int_0^t T(\tau)\,\mathrm{d}\tau$$

方向则是旋转速度的积分，可由以下方程计算。其中，$\theta(0)$ 是初始方向。如果已知物体的初始方向、初始旋转速度，以及作用在物体三个轴上的转矩是一个时间函数，使用这些方程就能随时确定物体的旋转加速度、速度以及方向。

$$\theta(t) = \theta(0) + \int_0^t \dot{\theta}(\tau)\mathrm{d}\tau = \theta(0) + t\dot{\theta}(0) + \frac{1}{I}\int_0^t\int_0^\tau T(\alpha)\mathrm{d}\alpha\mathrm{d}\tau$$

一般而言，就像我们对球形物体进行的处理一样，可以通过降低需要关注的维度来简化问题。这种简化通常被称为**模型降阶**（model-order reduction）。例如，如果该物体是在平面上移动的车辆，那么可以不考虑 y 轴方向的运动，或者物体的俯仰角或滚转角。

示例 2.1 我们来看一个允许降维的简单控制问题。直升机有两个旋翼，一个在上部提

$\ominus$ 也称惯性矩。——译者注

供升力，一个在尾部。如果没有尾部的旋翼，直升机的机体就会旋转，而尾部的旋翼会抵消机体的旋转。具体而言，尾翼产生的作用力必须抵消主旋翼产生的转矩。这里认为尾部旋翼的作用与直升机的其他运动无关。

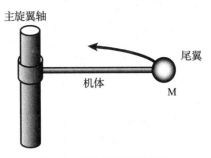

图 2-2 给出了直升机的简化模型。假设直升机的位置固定在原地，从而无需考虑位置方程。另外，假设直升机一直保持垂直，因此俯仰角与滚转角恒定为 0。这些假设并不像看起来那样不切实际，因为我们可以定义固定于直升机上的坐标系。

图 2-2 简化的直升机模型

基于上述假设，**转动惯量**就简化为一个代表抵消偏航角变化的转矩的标量。偏航角的变化将归因于**牛顿第三定律**，即**作用力和反作用力定律**，其说明每一个作用力都有一个与之相等的反作用力。这将导致直升机在与旋翼旋转方向相反的方向上旋转。尾部旋翼的作用就是要抵消这个转矩，以防止直升机机体发生旋转。

我们用以时间连续信号 T_y 为输入的系统对上述简化的直升机系统进行建模，T_y 是围绕 y 轴的转矩（其引起偏航角的变化）。这个转矩是主旋翼与尾部旋翼所产生的转矩之和。当这些转矩很好地平衡时，转矩之和为 0。系统的输出是围绕 y 轴的角速度 $\dot{\boldsymbol{\theta}}_y$。降维之后，式（2.2）可写为如下形式。

$$\dot{\boldsymbol{\theta}}_y(t) = T_y(t) / I_{yy}$$

对方程两边同时进行积分，就可以得到输入为 T_y 的函数的输出 $\dot{\boldsymbol{\theta}}$。

$$\dot{\boldsymbol{\theta}}_y(t) = \dot{\boldsymbol{\theta}}_y(0) + \frac{1}{I_{yy}} \int_0^t T_y(\tau) \mathrm{d}\tau \tag{2.4}$$

由这个例子得出的关键认识是，如果我们选择用 $x : \mathbb{R} \to \mathbb{R}^3$ 表示直升机尾部的绝对空间位置，对直升机进行建模，最终将会得到一个更为复杂的模型。相应地，其控制系统的设计也将会困难得多。

2.2 参元模型

在前一节中，一个物理系统的模型由将输入信号（作用力或转矩）与输出信号（位置、方向、速度或旋转速度）进行关联的微分或积分方程给出。这样的物理系统可以被看作更大系统中的一个组件。具体而言，**时间连续系统**（运行于时间连续信号上的系统）可以被建模为如下具有一个输入**端口**和一个输出端口的方框单元，其中，输入信号 x 和输出信号 y 分别是形式为 $x : \mathbb{R} \to \mathbb{R}$ 和 $y : \mathbb{R} \to \mathbb{R}$ 的函数。

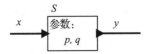

这里，定义域 $\mathbb{R}$ 代表**时间**，到达域表示特定时刻的信号值。如果我们希望明确地建立一个能够实现并在特定的时间点开始运行模型的系统，那么定义域 $\mathbb{R}$ 可以被非负实数域 $\mathbb{R}_+$ 所代替。

系统的模型是一个形式如式（2.5）的函数，其中 $X=Y=\mathbb{R}^{\mathbb{R}}$，这是将实数映射到实数的一组函数，就像上述的 x 和 y 一样[⊖]。函数 S 可以依赖于系统的参数，此时这些参数可以有选择地列入该方框单元，同时也可以有选择地包含在函数符号中。例如，如果有参数 p 和 q，我们可以将上图中的系统函数写为 $S_{p,q}$ 或者 $S(p, q)$。注意，这两个符号都表示式（2.5）所示形式的函数。如上这样的输入和输出分别为一组函数的方框单元被称为一个参元（actor）[⊖]。

$$S: X \to Y \tag{2.5}$$

示例 2.2 示例 2.1 中所示直升机的参元模型可以描述为如下形式。

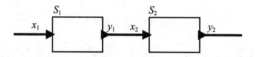

输入和输出都是时间连续函数。参元的参数是初始角速度 $\dot{\theta}_y(0)$ 以及惯性矩 I_{yy}。参元函数的定义如式（2.4）。

参元模型是可以组合的。具体地，给定两个参元 S_1 和 S_2，我们就能够构造如下所示的**级联组合**。其中，S_1 输出与 S_2 输入间的"连线"正好表示了 $y_1=x_2$，或者更正式地表示为 $\forall t \in \mathbb{R}, y_1(t) = x_2(t)$。

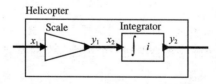

示例 2.3 直升机的参元模型可以表示为两个参元的级联组合，如下所示。

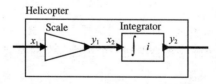

该组合中左侧的参元表示了由常数 a 所参数化的 Scale 参元，其定义如式（2.6）。

$$\forall t \in \mathbb{R}, y_1(t) = ax_1(t) \tag{2.6}$$

更为简洁地，我们可以将其写为 $y_1=ax_1$，这里比例 a 和函数 x_1 的乘积具有与式（2.6）相同的含义。右侧的参元表示了一个由初值参数化的积分器，定义为如下形式。

$$\forall t \in \mathbb{R}, y_2(t) = i + \int_0^t x_2(\tau)\,\mathrm{d}\tau$$

如果给参数赋值 $a=1/I_{yy}$ 且 $i= \dot{\theta}_y(0)$，我们就可以看到该系统表示了式（2.4），其中输入 $x_1=T_y$ 为转矩，输出 $y_2= \dot{\theta}_y$ 为角速度。

⊖ 如同在附录 A 中所说明的，符号 $\mathbb{R}^{\mathbb{R}}$（也可写为 $(\mathbb{R} \to \mathbb{R})$）表示定义域和到达域都是 $\mathbb{R}$ 的所有函数的集合。

⊖ 将 actor 译为"参元"以表示一个参与活动的对象模型或系统组件。另一相关概念是参与者模型（Actor Model），是由 Carl Hewitt 等人于 1973 年提出的，是一种并发运算上的模型，推崇的哲学是"一切皆是参与者"。参与者是程序上的抽象概念，被看作并发运算的基本单元。——译者注

在上图中，我们自定义了一组**图标**，即代表参元的方框。这些特定的参元（比例和积分参元）对于构建物理动态模型的构件是特别有用的，因此，为它们分配可识别的符号就是有益的。

我们可以让参元有多个输入信号和 / 或多个输出信号，其表示方法与如下有两个输入信号及一个输出信号的参元示例相似。

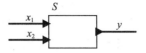

该形式的一个常用构件是信号**加法器**，定义如下：

$$\forall t \in \mathbb{R}, \, y(t) = x_1(t) + x_2(t)$$

通常，也采用如下自定义图标来表示一个加法器。

在有些情况下，要对其中的一个输入进行减法而不是加法操作，此时自定义图标的输入端将由减法符号表示，如下所示：

这一参元表示了函数 $S:(\mathbb{R} \to \mathbb{R})^2 \to (\mathbb{R} \to \mathbb{R})$，有如下定义。

$$\forall t \in \mathbb{R}, \forall x_1, x_2 \in (\mathbb{R} \to \mathbb{R}), \, (S(x_1, x_2))(t) = y(t) = x_1(t) - x_2(t)$$

请注意这一谨慎的符号表示。$S(x_1, x_2)$ 是 $\mathbb{R}^\mathbb{R}$ 域中的函数，因此可以在一个时刻 $t\,(t \in \mathbb{R})$ 对其进行评估。

在本章的后续内容中，除非有必要，我们将不再对系统及其参元模型进行区分。假定参元模型可以捕获所关注的系统特性。这显然是一个大胆的假设，因为一般而言，参元模型的特性只能对实际系统进行近似描述。

2.3 系统特性

本节我们关注参元及其组成的系统可能具有的一些特性，包括因果关系、无记忆性、线性、时不变性以及稳定性。

2.3.1 因果系统

直观上，如果一个系统的输出仅依赖于当前及过去的输入，那么这个系统就是**因果关系**的。然而，要使这个概念更准确则确实有点棘手。这里首先为"当前及过去的输入"给出一个符号。对于某个集合 A，考虑一个时间连续信号 $x : \mathbb{R} \to A$。用 $x|_{t \leq \tau}$ 表示一个被称为**时间限制**的函数，其只在时间 $t \leq \tau$ 时有定义且满足 $x|_{t \leq \tau}\,(t) = x(t)$。因此，如果 x 是一个系统的输入，那么 $x|_{t \leq \tau}$ 是 τ 时刻的"当前及过去的输入"。

再来讨论一个时间连续系统 $S : X \to Y$，在集合 A、B 上有 $X = A^\mathbb{R}$ 以及 $Y = B^\mathbb{R}$。如果对于所有的 $x_1, x_2 \in X$ 以及 $\tau \in \mathbb{R}$，

$$x_1 |_{t \leqslant \tau} = x_2 |_{t \leqslant \tau} \Rightarrow S(x_1)|_{t \leqslant \tau} = S(x_2)|_{t \leqslant \tau}$$

那么该系统就具有因果关系。也就是说，如果两个可能的输入 x_1 和 x_2 直到（且包括）时间 τ 都相同，且直到（且包括）时间 τ 其输出也都相同，那么该系统就是因果的。到目前为止，我们所考虑的系统都是因果的。

如果对于所有的 $x_1, x_2 \in X$ 以及 $\tau \in \mathbb{R}$，

$$x_1 |_{t < \tau} = x_2 |_{t < \tau} \Rightarrow S(x_1)|_{t \leqslant \tau} = S(x_2)|_{t \leqslant \tau}$$

那么该系统就具有**严格因果关系**。也就是说，如果两个可能的输入 x_1 和 x_2 直到（且不包括）时间 τ 都相同，且直到（且包括）时间 τ 其输出也都相同，那么该系统就是严格因果的。严格因果关系系统在 t 时刻的输出并不依赖于 t 时刻的输入，而是仅依赖于之前的输入。当然，一个严格的因果系统也是具有因果关系的。**积分器**参元具有严格的因果关系。加法器参元不是严格因果的，但它是因果的。具有严格因果关系的参元用于构建反馈系统。

2.3.2　无记忆系统

直观地，如果一个系统的输出不仅依赖于当前输入，还同样依赖于之前的输入（或者之后的输入，如果系统不是因果的），那么该系统就是有记忆的。来看一个时间连续系统 $S: X \to Y$，在集合 A、B 上有 $X = A^{\mathbb{R}}$ 以及 $Y = B^{\mathbb{R}}$。形式化地，如果存在一个函数 $f: A \to B$，对于所有的 $x \in X$ 和 $t \in \mathbb{R}$，

$$(S(x))(t) = f(x(t))$$

那么该系统就是**无记忆的**。也就是说，t 时刻的输出 $(S(x))(t)$ 仅依赖于 t 时刻的输入 $x(t)$。

之前讨论的**积分器**是无记忆的，但加法器是有记忆的。习题 2 表明，如果一个系统具有严格因果关系，且是无记忆的，那么对于任何输入，其输出都是恒定的。

2.3.3　线性与时不变性

线性且时不变（Linear and Time Invariant，LTI）的系统具有非常好的数学特性。控制理论大都依赖于这些特性。虽然这些特性构成了信号与系统类课程的主体，且超出了本书的范畴，但我们偶尔会使用这些特性的简化版本。因此，确定系统在何时是线性且时不变的就非常有用。

考虑一个系统 $S: X \to Y$，X 和 Y 是信号集合，若满足如下**叠加**（superposition）特性，那么该系统就是线性的。

$$\forall\, x_1, x_2 \in X \text{ 且 } \forall\, a, b \in \mathbb{R},\, S(ax_1 + bx_2) = aS(x_1) + bS(x_2)$$

显然，当且仅当初始角速度 $\dot{\theta}_y(0) = 0$ 时，示例 2.1 中定义的直升机系统是线性的（参见习题 3）。

更为普遍地，当且仅当 i 的初值为 0 时，示例 2.3 中定义的积分器是一个线性系统；比例参元总是线性的，任意两个线性参元的级联也是线性的，等等。我们可以将线性的定义扩展到具有多个输入或输出信号的参元，此时就可以确定加法器也是线性的。

为了定义时不变性，我们首先定义一个特定的时间连续参元，称之为延迟。令 $D_\tau: X \to Y$（X、Y 均为时间连续信号）以式（2.7）来定义。

$$\forall\, x \in X \text{ 且 } \forall\, t \in \mathbb{R},\, (D_\tau(x))(t) = x(t - \tau) \tag{2.7}$$

这里，τ 是延迟参元的一个参数。如果满足如下条件，系统 $S: X \to Y$ 就是时不变的。

$$\forall\, x \in X \text{ 且 } \forall\, \tau \in \mathbb{R},\, S(D_\tau(x)) = D_\tau(S(x))$$

示例 2.1 和式（2.4）中定义的直升机系统并不是时不变的。然而，如下这个变体是时不变的，其不允许有初始的角度旋转。

$$\dot{\theta}_y(t) = \frac{1}{I_{yy}} \int_{-\infty}^{t} T_y(\tau)\mathrm{d}\tau$$

线性时不变系统（LTI）是一个同时具有线性和时不变特性的系统。物理动态建模的主要目标是尽可能选择一个 LTI 模型。如果一个合理的近似可以生成一个 LTI 模型，这个近似就是有意义的。当然，确定一个近似是否合理或者为合理的近似找到模型，通常并不容易。但构建比所需模型更为复杂的模型却常常是很容易的（见习题 4）。

2.3.4 稳定性

如果对于所有有界的输入信号，系统的输出信号都是有界的，那么就说这个系统是**有界输入有界输出稳定的**（即 BIBO 稳定，或简称稳定）。

考虑一个具有输入 w 和输出 v 的时间连续系统。如果有一个实数 $A<\infty$，对于所有的 $t \in \mathbb{R}$ 都有 $|w(t)| \leqslant A$ 成立，那么这个输入就是有界的。对于输出，如果有一个实数 $B<\infty$，对于所有的 $t \in \mathbb{R}$ 都有 $|v(t)| \leqslant B$ 成立，那么这个输出就是有界的。如果对于某个 A 界内的有界输入，输出都在某个 B 界内，那么该系统就是稳定的。

示例 2.4 现在就很容易看出示例 2.1 中的直升机系统是不稳定的。令输入为 $T_y=u$，其中 u 是式 (2.8) 定义的**单位阶跃**（unit step）。

$$\forall t \in \mathbb{R}, u(t) = \begin{cases} 0, t < 0 \\ 1, t \geqslant 0 \end{cases} \tag{2.8}$$

这意味着在 0 时刻以前，系统上没有施加转矩，且在 0 时刻开始时施加了一个单位量级的转矩。该输入无疑是有界的，其永远不会超过一个单位量级。但是，输出会不受限制地增长。实践中，直升机采用反馈系统来计算在尾部旋翼施加多少转矩来保持直升机的机体平直。接下来，我们学习如何实现。

2.4 反馈控制

反馈式系统具有一组有向环路，其中，参元的输出又反向回馈到其输入端。图 2-3 给出了一个关于该类系统的例子。大多数控制系统采用反馈控制机制。它们测量**误差**（图 2-3 中的 e），即期望行为（图 2-3 中的 ψ）和实际行为（图 2-3 中的 $\dot{\theta}_y$）之间的差异，同时基于这一测量数据来矫正系统的行为。误差测量是反馈式的，同时相应的矫正信号（图 2-3 中的 T_y）对系统进行补偿以减小未来的误差。需要说明的是，矫正信号通常只能影响未来的误差，因此反馈式系统一般都必须在每一个有向环路中至少包含一个严格因果关系的参元（如图 2-3 中的 Helicopter）。

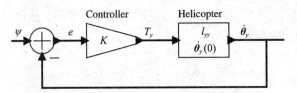

图 2-3　稳定直升机的比例控制系统

反馈控制是一个复杂的主题，很容易占用教材的大篇幅内容及课程的大部分时间。本书只略微涉及该部分内容，只要能够引发软件与物理系统间的交互即可。反馈控制系统常常是基于嵌入式软件实现的，整个系统的物理动态特性是软件与物理动态性的组合。在 Lee 和 Varaiya（2011）的第 12 ～ 14 章有更详细的论述。

示例 2.5　回顾一下示例 2.1 中的直升机模型，其是非稳定的。我们可以采用图 2-3 所示的简单反馈控制系统来使其稳定。该系统的输入 ψ 是指定了期望角速度的时间连续系统。**误差信号** e 表示了实际角速度与期望角速度之间的差异。在该图中，控制器用常数 K 对误差信号进行简单缩放，并向直升机提供一个控制输入。根据图中反映的关系 $e(t)=\psi(t)-\dot{\theta}_y(t)$ 和 $T_y(t)=Ke(t)$，以及式（2.4），可以给出式（2.9）所示方程。

$$\dot{\theta}_y(t) = \dot{\theta}_y(0) + \frac{1}{I_{yy}}\int_0^t T_y(\tau)\mathrm{d}\tau \tag{2.9}$$

$$= \dot{\theta}_y(0) + \frac{K}{I_{yy}}\int_0^t \big(\psi(\tau)-\dot{\theta}_y(\tau)\big)\mathrm{d}\tau \tag{2.10}$$

方程（2.10）的两端都有 $\dot{\theta}_y(t)$，因此求解这一方程就不再是一件微不足道的事情了。最为容易的求解方法是拉普拉斯变换（参见 Lee 和 Varaiya（2011）的第 14 章）。但对于这里的目标而言，我们可以使用基于微积分的更强大的技术。为了使其尽可能简单，假设对所有的 t，$\psi(t)=0$，也就是希望简单地控制直升机以防止其发生旋转。期望的角速度为 0。这种情形下，式（2.10）可被简化为式（2.11）所示形式。

$$\dot{\theta}_y(t) = \dot{\theta}_y(0) - \frac{K}{I_{yy}}\int_0^t \dot{\theta}_y(\tau)\mathrm{d}\tau \tag{2.11}$$

由微积分所学知识，$t \geq 0$ 时如下等式关系成立，其中 u 的定义见式 (2.8)。

$$\int_0^t a\mathrm{e}^{a\tau}\mathrm{d}\tau = \mathrm{e}^{at}u(t)-1$$

由此，我们可以推导出式（2.11）的解，如式（2.12）所示。

$$\dot{\theta}_y(t) = \dot{\theta}_y(0)\mathrm{e}^{-Kt/I_{yy}}u(t) \tag{2.12}$$

请注意，尽管验证该解的正确性很容易，但得出这个解并不那么容易。针对这一问题，拉普拉斯变换提供了一个更好的方法。

由式（2.12）可以看出，只要 K 是正值，随着 t 越来越大，角速度就接近于期望角速度（为 0）。K 值越大，则逼近速度越快。K 为负值时，系统是不稳定的，角速度将无限增长。

上述示例说明了一个**比例控制**反馈环路。之所以有如此称谓，是因为控制信号与误差是成比例的。我们假设一个期望的零信号。同样，也可以相当简单地假定直升机初始处于静止状态（角速度为零），进而为一个特定的非零期望信号确定行为，我们结合如下示例进行分析。

示例 2.6   现假定直升机是**初始静止**的，意味着初始角速度为 0（即 $\dot{\theta}(0) = 0$），且对于某个常量 a，期望信号定义为 $\psi(t) = au(t)$。也就是说，希望控制直升机，使其以固定的速度旋转。

基于式（2.4）可以给出如下方程：

$$\dot{\theta}_y(t) = \frac{1}{I_{yy}} \int_0^t T_y(\tau) \mathrm{d}\tau$$

$$= \frac{K}{I_{yy}} \int_0^t \left(\psi(\tau) - \dot{\theta}_y(\tau) \right) \mathrm{d}\tau$$

$$= \frac{K}{I_{yy}} \int_0^t a \mathrm{d}\tau - \frac{K}{I_{yy}} \int_0^t \dot{\theta}_y(\tau) \mathrm{d}\tau$$

$$= \frac{Kat}{I_{yy}} - \frac{K}{I_{yy}} \int_0^t \dot{\theta}_y(\tau) \mathrm{d}\tau$$

使用相同的（黑魔法）技术推理并验证该解，可以得出式 (2.13) 所示的解方程。

$$\dot{\theta}_y(t) = au(t)(1 - \mathrm{e}^{-Kt/I_{yy}}) \tag{2.13}$$

再次说明，只要 K 是正值，随着 t 越来越大，角速度就接近于期望角速度（为 0）。K 值越大，则逼近速度越快。K 为负值时，系统是不稳定的，角速度将无限增长。

需要注意的是，上述解方程中的第一项恰好是期望角速度。第二项是误差项，称之为**跟踪误差**，在本例中其逐渐逼近于零。

由于我们并不能独立地控制直升机的净转矩，因此以上示例是不切合实际的。特别是，净转矩 T_y 是主旋翼的转矩 T_t 与尾部旋翼转矩 T_r 之和，如下：

$$\forall\, t \in \mathbb{R}, T_y(t) = T_t(t) + T_r(t)$$

转矩 T_t 取决于要维持或达到期望高度所需的旋转力，其完全独立于直升机的旋转。因此，实际上只需要设计一个控制 T_r 的控制系统，使直升机在任何 T_t（或者更为准确地说是运行参数内的任意 T_t）时都稳定。在下一个示例中，我们将学习如何调节控制系统的性能。

示例 2.7   在图 2-4a 中，我们已经对直升机的模型进行了修改，其具有两个输入 T_t 和 T_r，分别是主旋翼和尾部旋翼产生的转矩。现在，控制系统仅控制 T_r，T_t 被当作外部（未控制的）输入信号。这个控制系统的表现到底会怎样呢？

再次说明，对这个问题的全面处理超出了本书的范围，这里只研究一个具体的示例。假定主旋翼上产生的转矩由某个常量 b 的方程给出：

$$T_t = bu(t)$$

也就是说，在零时刻，主旋翼开始以恒定速度旋转，然后保持这一速度。进一步假设直升机初始处于静止状态。我们就能用示例 2.6 的结果得到系统的行为。

首先，我们将模型转换为图 2-4b 所示的等价模型。这个转换只依赖于一个代数法则（乘法分配律），对于任何实数 a_1、a_2 与 K，存在如下方程式：

$$Ka_1 + a_2 = K(a_1 + a_2/K)$$

进而，我们将该模型转换为图 2-4c 所示的等价模型，这使用了加法交换律这一代数法则。在图 2-4c 中，我们看到方框内的模型部分与示例 2.6 中分析的控制系统（如图 2-3 所示）完全相同。为此，仍然可以采用示例 2.6 中的分析过程。假设期望的旋转角度为 $\psi(t)=0$，那么，原始控制系统的输入就可表示为如下方程：

$$X(t) = \psi(t) + T_t(t)/K = (b/K)u(t)$$

由式（2.13），可以得出如下解：

$$\dot{\boldsymbol{\theta}}_y(t) = (b/K)u(t)(1 - e^{-Kt/I_{yy}}) \qquad (2.14)$$

期望的旋转角度为 0，但是控制系统逐渐逼近一个非零的旋转角度 b/K。通过增加控制系统反馈增益 K，可以使得跟踪误差任意小，但使用这种控制器设计，并不能使跟踪误差为零。在习题 7 中研究了另一种控制器设计，其跟踪误差可接近于零。

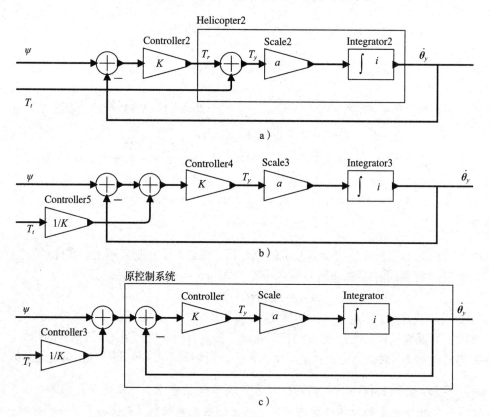

图 2-4   一组直升机模型：a）独立转矩的直升机模型；b）一个等价模型转换（假设 $K > 0$）；
　　　　c）用于理解控制器行为的进一步的等价模型转换

2.5 小结

本章介绍了两种描述物理动态特性的不同建模技术。第一种是常微分方程，这是工程师使用的经典工具包；第二种是参元模型，是由软件建模和仿真工具所驱动的新技术。这两种建模技术密切相关。本章已经强调了这些模型之间的关系，以及这些模型与所建模系统之间的关系。然而，这些关系相当深奥，我们几乎很少涉及。我们的目标是把读者的注意力集中在这样的事实上，即我们可以对一个系统使用多个模型，而且这些模型与所建模的系统是有区别的。一个模型的逼真度（近似于所建模系统的程度）是关系到任何工程计划成功与否的重要因素。

习题

1. 音叉（如图 2-5 所示）包括了一个用铁锤击打而发生偏移的金属指（称为音叉的**齿**）。发生偏移之后，音叉就会振动。如果音叉的齿上没有摩擦力，它将永远振动。我们可以将零时刻敲击之后音叉齿的位移表示为一个函数 $y : \mathbb{R}_+ \to \mathbb{R}$（实数集合）。如果我们假定铁锤敲击最初产生的位移量为一个单位，那么基于物理学的知识我们就能确定，对于所有的 $t \in \mathbb{R}_+$，位移量满足如下差分方程。

$$\ddot{y}(t) = -\omega_0^2 \, y(t)$$

其中，ω_0^2 是一个依赖于音叉齿刚度和质量的常数，$\ddot{y}(t)$ 表示了 y 对于时间的二阶导数。那么就容易证明，由下式给出的 y 就是差分方程的解（仅需要它的二阶导数）。

$$\forall t \in \mathbb{R}_+, y(t) = \cos(\omega_0 t)$$

因此，音叉的偏移量变化是正弦的。如果选择音叉的材料，使其 $\omega_0 = 2\pi \times 440$ 弧度 / 秒[⊖]，那么音叉将会产生音阶表中的 A-440 音调。

（a）$y(t) = \cos(\omega_0 t)$ 是否是唯一的解？若不是，请给出其他解。

（b）对于解 $y(t) = \cos(\omega_0 t)$，初始位移是多少？

（c）使用诸如积分器、加法器、比例等参元或其他类似简单参元来构造一个能够以 y 作为输出的音叉模型。将初始位移作为参数，并在模型图中进行详细的标注。

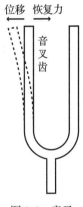

位移　恢复力

音
叉
齿

2. 请证明，如果一个系统 $S : A^{\mathbb{R}} \to B^{\mathbb{R}}$ 是严格因果且无记忆的，那么它的输出是常量。输出常量意味着 t 时刻的输出 $(S(x))(t)$ 并不依赖于 t。

3. 本题主要考查线性。

（a）请证明，当且仅当初始角速度 $\dot{\theta}_y(0) = 0$ 时，示例 2.1 中定义的直升机模型是线性的。

（b）请证明，任意两个线性参元的叠加仍然是线性的。

（c）扩展线性的定义，从而将其应用于具有两个输入、一个输出信号的参元。请证明加法器参元是线性的。

4. 考虑示例 2.1 中的直升机，但其输入、输出的定义略有不同。在该示例中，假设输入为 $T_y : \mathbb{R} \to \mathbb{R}$，但输出是机尾相对于主旋翼轴的位置。具体地，令 x-y 平面是与主旋翼轴正交的平面，同时令机尾在 t 时刻的位置是元组 $(x(t), y(t))$，那么，这个模型是线性时不变的吗？其是不是 BIBO 稳定的？

图 2-5　音叉

5. 考虑一个旋转机器人，并可以控制其绕固定轴转动的角速度。

（a）将其作为以角速度 $\dot{\theta}$ 为输入、以角度 θ 为输出的系统进行建模。请用输入与输出均为时间函数的方程给出一个模型设计。

（b）该模型是 BIBO 稳定的吗？

（c）设计一个比例控制器将机器人控制到期望角度。也就是说，假定初始角度 $\theta(0) = 0$，并且令期望角度为 $\psi(t) = au(t)$，u 是单位阶跃函数。请找出实际角度的时间函数，以及比例控制器的反馈增益 K。在 $t = 0$ 时刻，所设计控制器的输出是什么？随着 t 的增加，它将逼近于什么？

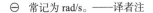

⊖　常记为 rad/s。——译者注

6. 直流电机产生的转矩与电机线圈中的电流大小成正比。忽略摩擦力时，电机上的净转矩是电机产生的转矩减去连接到电机的任意负载施加的转矩。结合牛顿第二定律（针对旋转运动的形式）可以给出式（2.15）所示方程，其中，k_T 是电机转矩常数，$i(t)$ 是 t 时刻的电流大小，$x(t)$ 是 t 时刻负载施加的转矩，I 是电机的惯性矩，$\omega(t)$ 是电机的角速度。

$$k_T i(t) - x(t) = I \frac{\mathrm{d}}{\mathrm{d}t} \omega(t) \tag{2.15}$$

（a）假设一开始电机是静止的，请将式（2.15）重写为一个积分方程。

（b）假设 x 和 i 都是输入，ω 是输出，请构造一个对该电机建模的参元模型（框图）。请仅使用诸如积分器的原子参元以及诸如比例和加法器的基本算术参元。

（c）实际中，直流电机的输入并非电流，而是电压。若假定电机线圈的电感可以忽略，此时电压与电流的关系可由下式给出。其中，R 是电机线圈中的电阻，k_b 是一个常数，被称为电机的反电动势常数。第二项的出现是因为电机转动的同时会产生感应电流，所产生的电压与角速度成正比。

$$v(t) = Ri(t) + k_b \omega(t)$$

请修改所设计的参元模型，使其输入为 v 和 x，而不是 i 和 x。

7.（a）请使用你所常用的时间连续建模工具（如 LabVIEW、Simulink 或者 Ptolemy II）来构建一个如图 2-4 所示的直升机控制系统模型。选择一组合理的参数并画出作为时间函数的实际角速度曲线，此处假设期望角速度为 0，即 $\psi(t)=0$，而且主旋翼的转矩不为 0，即 $T_t(t)=bu(t)$。画出不同 K 值时的曲线，并讨论其行为随 K 值的变化如何改变。

（b）修改本题（a）中的模型，采用图 2-6 中的可选控制器来替代图 2-4 中的控制器（由 K 调节的简单参元）。这个可选的控制器是一个**比例积分（PI）控制器**，具有两个参数 K_1 与 K_2。利用这些参数进行实验，给出与（a）中有相同输入的控制器行为曲线，并结合（a）中的行为对本控制器的行为进行讨论。

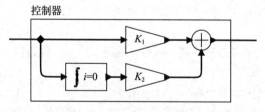

图 2-6   直升机的 PI 控制器

离 散 动 态

嵌入式系统模型包括**离散**组件和**连续**组件。简单地说，连续组件是平滑地演进，而离散组件则是突变式演进。前一章讨论了连续组件，并说明系统的物理动态性通常可以被建模为常微分或积分方程，或者建模为可等效反映这些方程的参元模型。另一方面，常微分方程（ODE）并不能方便地对离散组件进行建模。在本章，我们研究如何使用状态机来建立离散动态模型。下一章将介绍如何把这些状态机与连续动态模型进行组合，进而构造出混合系统模型。

3.1 离散系统

一个离散系统以一系列离散的步骤运行，就说其具有**离散动态性**（discrete dynamics）。有些系统在本质上就是离散的。

示例 3.1 来看一个统计进入、离开停车场车辆数量的系统，其可以在任何时间监测停车场中的车辆数量。该系统可以被建模为如图 3-1 所示的模型，这里忽略检测汽车驶入和驶离的传感器设计。简单地假设有车辆到达时 ArrivalDetector 参元生成一个事件，而当有车辆驶离时 DepartureDetector 参元会产生一个事件。计数器参元从一个初始值 i 开始持续计数，其计数值的每次改变都将产生一个更新显示数据的输出事件。

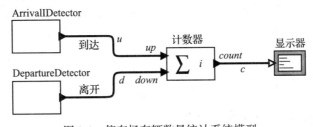

图 3-1　停车场车辆数量统计系统模型

在上例中，车辆的每一次驶入或驶离都被建模为一个**离散事件**（discrete event）。这样的一个离散事件不是随着时间持续，而是在一个瞬间出现的。图 3-1 中的计数器参元与上一章所用的积分器参元类似，如图 3-2 所示。类似于计数器参元，积分器参元对输入值进行累加，但是以完全不同的方式实现。积分器的输入是一个 $x : \mathbb{R} \to \mathbb{R}$ 或者 $x : \mathbb{R}_+ \to \mathbb{R}$ 形式的函数，即一个时间连续信号。另一方面，进入计数器参元 up 输入端口的信号 u 是如下形式的函数。

$$x : \mathbb{R} \to \{absent, present\}$$

这意味着在任何时间 $t \in \mathbb{R}$，输入 $u(t)$ 要么不存在（absent），即该时刻没有事件；要么存在（*present*），即存在事件。该类形式的信号被称为**纯信号**（pure signal）。这样的信号不携带任何数值，而是在任何给定时刻以存在或不存在的表述来提供所有信息。图 3-1 中的信号 *d* 也是一个纯信号。

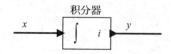

图 3-2   上一章中使用的积分器参元图标

假设计数器的运行过程如下：当一个事件出现在 *up* 输入端口时，计数器递增 *count* 的计数值，并在输出端口产生新的计数值；当一个事件出现在 *down* 输入端口时，其计数值递减，并在输出端口产生新的计数值⊖。在其他任何时刻（即两个输入端都没有事件时），该参元不产生任何输出（即 *count* 不输出）。由此，图 3-1 中的信号 *c* 可以被建模为如下形式的函数（符号定义参见附录 A）：

$$c：\mathbb{R} \longrightarrow \{absent\} \cup \mathbb{Z}$$

c 不是一个纯信号，但类似于 *u* 和 *d*，它要么存在要么不存在。与 *u* 和 *d* 不同的是，它有一个整数值。

进一步假设输入在大多数时间是不存在的，或者更为专业地说，这些输入是离散的（参见"延伸探讨：离散信号"）。计数器依次对输入序列中的每一个事件进行响应，这与积分器参元有很多不同，后者对连续输入中的一系列输入进行连续响应。

计数器的输入是一对离散信号，这些信号在某些时刻会携带一个事件（*present*），而在其他时刻则没有事件（*absent*）。该参元的输出也是一个离散信号，当有输入时其值为一个自然数，在其他时刻不存在⊖。显然，计数器仅在有输入时才会进行操作，当不存在输入时其不需要进行任何处理。因此，计数器参元就具有离散动态性。

离散系统的动态性可以描述为称为**响应**（reaction）的一系列步骤，且假设每一个响应都是瞬时的。离散系统的响应由其所处的运行环境触发。在如图 3-1 所示的例子中，当一个或多个输入事件到来时，计数器参元的响应就会被触发。也就是说，这个例子中的响应是**事件触发**的。当计数器参元的两个输入都不存在时，就不会有响应。

一个特定的响应将根据 *t* 时刻的一组输入值计算出该时刻的输出值。假设一个参元具有输入端口 $P=\{p_1,\cdots,p_N\}$，其中 p_i 是第 *i* 个输入端口的标识。又假设对于每一个输入端口 $p \in P$，一个集合 V_p 表示输入存在时端口 *p* 上接收的数值，其中 V_p 被称为端口 *p* 的**类型**。在一个响应中，我们将每一个 $p \in P$ 当作一个取值在 $p \in V_p \cup \{absent\}$ 域的变量。一组输入 *P* 的**估值**（valuation）是为每一个变量 $p \in P$ 分配 V_p 中的一个值，或者是一个断定：*p* 不存在。

如果端口 *p* 接收到一个纯信号，那么就有 $V_p=\{present\}$，这是一个单元素集（即只有一个元素的集合）。只要信号存在，其唯一可能的取值就是 *present*。因此，在一个响应中，变量 *p* 的取值将会是集合 {*present*,*absent*} 中的一个。

⊖　一个更为合理的方式是为系统设计一个可以处理 *count* 小于零的合理的错误处理机制，但我们暂时忽略这个问题。

⊖　如习题 8 所示，实际情况是输入信号是离散的并不一定表示输出信号也会是离散的。然而，本应用中汽车到达和离开的速度具有物理限制，从而确保这些信号是离散的。因此，可以安全地假设它们是离散的。

示例 3.2 对于停车场计数系统，输入端口的集合是 $P=\{up, down\}$。这两个端口分别接收纯信号，类型为 $V_{up}=V_{down}=\{present\}$。如果一辆车在 t 时刻到来且没有车辆离开，那么在该响应中，$up=present$ 且 $down=absent$。如果一辆车到达时另一辆车正在离开，则会有 $up=down=present$。如果既没有车辆到达也没有车辆离开，则两个端口的值都是 $absent$。

也可以对输出进行类似指定。考虑一个离散系统，其具有类型为 V_{q_1}, $\cdots$, V_{q_M} 的输出端口 $Q=\{q_1, \cdots, q_M\}$。在每一个响应中，系统给每一个 $q \in Q$ 分配一个值 $q \in V_q \cup \{absent\}$，并且输出这些估值。在本章，我们假定在没有响应的时刻 t，其输出均为 $absent$，由此，离散系统的输出就是离散信号。第 4 章会介绍一些输出不会被限制为离散化的系统（也可参见"摩尔和米利型状态机"）。

示例 3.3 图 3-1 中计数器参元有一个命名为 $count$ 的输出端口，由此，$Q=\{count\}$，其类型为 $V_{count}=\mathbb{Z}$。在一个响应之后，$count$ 被赋值为停车场中的车辆数量。

延伸探讨：离散信号

离散信号由时域中的瞬时事件序列构成，这里我们将更加精确地讨论这个直观的概念。

考虑一个形式为 $e: \mathbb{R} \to \{absent\} \cup X$ 的信号，其中，X 是任意值的集合。直观上，如果一个信号大多数时间都不存在且可以顺序地统计其出现的次数，那么该信号就是**离散信号**。每当其存在时，就得到一个离散事件。

同时，顺序统计事件的能力是非常重要的。例如，若对所有有理数 t，e 都存在，那么就不能称该信号是离散的，因为并不能顺序地统计该信号出现的次数。直观地讲，其并不是时间上的一个瞬时事件序列（而是时间上的瞬时事件集合）。

为了形式化地定义，令 $T \subseteq \mathbb{R}$ 是 e 为存在的时间的集合，形式如下。

$$T=\{t \in \mathbb{R} : e(t) \neq absent\}$$

如果存在一个**保证顺序性**（即保序性，order preserving）的单射函数 $f : T \to \mathbb{N}$，e 就是离散的。保序性可以简单地理解为，对于所有的 $t_1 \in T$ 与 $t_2 \in T$，若有 $t_1 \leqslant t_2$，就会有 $f(t_1) \leqslant f(t_2)$。这一单射函数的存在确保了可以以时间顺序对事件进行计数。习题 8 中讨论了关于离散信号的一些特性。

延伸探讨：将参元建模为函数

如 2.2 节一样，图 3-2 中的积分器可以被建模为如下形式的函数。

$$I_i : \mathbb{R}^{\mathbb{R}_+} \to \mathbb{R}^{\mathbb{R}_+}$$

其模型可以进一步被改写为另一种形式（符号定义参见附录 A）：

$$I_i : (\mathbb{R}_+ \to \mathbb{R}) \to (\mathbb{R}_+ \to \mathbb{R})$$

在图 3-2 中，$y=I_i(x)$，i 是积分的初值，x 和 y 是时间连续信号。例如，如果 $i=0$，且对于所有 $t \in \mathbb{R}_+$，$x(t)=1$，则有

$$y(t) = i + \int_0^t x(\tau) \mathrm{d}\tau = t$$

类似地，图 3-1 中的计数器可以被建模为如下形式的函数。

$$C_i: (\mathbb{R}_+ \rightarrow \{absent, present\})^P \rightarrow (\mathbb{R}_+ \rightarrow \{absent\} \cup \mathbb{Z})$$

其中，$\mathbb{Z}$ 是整数，P 是输入端口的集合且 $P=\{up, down\}$。A^B 表示从 B 到 A 的所有函数的集合，因此函数 C 的输入是一个定义域为 P 的函数，对于每一个端口 $p \in P$，在 $(\mathbb{R}_+ \rightarrow \{absent, present\})$ 有一个函数。反之，对于每一个时刻 $t \in \mathbb{R}_+$，后一个函数返回 *absent* 或 *present*。

3.2   状态的概念

显然，系统的**状态**（state）是其在一个特定时间点上所具有的情形。通常而言，状态会影响到系统对输入的响应。形式上，我们将状态定义为关于影响系统对现在或未来输入进行响应的已过去一切的编码。状态就是对过去的总结。

如图 3-2 所示的积分器参元。该参元具有这样的状态，即其在任意时刻 t 恰好具有与输出相同的值。该参元在时刻 t 的状态是对直至时刻 t 的输入信号的积分。为了了解子系统将会对 t 时刻及之后的输入如何响应，就必须了解 t 时刻的值是多少，而无需了解之前输入的任何情况，它们对未来的影响完全由 t 时刻的当前值获知。图 3-2 的图标中包括了一个初始状态值 i，这对于从某个起始时间开始运行而言是需要的。

积分器参元运行于连续的时间区间，对一个时间连续输入信号进行积分，每次产生的输出是输入曲线的累积面积与初始状态的和，即该参元在任意给定时间的状态是累积面积加上初始状态。前一节中的计算器参元也有状态，其状态也是一个过去输入值的累积，但它的运行是离散的。

积分器参元在 t 时刻的状态 $y(t)$ 是一个实数，由此就说积分器的**状态空间**（State Space）$States=\mathbb{R}$。图 3-1 中使用的计算器参元在 t 时刻的状态 $s(t)$ 是一个整数，由此 $States=\mathbb{Z}$。实际中停车场提供有限非负数 M 个停车位，因此计算器参元的状态空间将具有如下形式（这里假设停车场不允许进入超过停车位数量的车辆）：

$$States = \{0, 1, 2, \cdots, M\}$$

积分器参元的状态空间是无限的（实际上是无限不可数的），而停车场计数器的状态空间则是有限的。有限状态空间的离散模型被称为有限状态机。有很多强大的分析技术可用于这些模型，我们将在之后对其进行讨论。

3.3   有限状态机

状态机（State Machine）是离散动态系统的模型，每一个响应将一组输入估值映射到一组输出估值，且该映射可能依赖于它的当前状态。**有限状态机**（Finite-State Machine，FSM）即具有有限大小的可能状态集合 *States* 的状态机。

如果状态数比较少，那么就可以使用如图 3-3 所示的图形化符号方便地画出这些有限状态机。这里每个状态表示为一个气泡，表示了下述状态集合的有限状态机。

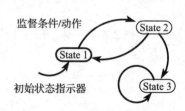

图 3-3   一个有限状态机的可视化符号表示

$$States = \{State1, State2, State3\}$$

在每个响应序列的开始，有一个**初始状态**，如图 3-3 中悬空箭头指向的 State1。

3.3.1 迁移

状态间的**迁移**（Transition）控制着状态机的离散动态性，以及输入估值到输出估值的映射。一个迁移被表示为从一个状态到另一个状态的带箭头曲线，如图 3-3 所示。迁移可以起止于同一个状态，如图 3-3 中 State3 到自身的迁移，这种迁移被称为**自迁移**（self transition）。

在图 3-3 中，State1 到 State2 的迁移标有"监督条件 / 动作"。**监督条件**（guard）决定在一个响应上是否进行状态的迁移。**动作**（action）则指定在每一个响应上将产生什么样的输出。

监督条件是一个**谓词**（布尔值表达式），其值为 true 时应该进行迁移，从该迁移的起点状态迁移到目标状态。当一个监督条件的值为 true，就说明这个迁移被**激活**。动作是对输出端口的赋值（或 *absent*）。迁移中未涉及的任何输出端口都隐式地为 *absent*。如果没有给出任何动作，那么所有的输出都隐式地为 *absent*。

示例 3.4　图 3-4 给出了停车场计数系统的有限状态机模型。输入和输出标示为符号 *name*：*type*，状态集是 *States* = {0, 1, 2, ···, *M*}。从状态 0 到状态 1 的迁移有一个监督条件，记为"*up* ∧ ¬ *down*"，这是一个在 *up* 为存在且 *down* 为不存在时估值为真的谓词。如果在一个响应中，当前状态为 0 且该监督条件的值为真，那么执行迁移且下一个状态为状态 1。另外，该动作表明输出应该被赋值 1。输出端口 *count* 并没有被显式地命名，这是因为只有一个输出端口，因此并不会有混淆。

如果状态 0 到状态 1 迁移上的监督条件简单地为 *up*，那么，当 *down* 存在时该表达式的值可能仍然为真。也就是说，当有车辆到来且同时有车辆离开时，其就不能正确地统计车辆数量。

输入：*up*, *down* : pure
输出：*count* : {0, ···, *M*}

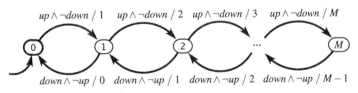

图 3-4　图 3-1 中停车场计数器的 FSM 模型

如果 p_1 和 p_2 是离散系统的纯输入，那么，以下示例就是一些有效的监督条件。

true	迁移一直被激活。
p_1	当 p_1 存在时迁移被激活。
¬ p_1	当 p_1 不存在时迁移被激活。
p_1 ∧ p_2	当 p_1 与 p_2 都存在时迁移被激活。
p_1 ∨ p_2	当 p_1 或 p_2 任一存在时迁移被激活。
p_1 ∧ ¬ p_2	当 p_1 存在且 p_2 不存在时迁移被激活。

这些是标准的逻辑操作，其中存在（*present*）与 true 是同义词，而不存在（*absent*）与 false 有相同含义。符号 ¬ 表示逻辑**否定**（或逻辑非）。运算符 ∧ 是逻辑**合取**（逻辑与，

AND），∨ 是逻辑**析取**（逻辑或，OR）。

假设离散系统还有类型 V_{p_3}=N 的第三个输入端口 p_3，下面给出一些有效监督条件的例子。

p_3	当 p_3 存在时迁移被激活。
$p_3=1$	当 p_3 存在且值为 1 时迁移被激活。
$p_3=1 \wedge p_1$	当 p_3 值为 1 且 p_1 存在时迁移被激活。
$p_3>5$	当 p_3 存在且值大于 5 时迁移被激活。

示例 3.5 全球能源的一个主要用途是采暖（Heating）、通风（Ventilation）和空气调节（Air Conditioning）（简写为 HVAC）。精确的温度动态特性模型以及温度控制系统可以有效改善节能效果。建模可以从一个复杂度适中的**恒温器**（thermostat）开始，其调节温度并将温度保持在一个**设置点**或者目标温度。"thermostat" 一词来源于希腊语中的 "热" ⊖ 和 "持续" ⊜ 这两个词的组合。

考虑由具有状态集 $States$={heating,cooling} 的有限状态机所建模的恒温器，如图 3-5 所示，且假设设置点是 20℃。如果加热器打开，那么恒温器允许温度高过设置点至 22℃。如果加热器是关闭的，恒温器允许温度降低至 18℃。这个策略被称为迟滞（hysteresis，参见 "延伸探讨：迟滞"），其有效地避免了**抖动**（chattering），即：当温度接近于设置点温度时加热器反复地快速打开和关闭。

输入：$temperature : \mathbb{R}$
输出：$heatOn, heatOff : pure$

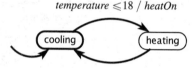

图 3-5 具有迟滞特性的恒温器模型

该模型有一个类型为 $\mathbb{R}$ 的单输入 $temperature$，以及两个纯输出 $heatOn$ 与 $heatOff$，仅当加热器的状态需要改变时（例如，当其是打开的且要被关闭时，或者它是关闭的而需要被打开时）这些输出为 $present$。

类似于停车场计数器，图 3-5 中的有限状态机可以是事件触发的，在这种情形下，只要输入 $temperature$ 它都将进行响应。其也可以是**时间触发**（time triggered）的，这意味着它会以规律的时间间隔响应。在这两种情形下，该有限状态机的定义并未发生改变。这取决于有限状态机进行响应时它所运行的环境。

在一个迁移上，**动作**（即斜线后的部分）确定实施迁移时将要在输出端口上输出的估值。如果 q_1 和 q_2 是纯输出，且 q_3 的类型为 N，那么以下就是一组有效的动作。

q_1	q_1 是存在的且 q_2 和 q_3 是不存在的。
q_1, q_2	q_1 和 q_2 是存在的且 q_3 是不存在的。
$q_3:=1$	q_1 和 q_2 是不存在的，q_3 是存在的且值为 1。
$q_3:=1,q_1$	q_1 是存在的，q_2 是不存在的，q_3 是存在的且值为 1。
	（全无）q_1、q_2 和 q_3 都是不存在的。

对于所执行的迁移中没有提及的任何输出端口，其值都隐含地为 $absent$。当给一个输出端口赋值时，我们使用符号 $name:=valu$ 来区别**赋值**和写为 $name=value$ 形式的谓词。如图 3-4 所示，如果只有一个输出，该赋值就不需要使用端口名。

⊖ 希腊语 $thermos$。——译者注

⊜ 希腊语 $statos$。——译者注

延伸探讨：迟滞

示例 3.5 中的恒温器呈现了状态依赖行为的一个特殊形式，即迟滞。迟滞被用于防止抖动。具有迟滞特性的系统是有记忆的，同时还具有另外一个称为时间尺度**不变性**（time-scale invariance）的有用特性。在示例 3.5 中，作为时间函数的输入信号是如下形式的信号。

$$temperature : \mathbb{R} \rightarrow \{absent\} \cup \mathbb{R}$$

由此，$temperature(t)$ 是 t 时刻读取的温度值，或者在该时刻没有读取温度，其值为 $absent$。作为时间的函数，输出具有如下形式。

$$heatOn, heatOff : \mathbb{R} \rightarrow \{absent, present\}$$

假如对于某些 $\alpha > 0$，输入不是 $temperature$，而是由下式给出。

$$temperature'(t) = temperature(\alpha \cdot t)$$

当 $\alpha > 1$ 时，那么输入随时间的变化较快，然而当 $\alpha < 1$ 时，输入的变化就会较慢。对于这两种情形，输入模式是相同的。进而，该有限状态机中的输出 $heatOn'$ 和 $heatOff'$ 可以由如下形式给出。

$$heatOn'(t) = heatOn(\alpha \cdot t), \quad heatOff'(t) = heatOff(\alpha \cdot t)$$

时间比例不变性意味着在输入端缩放时间轴的比例会引起输出端时间轴比例的缩放，因此，绝对的时间尺度是无关紧要的。

恒温器的另一个可替代实现是采用一个单温度阈值，其不考虑温度，而是要求加热器保持至少一个最小时间量的打开或关闭状态。这样的设计效果参见习题 2。

支持有限状态机（FSM）的软件工具

有限状态机被用于理论性的计算机科学与软件工程已有相当长的一段时间（Hopcroft and Ullman, 1979）。大量软件工具支持有限状态机的设计与分析，尤其是层次化有限状态机的并发组合标记法——Statecharts（Harel, 1987），其已经影响了诸多其他工具。最先支持 Statecharts 符号的工具是 STATEMATE（Harel et al., 1990），其之后发展为由 IBM 销售的 Rational Rhapsody。近年来还陆续出现了很多 Statecharts 的变体（von der Beeck, 1994），其中一些现在几乎被每一款提供 UML（Unified Modeling Language，统一建模语言）功能（Booch et al., 1998）的软件工程工具所支持。SyncCharts（André, 1996）是一款特别优秀的版本，其为并发有限状态机的组合借鉴了 Esterel 的严格语义（Berry and Gonthier, 1992）。LabVIEW 支持 Statecharts 的一个变体，其可以在数据流图中操作。同时，带有状态流扩展的 Simulink 支持可以在时间连续模型中进行操作的演化版本。

3.3.2　响应

状态机的定义中没有给出关于何时做出响应的任何约束，而是由所处的环境来决定状态机的响应时机。第 5 章和第 6 章阐述了与之相关的不同机制，并给出了如事件触发、时间触发等术语的精确含义。在本部分，我们只关心状态机进行响应时会做什么。

当环境确定状态机应该响应时，输入端将有一个估值。状态机将为输出端口分配一个估值，并（可能）改变到一个新状态。如果在当前状态引出的任何迁移上都不存在结果为 true 的监督条件，状态机将保持在当前状态。

在一个响应中，所有的输入可能都为 *absent*。即使在该情形下，一个监督条件的计算结果也可能为 true，此时将执行一个迁移。如果输入为 *absent*，而且当前状态引出的任何迁移上监督条件的估值均不为 *true*，那么该状态机将出现**卡顿**（stutter）。**卡顿式**响应表示输入和输出都是 *absent* 且状态机不改变状态，即状态机没有进展也没有任何改变。

示例 3.6 在图 3-4 中，如果任一响应中两个输入都为 *absent*，那么状态机将会出现"卡顿"。如果当前处于状态 0，且输入 *down* 为 *present*，那么在仅有的迁移上其监督条件估值为 *false*，状态机维持在原状态。然而，因为输入并非全部都是 *absent*，我们并不将其称为卡顿式响应。

有限状态机模型的主要优点是它们定义了所有可能的行为。示例 3.1 中对于停车场计数器的非形式化描述没有明确地说明如果计数值为 0 且有车辆离开时将会发生什么。但图 3-4 中的模型定义了这种情况下会发生什么：计数值依旧为 0。由此，基于有限状态机模型就可以进行形式化检验，以确定特定的行为是否满足实际期望。非形式化描述不能用于形式化测试，或者至少不能完全进行这样的测试。

尽管看上去图 3-4 中的模型没有定义状态为 0 且 *down*
为 *present* 时会发生什么，但它会隐含地做出这样的响应：
状态保持不变、没有输出。该图中并没有显式地给出这个
响应，但有时强调这些响应是有用的，则可以将这些响应
显式地标出。一个便捷的处理方法是使用一个**默认迁移**
（default transition），如图 3-6 所示，其用虚线表示且标记为
" true /"。如果没有非默认迁移被激活，且它的监督条件结
果为 true，该默认迁移就会被激活。由此，在图 3-6 中，如
果 *up* ∧ ¬ *down* 的值为 false，默认迁移就会被激活。

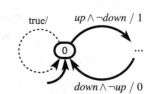

图 3-6　不需要显式标示的默认
迁移，其返回当前状态
且没有输出

默认迁移提供了便捷的标记方法，但它们并非实际所需的。任一默认迁移都可以被替换为一个具有合适监督条件的普通迁移。例如，在图 3-6 中我们就可以采用一个具有监督条件 ¬ (*up* ∧ ¬ *down*) 的普通迁移。

在状态机的逻辑图中，普通迁移与默认迁移的使用也可以看作一种为迁移分配优先级的方式。普通迁移较默认迁移拥有更高的优先级，即：当两个迁移都有估值为 true 的监督条件时，普通迁移优先。一些面向状态机的形式化方法支持多于两个级别的优先级。例如，SyncCharts（André, 1996）给每一个迁移分配一个整数优先级。这可以使得监督条件表达式更简化，但代价是必须在图中指出优先级。

3.3.3　更新函数

有限状态机的图形化表示定义了状态机动态性的特定数学模型。具有与图形化表示相同含义的数学表示有时也被证明是非常方便的，特别是对那些图形化表示方法难以处理的大型状态机。在这样的数学表示中，一个有限状态机会被定义为以下五元组。

$$(States, Inputs, Outputs, update, initialState)$$

其中：
- *States* 是一个有限状态集；
- *Inputs* 是输入估值的集合；

- *Outputs* 是输出估值的集合；
- *update* : *States* × *Inputs* → *States* × *Outputs* 是一个**更新函数**（update function），其功能是将一个状态和输入估值映射为下一个状态和输出估值；
- *initialState* 是一个初始状态。

有限状态机就是在一个响应序列中运行转换。在每一次响应中，状态机有一个当前状态，且该响应可以迁移到下一个状态，即下一个响应的当前状态。我们可以将初始状态编号为 0。具体来讲，我们用 $s : \mathbb{N} \to States$ 作为给出响应 $n \in \mathbb{N}$ 时状态机状态的函数，初始时有 $s(0)=initialState$。

令 $x : \mathbb{N} \to Inputs$ 和 $y : \mathbb{N} \to Outputs$ 分别表示每一次响应中的输入和输出估值。由此，$x(0) \in Inputs$ 是第一个输入估值，$y(0) \in Outputs$ 是第一个输出估值。状态机的动态性可以由式（3.1）所示方程给出，其根据当前状态和输入给出了下一个状态和输出。更新函数将状态机中的所有迁移、监督条件和输出进行编码，该函数也常被称为**迁移函数**（transition function）。

$$(s(n + 1), y(n)) = update(s(n), x(n)) \tag{3.1}$$

另外，输入、输出估值也有其天然的数学形式。假定一个状态机拥有一组端口 $P=\{p_1, \cdots, p_N\}$，其中每一个端口 $p \in P$ 拥有一个相应的类型 V_p。那么，*Inputs* 就是如下形式的函数集合。

$$i : P \to V_{p_1} \cup \cdots \cup V_{p_N} \cup \{absent\}$$

对于每一个 $p \in P$，$i(p) \in V_p \cup \{absent\}$ 给出端口 p 的值。因此，函数 $i \in Inputs$ 是输入端口的估值。

示例 3.7 图 3-4 中的有限状态机可以表示为如下数学形式。

$States=\{0, 1, \cdots, M\}$
$Inputs=(\{up, down\} \to \{present, absent\})$
$Outputs=(\{count\} \to \{0, 1, \cdots, M, absent\})$
$initialState=0$

对于所有的 $s \in States$ 和 $i \in Inputs$，更新函数的定义如式（3.2）。

$$update(s, i) = \begin{cases} (s+1, s+1) & 若 \ s < M \\ & \wedge i(up) = present \\ & \wedge i(down) = absent \\ (s-1, s-1) & 若 \ s > 0 \\ & \wedge i(up) = absent \\ & \wedge i(down) = present \\ s, absent & 其他 \end{cases} \tag{3.2}$$

请注意，输出估值 $o \in Outputs$ 是形式为 $o : \{count\} \to \{0, 1, \cdots, M, absent\}$ 的一个函数。在式（3.2）中，第一项给出的输出估值为 $o=s+1$，其含义是对于所有 $q \in Q=\{count\}$ 都有常函数 $o(q)=s+1$。当有多个输出端口时，还需要清楚表示哪个输出值被分配给哪个输出端口。在该类情形下，就可以使用与之前图中用于动作的相同符号。

3.3.4　确定性与接受性

本节给出的状态机有以下两个重要特性。

确定性（Determinacy）：如果对于每一个状态，每个输入值最多激活一个迁移，那么该状态就是**确定性的**。因为 *update* 是一个函数而不是一个一对多的映射，所以，以上所给出有限状态机的形式化定义就可以确保状态机是确定性的。然而，采用监督条件的迁移图形化标记没有这样的约束，其仅当自每个状态引出的迁移上的这些监督条件不重叠时，该状态机才会是确定的。注意，一个确定状态机是**确定的**，意味着给定相同的输入将产生相同的输出。然而，并非每一个确定状态机都是确定性的。

接受性（Receptiveness）：如果对于每个状态，对于各输入符号至少存在一个可能的迁移，那么这个状态机就是**可接受的**。换句话说，接受性保证状态机总是准备好对任何输入做出反应，而不会在任何状态中"卡住"。在上述有限状态机的形式化定义中，因为 *update* 是一个函数而不是一个偏函数（partial function），因此可以确保状态机是可接受的。且对于每个状态和输入值，该函数都被明确地定义。另外，在我们的符号表示中，存在的默认迁移已经确保了给出的所有状态机也都是可接受的。

由此，如果一个状态机既是确定性的又是可接受的，那么对于每个状态，每一个输入值都会正好有一个可能的迁移。

摩尔和米利型状态机

本章中讨论的状态机被称为**米利型状态机**（Mealy machine），贝尔实验室工程师 George H. Mealy 在 1955 年发布了该类状态机的描述（Mealy, 1955），之后其即以他的名字命名。米利型状态机的特点在于只要执行迁移就会产生输出。另一个是**摩尔型状态机**（Moore machine），其特点在于当状态机在一个状态中时即会产生输出，而并非转移发生时。也就是说，输出由当前状态决定，而不是当前的迁移。摩尔型状态机以贝尔实验室的工程师 Edward F. Moore 的名字命名，他在 1956 年的一篇文章中对该状态机进行了描述（Moore, 1956）。

这些状态机之间的区别不大但都非常重要。两个状态机都是离散系统，且它们的操作包括了一个离散响应序列。对于摩尔型状态机，每一个响应产生的输出由当前状态决定（在响应的开始而不是结束），由此，响应时的输出不依赖于同时刻的输入。也就是说，输入决定激活哪一个迁移，而不是该响应会有什么输出。因此，摩尔型状态机具有严格的因果特性。

停车场计数器的摩尔型状态机如图 3-7 所示。输出使用了斜线符号，其呈现在状态中而不是迁移上。然而请注意，该状态机并不等同于图 3-4 中的状态机。为了理解这一点，我们假设在第一个响应上有 *up=present* 且 *down=absent*，该时刻图 3-7 中状态机的输出为 0，而在图 3-4 中则为 1。摩尔型状态机的输出代表当有车辆到来时停车场中车辆的数量，而不是车辆到来之后的车辆数。相反地假设在第一个响应中有 *up=down=absent*。那么此时的输出在图 3-7 中为 0，在图 3-4 中为 *absent*。当摩尔型状态机进行响应时，通常会给出与当前状态相关联的输出。除非由一个迁移显式地给出输出，米利型状态机不会产生任何输出。

任何摩尔型状态机都可以被转换为等价的米利型状态机。一个米利型状态机也可以转换为一个几乎等价的摩尔型状态机，其差异仅体现为在下一个响应而不是在当前响应中产生输出。我们使用米利型状态机是因为它们更加紧凑（用更少的状态来表示系统的功能），且便于产生对输入进行瞬时响应的输出。

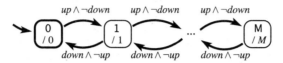

输入：*up*, *down*: pure
输出：*count*: $\{0, \cdots, M\}$

图 3-7　面向停车场车辆计数系统的摩尔型状态机（请注意：这与图 3-4 中的状态机不等价）

3.4　扩展状态机

当状态数量扩大时，有限状态机的符号表示就变得有些难以适从了。图 3-4 中的停车场计数器清楚地说明了这一点。如果 M 是一个大值，"圆泡 + 弧线"的图标符号表示就变得有些困难，这也是我们在图中非正式地使用了省略号"$\cdots$"的原因。

扩展状态机（extended state machine）通过使用变量扩展有限状态机模型来解决这个问题，这些变量作为在状态间进行迁移操作的一部分，可以被读或者写。

示例 3.8　利用图 3-8 中的扩展状态机，图 3-4 中的停车场计数器就可以表示得更加简洁。该图给出了一个变量 c，在左上部显式声明以表明 c 是一个变量，而不是一个输入或输出，指向初始状态的迁移将该变量初始化为 0。

然后，当输入 *up* 为 *present*、*down* 为 *absent* 且变量 c 小于 M 时，上部的自循环迁移被激活。执行该迁移时，状态机会产生一个输出值为 $c+1$ 的输出 *count*，之后，c 的值加 1。

当输入 *down* 为 *present*、*up* 为 *absent* 且变量 c 大于 0 时，下部的自循环迁移被激活。在执行这个迁移时，输出一个值 $c-1$，之后，c 的值减 1。

注意，M 是一个参数而并非一个变量。具体来说，假定其值在整个执行过程中不变。

变量：c: $\{0, \cdots, M\}$
输入：*up*, *down*: pure
输出：*count*: $\{0, \cdots, M\}$

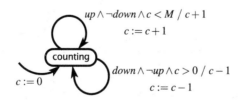

图 3-8　图 3-4 停车场计数器的扩展状态机

扩展状态机的常用符号如图 3-9 所示，其与图 3-3 所示的基本有限状态机符号有三个方面的不同。首先，显式地给出变量声明，以便于确定监督条件中的标识符或动作是否使用一个变量或者一个输入或输出。其次，在初始阶段，被声明的变量会被初始化，其初始值显示在指向初始状态的迁移上。第三，迁移以如下形式标注：

监督条件 / 输出动作
设置动作

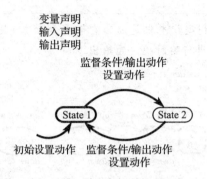

图 3-9 扩展状态机的表示方法

除了引用了变量之外，其监督条件和输出动作均与标准有限状态机相同。当迁移发生时，在监督条件被估值且已经产生输出后，新增加的**设置动作**将会指定变量的值。由此，如果监督条件或者输出动作引用了一个变量，该变量的值是赋值设置动作之前的值。如果有多个设置动作，这些赋值将顺序实施。

扩展状态机还可以提供一个简易的方式来跟踪时间的流逝。

示例 3.9 图 3-10 给出了一个表示人行道交通灯的扩展状态机。这是一个时间触发的状态机，并假设每秒响应一次。状态机以红灯（red）状态开始，且用变量 count 来计数 60s。随后，其转换为绿灯（green）状态，将保持至纯输入 *pedestrian* 变为 *present*。这个输入是可以被生成的，如可以由行人按下"请求通过"按钮来触发。当 *pedestrian* 为 *present* 时，如果它已在绿灯状态保持至少 60s，那么状态机就转换至黄灯（yellow）状态。否则，它切换到挂起（pending）状态并在 60s 间隔的剩余时间内一直保持。这确保了一旦交通灯变为绿灯，其至少会保持 60s。在 60s 结束时，它将转为黄灯状态，并在转回红灯之前保持 5s 的黄灯。

状态机产生的输出是 *sigG*、*sigY*、*sigR*，分别为打开绿灯、黄灯与红灯。

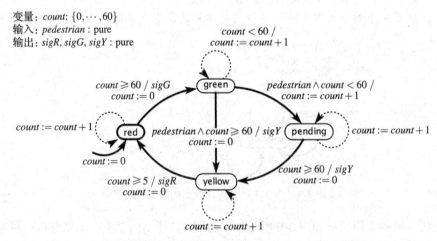

图 3-10 交通灯控制器的扩展状态机模型（假设在规律的间隔运行）

扩展状态机的状态不仅包括了状态机所处离散状态（圆泡图标所示）的信息，还包括了变量的值。扩展状态机可能的状态数量会因此变得非常大，甚至是无限大。如果有 *n* 个离散状态以及 *m* 个变量（每个变量的值是 *p* 个可能值中的一个），那么状态机的状态空间大小表示为如下形式：

$$|States| = np^m$$

示例 3.10 对于图 3-8 中的停车场计数器，有 $n=1$，$m=1$ 以及 $p=M+1$，因此其状态的总数是 $M+1$。

扩展状态机可以是也可以不是有限状态机。特别是，p 为无限数量的情形并不罕见。例如，一个变量可以在自然数 N 中取值，此时状态的数量就会是无限大。

示例 3.11 修改图 3-8 中的状态机，使顶部迁移的监督条件为 $up \wedge \neg down$，而不再是 $up \wedge \neg down \wedge c<M$，那么，该状态机就不再是一个有限状态机。

一些状态机具有一些永远不可达的状态，由此**可达状态**（reachable state）集合（在某输入序列上可以从初始状态到达的所有状态）就可能比状态集合更小。

示例 3.12 虽然在图 3-10 中仅有 4 个圆泡，但实际状态的数量要比这多得多。变量 *count* 具有 61 个可能的取值且有 4 个圆泡，其组合就共有 $61 \times 4 = 244$ 个，由此状态空间的规模为 244。然而，并非所有的状态都是可达的。特别是在黄灯状态时，*count* 变量仅取 6 个值即 $\{0, \cdots, 5\}$ 中的一个。因此，该状态机的可达状态数量就是 $61 \times 3+6 = 189$ 个。

3.5 非确定性

大多数引人关注的状态机都会对输入做出反应并产生输出，这些输入必须来自于"某处"，且输出必须去往"某处"。我们将这个"某处"称为状态机的**环境**（environment）。

示例 3.13 图 3-10 中的交通灯控制器有一个纯输入信号，即 *pedestrian*。当行人到达人行横道时该输入为 *present*，而交通灯则保持为绿灯直至有行人到来。其他一些子系统被用于产生 *pedestrian* 事件，如可假定响应行人按下请求通过的按钮。该子系统是图 3-10 中有限状态机环境的一部分。

随之而来的是如何对环境进行建模的问题。在交通灯示例中，我们可以构造城市中的行人流模型来服务于这个目标，但这可能是非常复杂的模型，而且也可能比所需要的更为详细。但我们必须要忽视一些无关紧要的细节，专注于交通灯的设计。这一点可以通过使用非确定性状态机来做到。

示例 3.14 图 3-11 中的有限状态机对到达人行道的行人进行建模，人行道具有如图 3-10 所示的交通灯控制器。这个有限状态机有三个输入，且假定均来自图 3-10 的输出。它的单个输出 *pedestrian* 将为图 3-10 提供输入。

状态机的初始状态为 crossing（其原因参见习题 6）。当接收到 *sigG* 时，状态机会转换到 none 状态。由这个状态引出的两个迁移都有值为 true 的监督条件，说明它们是一直被激活的。由于两个都被激活，那么状态机就是不确定的。状态机可能停留在相同状态且不产生输出，或者转换到 waiting 状态并产生纯输出 *pedestrian*。

这个状态机与图 3-10 中的状态机之间的交互是非常微妙的。习题 6 考虑了这个设计上的变化，而且我们会在第 5 章深入学习这两个状态机的组合。

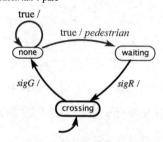

输入：*sigR*, *sigG*, *sigY* : pure
输出：*pedestrian* : pure

图 3-11   行人到达人行道的非确定模型

如果对于状态机的任何状态存在两个或多个不同迁移，且其在同一响应中监督条件的估值都为 *true*，那么这样的状态机就是**非确定性的**。在该类状态机的图中，使状态机变得非确定的迁移都被标为灰色[⊖]。在图 3-11 所示的例子中，状态 none 上存在的迁移就会导致状态机的不确定性。

另外，也可以定义出具有多个初始状态的状态机，这样的状态机也是非确定性的。习题 6 中给出了这样的一个例子。

在这两种情形中，非确定性有限状态机给出了一个可能的响应族，而不再是单个响应。在操作上，该族中的所有响应都是可能的。非确定性有限状态机根本没有对这些不同响应的可能性给出说明。例如，在图 3-11 的状态 none 中一直采用自循环迁移是完全正确的。一个确定了可能性（以概率的形式）的模型是**随机模型**（stochastic model），其与非确定性模型完全不同。

3.5.1   形式化模型

形式化地，一个**非确定性有限状态机**被表示为类似于确定性有限状态机的五元组，形式如下。

$$(States, Inputs, Outputs, possibleUpdates, initialStates)$$

前三个元素与确定性有限状态机中的定义完全相同，但后两个有所区别，具体说明如下。

- *States* 是一个有限状态集；
- *Inputs* 是输入估值的集合；
- *Outputs* 是输出估值的集合；
- *possibleUpdates* ： $States \times Inputs \rightarrow 2^{States \times Outputs}$ 是一个**更新关系**（update relation），其将一个状态和输入估值映射到一组可能的"（下一状态，输出估值）"对；
- *initialStates* 是一个初始状态的集合。

函数 *possibleUpdates* 的定义形式说明了，对于给定的当前状态以及输入估值，可能会存在多个下一状态和 / 或输出估值，其到达域是 *States* × *Outputs* 的幂集。我们将 *possibleUpdates* 函数看作一个更新关系（*relation*），以强调该差异。**迁移关系**（transition relation）一词也常常被用来代替更新关系。

为了包含非确定性有限状态机可以有多个初始状态这一实际情况，*initialStates* 被定义为一个集合而不是 *States* 中的单独元素。

⊖ 原著中为红色。——译者注

示例 3.15 图 3-11 中的有限状态机可以被形式化地表示为如下形式。

States={none, waiting, crossing}

Inputs=({*sigG, sigY, sigR*} → {*present, absent*})

Outputs=({*pedestrian*} → {*present, absent*})

initialStates={crossing}

进而，对于所有的 *s* ∈ *States* 和 *i* ∈ *Inputs*，可以给出如下更新关系。

$$possibleUpdates(s,i) = \begin{cases} \{(none, absent)\} & \\ \qquad 若\ s = \text{crossing} & \\ \qquad\quad \wedge i(sigG) = present & \\ \{(none, absent), (waiting, present)\} & \\ \qquad 若\ s = \text{none} & \\ \{(crossing, absent)\} & \\ \qquad 若\ s = \text{waiting} & \\ \qquad\quad \wedge i(sigR) = present & \\ \{(s, absent)\}\ 其他 & \end{cases} \quad (3.3)$$

请注意，一个输出估值 *o* ∈ *Outputs* 是一个形式为 *o*: {*pedestrian*} → {*present, absent*} 的函数。在式（3.3）中，第二项给出了两个可能的结果，反映出该状态机的非确定性。

3.5.2　非确定性的用途

非确定性本身是一个很有意思的数学概念，其在嵌入式系统建模中也有两个主要用途。

环境建模（Environment Modeling）：隐藏与环境运行情况无关的细节通常是有用的，但这会导致非确定性有限状态机模型。我们已经在图 3-11 中看到过该类环境建模的例子。

规格（Specification）：系统规格对某些系统特性提出了要求，而其他特性则不受约束。非确定性在这种设定中也是一个有用的建模技术。例如，考虑交通灯循环顺序遍历 red、green、yellow 的规格，而不考虑输出之间的时间。图 3-12 中的非确定性有限状态机对这个规格进行了建模，每个迁移上的监督条件为 true 表示可以在任一步进行迁移。技术上讲，这意味着对于 *Inputs* 中的任何输入估值每一个迁移都可以被激活。

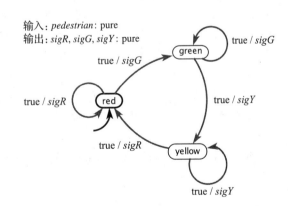

图 3-12　指定交通灯顺序但不指定时间的非确定性有限状态机（注意：其忽略了输入 *pedestrian*）

3.6　行为与轨迹

有限状态机具有离散动态性。如 3.3.3 节那样，我们可以去掉时间的变化并且仅考虑响应的序列，而不用关心响应何时发生。我们不必明确地讨论两个响应之间间隔的时间，因为这实际上与有限状态机的行为无关。

考虑状态机的一个端口 *p*，其类型为 V_p。这个端口上将有一个来自集合 $V_p \cup \{absent\}$

的值的序列，每个响应都对应一个值。我们可以将这个序列表示为如下形式的函数（其是输入端口上接收的信号或输出端口上产生的信号）。

$$s_p: \mathbb{N} \to V_p \cup \{absent\}$$

状态机的**行为**（behavior）即将这样的信号分配到每个端口，使得任何输出端口上的信号都是针对给定输入信号所产生的输出序列。

示例 3.16 图 3-4 中的停车场计数器具有输入端口集合 $P=\{up, down\}$，类型为 $V_{up}=V_{down}=\{present\}$，且输出端口是类型为 $V_{count}=\{0, \cdots, M\}$ 的集合 $Q=\{count\}$。如下给出一个输入序列的例子。

$$s_{up}= (present, absent, present, absent, present, \cdots)$$
$$s_{down}= (present, absent, absent, present, absent, \cdots)$$

对应地会有如下输出序列：

$$s_{count}= (absent, absent, 1, 0, 1, \cdots)$$

s_{up}、s_{down} 与 s_{count} 这三个信号一起构成了状态机的一个行为。如果令：

$$s'_{count}=(1, 2, 3, 4, 5, \cdots)$$

那么，s_{up}、s_{down} 与 s'_{count} 这三个信号就不能构成状态机的一个行为。信号 s'_{count} 不是在对这些输入进行响应时产生的。

确定性状态机具有这样的特性，即对于输入序列的每个集合都恰好有一个行为。也就是说，如果输入序列已知，那么输出序列就是完全确定的，即状态机是确定的。这样的状态机可以被看作一个将输入序列映射到输出序列的函数。非确定性状态机可以有共享相同输入序列的多个行为，因此并不能被看作一个将输入序列投射到输出序列的函数。

状态机 M 所有行为的集合被称为它的**语言**（language），记为 $L(M)$。由于我们的状态机是可接受的，因此，它们的语言常常包括了所有可能的输入序列。

一个行为可以被更加方便地表示为一个估值的序列，称为**可观察轨迹**（observable trace）。令 x_i 和 y_i 分别表示在响应 i 中输入端口的估值和输出端口的估值，那么一个可观察的轨迹就是如下一个序列（实际上，可观察的轨迹正是行为的另一种表示）：

$$((x_0, y_0), (x_1, y_1), (x_2, y_2), \cdots)$$

能够对贯穿于一个行为的状态进行推理常常是很有用的。**执行轨迹**（execution trace）包括了状态路径，可以被写为如下序列（其中，$s_0=initialState$）：

$$((x_0, s_0, y_0), (x_1, s_1, y_1), (x_2, s_2, y_2), \cdots)$$

进而，这可以较为图形化地表示为如下形式：

$$s_0 \xrightarrow{x_0/y_0} s_1 \xrightarrow{x_1/y_1} s_2 \xrightarrow{x_2/y_2} \cdots$$

如果对于所有的 $o \in \mathbb{N}$，有 $(s_{i+1}, y_i) = update(s_i, x_i)$（对于确定性状态机而言），或者 $(s_{i+1}, y_i) \in possibleUpdates(s_i, x_i)$（对于非确定性状态机而言），即一个执行轨迹。

示例 3.17 再次考虑图 3-4 中的停车场计数器，其具有来自示例 3.16 的相同输入序列 s_{up} 和 s_{down}，那么相应的执行轨迹可以记为如下形式。

$$0 \xrightarrow{up \wedge down/} 0 \xrightarrow{/} 0 \xrightarrow{up/1} 1 \xrightarrow{down/0} 0 \xrightarrow{up/1} \cdots$$

这里，我们使用了与 3.3.1 节迁移中所使用的估值相同的简写。例如，标记 "$up / 1$" 表

示 *up* 是 *present*, *down* 是 *absent*, *count* 的值为 1。请注意, 任何可以清晰、无混淆地表示输入和输出估值的符号都是可接受的。

对于一个非确定性状态机, 可表示特定输入序列对应的所有可能的轨迹, 甚至全部可能的输入序列所对应的全部可能轨迹, 是有意义的。这可以通过**计算树**(computation tree)来实现。

示例 3.18 考虑图 3-12 中的非确定性状态机。图 3-13 给出了任何输入序列上前三个响应的计算树。树中的结点是状态, 边上标记了输入和输出估值, 其中 true 表示任何输入估值。

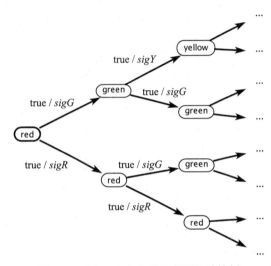

图 3-13 图 3-12 中有限状态机的计算树

3.7 小结

本章介绍了使用状态机对具有离散动态特性的系统进行建模的方法, 给出了一个适合于有限状态机的图形化标记, 以及一个可以简洁地表示大规模状态的扩展状态机模型, 同时给出了使用集合与函数而不是可视符号的数学模型。数学表示法可以被用来保证模型的精确解释, 以及证明模型的相关特性。本章还讨论了非确定性, 其提供了更为方便的抽象, 可以简洁地表示行为集合。

习题

1. 考虑 3.1 节中计数器简化版的事件计数器 EventCounter, 其符号表示如下。

这个参元以状态 i 开始, 并在输入事件到来时, 递增该状态并将新值发送到输出端。因此, e 是纯信号, c 的形式为 $c: \mathbb{R} \to \{absent\} \cup \mathbb{N}$, 假设 $i \in \mathbb{N}$。假定将在气象站使用这样的计数器, 对温度高过某阈值的次数进行计数。本题的任务是为事件计数器生成一个合理的输入信号 e, 请创建如

下几个不同版本的模型。对于所有版本，请设计一个状态机，其输入为信号 $\tau : \mathbb{R} \to \{absent\} \cup \mathbb{Z}$，每小时提供一次当前温度（摄氏度），输出 $e : \mathbb{R} \to \{absent, present\}$ 是一个进入事件计数器的纯信号。

（a）对于第一个版本，每当输入为 *present* 且高于 38℃时，状态机只会产生一个 *present* 输出；否则，输出为 *absent*。

（b）对于第二个版本，状态机应该具有迟滞性。具体来说，在输入第一次高于 38℃时状态机应该产生一个 *present* 输出；随后，当温度从最后一次输出为 *present* 起下降到 36℃以下并且又上升到 38℃以上时，状态机就会输出 *present*。

（c）对于第三个版本，状态机中应该实现（b）中相同的迟滞性，但每天最多产生一个 *present* 输出。

2. 考虑示例 3.5 中的恒温器变体。该变体中仅有一个温度门限值，同时，为了避免抖动，该恒温器至少要在一段固定的时间里保持加热器在打开或关闭状态。在初始状态中，如果温度低于或等于 20℃，其打开加热器并保持至少 30s。之后，如果温度高于 20℃，它将关闭加热器并保持至少 2 min。在温度低于或等于 20℃时，其将再次打开加热器。

（a）设计一个行为如上所述的有限状态机，假设其每隔 30s 响应一次。

（b）所设计的恒温器有多少可能的状态？这些状态的数量是否为最少？

（c）所建恒温器的模型是否具有时间比例不变这一特性？

3. 参照如下状态机。

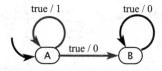

输出: $y : \{0, 1\}$

请判断如下叙述是否成立，并给出理由：

输出最终将是一个常数 0，或者常数 1。也就是说，对于 $n \in \mathbb{N}$，在第 n 个响应之后，每一个后续响应中的输出要么为 0，要么为 1。

注意，第 13 章给出了一些可以使这些叙述更加准确并对其进行推理的机制。

4. 如下状态机有多少可达状态？

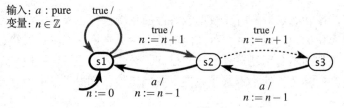

输入: a : pure
变量: $n \in \mathbb{Z}$

5. 考虑简单交通灯的确定性有限状态机，如图 3-14 所示。

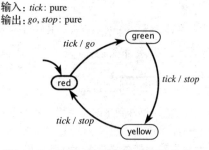

输入: *tick* : pure
输出: *go*, *stop* : pure

图 3-14 习题 5 的确定性有限状态机

（a）以如下五元组的形式给出该状态机形式化描述。

(States, Inputs, Outputs, update, initialState)

（b）给出一个长度为 4 的状态机执行轨迹，假定每一个响应上的输入 *tick* 是 *present*。

（c）考虑将 red 和 yellow 状态合并为一个单独的状态 stop，此时，原来这些状态上的迁移都被引至新的 stop 状态，其他的迁移以及输入、输出保持不变。stop 状态是新的初始状态。那么，所得到的状态机是确定性的吗？请说明原因。如果其是确定性的，请给出长度为 4 的轨迹的前缀。如果是非确定性的，请画出深度为 4 的计算树。

6. 本题考虑图 3-11 中有限状态机的变体，其对到达人行道的行人进行建模。假设人行道的交通灯由图 3-10 中的有限状态机所控制。在所有情形下，假设一个时间触发的模型，其中行人模型与交通灯模型均是每秒响应一次。进而，假设在每一次响应中，每个状态机将另一个状态机在同一响应中的输出看作输入（该组合形式被称为同步组合，将在第 6 章介绍）。

（a）替代图 3-11 中的模型，我们使用如下有限状态机模型对行人的到来行为进行建模。

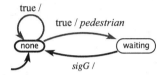

请找出一个轨迹，行人到达（上面的状态机迁移到 waiting 状态）但并不允许通过。也就是说，在行人到来之后，交通灯不会进入 red 状态。

（b）替代图 3-11 中的模型，我们使用如下有限状态机来建模行人的到达行为。

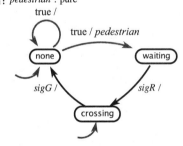

这里，不确定地选择初始状态为 none 或者 crossing。找出一个轨迹，行人到达（以上状态机从 none 状态迁移到 waiting 状态）但不允许通过。也就是说，在行人到来之后，交通灯不会进入 red 状态。

7. 参照如图 3-15 所示状态机。请判别以下每一条是否为该状态机的一个行为。在以下的每一条中，省略号 "…" 意味着最后一个符号的无限重复。同时，为了便于阅读，分别将 *absent* 和 *present* 简记为 *a* 和 *p*。

（a）$x = (p, p, p, p, p, \cdots)$, $\quad y = (0, 1, 1, 0, 0, \cdots)$

（b）$x = (p, p, p, p, p, \cdots)$, $\quad y = (0, 1, 1, 0, a, \cdots)$

（c）$x = (a, p, a, p, a, \cdots)$, $\quad y = (a, 1, a, 0, a, \cdots)$

（e）$x = (p, p, p, p, p, \cdots)$, $\quad y = (0, 0, a, a, a, \cdots)$

（d）$x = (p, p, p, p, p, \cdots)$, $\quad y = (0, a, 0, a, a, \cdots)$

8. （提示：这是一个高级学习阶段的习题）本题研究前文"延伸探讨：离散信号"中形式化定义的离散信号的性质。特别是，我们将给出：离散性并非一个可组合的特性。也就是说，当在一个系统中组合两个离散行为时，得到的组合结果不一定是离散的。

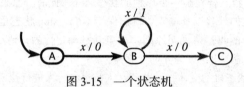

输入：x: pure
输出：y: $\{0,1\}$

图 3-15　一个状态机

(a) 考虑一个纯信号 x : $\mathbb{R} \to \{present, absent\}$，对于所有的 $t \in \mathbb{R}$，其定义如下。

$$x(t) = \begin{cases} present & \text{如果 } t \text{ 是非负数} \\ absent & \text{其他} \end{cases}$$

请证明该信号是离散的。

(b) 考虑一个纯信号 y : $\mathbb{R} \to \{present, absent\}$，对于所有的 $t \in \mathbb{R}$，其定义如下。

$$y(t) = \begin{cases} present & \text{如果对于任意正整数 } n \text{ 有 } t = 1 - 1/n \\ absent & \text{其他} \end{cases}$$

请证明该信号是离散的。

(c) 考虑一个信号 w，其是上述 x 和 y 的组合。也就是说，如果 $x(t)=present$ 或者 $y(t)=present$，$w(t) = present$，其他情况下均为 $absent$。请证明 w 不是离散的。

(d) 参照图 3-1 中所示的例子，假设 "到达" 和 "离开" 两个信号都是离散的。请证明这并不表示输出 $count$ 就是离散信号。

混 合 系 统

第 2 章与第 3 章阐述了两个不同的建模策略，一个关注连续动态性，另一个则侧重于离散动态性。对于连续动态性，使用了微分方程以及相应的参元模型；对于离散动态性，则采用状态机。

由于信息物理融合系统集成了物理动态性以及计算系统，因此它们也常常结合了离散和连续动态性。在本章，我们将给出合成以上两种模型的建模机制，从而构造出**混合系统**（hybrid system）。与仅限于上述章节中两种类型之一的原生模型相比，混合系统模型通常更为简化，也更易于理解，是理解真实世界系统的一个强有力工具。

4.1　模态模型

在本节，我们将说明状态机可以支持连续的输入和输出，并可以结合离散和连续动态性。

4.1.1　状态机的参元模型

在 3.3.1 节已经阐述过，状态机具有由纯信号或携带值的 *Inputs* 集合定义的输入。无论是纯信号还是携带值的输入，状态机都有一组输入端口。当输入为纯信号时输出要么是存在要么是不存在，而对于携带值的输入信号，状态机的每一个响应上都有一个值。

在 3.3.1 节中已经说明迁移上的动作会设置输出的值。输出也可以由端口表示，而且端口也可以携带纯信号或者有值的信号。在纯信号情形下，所执行的迁移指定输出为存在或者不存在，而对于携带值的信号，该迁移会进行赋值或认定信号不存在。假定迁移之间的输出不存在。

给定状态机的输入/输出视图，就会很自然地将一个状态机视为参元，如图 4-1 所示。图中，我们假设 n 个命名为 $i_1\cdots i_n$ 的输入端口。在每一个响应中，这些端口有一个要么为 *present* 要么为 *absent*（如果端口携带一个纯信号）的值，或者是某个值集合中的一个值（如果端口带有一个携带值的信号）。这些输出是相似的。迁移上的监督条件（guard）定义了输入端口上可能取值的子集，迁移上的动作（action）给输出端口赋值。给定一个这样的参元模型，就可以简单地生成允许输入为时间连续信号的有限状态机。

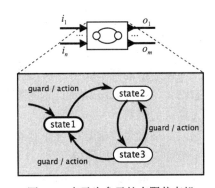

图 4-1　表示为参元的有限状态机

4.1.2　连续输入

迄今为止，我们已经假设状态机在一系列的离散响应中运行，也已经假设响应之间的输入和输出是不存在的。现在，我们将要把这些假设泛化，以允许输入和输出都是时间连续信号。

为了使状态机模型能够与基于时间的模型共存，我们需要阐明在系统的时基系统部分中在同一时间线上所发生的状态迁移。3.1 节中阐述的离散响应概念对此已经够用，但我们将不再要求响应间不存在输入和输出。相反，我们将定义这样的一个迁移：在从当前状态所引出迁移的监督条件成立时该迁移发生。如前所述，处于响应之间时，状态机被理解为不在模式间迁移。但在这段时间里，不再要求输入和输出是不存在的。

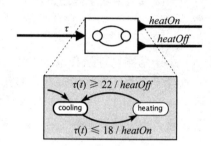

示例 4.1 将一个恒温器建模为具有状态 $\Sigma =$ {heating, cooling} 的状态机，如图 4-2 所示。这是示例 3.5 模型的变体，其中，输入是一个时间连续信号 $\tau : \mathbb{R} \to \mathbb{R}$，$\tau(t)$ 表示 t 时刻的温度，而不是在每个响应中提供一个温度的离散输入。状态机的初始状态为 cooling，且从该状态发出的迁移会在自 $\tau(t) \leq 18$ 成立之后的最早 t 时刻激活。该示例中，我们假设输出为纯信号 *heatOn* 和 *heatOff*。

图 4-2   具有时间连续输入信号状态机的恒温器模型

在上例中，仅当迁移发生时输出是存在的。我们也可以将有限状态机扩展为可以支持时间连续的输出，要实现这一点，我们就需要进一步使用状态精化的概念。

4.1.3   状态精化

混合系统将有限状态机的每个状态与一个动态行为进行关联。以下示例仅使用这种能力来产生一个时间连续的输出。

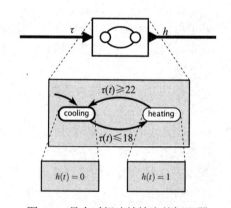

示例 4.2 假设并非期望示例 4.1 中所示的离散输出，而是希望产生这样一个控制信号：当加热器打开时其值为 1，当加热器关闭时其值为 0。该控制信号可以直接驱动加热器。图 4-3 中的恒温器实现了这一功能。该图中，每个状态都有一个精化，当状态机处于该状态中时其输出 h 的值。

在一个混合系统中，状态机的当前状态有一个**状态精化**（state refinement），其将输出的动态行为刻画为输入的函数。在以上简单的示例中，每个状态中的输出都是常量，这是相当普通的动态性。显然，混合系统可以变得更加复杂。

图 4-3   具有时间连续输出的恒温器

混合系统模型的一般结构如图 4-4 所示，其给出了一个具有两个状态的有限状态机。每个状态与标记为"时基系统"（time-based system，即基于时间的系统）的状态精化相关联。状态精化定义了输出的动态行为和（可能）附加的连续状态变量。另外，每个迁移可以选择性地指定设置动作（set action），其在迁移发生时设置这些附加状态变量的值。图 4-3 中的例子是相当简单的，其既没有连续状态变量，也没有输出动作和设置动作。

混合系统有时被称为**模态模型**（modal model）。这是因为它有有限个**模式**（mode），每个模式都对应于有限状态机的一个状态，而且当在模式中时，它具有由状态精化所指定的动态性。有限状态机的状态被称为模式而不是状态，以避免与精化的状态相混淆。

除了示例 4.2 中相当平凡的常量输出之外，还可以在接下来讨论的时间自动机中看到另一个非常简单的动态性。

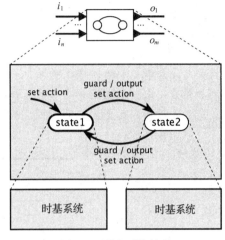

图 4-4　混合系统符号

4.2　混合系统分类

混合系统可能是非常复杂的。在本节中，我们首先阐述一个相对简单的称之为时间自动机的混合系统形式。然后，再介绍几个对非平凡物理动态性和非平凡控制系统进行建模的几个更为复杂的形式。

4.2.1　时间自动机

大多数信息物理融合系统要求测量时间的推移，并在特定时间执行动作。**时钟**（clock）是测量时间变化的装置，具有非常简单的动态性：其状态随时间线性推进。在本节，我们讨论由 Alur 和 Dill（1994）引入的**时间自动机**（timed automata）这一形式化机制，使得基于上述简单的时钟来构建更为复杂的系统成为可能。

时间自动机是最简单的非平凡混合系统，也是基于时间精化的模态模型，具有非常简单的动态性，且只是对时间的流逝进行测量。基于一阶微分方程，一个时钟可以被建模为如下形式。

$$\forall\, t \in T_m, \dot{s}(t) = a$$

其中，$s : \mathbb{R} \to \mathbb{R}$ 是一个时间连续信号，$s(t)$ 是 t 时刻的时钟值，$T_m \subset \mathbb{R}$ 是混合系统处于模式 m 时的时间子集。当系统处于该模式时，时钟速率 a 是一个常量[⊖]。

示例 4.3　回顾一下示例 4.1 中的恒温器，其使用迟滞机制来防止抖动。下面一个可防止抖动的替代实现中使用了单个温度阈值，无论温度是多少都要求加热器在一个最小时间段里保持打开或关闭。这个设计尽管没有迟滞特性，仍是可用的。这可以被建模为图 4-5 所示的时间自动机。在该图中，每一个状态精化都有一个时钟，其是一个具有如下动态性的连续信号 s。

$$\dot{s}(t) = 1$$

$s(t)$ 的值随着 t 线性增加。请注意，图中状态精化被直接表示为状态圆泡图标中的状态名称。当精化相对简单时，简写就很方便。

如我们对扩展状态机所做的那样，使用符号 " := " 来强调这是一个赋值，而不是谓词。该处理确保在恒温器启动时，如果温度 $\tau(t)$ 低于或等于 20℃，它可以立即转换到 heating 模式。另外，两个迁移都有将复位时钟 s 复位为 0 的设置动作。指定 $s(t) \geqslant T_h$ 的监督条件保

⊖　本章中我们所讨论的时间自动机变体与 Alur 和 Dill 的原有模型不同，其不同模式中的时钟速率可以不同。这个变体有时被称为多速率时间自动机。

证加热器将持续打开至少 T_h 时间，而指定 $s(t) \geq T_c$ 的监督条件则可保证一旦加热器关闭，它将保持关闭至少 T_c 时间。

图 4-6 给出了该时间自动机的一个可能执行。图中，我们假设初始温度高于 20℃ 的设置点，因此，有限状态机保持在 cooling 状态直到温度下降到 20℃ 以下。在 t_1 时刻，它会因为 $s(t_1) > T_c$ 而立即启动一个迁移。该迁移将 s 重置为 0 并打开加热器。假设加热器打开时温度只会上升，那么加热器将保持至 (t_1+T_h) 时刻。在 (t_1+T_h) 时刻，它将迁移回 cooling 状态并关闭加热器（我们在这里假设一旦迁移被激活就立即进行迁移。其他迁移语义是可能的）。恒温器将进行制冷直至至少 T_c 时间，且直到温度下降到 20℃ 以下，此时才会再次打开加热器。

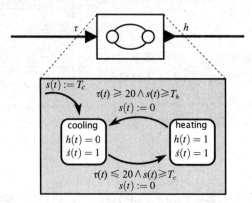

图 4-5 时间自动机模型（采用单温度阈值（20℃）及各模式中最小时间 T_c 和 T_h 的恒温器）

在之前的例子中，系统在任意时间 t 的状态不仅包括 heating 或者 cooling 模式，还有当前的时钟值 $s(t)$。我们称 s 为**连续状态**（continuous state）变量，而 heating 和 cooling 都是**离散状态**（discrete state）。为此，请注意，"状态"一词对于混合系统可能变得混淆不清。有限状态机拥有一组状态，精化系统（除非它们是无记忆的）也是如此。当有可能出现混淆时，我们就明确把状态机的状态称为模式。

模式间的迁移具有与之关联的动作。有时，从一个模式迁移回自身是有用的，因为这样才能实现这个动作。下一个例子中将说明这种情况，同时展示了一个可以产生纯输出的时间自动机。

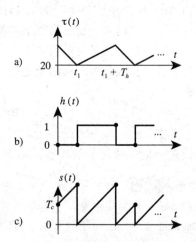

图 4-6 a）为图 4-5 所示混合系统的温度输入；b）为输出 h；c）为精化状态 s

示例 4.4 图 4-7 中的时间自动机产生一个纯输出，系统开始执行后，其将在每隔 T 时间单元都是存在的。请注意，迁移上的监督条件 $s(t) \geq T$ 之后跟随着一个输出动作 tick 以及一个设置动作 $s(t) := 0$。

图 4-7 给出了另一种符号简写，其非常适用于简单的逻辑图。该自动机被直接显示在其参元模型的图标内。

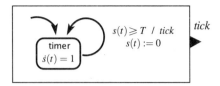

图 4-7　每 T 时间单位产生一个纯输出事件的时间自动机

示例 4.5　图 3-10 中的交通灯控制器是一个假定每秒响应一次的时间触发状态机。图 4-8 给出了具有相同行为的时间自动机。其关于时间的变化更为清晰，因为它的时间动态性并不依赖于状态机何时做出响应这一不确定假设。

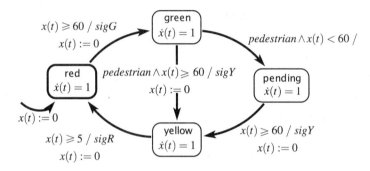

图 4-8　图 3-10 所示交通灯控制器的时间自动机变体

4.2.2　高阶动态性

在时间自动机中，时基精化系统中所发生的仅是时间的推移。然而，当精化的行为更为复杂时，混合系统也就更加引人关注。如下分析一个示例。

示例 4.6　考虑图 4-9 所刻画的物理系统。两个黏性的圆块黏附在弹簧上。弹簧被压缩或者拉伸，然后释放。这些圆块在光滑的表面振荡。如果它们碰撞，它们将黏在一起振荡。一段时间后，黏性减弱，圆块再次分开。

两个物体的位移图是时间的函数，如图 4-9 所示。两个弹簧被压缩后，两个物体开始朝着彼此的方向移动。它们几乎立即发生碰撞，然后，一起振荡一小段时间直至被拉开。该图中，它们又碰撞了两次，几乎是碰撞了三次。

如果假定采用了理想的弹簧，该问题的物理特性就非常简单。令 $y_1(t)$ 表示左侧物体在 t 时间的右边缘位置，$y_2(t)$ 表示右侧物体在 t 时刻的左边缘位置，如图 4-9 所示。再令 p_1 与 p_2 分别表示两个物体的自然平衡位置，即当弹簧既不拉伸也不压缩时，此时弹力为 0。对于理想弹簧，t 时刻作用于左边和右边物体的弹力分别与位移 $p_1-y_1(t)$ 和 $p_2-y_2(t)$ 的值成比例。向右的弹力为正，向左的为负。

令弹簧的弹性系数分别为 k_1 和 k_2。那么，左边弹簧上的弹力就等于 $k_1(p_1-y_1(t))$，而右边弹簧的弹力是 $k_2(p_2-y_2(t))$。假设两个物体的质量分别为 m_1 和 m_2，那么，我们就可以使用如下将力、质量和加速度关联在一起的牛顿第二定律了。

$$f = ma$$

加速度是位置在时间上的二阶导数，记为 $\ddot{y}_1(t)$ 和 $\ddot{y}_2(t)$。由此，只要两个物体是分离的，它们的动态特性可以由式（4.1）和式（4.2）给出。

$$\ddot{y}_1(t) = k_1(p_1 - y_1(t))/m_1 \qquad (4.1)$$

$$\ddot{y}_2(t) = k_2(p_2 - y_2(t))/m_2 \qquad (4.2)$$

然而，当两个物体碰撞时，情况就会发生变化。两个物体黏在一起时称它们是一个质量为 $m_1 + m_2$ 的单个物体。这个物体被两个弹簧向两个相反方向拉。当两个物体粘连在一起时，$y_1(t) = y_2(t)$。令 $y(t) = y_1(t) = y_2(t)$，则可得到如式（4.3）所示的动力学方程。

$$\ddot{y}(t) = \frac{k_1 p_1 + k_2 p_2 - (k_1 + k_2)y(t)}{m_1 + m_2} \qquad (4.3)$$

现在可以容易地看出如何为这个物理系统构建一个混合系统模型。图 4-10 给出了该模型。其拥有两个模式，apart 和 together。apart 模式的精化由式（4.1）、式（4.2）给出，而 together 模式的精化则由式 (4.3) 给出。

然而，我们仍然要开展对迁移的标记。初始迁移是进入 apart 模式，如图 4-10 所示，即我们假设两个物体是分离的。另外，使用一个设置动作来标记迁移，该动作设置两个物体的初始位置分别为 i_1 和 i_2，初始速度为 0。

从 apart 到 together 模式的迁移具有如下监督条件。

$$y_1(t) = y_2(t)$$

该迁移有一个设置动作，其给两个连续状态变量 $y(t)$ 与 $\dot{y}(t)$ 赋值，这表示两个黏在一起的物体的运动。赋给 $\dot{y}(t)$ 的值保存了动量，其中左侧物体的动量为 $\dot{y}_1(t)m_1$，右侧物体的动量为 $\dot{y}_2(t)m_2$，粘连物体的动量为 $y(t)(m_1 + m_2)$。为了使这些量相等，我们给出如下方程。

$$\dot{y}(t) = \frac{\dot{y}_1(t)m_1 + \dot{y}_2(t)m_2}{m_1 + m_2}$$

together 模式的精化给出了 y 的动态特性且简单地设置 $y(t) = y_1(t) = y_2(t)$，这是因为两个物体一起移动。从 apart 到 together 模式的迁移设置 $y(t)$ 等于 $y_1(t)$（或者 $y_2(t)$，它们是相等的）。

从 together 到 apart 模式的迁移具有如下更为复杂的监督条件。其中，s 表示两个物体的黏合力。

$$(k_1 - k_2)y(t) + k_2 p_2 - k_1 p_1 > s$$

当右侧物体上的向右拉力与左侧物体上的向右拉力的差值大于黏合力时，这个监督条件被满足。右侧物体上的右拉力与左侧物体上的右拉力分别为如下形式。

$$f_2(t) = k_2(p_2 - y(t))$$

$$f_1(t) = k_1(p_1 - y(t))$$

由此可得如下方程，当这个力超过黏合力 s 时，两个物体分离。

$$f_2(t) - f_1(t) = (k_1 - k_2)y(t) + k_2 p_2 - k_1 p_1$$

习题 11 中讨论了对本例 together 模式的一个修改，即将黏合力初始化为一个初始值，但之后根据如下微分方程衰减。

$$\dot{s}(t) = -as(t)$$

其中，$s(t)$ 是 t 时刻的黏合力，a 是某个正数常量。实际上，这正是图 4-9 中所绘制的这一细化模型的动态性。

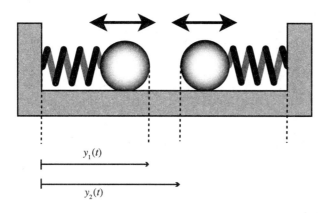

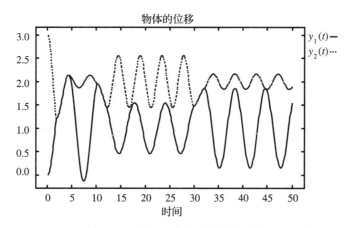

图 4-9 示例 4.6 中的黏性物体系统

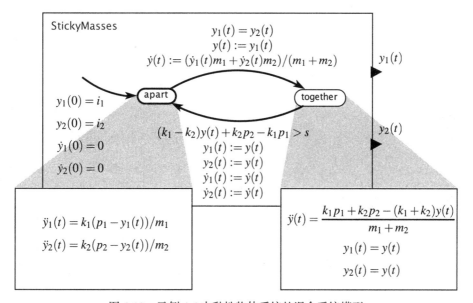

图 4-10 示例 4.6 中黏性物体系统的混合系统模型

如示例 4.4 所示，有时只有一个状态的混合系统模型是有用的。一个或多个状态迁移上的动作定义了与时基行为结合的离散事件行为。

示例 4.7 考虑一个弹跳球（BouncingBall）的例子。在 $t=0$ 时刻，球从高度 $y(0)=h_0$ 自由落体掉落，其中 h_0 是单位为米的初始高度。在之后的某个时刻 t_1，球以 $\dot{y}(t_1)$(m/s) 的速度撞击地面。当球撞击地面时，产生一个 *bump* 事件。碰撞是**非弹性的**（意味着动能损失），之后球以速度 $-a\dot{y}(t_1)$ 弹起，其中 a 是常数且 $0<a<1$。之后，球将反复地上升到一个高度并掉落到地面。

通过图 4-11 所示的混合系统可以描述这个弹跳球的行为。这里仅有一个模式，称为 free。当球不与地面接触时，我们知道球的运动将遵守式（4.4）所示的二阶微分方程。其中，$g=9.81(\mathrm{m/s^2})$ 是重力产生的加速度。

$$\ddot{y}(t)=-g \tag{4.4}$$

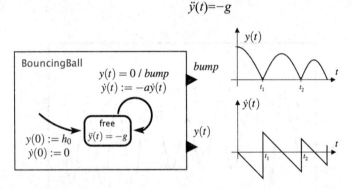

图 4-11 弹跳球的运动可以被描述为只有一个模式的混合系统（每次球撞击地面时系统输出 *bump*，并输出球的位置。右侧图给出了随时间变化的位置与速度）

free 模式的连续状态变量如下：

$$s(t) = \begin{bmatrix} y(t) \\ \dot{y}(t) \end{bmatrix}$$

其初值为 $y(0)=h_0$ 且 $\dot{y}(0)=0$。之后，对一个选择恰当的函数 f，将式（4.4）重写为式（4.5）所示的一阶微分方程就很简单了。

$$\dot{s}(t)=f(s(t)) \tag{4.5}$$

在时刻 $t=t_1$（当球第一次撞击地面时），监督条件 $y(t)=0$ 被满足，且采取自循环迁移。接着，产生输出 *bump*，且设置动作 $\dot{y}(t):=-a\dot{y}(t)$ 将 $\dot{y}(t)$ 改变为 $-a\dot{y}(t)$。然后，式(4.4)再次成立直到该监督条件再次为 true。

结合所得到的式（4.4），对于所有 $t \in (0, t_1)$，有如下方程关系。

$$\dot{y}(t)=-gt$$

$$y(t) = y(0) + \int_0^t \dot{y}(\tau)\mathrm{d}\tau = h_0 - \frac{1}{2}gt^2$$

由此，$t_1>0$ 是由 $y(t_1)=0$ 确定的。其是以下方程的解：

$$h_0 - \frac{1}{2}gt^2 = 0$$

由此可得出 t_1 的解如下：

$$t_1 = \sqrt{2h_0/g}$$

图 4-11 绘制了该连续状态在时间上的变化。

上述弹跳球示例有一个值得关注的难题，这将在习题 10 中进行探讨。特别地，随着时间增加，两次弹跳之间的时间间隔将越来越小。事实上，时间间隔变得越小，将会在有限的时间内发生无数次足够快的弹跳。在有限时间内具有无数离散事件的系统被称为**齐诺**系统（Zeno system），其以苏格拉底之前的希腊哲学家 Zeno of Elea 的名字命名（Zeno 以他提出的悖论而闻名于世）。当然，在物理世界中，球最终会停止弹跳，而齐诺行为只是一个人造模型。习题 13 给出了另一个齐诺混合系统的例子。

4.2.3　监督控制

一个控制系统包括了四个组件：一个称为**装置**（plant）的系统，是被控制的物理进程；装置运行的环境；对装置和环境变量进行测量的一组传感器；确定模式迁移结构并选择装置时基输入的控制器。控制器分为两个层次，即决定模式迁移结构的监督控制（supervisory control），以及用以确定装置时基输入的**底层控制**（low-level control）。显然，监督控制器决定应该遵循策略中的哪一个，进而由底层控制器实现所选择的策略。混合系统对于建模这样的两层控制器来说是一个理想的方式。我们通过一个详细的示例来说明如何实施。

示例 4.8　考虑一个沿着仓库或工厂地面封闭轨道移动的**自动引导车**（Automated Guided Vehicle，AGV）。我们将设计一个控制器使车辆紧跟轨道。

该类车辆有两个自由度。在任何时间 t，车辆可以沿着它的车身轴以速度 $u(t)$（$0 \leqslant u(t) \leqslant 10\text{mph}$（英里每小时））向前行驶。车辆也可以以角速度 $\omega(t)$（$-\pi \leqslant \omega(t) \leqslant \pi$ 弧度每秒）绕其重心旋转。我们忽略车辆的惯性，由此假设我们可以瞬时改变速度或角速度。

令 $(x(t), y(t)) \in \mathbb{R}^2$ 是相对于某个固定坐标系的位置，且 $\theta(t) \in (-\pi, \pi]$ 是 t 时刻的车辆角度（以弧度为单位），如图 4-12 所示。在这个坐标系中，车辆的运动可以由式（4.6）给出的微分方程组来表示。

$$\begin{cases} \dot{x}(t) = u(t)\cos\theta(t) \\ \dot{y}(t) = u(t)\sin\theta(t) \\ \dot{\theta}(t) = \omega(t) \end{cases} \tag{4.6}$$

公式（4.6）中的方程表示了这个装置的运动特性。环境是绘制的封闭轨道，其可以被描述为一个方程，以下通过传感器对其进行间接描述。

该两层控制器基于一个简单的思想进行设计。车辆通常以其最大速度 10mph 行驶。如果车辆向左偏离轨道过多，控制器控制其向右；如果车辆向右偏离轨道过多，控制器则控制其向左。如果车辆靠近轨道，控制器使车辆保持直行。由此，控制器在 left、right、straight 及 stop 等四个模式中导引车辆。在 stop 模式中，车辆停车。

如下微分方程给出了车辆在四个模式的精化中的运动。它们描述了底层控制器，即在每个模式中时基装置输入的选择等。

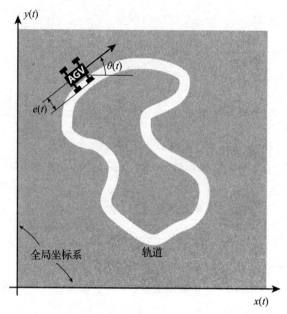

图 4-12　示例 4.8 自动引导车（该车沿着绘制的弯曲轨道行驶，并已经从轨道偏离 $e(t)$ 距离。t 时刻车辆在全局坐标系中的坐标为 $(x(t), y(t), \theta(t))$）

straight：

$$\dot{x}(t) = 10\cos\theta(t)$$
$$\dot{y}(t) = 10\sin\theta(t)$$
$$\dot{\theta}(t) = 0$$

left：

$$\dot{x}(t) = 10\cos\theta(t)$$
$$\dot{y}(t) = 10\sin\theta(t)$$
$$\dot{\theta}(t) = \pi$$

right：

$$\dot{x}(t) = 10\cos\theta(t)$$
$$\dot{y}(t) = 10\sin\theta(t)$$
$$\dot{\theta}(t) = -\pi$$

stop：

$$\dot{x}(t) = 0$$
$$\dot{y}(t) = 0$$
$$\dot{\theta}(t) = 0$$

在 stop 模式中，车辆停止，由此 $x(t)$、$y(t)$、$\theta(t)$ 都为常量。在 left 模式中，$\theta(t)$ 以 π 弧度每秒的速率增加，因此从图 4-12 可以看到车辆向左移动。在 right 模式中，车辆向右移动。在 straight 模式中，$\theta(t)$ 是常量，车辆以恒定的方向向前移动。四个模式的精化如图 4-13 中的方框所示。

我们设计监督控制来控制模式之间的转换，以使得车辆紧密跟随轨道。首先，使用传感器来确定车辆向左或向右偏离轨道的程度，这里可以使用光敏二极管来构造这样一个传感器。假设轨道是由反光颜料绘制的，从而地板相对较暗。在车辆的下方我们部署一个如图 4-14 所示的光敏二极管阵列。该阵列与车身轴垂直。在车辆沿轨道行驶的过程中，轨道正上方的二极管较其他位置的二极管可以产生更大的电流。通过比较不同二极管的电流大小，传感器就能评估出阵列中心（即车辆中心）偏离轨道的位移 $e(t)$，也可称为偏移量。依照惯例，$e(t)<0$ 表示车辆偏向了轨道的右侧，而 $e(t)>0$ 则表示其偏向了左侧。我们将该传感器的输出建模为车辆位置的函数 f。

$$\forall t, e(t) = f(x(t), y(t))$$

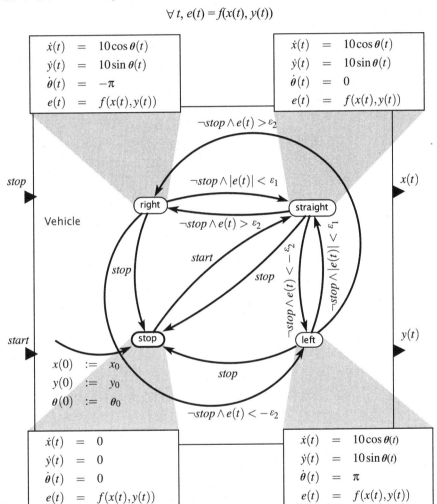

图 4-13　示例 4.8 的自动引导车具有四个模式：left、right、straight 及 stop

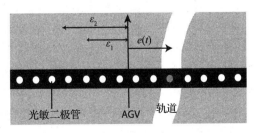

图 4-14　车身下方的光敏二极管阵列被用来估算车辆偏离车道的程度 e，车道正上方的二极管产生更大电流

当然，函数 f 依赖于环境，即轨道。现在我们详细地设定这个监督控制器。选择两个阈值，$0<\varepsilon_1<\varepsilon_2$，如图 4-14 所示。如果偏移量很小，$|e(t)|<\varepsilon_1$，我们认为车辆离轨道足够近，而且车辆可以向前直行，处于 straight 模式中。如果 $|e(t)|>\varepsilon_2$，车辆向左偏离过多，且必须向右调整，要切换到 right 模式。如果 $|e(t)|<\varepsilon_2$（$e(t)$ 很大且为负），车辆向右偏离过多，必须切换到 left 模式以向左调整。这个控制逻辑被刻画为图 4-13 中的模式转换。输入是纯信号 *stop* 和 *start*，模拟了可以停止或启动车辆的操作，且不存在时间连续输入。输出 $x(t)$ 和 $y(t)$ 表示了车辆的位置。初始模式为 stop，其精化的初始值为 (x_0,y_0,θ_0)。

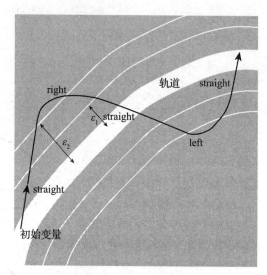

现在我们来分析一下车辆的运动。图 4-15 画出了一条可能的轨迹。初始时，车辆距离轨道的距离为 ε_1，因此其保持直行。一段时间之后，车辆向左偏离过多，此时如下监督条件为真，切换到模式 right。

$$\neg\ stop\ \wedge\ e(t)>\varepsilon_2$$

再过一段时间，车辆再一次足够地接近轨道，有如下监督条件成立，此时切换到模式 straight。

$$\neg\ stop\ \wedge\ |e(t)|<\varepsilon_1$$

又过一段时间之后，车辆向右偏离车道过多了，如下监督条件成立，此时又切换到 left 模式，以此类推。

图 4-15   标注了模式的车辆轨迹

$$\neg\ stop\ \wedge\ e(t)<-\varepsilon_2$$

这个例子阐明了控制系统的四个组件。装置是由式 (4.6) 所示的微分方程来描述的，这些方程根据装置输入 u 和 ω 来决定 t 时刻连续状态即 $(x(t),y(t),\theta(t))$ 的演化。第二个组件是环境，即封闭的轨道。第三个组件是传感器，其 t 时刻的输出 $e(t)=f(x(t),y(t))$ 给出了车辆相对于轨道的位置。第四个组件是一个两层的控制器。监督控制器由四个模式和决定模式间切换的监督条件组成。底层控制器指定在每个模式中如何选择装置的时基输入 u 和 ω。

4.3　小结

混合系统为基于时间的模型和状态机模型的融合搭建了桥梁，这两类模型的组合为描述真实世界的系统提供了丰富的模型框架。这里有两个关键思想：一是，离散事件（状态机中的状态改变）被嵌入一个时基；二是，分层描述非常有用，系统可以在不同的操作模式之间进行离散的迁移。与每一个操作模式相关联的是一个基于时间的系统，被称为模式的精化。当指定输入与连续状态组合的监督条件被满足时，就会进行模式迁移，与迁移关联的动作则顺序地设置目标模式中的连续状态。

使用工具可以更好地理解混合系统的行为，如用于模式迁移的状态机分析工具、用于精化系统的时基分析工具。类似地，混合系统的设计也在两个层级上进行：设计状态机来实现合适的模式迁移逻辑，而设计连续的精化系统来保证每个模式中期望的时基行为。

习题

1. (纸上完成即可) 构建一个与图 4-7 类似的时间自动机，其在 1, 2, 3, 5, 6, 7, 8, 10, 11, …时刻产生 *tick*。也就是说，当两次之间的时间间隔为 1 秒时产生三次节拍 (tick)，间隔为 2 秒时产生 1 次节拍。

2. 本题的目标是更好地理解时间自动机，请按要求进行修改。

(a) 对于如下所示的时间自动机，描述输出 y，请避免不准确或粗心的标号。

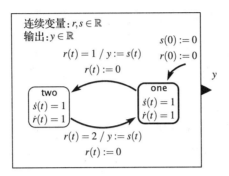

(b) 假定有一个新的纯输入 *reset*，且当该输入存在时，混合系统重新开始，表现得就像再次从 0 时刻开始一样。结合 (a) 部分的设计，修改该混合系统以实现这一要求。

3. 在第 2 章的习题 6 中，我们考虑了一个由输入电压控制的直流电机。实际上，采用不同的电压来控制电机通常是不现实的，因为这需要可以支持大功率的模拟电路。相反，常见的是采用固定电压，但是要定期地打开、关闭开关以改变输送到电机的功率，这种技术被称为脉冲宽度调制 (Pulse Width Modulation，PWM)。

构造一个为第 2 章习题 6 的电机模型提供电压输入的时间自动机。该混合系统应该假设 PWM 电路输送一个占空比在 0 与 100% (包含在内) 之间的 25kHz 的方波。混合系统的输入应该是该占空比，输出应该是电压。

4. 给定如下时间自动机：

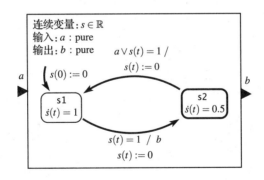

假设输入信号 a 和 b 是离散的时间连续信号，即每一个输入可以以 $a : \mathbb{R} \rightarrow \{present, absent\}$ 形式的函数给出，在几乎所有的时间 $t \in \mathbb{R}$，有 $a(t)=absent$。假设状态机在每一个时刻 t 只能进行至多一个迁移，且状态机从 $t=0$ 时刻开始执行。

(a) 如果输入 a 仅在如下时间出现，请给出输出 b。至少包括时间 $t=0$ 到 $t=5$。

$$t=0.75, 1.5, 2.25, 3, 3.75, 4.5, \cdots$$

(b) 如果输入 a 仅在时刻 $t=0, 1, 2, 3, \cdots$ 出现，请给出输出 b。

(c) 假定输入 a 可以是任何离散信号，请找出事件 b 之间时间间隔的下限。达到该下限的输入信号 a 是什么 (如果存在的话)？

5. 有一个产生纯音的模拟信号源，可以通过输入事件 *on* 或 *off* 来打开或关闭该信号源。请构建一个提供 *on* 和 *off* 信号作为输出的时间自动机，该输出连接到音频发生器的输入端。该系统应该按如下方式运行：在接收一个输入事件 *ring* 时，它将产生一个长达 80ms 的声音，其包括由两个 10ms 静音所间隔的三个 20ms 的纯爆破音。如果该系统接收到两个间隔 50ms 的 *ring* 事件，系统如何运行？

6. 现今的汽车具有如下特性，请将每个特性实现为一个时间自动机。

   （a）一旦任何一个车门被打开，顶灯就被打开。在所有车门都关闭后，顶灯保持 30s。请问需要哪些传感器？

   （b）一旦汽车启动，如果有未系好安全带的乘客，蜂鸣器发出声音且亮起一个红灯进行报警。30s 之后或者只要安全带被系上，蜂鸣器就会停止声音，具体要看哪一个先发生。报警灯在安全带未系好时常亮。**提示**：假设点火装置打开且一位乘客未系好安全带，传感器提供一个 *warn* 事件。进而假设当一个乘客离开座位或者安全带系好或者点火装置关闭时，传感器提供一个 *noWarn* 事件。

7. 一个可编程恒温器允许选择 4 个时间，$0 \leqslant T_1 \leqslant T_2 \leqslant \cdots \leqslant T_4 < 24$（24 小时周期）以及相应的设置点温度 $a_1, \cdots, a_4$。构建一个向加热系统控制器发送事件 a_i 的时间自动机。控制器保持温度接近于 a_i 直到其接收到下一个事件。请问共需要多少定时器和模式？

8. 考虑如下所示的时间自动机。

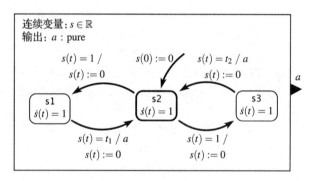

   假设 t_1 和 t_2 是正实数，请问事件 a 之间的最小时间间隔是多少？也就是说两次信号 a 存在的时间之间，可能的最小时间是多少？

9. 图 4-16 给出了两条单车道的交叉路口，一条为主干道（Main），另一条为次干道（Secondary）。每条道路上的交通灯控制其交通流。每个交通灯都运行于红灯（R）、绿灯（G）和黄灯（Y）的循环中。一个安全性的要求是：当一个灯在绿色或黄色状态时，另外一个为红色状态。黄灯的灯时长度通常为 5s。

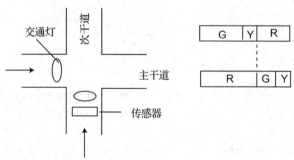

图 4-16   交通灯控制主干道与次干道的交叉路口（一个传感器感知车辆何时通过交叉路口；一个灯的红灯状态必须与其他灯的绿灯及黄灯状态同时发生）

   交通灯以如下方式运行：次干道上的传感器检测车辆；如果没有检测到车辆，主干道上的交通灯有一个长达 4min 的循环，即 3min 绿灯、5s 黄灯以及 55s 红灯，而次干道的交通灯则是 3min5s 的红灯（这 5s 期间主干道是绿灯及黄灯），50s 绿灯，然后是 5s 的黄灯。

如果次干道上检测到车辆，交通灯会快速地给予次干道通行权。当这种情况发生时，主干道上的交通灯取消其绿灯并立即切换到 5s 的黄灯阶段。如果在主交通灯为黄灯或红灯时检测到车辆，系统就像没有车辆到达时那样继续运行。

设计一个控制这些交通灯的混合系统。让该混合系统具有六个纯输入，每个灯一个：mG、mY 和 mR 分别用于指定主交通灯状态为绿灯、黄灯或红灯，sG、sY 和 sR 分别设置次交通灯为绿灯、黄灯或者红灯。输出相应的信号就可以开启相应的信号灯。这里假设当一个信号灯被打开，任何其他已被打开的信号灯就必须被关闭。

10. 对于示例 4.7 中的弹跳球，令 t_n 是球第 n 次撞击地面的时刻，同时令 $v_n = \dot{y}(t_n)$ 为该时刻的速度。

（a）找出 v_{n+1} 与 v_n（$n>1$）之间的关系，然后根据 v_1 来计算 v_n。

（b）根据 v_1 和 a 计算 v_n。据此说明弹跳球是一个齐诺系统。**提示：等比数列恒等式**（geometric series identity）可能是有用的，对于 $|b|<1$，有

$$\sum_{m=0}^{\infty} b^m = \frac{1}{1-b}$$

（c）计算连续碰撞后弹跳球可以达到的最大高度。

11. 修改图 4-10 中的混合系统模型，以便于在处于 together 模式时，黏合力以如下微分方程衰减。

$$\dot{s}(t) = -as(t)$$

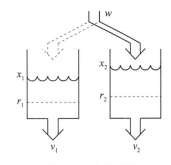

其中，$s(t)$ 是 t 时刻的黏合力，a 是某个正数常量。在转入该模式的迁移上，黏合力应该被初始化为某个初始的黏合力值 b。

12. 证明图 4-13 中，当自动引导车处于 left 模式或 right 模式时，车辆的轨迹是圆形的。进而，该圆的半径是多少？完整地绕圆运动一周需要多长时间？

13. 图 4-17 描述了一个由两个水箱组成的系统。每个水箱以一个恒定速度排水，同时通过一根软管以恒定速度向水箱注水，且在任意时刻该软管给两个水箱中的某一个注水。假设软管可以在两个水箱之间瞬时切换。

图 4-17 水箱系统

对于 $i \in \{1, 2\}$，令 x_i 表示水箱 i 的容量，$v_i>0$ 表示从水箱 i 排水的恒定速度。令 ω 表示向水箱注水的恒定速度。系统的运行目标是使两个水箱中的水量分别保持在 r_1 和 r_2，且假设初始时水量分别高于 r_1 和 r_2。可以通过一个控制器来实现该过程的控制，其在 $x_1(t) \leq r_1(t)$ 时向水箱 1 注水，在 $x_2(t) \leq r_2(t)$ 时向水箱 2 注水。

图 4-18 给出了表示该两水箱系统的混合自动机。

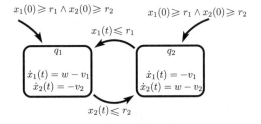

图 4-18 水箱系统的混合自动机

请回答以下问题。

（a）在 Ptolemy II、LabVIEW 或 Simulink 中构建该混合自动机的模型。使用如下参数值：$r_1=r_2=0$，$v_1=v_2=0.5$ 且 $\omega=0.75$。设置初始状态为 $(q_1, (0,1))$（也就是说，初始值 $x_1(0)$ 为 0 且 $x_2(0)$ 为 1）。请验证该混合自动机是齐诺自动机。其齐诺行为发生的原因是什么？仿真该模型并画出 x_1 和 x_2 作为时间 t 的函数有何不同，仿真足够长的时间以说明齐诺行为。

（b）齐诺系统可以通过确保迁移之间的时间永远不小于某个正数 ε 来**正则化**（regularized）。这可以通过插入混合自动机停留时间 ε 的额外模式来进行模拟。请使用正则化来防止（a）中所建模型是非齐诺的。在与第一部分相同的时间长度上绘制出 x_1 和 x_2，并请说明所用的 ε 值。

请同时提供打印输出的图与答案。

状态机组合

状态机方法为系统行为建模提供了便利。但不足在于，对于我们关注的大多数系统而言，其状态数量通常都非常大，甚至是无限的。自动化工具可以处理大状态空间，但人工对大状态空间的任何直接表示仍存在着诸多困难。

工程学中有这样一个历史悠久的原则，即复杂系统应该被表示为一组较简单系统的组合。本章阐述了一些基于状态机的组合实现方法。当然，实际中还有很多不同的构造状态机的方式。这些表面上看似相近的组合可能对不同的人有着不同的含义，模型符号的规则被称为**语法**（syntax），而这些符号的含义被称为**语义**（semantics）。

示例 5.1 在标准的算术语法中，在加法符号"＋"之前有一个数字或表达式，同时在其后也有一个数字或表达式。由此，"1+2"，这三个符号的序列就是一个有效的算术表达式，但"1+"却不是。表达式"1+2"的语义是将两个数相加，意味着"由1和2相加所得的数是3"。表达式"2+1"在语法上与前一表达式不同，但语义与之完全相同（加法的交换律）。

本书中的模型主要采用了一种可视化语法，其中的元素被表示为方框、圆、箭头等，而不是字符集中的字符，同时，其中元素的位置也未被约定为一个序列。这种语法的标准化程度较其他方法（如算术语法）要更底层一些。我们将看到相同的语法可以有很多不同的语义，而这会引起大量的混淆。

示例 5.2 现在面向状态机并发组合的流行标记方法是由 Harel 于 1987 年创建的 Statecharts。而且源于同一篇文章，已经演化出了诸多的 Statecharts 变体（von der Beeck, 1994），这些变体常常对相同的语法赋予不同的语义。

在本章，我们使用图 5-1 中所总结的语法为扩展状态机构建一个参元模型。单个扩展状态机的语义已在第 3 章进行了阐述，在本章我们将讨论可被赋予多个扩展状态机组合的语义。

本章所要讨论的第一类组合技术是并发组合。对于两个或多个状态机，它们可能同时或独立地对其中的另一个进行响应。如果它们同时相互响应，我们就称其为**同步组合**（synchronous composition）；如果它们是独立进行响应的，则将其称为**异步组合**（asynchronous composition）。然而，即使都是相同的组合类型，这些组合在语义上仍然可能有很多细微的

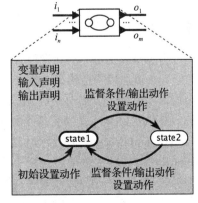

图 5-1 本章所使用状态机的符号汇总

差异，这些差异主要是基于这些状态机之间是否以及如何进行通信和共享变量的。

第二个要讨论的是分层组合。分层状态机也可以使得复杂系统被描述为一组简单系统的组合，同时我们也将看到其语义中可能存在的细微差异。

关于同步

同步（synchronous）这一术语表示的含义有二：（1）同时出现或存在，或者（2）以相同的速率移动或进行操作。在工程及计算机科学领域中，该术语有着与上述定义大致相同的含义，但却存在着矛盾。在提及使用线程或进程构建的并发软件时，同步通信是指通信的会合式[⊖]类型，即消息的发送方必须等待接收方就绪，而接收方必须等待发送方的消息。概念上两个线程认为通信同时发生，与定义（1）一致。在 Java 语言中，关键字 synchronized 定义了不允许被同时执行的代码块。很奇怪，两个同步的代码块并不能在同一时刻"发生"(occur)(或执行，execute)，这与上述两个定义不相符。

在软件的世界中，"同步"一词还有第三个含义，而且也正是我们在本章要使用的含义。第三个含义是同步语言（synchronous language，参见"同步响应语言"注解栏）的基础，其由两个主要思想所主导。第一，程序中组件的输出在概念上与它们的输入是同时的（称之为**同步假设**，synchrony hypothesis）。第二，程序中的不同组件在概念上同时且即时执行。虽然真正的执行既不是同时发生的也不是即时发生的，而且输出也并非与输入是真正同时的，但是，正确的执行却必须表现得看似如此。这里"同步"一词的使用与以上两个定义都是一致的；组件的执行在相同时间发生，且以相同的速率进行操作。

在电路设计中，"同步"一词是指一种设计风格。其中，分布在整个电路中的时钟驱动着锁存器，使其在时钟的跳沿记录输入。电路中，时钟跳沿之间必须有足够的时间以使得锁存器之间的电路能够稳定。概念上，该模型与同步语言中的模型相似。假设锁存器间电路的时间延迟为零与同步假设是等价的，且全局时钟分配提供了同时与即时的执行。

在电力系统中，同步意味着多个电信号波形具有相同的频率和相位。在信号处理中，同步意味着信号拥有相同的采样速率，或者一个信号采样率是另一个信号采样率的固定倍数。6.3.2 节中的同步数据流（synchronous dataflow）基于"同步"一词的后一个含义，其用法与定义（2）相一致。

5.1 并发组合

为了研究状态机的并发组合，本节将通过一系列组合模式来展开讨论，而且将这些模式组合起来就可以构造出更为复杂的系统。我们首先从平行组合（side-by-side composition）这个最简单的例子开始，平行组合中的状态机互不通信。之后讨论允许通过共享变量进行通信，并阐明这会使建模变得更加复杂。进而我们考虑基于端口的通信，首先关注串行组合（serial composition），之后会扩展到任意互联的组合方式。对于每一类组合，我们都将讨论其同步和异步的组合形式。

⊖ rendezvous，该词意为约会、预约。——译者注

5.1.1 平行同步组合

我们要讨论的第一个组合模式是**平行组合**（或**并联组合**），具体以图 5-2 中的两个参元为对象进行说明。在该模式中，首先假设两个参元的输入与输出是不相连的，即两个状态机互不通信。图中，参元 A 有输入 i_1 及输出 o_1，参元 B 有输入 i_2 和输出 o_2。这两个参元的组合是参元 C，其输入为 i_1 和 i_2，输出为 o_1 与 o_2。⊖

在这个非常简单的示例中，如果两个参元都是带有变量的扩展状态机，那么它们的变量也都是不相关的（随后的内容中将讨论当两个状态机之间共享变量时将会发生什么情况）。在**同步组合**中，C 的响应就是 A 和 B 的同时响应。

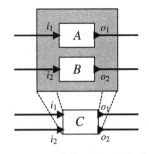

图 5-2　两个参元的平行组合

示例 5.3　考虑图 5-3 中的有限状态机 A 和 B。A 有一个纯输出 a，B 有一个纯输出 b，那么，平行组合 C 就有两个纯输出 a 和 b。如果这个组合是同步的，那么在第一个响应上，a 将是 *absent*，b 将是 *present*。在第二个响应中，输出将发生翻转。在随后的响应中，a 和 b 连续地交替为 *present*。

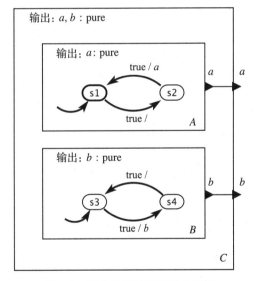

图 5-3　两个参元的平行组合示例

鉴于诸多方面的原因，平行同步组合是比较简单的。回顾 3.3.2 节，我们知道环境决定状态机何时进行响应。在平行同步组合中，环境无需知道 C 是两个状态机的组合。同时，这样的组合是**模块化**的，即从某种意义上说该组合本身就是一个原子组件，可被进一步用于与其他组件进行组合。

另外，如果两个状态机 A 和 B 都是确定的，那么同步的平行组合也就是确定的。我们说，如果各组件所持有的属性也是其所形成组合的属性，那么该属性就是**可复合**（compositional）的。对于平行同步组合，确定性是一个可复合的属性。

⊖　在组合参元 C 中，这些输入、输出端口可以被重命名，但在这里假设使用与组件参元中相同的名称。

另外，有限状态机的平行同步组合仍是一个有限状态机。给出该组合语义的严格方法是为该组合定义出一个新的状态机。如3.3.3节的假设一样，状态机 A 与 B 可由以下两个五元组给出：

$$A = (States_A, Inputs_A, Outputs_A, update_A, initialState_A)$$
$$B = (States_B, Inputs_B, Outputs_B, update_B, initialState_B)$$

由此，平行同步组合 C 就可由如下形式定义：

$$States_C = States_A \times States_B \tag{5.1}$$
$$Inputs_C = Inputs_A \times Inputs_B \tag{5.2}$$
$$Outputs_C = Outputs_A \times Outputs_B \tag{5.3}$$
$$initialState_C = (initialState_A, initialState_B) \tag{5.4}$$

对于所有的 $s_A \in States_A$，$s_B \in States_B$，$i_A \in Inputs_A$ 以及 $i_B \in Inputs_B$，其更新函数定义为如下形式：

$$update_C((s_A, s_B), (i_A, i_B)) = ((s'_A, s'_B), (o_A, o_B))$$
$$(s'_A, o_A) = update_A(s_A, i_A)$$
$$(s'_B, o_B) = update_B(s_B, i_B)$$

如前所述，$Inputs_A$ 和 $Inputs_B$ 都是估值的集合，集合中的每个估值是赋给端口的一个值。那么，下式所表示的含义就是：状态机组合 C 的输入值必须同时包括有限状态机 A 和 B 的输入的估值。

$$Inputs_C = Inputs_A \times Inputs_B$$

通常，单个有限状态机 C 可以用图形化方式给出，而不用符号化方式，这将在下一个例子中说明。

示例 5.4　图5-4以单个有限状态机的方式给出了图5-3中的平行同步组合 C。请注意，该状态机与示例5.3中的状态机有着完全相同的行为，输出 a 和 b 交替地为 $present$，且 (s1, s4) 和 (s2, s3) 是不可达状态。

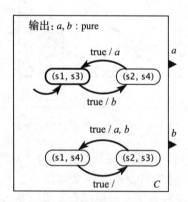

图 5-4　给出图5-3状态机的平行同步组合语义的单个状态机

5.1.2　平行异步组合

在状态机的**异步组合**中，各个组件状态机相互独立地进行响应。这一描述是相当含糊的，实际上会存在多种不同的解释，每一种解释都能对该组合给出一个语义。各个语义的关键在于，如何为图 5-2 中的组合 C 定义一个响应。这主要有如下两种可能。

- **语义 1**：C 的一个响应是 A 或 B 的一个响应，其选择是非确定的。
- **语义 2**：C 的一个响应是 A 或 B 的一个响应，或者是 A 和 B 两者的响应，其选择是非确定的。另外，该可能性的变体也可能允许两者都不响应。

语义 1 被称为**交错语义**（interleaving semantics），意味着 A 和 B 决不同时响应，而是以某种交错顺序进行响应。

一个需要引起注意的问题是，状态机 A 和 B 在这些语义下可能完全错过输入事件。也就是说，组合 C 中状态机 A 的一个输入在某个响应中可能为 *present*，然而由于非确定性选择导致 C 的响应中是状态机 B 而不是 A 响应。如果这并非设计者所期望的结果，那么在调度（参见"异步组合的调度语义"注解栏）或在同步组合上增加一些控制可能会是更好的选择。

示例 5.5 对于图 5-3 中的示例，由语义 1 可得到图 5-5 所示的组合状态机。该状态机是非确定性的。当组合 C 响应时，其从状态 (s1, s3) 迁移到 (s2, s3) 且不产生输出，或者从状态 (s1, s3) 迁移到 (s1, s4) 并输出结果 b。需要说明的是，如果我们选择了语义 2，组合 C 也可以迁移到 (s2, s4)。

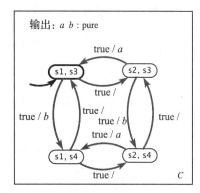

图 5-5 给出图 5-3 状态机的异步平行组合语义的状态机

对于满足语义 1 的异步组合，组合 C 中的符号定义具有与同步组合中 $States_C$、$Inputs_C$、$Outputs_C$ 和 $initialState_C$ 相同的定义，见式（5.1）～式（5.4）。但其更新函数有所不同，对于所有的 $s_A \in States_A$, $s_B \in States_B$, $i_A \in Inputs_A$ 以及 $i_B \in Inputs_B$，其形式如下。

$$update_C((s_A, s_B), (i_A, i_B)) = ((s_A', s_B'), (o_A', o_B'))$$

其中，

$$(s_A', o_A') = update_A(s_A, i_A), \text{且 } s_B' = s_B, o_B' = absent$$

或者

$$(s_B', o_B') = update_B(s_B, i_B), \text{且 } s_A' = s_A, o_A' = absent$$

该定义中，$o_B' = absent$ 的含义是状态机 B 的所有输出都不存在。类似地，可以给出语义 2 的定义（见习题 2）。

异步组合的调度语义

在 5.1.2 节所给出的语义 1 和语义 2 中，选择哪一个组件状态机进行响应是不确定的，且该模型并没有给出任何具体的约束。那么，为该类状态机引入一些调度策略通常更为有用，由此，环境可以影响或者控制这类不确定的选择。例如，我们可以为异步组合引入如下两个附加的语义。

- **语义 3**：组合 C 的一个响应是状态机 A 或 B 的一个响应，具体由环境来选择 A 或 B 中的某一个响应。

- **语义 4**：组合 C 的一个响应是状态机 A 或 B 的一个响应，或者 A 和 B 两者的响应，具体选择由环境给出。

与语义 1 类似，语义 3 也是一个交错语义。

在某种意义上，语义 1、2 较语义 3、4 具有更好的复合性。为了实现语义 3 和 4，异步组合必须为环境提供某些机制来选择进行响应的组件状态机（即调度该组件状态机）。这就意味着图 5-2 中给出的分层组合不再起作用。参元 C 必须给出更详细的内部结构，而不仅仅是其端口以及响应能力。

在另一种意义上，语义 1 和 2 较语义 3 和 4 的组合性更弱，因为该组合不能保证确定性。确定性状态机的组合并不是一个确定性状态机。

进而请注意，基于"语义 3 下的每个行为也是语义 1 下的行为"这一意义，语义 1 算是语义 3 的一个抽象。抽象的概念将在第 14 章详细研究。

这些语义选择之间的微妙差异会使异步组合变得相当诡异。因此，设计人员要相当小心，要非常清楚地确定你使用的是哪种语义。

5.1.3 共享变量

扩展状态机具有可以读、写的局部变量，这是执行响应的一个组成部分。在构造组合状态机时，允许这些变量在一组状态机内部进行共享有时是有用的。具体来说，这些共享变量对中断（见第 10 章）以及多线程（见第 11 章）的建模是非常有用的。然而，需要非常小心的是，一定要确保模型的语义与包含中断和线程的程序的语义一致。这会引起很多复杂问题，如内存一致性模型和原子操作等。

示例 5.6 来看一个关于服务器的例子。两个服务器共享一个请求队列并从网络接收请求，每个请求发起一个处理时长未知的服务。如果一个服务器正忙，即使该服务是从第一个服务器的网络接口接收的，另一个服务器也可以响应该请求。

这适合于类似图 5-2 所示的模式，其中 A 和 B 都是服务器。进而，可以将服务器建模为如图 5-6 所示的状态机，其中，共享变量 *pending* 统计等待的作业请求的数量。当一个请求到达组合状态机 C 时，非确定性地选择两个服务器中的一个来进行响应。如果该服务器是空闲的，它将处理该服务请求。如果该服务器正在处理另一个请求，那么将出现以下两种情况中的某一个：服务器正好完成了对当前服务请求的处理，其输出 *done* 并立即开始处理新的请求；或者，它把等待请求数加 1 并继续处理当前请求。这一选择是不确定的，可以对服务器的服务时间未知这一特性进行建模。

如果组合 C 是在没有请求的情况下做出响应，那么，服务器 A 或 B 将被非确定性地选择来进行响应。如果该服务器是空闲的且有一个或多个挂起的请求，该服务器转换到 serving 状态并将变量 *pending* 的值减 1。如果响应的服务器不是空闲的，将可能发生以下三种情况之一：继续服务当前请求，此时它简单地通过自迁移转换回 serving 状态；完成了正在服务的请求，在没有挂起的请求时将迁移到 idle 状态；在有挂起的请求时迁移到 serving 状态并将 *pending* 的值减 1。

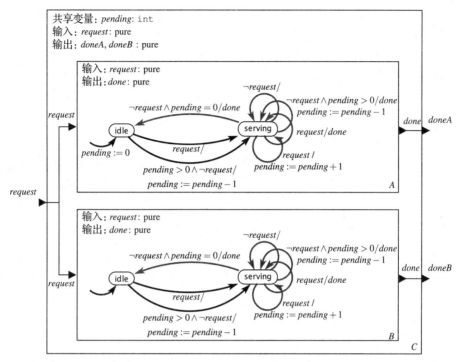

图 5-6 共享一个任务队列的两个服务器模型（假设为语义 1 下的异步组合）

上例中的模型展示出了并发系统的很多微妙之处。首先，由于交错语义，共享变量的访问都是原子操作，然而要保证原子性实际上是非常具有挑战性的，相关内容在第 10 章、第 11 章进行讨论。其次，这种情况下选择语义 1 是合理的，因为输入端同时连接到两个组件状态机，所以，不用考虑具体由哪个组件状态机来进行响应，也不会丢失任何输入事件。然而，如果这两个状态机都是独立的输入，这些请求就可能被错过，此时该语义将不再成立。语义 2 有助于防止上述情况出现，但是环境应该使用什么样的策略来决定由哪一个状态机来进行响应呢？如果在 C 的同一个响应上，两个独立的输入都存在请求时将会发生什么？如果我们选择语义 4 来使得两个状态机同时响应，那么，这两个状态机都更新这个共享变量意味着什么？此时，更新不再是原子的，因为它们具有交错语义。

进一步要强调的是，选择语义 1 下的异步组合允许这些无法有效利用空闲状态机的行为。举例说明，假设状态机 A 正在服务、状态机 B 空闲且有请求到来。如果非确定性选择引起了状态机 A 的响应，那么它将只是对 pending 变量加 1，直到非确定性选择触发了状态机 B 的响应。实际上，语义 1 允许从不使用状态机中某一个的那些行为。

共享变量也可以被用于状态机的同步组合中，但将会再次出现非常复杂的细节。具体来说，如果在相同的响应中一个状态机读取变量来评估一个监督条件而另一个状态机对该共享变量进行写操作，将会发生什么情况？我们是否要求写操作必须在读操作之前执行？如果正在写共享变量的迁移也在其监督条件中读取该变量，又将会怎样？就这些问题而言，一个可能性是选择**同步交错语义**（synchronous interleaving semantics），该语义中组件状态机以随机顺序响应且被非确定性选择。这个策略的缺点是两个确定性状态机的组合可能是非确定性的。在同步交错语义的一个可替代版本中，可以让这些组件状态机以环境或者某些附加机制（如优先级）确定的固定顺序响应。

　　共享变量呈现出的这些困难，特别是对同步组合而言，反映出了具有共享变量的并发模型固有的复杂性。该类问题的彻底解决方案需要更为复杂的语义，这将在第 6 章讨论。在本章我们将揭示同步响应计算模型，其给出了一个合理组合的同步组合语义。

　　到目前为止，本章已经讨论了不进行直接通信的状态机的组合，接下来将讨论不同状态机输入与输出相连的几种情况。

5.1.4　级联组合

　　图 5-7 是两个状态机 A 和 B 的组合，状态机 A 的输出连接到状态机 B 的输入，这种组合风格被称为**级联组合**（cascade composition）或者**串行组合**（serial composition）。

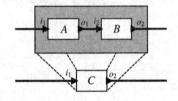

图 5-7　两个参元的级联组合

　　在图 5-7 所示的组合中，状态机 A 的输出端口 o_1 向 B 的输入端口 i_2 提供输入事件。假设 o_1 的数据类型为 V_1（表示 o_1 可以从 V_1 中取值或者为 absent），且 i_2 的数据类型为 V_2。由此，要使得该组合有效，须满足如下条件：

$$V_1 \subseteq V_2$$

这表明状态机 A 的端口 o_1 上的任何输出在 B 的输入端口 i_2 上都是可接受的。这是组合的**类型检查**（type check）。

　　如果要使得级联组合是异步的，就需要引入某些机制来缓冲由状态机 A 发送到状态机 B 的数据。第 6 章将对该类异步组合进行讨论，该章节中计算的数据流和进程网络模型将提供这样的异步组合。在本章，我们仅考虑级联系统的同步组合。

　　在图 5-7 所示级联结构的同步组合中，状态机 C 的响应包括了状态机 A 和 B 的响应，其中状态机 A 首先响应，产生输出（如果有），接下来是状态机 B 响应。逻辑上，我们将其看作零时刻发生的，因此，这两个响应就具有**同时和即时**特性。但是，这两个响应之间是有因果关系的，状态机 A 的输出影响着 B 的行为。

　　示例 5.7　图 5-8 给出了两个有限状态机的级联组合。假设该组合具有同步语义，组合 C 的响应的含义在图 5-9 中给出，该图清晰地说明两个状态机的响应是同时且即时的。当从初始状态（s1, s3）迁移到状态（s2, s4）时（输入 a 是不存在时出现），组合状态机 C 并不经过状态（s2, s3）！实际上，（s2, s3）也并非一个可达状态！这种情况下，状态机 C 的单个响应包含了状态机 A 和 B 两者的响应。

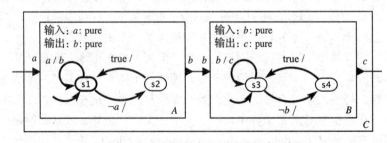

图 5-8　两个有限状态机的级联组合示例

　　为了构建如图 5-9 所示的组合状态机，首先以组件状态机状态空间的交叉乘积来构造状态空间，进而需要确定在什么条件下进行什么迁移。这里，重要的是要记住这些迁移是同时的，即使其在逻辑上是由一个触发另一个的。

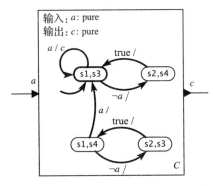

图 5-9　图 5-8 所示级联组合的语义（假设为同步组合）

示例 5.8　回顾图 3-10 中的交通灯模型。假设我们要将该模型与通过路口的行人模型进行组合，如图 5-10 所示。交通灯的输出 *sigR* 可以为行人交通灯提供 *sigR* 输入。在同步的级联组合模式下，图 5-11 给出了该组合的含义。请注意，由于不安全的状态并不是可达状态，如（green,green）表示为车辆和行人都提供了绿灯的状态，所以这里没有给出。

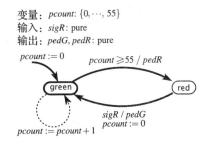

图 5-10　行人交通灯模型，将与图 3-10 中的交通灯模型进行同步级联组合

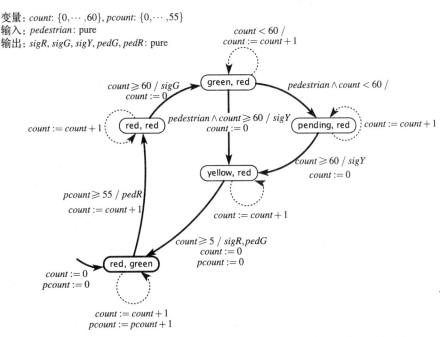

图 5-11　图 3-10 交通灯模型与图 5-10 行人交通灯模型同步级联组合的语义

在最简单的形式中，级联组合意味着这些组件的响应是有序的。由于这种有序性已被很

好地定义，因此，使用共享变量并不会有多大的难度，这与处理平行组合是一样的。然而我们将会看到，在更为通用的组合中进行排序并非那么简单。

5.1.5　通用组合

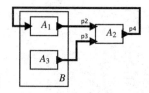

平行组合与级联组合为构造复杂的状态机组合又提供了一些基本组件，如图 5-12 所示的组合示例。其中，状态机 A_1 和 A_3 是一个平行组合，共同定义了状态机 B，同时，状态机 B 和 A_2 是一个级联组合且状态机 B 向 A_2 提供事件。然而，状态机 B 和 A_2 反过来也是一个级联组合，A_2 向 B 提供了事件输入。类似这样的环路被称为反馈，其引入了一个难题：哪一个状态机应该首先响应，是状态机 B 还是

图 5-12　状态机的任意互联是平行组合与级联组合的组合（如本例所示，其可能会出现环路）

A_2？下一章解释计算的同步响应模型时，我们将给出解决这个难题的思路和方法。

5.2　分层状态机

本节我们来看一下**分层的有限状态机**（hierarchical FSM），该类状态机可以追溯到早期的 Statecharts（Harel, 1987）。如前所述，Statecharts 的变体有很多，且通常在语义上存在细微的差别（von der Beeck, 1994）。这里我们仅聚焦于一些较简单的方面，同时挑选一个特定的语义变体进行讨论。

分层状态机的关键思想是状态精化。在图 5-13 中，状态 B 有一个精化，其对应于另一个具有两个状态 C 和 D 的有限状态机。状态机处于状态 B 的含义是：它正处于状态 C 或 D 中的某一个。

通过比较图 5-13 中的分层状态机以及图 5-14 中等价的扁平有限状态机就可以理解分层的含义。该状态机起始于状态 A。当监督条件 g_2 的估值为真时状态机迁移到状态 B，这意味着迁移到其精化的初始状态，即状态 C。在迁移到状态 C 时，状态机执行动作 a_2 并产生一个输出事件或者设置一个变量（如果这是一个扩展状态机）。

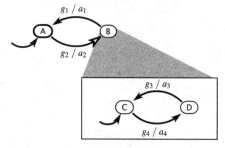

图 5-13　分层有限状态机中，一个状态可以有一个精化（即另一个状态机）

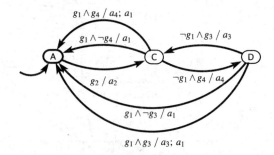

图 5-14　图 5-13 中分层有限状态机的语义

之后，该分层状态机可以有两种方式退出状态 C：监督条件 g_1 的估值为真时状态机退出状态 B 并返回状态 A，或者监督条件 g_4 为真时状态机迁移到状态 D。一个棘手的问题在于，当 g_1 和 g_4 同时为真时将会发生什么情况？ Statecharts 的不同变体在该问题上有不同的选择。让该状态机在状态 A 中结束看上去是合理的，但是应该执行哪个动作，a_4 还是 a_1 或

者两个都执行？这些棘手的问题有助于解释 Statecharts 各种变体不断涌现的原因。

我们选择一个特定的语义，其具有非常突出的模块化特性（Lee and Tripakis, 2010）。在这个语义中，分层有限状态机的响应被定义为深度优先的方式。当前状态下最深层的精化先响应，接下来是其外层的容器状态机，之后是外层容器的容器等，以此类推。图 5-13 表示，如果状态机是在状态 B 中（意味着其在状态 C 或状态 D 中），那么该精化状态机先响应。如果是状态 C，且 g_4 为真，那么就会迁移到状态 D 且执行 a_4 动作。但之后，作为相同响应的一部分，顶层的有限状态机也会响应。如果监督条件 g_1 也为真，那么状态机就会迁移到状态 A。重要的是，在逻辑上这两个迁移是同时且即时发生的，因此，状态机并不会真的迁移到状态 D。尽管如此，动作 a_4 被执行，动作 a_1 也是如此。该组合对应于图 5-14 中最上面的迁移。

另一个问题在于，如果两个（存在的）动作在同一响应中被执行，它们就可能发生冲突。例如，两个动作可以向同一个输出端口写数据，或者它们可以为相同的变量设置不同的值。我们在这里的选择是让这些动作顺序执行，如用 "$a_4; a_1$" 中的分号来表示这一方式。这与在命令式语言（如 C 语言）中一样，分号表示了一个序列。此时，如果两个动作产生了冲突，那么约定后者优先。

通过使用如图 5-15 所示的**抢先式迁移**（preemptive transition）可以避免这些麻烦，由此，图 5-15 的语义就如图 5-16 所示。抢先式迁移的所有监督条件将会在精化进行响应之前被评估，而且如果任何一个监督条件的估值为真，这个精化就不能响应。因此，如果状态机处于 B 状态且 g_1 为 true，a_3 和 a_4 都不会执行。图 5-15 中，起始端带有圆圈的迁移表示抢先式迁移。

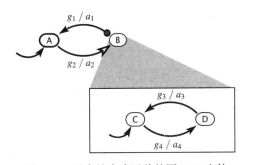

图 5-15　具有抢先式迁移的图 5-13 变体

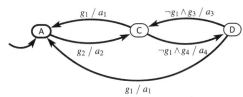

图 5-16　图 5-15 的语义

请注意，在图 5-13 和图 5-14 中，无论状态机何时进入状态 B，就算上一次离开状态 B 时正处于状态 D，它都只会进入状态 C 而从不进入状态 D。这里从状态 A 到 B 的迁移被称为**复位迁移**（reset transition），其把目标状态的精化设置为它的初始状态，而不用考虑之前所处的是什么状态。在符号表示中，迁移的末端为空心箭头时表示其就是复位迁移。

在图 5-17 中，状态 A 到 B 的迁移是**历史迁移**（history transition），是复位迁移的替代方案。在我们的符号标记中，实心箭头表示历史迁移。为了强调，也可以用字母 "H" 对其进行标注。当选取了一个历史迁移时，目标状态的精化恢复到其上一次退出时所处的状态（或者是第一次进入时的初始状态）。

图 5-17 中历史迁移的语义如图 5-18 所示。初始状态标记为（A, C），用以说明状态机处于状态 A，且如果它接下来转至状态 B，则将会进入状态 C。在第一次转换到状态 B 时，

它将进入标记为（B, C）的状态，表示当前处于状态 B，确切地讲是状态 C。如果之后转换至状态（B, D）且随后返回到状态 A，那么它将在标记为（A, D）的状态中结束。这意味着它处于状态 A，但当下次转至状态 B 时，将直接进入状态 D。也就是说，它记住了迁移历史，特别是离开状态 B 时所处的位置。

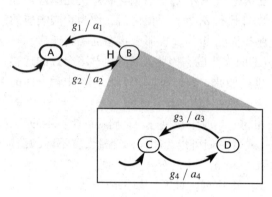

图 5-17　具有历史迁移的图 5-13 所示分层状态机的变体

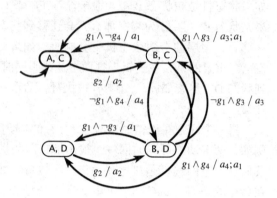

图 5-18　图 5-17 中具有历史迁移的分层状态机的语义

正如并发组合一样，分层状态机可以有很多含义，它们之间的这些差异可能非常微妙。设计人员需要谨慎地保证所建立的模型是清晰的，且它们的语义要与所建模的对象保持一致。

5.3　小结

任何设计良好的系统都是由较简单的组件组合而成的。在本章，我们讨论了两种状态机组合的形式，即并发组合与分层组合。

对于并发组合，我们重点对同步组合和异步组合进行了讨论，但实际内容并不止于此。我们把对反馈的讨论放在下一章，因为这会让同步组合呈现出明显的不同。对于异步组合，通过端口进行通信需要额外的机制，这些机制目前（还）不是我们状态机模型的必要部分。当然，即使不存在基于端口的通信，模型仍然会有显著的差异。这是因为对于异步组合来说会有多种可能的语义，且每一种都有其自身的优势和不足。选择一种语义可能适合于一个应用，而不适合另一个。这些微妙的差异引出了下一章要学习的主题，其为并发组合提供了更多的结构并（以不同方式）解决了其中的大多数问题。

对于分层组合，本章主要讨论 Harel（1987）最初引入的称为 Statecharts 的风格。我们特别关注有限状态机中状态可以继续用状态机进行精化的这种能力。精化有限状态机的响应会与包含这些精化的状态机的响应组合在一起，如前所述，这也存在很多可能的语义。

习题

1. 考虑图 3-8 中停车场计数器的扩展状态机模型。假设停车场有两个不同的入口和出口，请构建由两个计数器组成的平行并发组合，其共享一个变量 c 来记录停车场中的车辆数。请说明其使用的是同步组合还是异步组合，同时通过给出对应于该组合的单状态机模型来准确地定义其语义。如果选择了同步语义，请解释当两个状态机同时修改共享变量时会发生什么情况；如果使用了异步组合，请详细解释选择了哪个异步语义的变体以及选择的原因。请说明所设计的组合是否为确定性的。

2. 对于 5.1.2 节中的语义 2，请给出表示组合 C 的单个状态机的五元组（C 为两个状态机 A 和 B 的平行异步组合）：

$$(States_C, Inputs_C, Outputs_C, update_C, initialState_C)$$

所给出答案应参照状态机 A 和 B 的五元组定义，如下：

$$(States_A, Inputs_A, Outputs_A, update_A, initialState_A)$$

$$(States_B, Inputs_B, Outputs_B, update_B, initialState_B)$$

3. 结合如下两个状态机 A 和 B 的同步组合，请构造单个状态机 C 以表示该组合，并请说明该组合的哪些状态是不可达的。

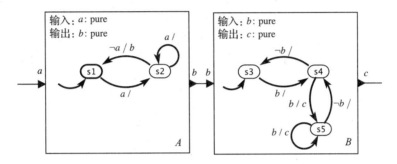

4. 结合如下两个状态机 A 和 B 的同步组合，请构造单个状态机 C 以表示该组合，并请说明该组合的哪些状态是不可达的。

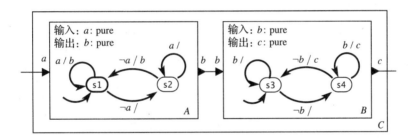

5. 对于如下分层状态机，请构建一个等价的扁平有限状态机来给出该分层的语义。请用文字描述状态机的输入、输出行为。另外，是否存在行为相同的、更为简单的状态机？（请注意，状态机间的等价关系将在第 14 章讨论，这里仅直观地关注状态机响应时会做什么。）

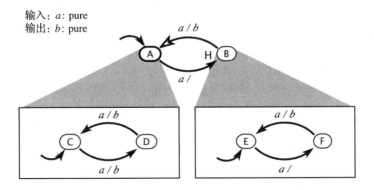

6. 如下状态机有多少个可达状态？

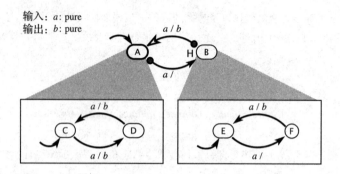

输入：a: pure
输出：b: pure

7. 假设第 4 章习题 8 的状态机与以下状态机组成一个平行同步组合。请找出事件 a 和 b 之间的严格时间下限。也就是说，找出一个没有事件 a 或 b 的时间间隔下界。并请说明所找到的下限是严格的。

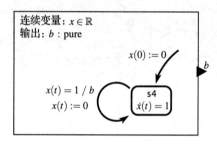

连续变量：$x \in \mathbb{R}$
输出：b : pure

并发计算模型

在良好的工程实践中，系统通常都是由多个组件组合而成的。为了能够更好地理解这些组合，我们首先需要充分地理解各个组件，以及组件间交互的含义。在前一章，我们已经讨论了有限状态机的组合。基于这样的组合，就可以很好地定义组件了（它们都是有限状态机），但是对于组件间的交互可能存在很多解释，而组合的含义被称为它的语义。

本章聚焦于**并发**组合的语义。"并发"（concurrent）一词的字面意思是"同时运行"。如果系统的不同部分（组件）在概念上是同时操作的，就说该系统是并发的。它们的操作并不存在明确的顺序。然而，该类并发操作的语义可能是非常微妙的。

本章我们关注的组件是参元（actor），其对输入端口的激励进行响应并向输出端口输出激励。在本章，我们将只是最低限度地关心参元本身是如何定义的。它们可能是有限状态机、硬件或者基于命令式编程语言的程序。我们需要对参元的行为施加约束，但无需限定如何来指定它们。

参元的并发组合语义由三个规则集支配，我们将其统称为**计算模型**（Model of Computation，MoC）。第一个规则集指定了组件的构成，第二个规定了并发机制，第三个则给出了通信机制。

在本章，组件被看作一个具有端口和**执行动作**（execution action）集合的参元。执行动作定义了参元如何对输入做出反应、产生输出并改变其状态。对端口进行互连可以在参元之间提供通信支持，同时，由参元的环境调用执行动作来执行其功能，如有限状态机的一个动作会引起一个响应。本章的重点是学习一些可以控制参元间交互过程的、可能的并发机制与通信机制。

我们首先阐述应用于本章所研究的全部计算模型的通用模型结构，之后会进一步阐述一组计算模型。

6.1 模型的结构

在本章，我们假设模型由固定互连的参元组成，如图 6-1a 所示，参元间的互连关系则指定了通信的路径。通信本身采用了**信号**（signal）的形式，其包括了一个或多个**通信事件**（communication event）。例如，对于 3.1 节的离散信号，信号 s 具有如下函数形式，其中 V_s 是一个值的集合，称为信号 s 的类型。此时，通信事件是 s 的一个存在值。

$$s : \mathbb{R} \to V_s \cup \{absent\}$$

示例 6.1 对于所有的 $t \in \mathbb{R}$ 以及 $P \in \mathbb{R}$，纯信号 s 是由下式给出的离散信号，该信号被称为一个周期为 P 的时钟信号（clock signal）。通信事件在每 P 个时间单元时发生。

$$s(t) = \begin{cases} present & \text{如果 } t \text{ 是 } P \text{ 的倍数} \\ absent & \text{其他} \end{cases}$$

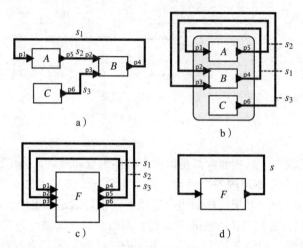

图 6-1   参元间的任何互联可以被建模为一个具有反馈的单个（平行组合）参元

在第 2 章，连续时间信号具有如下函数形式，这种情况下，对于 $t \in \mathbb{R}$，（不可数的）无限数值集中的每个值 $s(t)$ 是一个通信事件。

$$s : \mathbb{R} \to V_s$$

在本章，我们还将看到如下形式的信号，其与时间线无关，而只是一系列的值。

$$s : \mathbb{N} \to V_s$$

每个通信事件都有一个类型，这要求参元间的连接要有类型检查。也就是说，如果输出类型为 V_y 的输出端口 y 与类型为 V_x 的输出端口 x 相连，那么必须满足如下关系。

$$V_y \subseteq V_x$$

如图 6-1b ~ d 中所示，任何参元网络都可以被简化为一个相当简单的形式。如果我们按照图 6-1b 所示的方式重新排列这些参元，这些参元就形成了一个由圆角矩形所表示的平行组合。这个矩形本身就表示了如图 6-1c 所示的参元 F，其输入是一个信号三元组 (s_1, s_2, s_3)，输出同样也是一个信号三元组。如果令 $s=(s_1, s_2, s_3)$，参元就可以被表示为如图 6-1d 所示形式，其隐藏了模型的所有复杂性。

请注意，图 6-1d 是一个反馈系统。基于我们构造该系统的过程和方法，参元间的每一个连接都可以被构造为与之类似的反馈系统（见习题 1）。

参元网络的方程组表示

一个模型中，如果所有参元都是确定性的，那么每一个参元就都是一个可将输入信号映射到输出信号的函数。例如，在图 6-1a 中，参元 A 可能是一个将信号 s_1 和 s_2 关联起来的函数，形式如下。

$$s_2=A(s_1)$$

类似地，参元 B 也以如下形式将三个信号进行关联。

$$s_1=B(s_2, s_3)$$

参元 C 较为特殊，因为其并没有输入端口。那么，它怎么会是一个函数呢？函数的定义域又会是什么？如果这个参元是确定性的，那么它的输出信号 s_3 就是一个恒定信号。函数 C 应该是一个常函数，对每一个输入都有相同的输出。一个简单的保证方式是将 C 定义为定义域是单元素集（只有一个元素的集合）的函数。令 $\{\varnothing\}$ 为单元素集，那

么 C 就只能被应用于 ∅。此时，可由下式给出函数 C 的定义。

$$C(\emptyset)=s_3$$

由此，图 6-1a 实际上就对应了如下一个方程组。

$$s_1 = B(s_2,s_3)$$
$$s_2 = A(s_1)$$
$$s_3 = C(\emptyset)$$

该模型的语义是该方程组的一个解，且这可以用图 6-1d 中的函数简洁地表示为如下形式。

$$F(s_1,s_2,s_3)=(B(s_2,s_3),A(s_1),C(\emptyset))$$

图 6-1a 中的所有参元都具有输出端口。如果存在没有输出端口的参元，我们可以将该参元定义为到达域是 {∅} 的函数。对于所有的输入，该类函数的输出为 ∅。

不动点语义

在一个模型中，如果所有参元都是确定性的，那么每个参元就是一个可将输入映射到输出的函数。该类模型的语义是一个方程组（见"参元网络的方程组表示"），而且图 6-1d 可以简化表示为式（6.1），其中 $s=(s_1, s_2, s_3)$。当然，这个方程仅是看似简单而已，其复杂性依赖于 F 函数的定义以及 F 的定义域结构和范围。

$$s = F(s) \tag{6.1}$$

给出任意集合 X 的任意函数 $F：X \rightarrow X$，如果有一个 $x \in X$ 使得 $F(x)=x$，那么 x 就被称为**不动点**（Fixed-Point）。因此方程（6.1）可断定一个确定性参元网络的语义就是一个不动点。是否存在一个不动点，不动点是否唯一，以及如何找出不动点？这些都成为非常有意思的问题，也是计算模型的核心问题。

在计算的同步响应模型（SR 模型）中，所有参元的执行是同时且即时的，并且是在全局时钟的节拍上执行。如果该参元是确定的，那么每个这样的执行就实现了一个被称为**触发函数**（firing function）的函数。例如，在全局时钟的第 n 个时间片，图 6-1 中的参元 A 就实现了如下形式的函数。其中，V_i 是信号 s_i 的类型。

$$a_n：V_1 \cup \{absent\} \rightarrow V_2 \cup \{absent\}$$

由此，如果 $s_i(n)$ 是 s_i 在第 n 个时间片的值，那么就会有如下关系成立。

$$s_2(n)=a_n(s_1(n))$$

对每个参元 F 给出一个触发函数 f_n，我们可以像图 6-1d 中一样通过不动点来定义单个节拍上的执行：

$$s(n)=f_n(s(n))$$

其中，$s(n)=(s_1(n), s_2(n), s_3(n))$，且 f_n 是一个形式如下所示的函数：

$$f_n(s_1(n), s_2(n), s_3(n))=(b_n(s_2(n), s_3(n)), a_n(s_1(n)), c_n(\emptyset))$$

由此，对于同步响应模型，全局时钟每个节拍的语义就是函数 f_n 的不动点，就如在所有节拍上的执行是函数 F 的不动点一样。

6.2　同步响应模型

在第 5 章，我们学习了状态机的同步组合，但是我们回避了反馈式组合之间的差异。对于描述为图 6-1d 中反馈系统的模型，5.1.5 节中讨论的难题就具有特别简单的形式。如果图 6-1d 中的反馈系统 F 是由状态机实现的，那么，为了使其响应，我们就要知道它产生响应时所需的输入是什么。但由于它的输入和输出是相同的，因此为了让 F 产生响应，还需要知道其输出是什么。但是，我们在执行响应之前无法知道其输出是什么。

如 6.1 节及习题 1 所示，所有参元网络都可以被看成反馈系统，因此我们必须解决这个难题。现在，我们通过给出**同步响应**（Synchronous-Reactive，SR）计算模型来解决这个问题。

同步响应模型是一个离散系统，在（可能的）**全局时钟**的**节拍**时刻之外，信号都是不存在的。概念上，模型的执行对应了在离散时间到来的全局响应的序列，而且在每一个这样的响应中，所有参元的响应都是同时且即时的。

6.2.1 反馈模型

我们首先来看图 6-1d 形式的反馈模型，其中，反馈系统 F 的实现是一个状态机。在全局时钟的第 n 个节拍，我们必须找出信号 s 的值，以使得它是状态机当前状态的有效输入和有效输出。令 $s(n)$ 表示信号 s 在第 n 个响应中的取值，那么我们的目标就是在全局时钟的每个节拍上确定 $s(n)$ 的值。

示例 6.2   来看一个较简单的例子，如图 6-2 所示（该示例较图 6-1d 更简单，因为信号 s 是单一的纯信号而不是三个信号的聚合）。如果响应发生时状态机 A 正处于状态 s1，那么 $s(n)$ 可能的取值仅为 $s(n)=absent$，这是因为该响应必须选取一个从 s1 状态发出的迁移，而这两个迁移的输出都不存在。另外，一旦我们知道 $s(n)=absent$，就可以知道输入端口 x 的值为 absent，因此，可以确定状态机 A 将转换到状态 s2。

如果响应产生时 A 处于 s2 状态，$s(n)$ 可能的值就只有 $s(n)=present$，状态机将转换到状态 s1，所以 s 在 absent 和 present 之间切换。图 6-3 给出了状态机 A 在反馈模型中的语义。

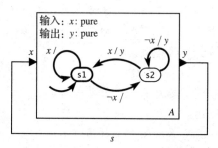

图 6-2   一个结构良好的简单反馈模型

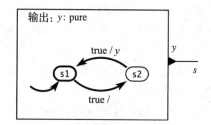

图 6-3   图 6-2 所示模型的语义

需要着重说明的是，在之前的例子中输入 x 和输出 y 在每一个响应中都有相同的值。这就是反馈连接的含义。任何从输出端口到输入端口的连接都意味着输入端口的值始终与输出端口的值相同。

如图 6-2 一样，给定一个反馈模型中的确定性状态机，可以在其每一个状态 i 中定义一个函数 a_i，从而把输入的值映射到输出。该函数依赖于状态机所处的状态，且由更新函数所定义。

$$a_i ：\{present, absent\} \rightarrow \{present, absent\}$$

示例 6.3 对于图 6-2 中的例子，如果状态机处于状态 s1，那么，对于 $x \in \{present,$ $absent\}$，$a_{s1}(x)=absent$。

对于状态 i，函数 a_i 被称为触发函数（参见"不动点语义"）。给定一个触发函数，要找出第 n 个响应时的 $s(n)$ 值，我们仅需要找出如下的 $s(n)$ 值。

$$s(n)=a_i(s(n))$$

该 $s(n)$ 值被称为函数 a_i 的不动点。很容易看到如何将其进行一般化，从而使信号 s 可以是任何类型。信号 s 甚至可以是一组信号的聚合，如图 6-1d 所示（参见"不动点语义"）。

6.2.2 形式非良好模型与形式良好模型

在寻找不动点时，有可能会出现两个潜在的问题。首先，可能并不存在一个不动点；其次，可能存在多个不动点。如果在一个可达状态中出现了上述任何一种情况，我们就称该系统为**形式非良好的**（ill formed），否则，其就是**形式良好的**（well formed）。

示例 6.4 图 6-4 给出了一个状态机 B。在状态 s1 中，我们可以得到唯一的不动点 $s(n)=absent$。然而，状态 s2 中并不存在不动点。如果我们尝试选择 $s(n)=present$，那么状态机将切换到 s1 状态并将输出 $absent$。但由于输出必须与输入相同，且输入是 $present$，因此出现矛盾。当我们尝试选择 $s(n)=absent$ 时也会出现类似矛盾。

由于状态 s2 是可达的，因此这个反馈模型就是形式非良好的。

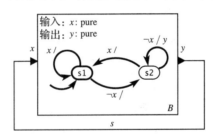

图 6-4 在状态 2 中没有不动点的形式非良好反馈模型

示例 6.5 如图 6-5 所示的状态机 C。在状态 s1 中，$s(n)=absent$ 和 $s(n)=present$ 两个都是不动点，从而任何选择都是有效的。因为状态 s1 是可达的，因此反馈模型就是形式非良好的。

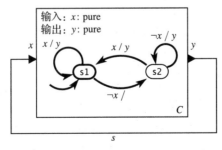

图 6-5 在状态 s1 中有多个不动点的形式非良好反馈模型

如果在一个可达状态中有多个不动点，我们声明该状态机是形式非良好的。一个替代性语义不会拒绝这样的模型，但是会声明模型是不确定的。这是一个有效的语义，但是该语义的不足在于，多个确定性状态机的组合并不一定就是确定性的。实际上，图 6-5 中的状态机 C 是确定性的，而在该替代性的语义下，图中的反馈组合不再是确定性的。确定性并非一个组合属性。因此，我们宁可不选用这些模型。

6.2.3　推定一个不动点

如果信号 s 或由其所聚合的一组信号的类型 V_s 是有限的，那么，找出不动点的一个方法就是**穷举搜索**（exhaustive search），其意味着要试遍所有可能的值。如果恰好找到了一个不动点，那么该模型就是形式良好的。然而，穷举算法的开销很大（而且在类型并非有限时是不可能完成的）。反之，可以设计出一个系统化的过程，其对大多数而不是全部的值进行搜索，形式良好的模型将可以找出一个不动点。该过程如下所示，对于每一个可达状态 i 有：

1）以 s(n) 未知开始。

2）尽可能多地确定 $f_i(s(n))$，其中 f_i 是状态 i 的触发函数（请注意，在这一步只需使用由状态机给出的触发函数，无需运用状态机如何与外部连接的知识）。

3）重复第 2 步直至 s(n) 中所有的值都为已知（无论它们是否存在以及它们的值是什么），或者直到不能再继续执行该过程。

4）如果依然存在未知的值，则拒绝该模型。

当然，这个过程可能会拒绝存在唯一不动点的模型。关于此，我们用如下示例进行说明。

示例 6.6　考虑图 6-6 中所示的状态机 D。在状态 s1 中，如果输入是未知的，我们并不能立即确定输出会是什么。我们必须在输入上尝试所有可能的值，以确定对于所有的 n 有 s(n)=absent。

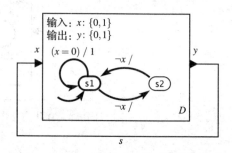

图 6-6　一个不可推定的形式良好反馈模型

若上述过程在一个状态机的所有可达状态中都可以执行，就说其是可推定的（Berry，1999）。图 6-6 中的示例不是可推定的。对于不可推定的状态机，我们只好进行穷举搜索，或者不得不设计更为复杂的解决方法。由于对于实际应用而言，穷举搜索的开销通常太大，因此很多同步响应语言及建模工具（见"同步响应语言"）中都不采用不可推定的模型。

上述过程的第 2 步非常关键。如果输入并非全部已知，那么能够确切判定其输出的程度有多少？这要求对模型进行**必须 – 可能分析**（must-may 分析）。检查该状态机，我们就可以确定输出中的什么必须为真、什么可能为真。

示例 6.7　图 6-2 中的模型是可推定的。在状态 s1 中，可以立即确定状态机不可能产生输出。因此，即使输入是未知的，我们也可以立即断定输出是 *absent*。当然，一旦已经确定了输出是不存在的，我们就可以知道输入是不存在的，由此也就可以断定该过程。

在状态 s2 中，我们可以立即确定状态机必须产生一个输出，由此就可以立即断定输出是 *present*。

以上过程可以被推广至任意的模型结构。再来看图 6-1a 中的示例，我们没有必要将其转换至图 6-1d 所示形式。相反地，我们可以以标记所有信号为未知开始，之后以任意的顺序来检查每个参元，以确定初始状态给定时其输出是什么。重复这一个过程，直至不再有新的进展，此时要么所有信号都已变为已知，要么我们拒绝这些形式非良好的或者不可推定的模型。一旦所有信号都是已知的，所有参元就可以进行状态的迁移，而且可在下一个响应的新状态中重复该过程。

以上的可推定过程也可以用于支持非确定性状态机（见习题 4）。但这样一来，情况又会变得有些棘手了，对于该语义存在着多个变体。一种处理非确定性的方式是，在执行该推定的过程中，当遇到一个非确定性选择时只要做出任意的选择即可。若结果会导致找出不动点的过程失败，我们要么拒绝这个模型（并非所有选择都能找到一个形式良好的或者可推定的模型），要么拒绝这个选择并再次尝试。

在计算的同步响应模型中，这些参元至少在概念上会同时且即时响应，而且用实际的计算来实现这一点则要求密切的计算协调。接下来，我们将讨论需要较少协调的一组计算模型。

同步响应语言

同步响应计算模型的历史至少可以追溯至 20 世纪 80 年代中期，当时已经开发了一系列的编程语言。"响应"一词源自**转换式系统**（其接收输入数据，执行计算并产生输出数据）与**响应式系统**（其与所处环境进行交互）之间计算系统的区别（Harel and Pnueli, 1985）。Manna 和 Pnueli（1992）给出如下描述。

"一个响应式程序的作用…不是产生一个最终的结果，而是维持正在与环境持续进行着的交互。"

转换式系统与响应式系统之间的区别导致了诸多新型编程语言的诞生。**同步语言**（Benveniste and Berry, 1991）为响应式系统的设计提供了一个特定的方法，其中，程序的多个片段在全局时钟的每个节拍上同时且即时响应。在这些语言中，具有重要地位的是 Lustre（Halbwachs et al., 1991）、Esterel（Berry and Gonthier, 1992）以及 Signal（Le Guernic et al., 1991）。Statecharts（Harel, 1987）及其在 Statemate（Harel et al., 1990）中的实现也具有很强的同步特征。

SCADE（Berry, 2003）（Safety Critical Application Development Environment，安全攸关应用开发环境）是法国 Esterel 公司的一款商业化产品，其基于 Lustre 语言构建且借用了 Esterel 语言的很多概念。该软件提供了一个图形化语法，可以画出状态机，且所采用参元模型的构成与本书中的图形表示相似。同步语言的一个主要吸引力在于它们具有强大的形式化特性，这些特性对于形式化分析与验证技术非常有效。基于此原因，SCADE 模型已被用于设计空客公司商用飞机的安全攸关飞控软件系统。

同步语言的规则也可被用于**协同语言**（coordination language）而不是编程语言的风格，这就与在 Ptolemy II（Edwards and Lee, 2003）和 ForSyDe（Sander and Jantsch, 2004）中一样。这允许系统中的"原语"是复杂的组件，而不是内置的语言原语。该方法允许计算模型的异构组合，因为复杂组件本身可能就是由其他计算模型下的某些子组件构成的。

6.3 数据流计算模型

在本节，我们来关注一下较同步响应更为异步的这些计算模型，其响应可能会同时出现，也可能不会，而到底会还是不会并非语义的重要组成部分。关于何时出现响应的决策可能非常分散，且实际上可能取决于每个参元个体。当响应依赖于另外一个时，这种依赖常常是由数据流引起的，而不是因为事件的同步。如果参元 *A* 的响应依赖参元 *B* 的响应所产生的数据，那么参元 *A* 的响应必须在参元 *B* 的响应之后发生。在一个计算模型中，当这样的数据依赖是响应的关键约束时，该模型就被称为计算的**数据流**（dataflow）模型。数据流计算模型的变体非常多样，这里我们仅讨论其中的一部分。

6.3.1　数据流原理

在数据流模型中，在参元间提供通信的信号对应于消息的序列，每个消息被称为一个**令牌**（token）。也就是说，信号 *s* 是如下形式的偏函数（partial function）。

$$s : \mathbb{R} \longrightarrow V_s$$

其中，V_s 是信号的类型，信号定义在**初始片段** $\{0,1,\cdots,n\} \in \mathbb{N}$ 之上，或者（对于无限执行）在整个集合 $\mathbb{N}$ 上。该序列的每个元素 $s(n)$ 是一个令牌。

一个（确定性）参元可以被描述为一个将输入序列映射到输出序列的函数。实际上，我们将使用两个函数，一个是将整个输入序列映射到整个输出序列的**参元函数**（actor function），另一个是将输入序列的有限部分映射到输出序列的**触发函数**，如下例所示。

> **示例 6.8**　如下参元具有一个输入和一个输出端口。

假设输入类型为 $V_s=\mathbb{R}$，且这是一个 Scale 参元，由参数 $a \in \mathbb{R}$ 所参数化，与示例 2.3 相似，采用 *a* 来乘以输入，那么就会有如下关系。

$$F(x_1, x_2, x_3, \cdots) = (ax_1, ax_2, ax_3, \cdots)$$

假设当该参元触发时会在该触发中执行一个乘法，那么，触发函数 *f* 仅在输入序列的第一个元素上操作，如下式所示。

$$f(x_1, x_2, x_3, \cdots) = f(x_1) = (ax_1)$$

输出是长度为 1 的序列。

正如在之前示例中所说明的，参元函数 *F* 结合了多个调用触发函数 *f* 的效果，而且可以仅使用参元输入的一部分信息来调用触发函数。在上例中，如果在输入上有一个或多个令牌可用，就可以调用触发函数。对于这个 Scale 参元，需要一个令牌的规则被称为**触发规则**（firing rule）。触发规则指定了触发响应时每个输入上所需提供令牌的数量。

上例中的 Scale 参元是较为简单的，因为触发规则及触发函数不发生改变。然而，并非所有的参元都会如此简单。

> **示例 6.9**　再来看一个不同的参元 Delay，其参数为 $d \in \mathbb{R}$，参元函数定义如下。

$$D(x_1, x_2, x_3, \cdots) = (d, x_1, x_2, x_3, \cdots)$$

该参元预置了一个值为 *d* 的令牌序列。参元有两个触发函数 d_1 和 d_2，以及两个触发规则。第一个触发规则不需要任何输入令牌，且生成长度为 1 的输出序列，如下。

$$d_1(s) = (d)$$

其中，s 是任意长度的序列，包括零长度序列（序列为空）。初始时，采用这个触发规则，且仅使用一次。

第二个触发规则要求有一个输入令牌，并被用于所有后续的触发，其将激发如下的触发函数。

$$d_2(x_1, \cdots) = (x_1)$$

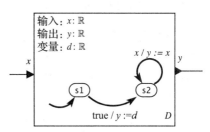

图 6-7　示例 6.9 中 Delay 参元的有限状态机模型

该触发函数表示参元使用了一个输入令牌并在输出上产生一个相同的令牌。该参元可被建模为如图 6-7 所示的状态机。在该图中，触发规则隐含于这些监督条件中，触发所需的令牌正是评估监督条件所需的令牌。由图可知，触发函数 d_1 与状态 s1 关联，d_2 与状态 s2 相关联。

当数据流参元组合在一起时，一个参元的输出连接到另一个参元的输入，其通信机制与本章之前所述的计算模型有着很大的差异。由于参元的触发是异步的，从一个参元到另一个参元的令牌就必须被缓冲存放；也就是说，该令牌需要被保存起来，直至目标参元使用该令牌。当目标参元被触发时，它将**消耗**（consume）一个或多个输入令牌。而一个令牌被使用之后，其就可以被丢弃（意味着存储该令牌的存储空间可被用于其他用途）。

数据流模型引出了一些有意思的问题。一个问题是，如何保证用于缓存令牌的存储器是有界的。一个数据流模型可能会永远运行（或者运行很长一段时间），被称为**无限执行**（unbounded execution）。对于一个无限执行，我们可能不得不采取措施来保证未使用令牌的缓存不会在可用存储器中产生溢出。

示例 6.10　以下是数据流参元的一个级联组合。

由于参元 A 没有输入端口，它的触发规则就很简单，其可以在任何时间触发。假设在每一个触发中，参元 A 会生成一个令牌。那么，参元 A 的触发速率快于参元 B 的触发速率会发生什么？这个快速的触发会导致在参元 A 和 B 之间的缓冲区上产生无限数量的未消耗令牌，并将最终耗尽可用的存储空间。

一般来说，对于可以无限执行的数据流模型，我们将需要提供**有界缓冲区**（bounded buffer）的调度策略。

第二个可能出现的问题是**死锁**（Deadlock）。当存在如图 6-1 所示的环路，且一个有向环没有足够的令牌来满足环路中这些参元的任何触发规则时，就会产生死锁。示例 6.9 的 Delay 参元有助于防止死锁，因为它能够在没有任何输入令牌可用时产生一个初始输出令牌。具有反馈的数据流模型中，每一个环路中通常都需要有一组 Delay 参元（或者与之作用相似的某些参元）。

对于通用的数据流模型，要确定模型是否会出现死锁，以及是否存在有界缓冲区上的无限执行等，都是非常困难的。实际上，这两个问题都是不可判定的，这就意味着对于所有的数据流模型，并不存在一个可以在有限时间内进行判定的算法（Buck，1993）。幸运的是，我们可以在参元的设计中引入一些有用的约束，以使得这些问题是可判定的。接下来，我们对这些约束进行探讨。

6.3.2　同步数据流

同步数据流（SDF）是带约束的数据流形式。在该类数据流中，对于每一个参元，每个触发会消耗各输入端口上固定数量的输入令牌并在每个输出端口上输出固定数量的令牌（Lee and Messerschmitt, 1987）。[一]

如图 6-8 所示参元 A 和 B 是单连接的。这个图形符号表示，当参元 A 触发时，它将在输出端口生成 M 个令牌，而当参元 B 触发时，其将消耗输入端口上的 N 个令牌，M 和 N 都是正整数。假设参元 A 触发了 q_A 次，且参元 B 触发了 q_B 次。那么，当且仅当式（6.2）所示的**平衡方程**（balance equation）满足时，参元 A 所生成的所有令牌会被参元 B 所消耗。

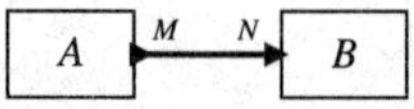

图 6-8　同步数据流参元 A 每次触发时将生成 M 个令牌且参元 B 每次触发时消耗 N 个令牌

$$q_A M = q_B N \tag{6.2}$$

假定 q_A 和 q_B 满足式（6.2），我们就可以找出一个在有界缓冲区上进行无限执行的调度。这样一个调度的示例是：参元 A 重复触发 q_A 次，之后参元 B 重复触发 q_B 次。由此，可以永远循环地执行这个序列，且不会耗尽可用存储空间。

示例 6.11　假设在图 6-8 中，$M=2$，$N=3$，$q_A=3$，$q_B=2$，满足式（6.2）。由此，如下调度可以被无限地重复：

$$A, A, A, B, B$$

或者，也可以有如下替代调度方案：

$$A, A, B, A, B$$

实际上，第二个调度较前一个而言更具优势，因为其需要更少的存储空间。一旦有了足够的令牌，参元 B 就会被触发，而不必等待参元 A 完成它的整个循环。

另一个解决方案是 $q_A=6$ 且 $q_B=4$。该解决方案包括的触发比保证系统平衡所严格需要的更多。

该方程也同样可以被 $q_A=0$ 和 $q_B=0$ 所满足，但如果参元的触发数量为零，就不会进行任何有意义的工作。显然，这并不是我们想要的解。另外，负的解也不是我们所期望的。

一般情况下，我们的关注点在于为平衡方程找出最小正整数解。

在一个更为复杂的同步数据流模型中，参元之间的每个连接都会有一个平衡方程。由此，该模型就定义了一个方程组。

示例 6.12　图 6-9 给出了由三个同步数据流参元组成的网络。三个连接 x、y 与 z 共同

[一] 尽管使用了"同步数据流"这一术语，但在同步响应的意义上同步数据流并不是同步的。在同步数据流模型中不存在全局时钟，且参元的触发是异步的。鉴于此，有些作者使用了**静态数据流**（static dataflow）一词而不是同步数据流。然而，这并不能避免混淆，因为 Dennis（1974）之前已经创造出"静态数据流"一词来表示缓冲区只能持有最多一个令牌的数据流图。由于没有办法来避免术语上的冲突，我们在本书中仍然使用最初的"同步数据流"一词。需要说明的是，"同步数据流"一词源于信号处理的概念，即两个采样速率是有理数倍数关系的信号被认为是同步的。

形成了如下平衡方程组。

$$q_A = q_B$$
$$2q_B = q_C$$
$$2q_A = q_C$$

这些方程的最小正整数解是 $q_A = q_B = 1$，以及 $q_C = 2$，由此如下调度可以无限地循环，从而在有界缓冲区上得到一个无限执行。

$$A, B, C, C$$

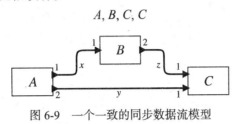

图 6-9　一个一致的同步数据流模型

这些平衡方程并不是一直都有一个非平凡解，如下给出一个示例进行说明。

示例 6.13　图 6-10 给出了由三个参元构成的网络，这些平衡方程的唯一解就是一个平凡解，$q_A = q_B = q_C = 0$。对于该模型，其求解的结果是不会在有界缓冲区上进行无限执行，其并不能保持平衡。

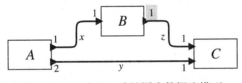

图 6-10　一个不一致的同步数据流模型

一个拥有平衡方程组非零解的同步数据流模型被认为是**一致的**（consistent）。如果唯一解是 0，那么该模型就是**不一致的**（或矛盾的）。一个不一致的模型不会在有界缓冲区上无限执行。

Lee 等（1987）证明了如果平衡方程组具有一个非零解，那么它们也拥有这样的一个解，其中 q_i 对于所有参元 i 是一个正整数。另外，对于互连的一组模型（在任意两个参元之间都有一条通信路径），他们给出了一个查找最小正整数解的程序。这样的程序构成了同步数据流模型调度器的基础。

一致性足以确保有界的缓冲区，但是，对无限执行而言却是不够的。特别是存在一个反馈时，如图 6-1 所示，就可能出现死锁，而死锁又限制了执行。

为了支持反馈，同步数据流模型对 Delay 参元进行了一些特定的处理。回顾示例 6.9，Delay 参元可以在它接收到任何输入令牌之前产生输出令牌，而且其随后表现得像一般性同步数据流参元一样，将输入拷贝到输出。但是，这样的一般性参元并不是实际所需要的，而且将输入拷贝到输出的开销也是多余的。Delay 参元可以被高效地实现为一个具有初始令牌的连接（初始令牌是指在收到输入之前参元可以生成的那些令牌）。实际上运行时就不再需要参元了，而调度器必须考虑到这些初始令牌。

示例 6.14　图 6-11 给出了一个在反馈环路上具有初始令牌的同步数据流模型，其替代了可以初始生成 4 个令牌的 Delay 参元。相应地，平衡方程组定义如下。

$$3q_A=2q_B$$
$$2q_B=3q_A$$

最小的正整数解是 $q_A=2$ 和 $q_B=3$，所以该模型是一致的。如图 6-11 所示，当反馈连接上有 4 个初始令牌时，以下调度就可以一直重复。

$$A, B, A, B, B$$

然而，如果初始令牌的数量少于 4 个，该模型就会死锁。例如，假定只有 3 个令牌，那么参元 A 可以触发，之后是参元 B 触发，但在随后生成的缓冲区状态下，两个参元都不能被再次触发。

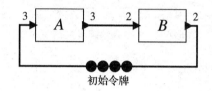

图 6-11   一个反馈环路上具有初始令牌的同步数据流模型

除了求解平衡方程组的过程，Lee 等（1987）还给出了另一个过程，其或者为无限执行找到一个调度，或者证明这样的调度并不存在。因此，有界缓冲区和死锁问题对于同步数据流模型来说都是可判定的。

6.3.3　动态数据流

尽管保证有界缓冲区以及排除死锁的能力是非常有价值的，但这也是要付出代价的。同步数据流并不具有足够的表达能力，它并不能直接表达如条件触发（如仅当一个令牌有特定值时一个参元才会触发）。这样的条件触发是由一个更通用的数据流计算模型来支持的，其被称为**动态数据流**（Dynamic Dataflow，DDF）。与同步数据流参元不同，动态数据流参元可以拥有多个触发规则，而且并不限定在每个触发上必须要生成相同数量的输出令牌。示例
6.9 中的 Delay 参元是由动态数据流计算模型直接支持的，无需
对初始令牌进行任何特殊处理。被称为 Switch 和 Select 的两个
基础参元也是如此，如图 6-12 所示。

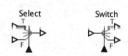

图 6-12　动态数据流参元

左侧的 Select 参元有三条触发规则。初始地，其需要底部输
入端口上存在一个令牌。该端口的类型为布尔型，因此令牌的值
必须是 true 或者 false。如果该端口上接收到了一个值为 true 的令牌，该参元并不会产生输出，而是激活下一条触发规则，此时要求左上方的输入端口（标记为 T）要有一个令牌。当该参元下次被触发时，它将消耗 T 端口上的令牌，并发送该令牌至输出端口。如果底部输入端口上接收的令牌值为 false，该参元激活另一条触发规则，其要求左下方输入端口 F 上要有一个令牌。当使用了这个令牌后，它再一次将该令牌发送到输出端口。由此，该参元必须触发两次才会产生一个输出。

Switch 参元执行一个互补功能。该参元只有一条触发规则，其在两个输入端口上只要求有一个令牌。左侧输入端口上的令牌将被发送到输出端口 T 或 F，这取决于底部输入端口所接收令牌的布尔值。至此，参元 Switch 和 Select 就实现了令牌的条件化路径选择，由以下

示例解释说明。

示例 6.15 图 6-13 采用 Switch 和 Select 参元来实现条件触发。参元 B 生成一系列布尔型的令牌 x。这个序列由 fork 重复，以向参元 Switch 和 Select 分别提供控制输入 y 和 z。基于这些序列中控制令牌的值，参元 A 生成的令牌被发送到参元 C 或者 D，而且将所产生的这些输出聚集起来发送到参元 E。这个模型是等价于命令式语言中的 if-then-else 这一大家所熟悉的编程结构的动态数据流。

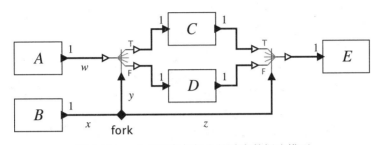

图 6-13　一个实现条件触发的动态数据流模型

将 Switch 和 Select 参元添加到参元库中，意味着我们不再总是能够找到一个有界的缓冲区调度，也不能提供模型将不会死锁的保证。Buck（1993）已经证明有界的缓冲区以及死锁对于动态数据流模型而言是不可判定的。因此，为了增加可表达性和灵活性，我们为之付出了代价。显然，模型的分析也并不是那么容易的。

Switch 和 Select 参元是命令式语言中 goto 语句的数据流模拟。它们通过条件路由令牌来提供对执行过程的低级控制。类似于 goto 语句对编程的影响，使用这些参元可能会产生非常难以理解的模型。Dijkstra（1968）指出了 goto 语句的弊病且反对使用该语句，同时提倡使用**结构化编程**（structured programming）技术。结构化编程中使用嵌套的 for 循环、if-then-else、do-while 以及递归替代了 goto 语句。幸运的是，结构化编程也可用于数据流模型，这将在接下来的内容中讨论。

6.3.4　结构化数据流

图 6-14 给出了一个实现条件触发的另一种方式，其较图 6-13 中的动态数据流模型具有诸多优势。图中的阴影框是一个称为 Conditional（条件）的**高阶参元**（higher-order actor）。一个高阶参元是以一个或多个模型作为参数的参元。在该图的示例中，Conditional 由两个子模型参数化，其中一个包含了参元 C，另一个则包含了参元 D。当 Conditional 被触发时，其从每个输入端口上获取一个令牌并在输出端口上生成一个令牌，因此它首先就是一个同步数据流参元。然而，它触发时所执行的动作取决于底部输入端口上的令牌值。如果该值是 true，参元 C 触发，否则参元 D 触发。

具有条件触发这一风格的数据流被称为**结构化数据流**（structured dataflow），这是因为其非常像结构化编程，控制结构是分层嵌套的。结构化数据流避免了任意数据相关的令牌路由（其类似于避免使用 goto 指令的任意分支）。另外，当使用该 Conditional 参元时，整个模型仍然是同步数据流模型。在图 6-14 所示的例子中，每一个参元在其各个端口上仅获取、输出一个令牌。由此，该模型对于死锁和有界的缓冲区就是可分析的。

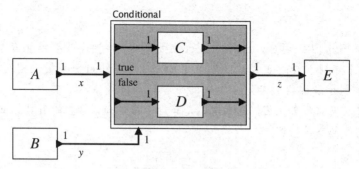

图 6-14   结构化数据流方法进行条件触发

NI 开发的设计工具 LabVIEW 中就引入了这一结构化数据流风格（Kodosky et al., 1991）。除了一个类似于图 6-14 中的条件触发，LabVIEW 还提供了结构化数据流结构，以支持迭代（类似于命令式语言中的 for 和 do-while 循环）、case 语句（其有任意个条件化执行的子模型），以及序列（在子模型的有限集合上循环）。使用结构化数据流也可实现对递归的支持（Lee and Parks, 1995），但由于缺少严谨的约束，有界性再次成为不可判定的问题。

6.3.5 进程网络

一个与数据流模型紧密联系的计算模型是**卡恩进程网络**（或者简单地称为进程网络或 PN），其以模型的提出者吉尔·卡恩[⊖]的名字命名（Kahn, 1974）。Lee 等（Lee and Parks, 1995；Lee and Matsikoudis, 2009）详细地研究了数据流与进程网络之间的关系，但小篇幅的论述仍然是不够深入的。在进程网络中，每个参元在它自己的进程中并发执行。也就是说，进程网络参元并不是由触发规则和触发函数来定义的，而是由一个从输入端口读取数据令牌并向输出端口写数据令牌的（通常不终止）程序来定义的。所有这些参元都在同时执行（从概念上讲，它们是否真的同时执行或者交错执行并不重要）。

在最初的论文中，Kahn（1974）在参元上给出了非常精炼的数学条件，就其在参元间每个连接上的令牌序列唯一且与进程如何调度无关的意义上，保证了该类参元的网络是确定性的。为此，Kahn 证明了在不存在非确定性时进行并发执行是可能的。

之后，Kahn 和 MacQueen（1977）给出了更为简单易行的程序机制，其确保数学条件得到满足以保证确定性。该机制的一个重要部分是无论进程何时读取输入数据，其都要在输入端口上执行**阻塞读**（blocking read）。具体来说，阻塞读意味着如果一个进程选择通过输入端口来访问数据，它将发出一个读请求并阻塞直至数据可用。该进程不能测试输入端口的数据可用性，并根据数据是否可用来执行条件分支，因为这样的分支会引入调度相关行为。

阻塞读与触发规则密切相关。触发规则指定了持续的计算（采用一个新的触发函数）所需的令牌。类似地，阻塞读指定了持续计算（通过进程的持续执行）所需的单个令牌。

当一个进程写一个输出端口时，它执行**非阻塞写**（nonblocking write）操作，这意味着会立即写成功并返回。该进程并不阻塞等待接收进程就绪来接收数据。这也正是数据流计算模型中输出端口的写入方式。由此，数据流和进程网络之间的差异仅在于，进程网络中的参元并没有被分解为一组触发函数，而是被设计为一个连续执行的程序。

⊖ Gilles Kahn，首位入选法国科学院的计算机科学家，法中科学与应用基金会（FFCSA）创始人之一，法国科学院现设有吉尔·卡恩奖。——译者注

有趣的是，Kahn 和 MacQueen（1977）将进程网络中的这些进程称为**协程**（coroutine，协同程序）。一个**例程**（routine）或者**子例程**（subroutine）是一个由其他程序"调用"的程序片段。在调用者片段可以继续执行之前，子例程保持执行直至完成。因为没有调用者和被调用者，进程网络模型中进程间的交互更加对称。当一个进程执行阻塞读操作时，其在某种意义上说是在上游提供数据的进程中调用一个例程。类似地，当它执行写操作时，在某种意义上是在下游处理数据的进程中调用一个例程。但是数据生产者与消费者的关系较使用子例程时更为对称。

正如数据流一样，进程网络计算模型也提出了关于缓冲区有限性和死锁的挑战性问题。进程网络足以表达这些问题是不可判定的。有界性问题的一个优良解是由 Parks（1995）给出的，且由 Geilen 等人（2003）给出了详细论述。

一个有意思的进程网络变体中会执行**阻塞写**，而不是非阻塞写。也就是说，当一个进程写输出端口时，它会阻塞直至接收进程准备好接收数据。进程间的该类交互被称为**会合**。会合式交互构成了许多著名的进程形式化体系的基础，如**通信顺序进程**（Communicating Sequential Processes，CSP）（Hoare，1978）以及**通信系统演算**（Calculus Of Communicating Systems，CCS）（Milner，1980）。同时，它也形成了**奥卡姆**编程语言（Galletly，1996）的基础，在 20 世纪 80 年代和 90 年代，该语言在并行计算机编程方面取得了一些成功。

截至目前所讨论的计算的同步响应模型和数据流模型中，时间因素发挥的作用非常小。在数据流中，时间没有发挥任何作用。在同步响应中，计算在全局时钟节拍序列的每一个节拍上同时且即时地发生。尽管"时钟"一词隐含了时间的作用，但实际上并不存在。在同步响应计算模型中，重要的是序列。物理时间出现在哪些节拍与计算模型并不相关，其仅是一个节拍的序列。然而，很多建模任务要求具有更加清晰的时间概念，接下来将讨论具有时间概念的计算模型。

6.4 时间计算模型

对于信息物理融合系统，软件中事件的发生时间可能非常重要，因为软件与物理进程之间相互作用。本节将讨论一些明确涉及时间的并发计算模型，主要讨论三个时间计算模型，其每一个又都有诸多变体。本部分的阐述并不深入，要深入学习这些计算模型需要参考更多内容。

6.4.1 时间触发模型

Kopetz 和 Grunsteidl（1994）基于测量时间流逝的分布式时钟，提出并引入了周期性触发分布式计算的机制，其研究结果是一个称为**时间触发架构**（Time-Triggered Architecture，TTA）的系统体系结构。该研究的主要贡献在于阐明了一个时间触发架构如何能够容忍某些类型的失效，从而使系统中某个部分的失效不会影响其他部分中的行为（见 Kopetz (1997)，Kopetz and Bauer (2003)）。Henzinger 等（2003）将时间触发架构的关键思想提升到编程语言层次，进而为建模分布式时间触发系统提供了良好定义的语义。从那时起，这些技术就开始被运用到安全攸关航电系统及汽车系统等实际应用的设计中，并成为诸多标准（如由汽车公司财团开发的网络化标准 FlexRay 等）中的关键组成部分。

因为存在一个用于协调计算的全局时钟，因此一个时间触发的计算模型与同步响应相似。但不同的是，计算需要花费时间，也并非是同时且即时的。具体而言，时间触发的计算模型为一个计算关联了一个**逻辑执行时间**。计算的输入是在全局时钟的节拍上提供的，而输出在直到全局时钟的下一个节拍到来前对于其他计算是不可见的。在两个节拍之间，计算之间没有交互，因此，诸如竞态条件等并发难题也就不复存在。由于这些计算并不是（逻辑地）即时的，使用反馈也就没有困难，而且所有模型都是可推定的。

MathWorks 公司的 Simulink 建模系统支持时间触发的计算模型，而且与另一款称为 Real-Time Workshop 的工具配合起来，就可以将该类模型翻译为嵌入式 C 代码。在 NI 公司的 LabVIEW 中，定时循环在数据流计算模型中也实现了类似功能。

在最为简单的形式中，一个时间触发模型指定了在时钟节拍之间具有固定时间间隔（即周期）的周期性计算。Giotto（Henzinger et al., 2003）支持模态模型，在不同的模式下周期可以有所不同。一些研究人员将逻辑执行时间的概念进一步扩展到了非周期系统（Liu and Lee, 2003; Ghosal et al., 2004）。

时间触发模型在概念上是非常简单的，但实际上计算都与一个周期性的时钟紧密绑定。当响应并非周期性时，模型就会变得不再适用。下节要讨论的离散事件系统将会包括一个更为丰富的时序行为集合。

Petri 网

以德国数学家、信息学家 Carl Adam Petri 名字命名的 Petri 网是一个与数据流相关的常用形式化建模机制。Petri 网拥有两种类型的元素，即**库所**（place）和**变迁**（transition）⊖，分别由下图中的圆和矩形表示。

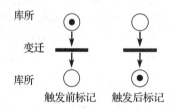

一个库所可以包含任意数量的令牌，如黑圈所示。如果连接到一个变迁的所有输入库所都包含了至少一个令牌，那么这个变迁就被**使能**（enabled）。一旦一个变迁被使能，它就可以**触发**（fire），从每个输入库所消耗一个令牌并且为每一个输出库所放置一个令牌。一个网络的状态称为网络的**标记**（marking），是网络中每个库所上令牌的数量。上图呈现了一个简单的网络，其具有触发变迁之前和之后的标记。如果网络中存在库所给多个变迁提供输入的情况，那么该网络就是非确定性的。该库所上的一个令牌可以触发任何一个目标变迁。

图 6-15 给出了一个 Petri 网模型的例子，其建模了使用互斥协议的两个并发程序。每个程序都有一个临界区，这表示在任何时刻仅可以有一个程序进入其临界区。在该模型中，如果库所 a2 上有一个令牌，那么程序 A 在它的临界区中，同时，如果库所 b1 上有一个令牌，程序 B 就在其临界区中。互斥协议的功能就是保证这两个库所不能同时拥有令牌。

若如图 6-15 所示为模型的初始标记，那么两个顶部的变迁都被使能，但只有一个可以触发（仅有一个令牌在标记为 mutex 的库所中），选择触发哪一个变迁是非确定性的。

⊖ 等价于之前所翻译的"迁移"。——译者注

假设程序 A 触发，那么在触发后库所 a2 中将有一个令牌，底部的相应变迁变为使能。一旦该变迁触发，模型返回到其初始标记。很显然，模型中的互斥协议是正确的。

与数据流缓冲区不同，库所并不保留令牌的顺序。具有有限标记数量的 Petri 网等价于有限状态机。

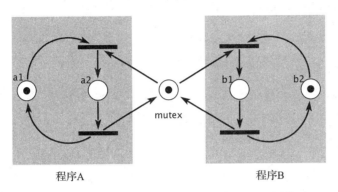

图 6-15　使用互斥协议的两个并发程序的 Petri 网模型

时间模型

如何来建模物理时间是非常有意思且令人关注的。我们应该如何定义跨越某个分布式系统的同时性？ Galison（2003）给出了关于该问题的深入讨论。那么，这对一个事件触发另一个事件又意味着什么？一个事件能与它所引起的事件同时发生吗？ Price 和 Corry（2007）列出了一些对该主题进行深入探讨的文章。

在第 2 章，我们假设时间由变量 $t \in \mathbb{R}$ 或 $t \in \mathbb{R}_+$ 来表示，这个模型有时被称为**牛顿时间**（Newtonian time）。模型假设了一个全局共享的绝对时间，在任何位置对变量 t 的任何引用都将产生相同的值。即使该时间并未很好地反映物理现实，这个时间概念也常常用于建模，但它的确存在不足。以牛顿摆（Newton's cradle）为例，这是由五个悬挂的钢球组成的一套装置。如果拿起并释放边上第一个球，它击打第二个球且该球并不移动，反而是第五个球会弹起。如果将中间球的动量看作时间的函数，由于中间的球不发生移动，因此它的动量就必须一直为零。但是，第一个球的动量一定是以某种方式传递给第五个球的，传输过程中也肯定经过了中间的三个球，那么这三个球的动量就不应该一直为零。令 $m : \mathbb{R} \to \mathbb{R}$ 表示该球的动量，τ 是碰撞时间，对于所有的 $t \in \mathbb{R}$，$m(t)$ 就可被定义为如下形式。

$$m(t)= \begin{cases} M & \text{若 } t=\tau \\ 0 & \text{其他} \end{cases}$$

然而，在一个信息物理融合系统中，我们可能想要在软件中表示该函数，这种情况下将会需要一个样本的序列。但是，这样的样本如何能够清晰地表示这个信号所具有的相当特殊的结构呢？

一个选择是使用**超密时间**（superdense time）（Manna and Pnueli, 1993; Maler et al., 1992; Lee and Zheng, 2005; Cataldo et al., 2006），此时时间被表示为一个集合 $\mathbb{R} \times N$，而不是 $\mathbb{R}$。一个时间值是一个元组 (t, n)，其中 t 表示牛顿时间，n 表示一个瞬间的序列索

引。在这种表示方法中，中间球的动量可以被清晰地表示为一个序列，其中 $m(\tau, 0)=0$，$m(\tau, 1)=M$，以及 $m(\tau, 2)=0$。这样的表示也可以处理同时和即时发生的事件，但其也应是因果相关的。

另一个选择是**偏序时间**（partially ordered time），这表示两个时间值中的一个对其中的另一个可能有也可能没有顺序。当在它们之间有一个因果关系链时，它们必须是有序的，否则就不必有序。

6.4.2 离散事件系统

数十年来，**离散事件系统**（Discrete-Event system，DE 系统）已被用于为各种各样的应用构建模拟系统，包括数字网络、国防系统与经济系统等。DE 模型的形式化机制最早是由 Zeigler（1976）提出的，其将该形式化机制称为 **DEVS**（离散事件系统规格，discrete event system specification）。DEVS 是摩尔型状态机的一个扩展，其将每个状态与一个非零生命周期相关联，从而给摩尔型状态机显式地赋予了一个时间流逝的概念（与一个响应序列相对应）。

离散事件计算模型的关键思想是要为事件打上**时间戳**（time stamp），即某个时间模型的值（参见"时间模型"注解栏）。通常情况下，两个不同的时间戳必须具有可比性。也就是说，它们要么相等，要么一个比另一个更早。一个离散事件模型是一个参元网络，其中的每个参元按照时间戳顺序来响应输入事件并产生输出事件。

示例 6.16   示例 6.1 中周期为 P 的时钟信号由具有时间戳 nP（$n \in \mathbb{Z}$）的事件组成。

为了执行离散事件模型，可以进一步使用一个**事件队列**（event queue），该队列对应了按照时间戳排序的事件列表，且该列表一开始为空。网络中的每个参元会被询问任何其希望添加到事件队列的初始事件。这些事件可能被分发到另一个参元，或者分发给该参元自己，在这种情形下它们将在合适的时间触发参元产生一个响应。进而，通过选取事件队列中时间最早的事件以及确定哪一个参元应该接收该事件，从而使得系统持续执行。对于参元而言，事件的值（如果有）就是它的输入，且该参元对其进行响应（"触发"）。响应又能生成输出事件，以及只要求该参元在之后某个特定时间戳进行触发的事件。

在这一点上，离散事件计算模型的变体就会表现出不同的行为。有些变体，如 DEVS，要求由参元生成的输出有一个严格大于输入时间的时间戳。从系统的观点来看，每个参元都会引入一些非零的延迟，因为其对其他参元可见的响应（输出）时间严格地晚于触发该响应的输入时间。还有一些变体允许参元生成与输入具有相同时间戳的输出事件，也就是说，它们是可以即时响应的。正如计算的同步响应模型，该类即时响应可能会产生一些微妙的问题，因为其输入与输出是同时的。

通过将离散事件当作同步响应的泛化，可以解决这些由同时事件引入的问题（Lee and Zheng，2007）。在离散事件语义的这个变体中，我们再一次使用一个事件队列并就放置到队列的初始事件询问这些参元，那么其执行过程如下：从队列中选择时间戳最小的事件，以及其他所有具有相同时间戳的事件，将这些事件作为输入提供给模型中的参元；然后，以可推定的不动点迭代的方式触发所有参元，这个过程与同步响应相同。在这些语义的这一变体中，参元生成的任何输出必须与输入同时发生（具有相同的时间戳），由此，它们将参与到该不动点中。如果该参元要在晚些的某个时间生成一个输出事件，那么它之后就要请求这样一个触发（这会导致在事件队列上的事件发布）。

延伸探讨：离散事件语义

计算的离散事件模型是多年来一直被研究的主题，且已有一些可供参考的书籍和文献（Zeigler et al., 2000; Cassandras, 1993; Fishman, 2001）。不同模型语义中的差别也是非常大的（Lee，1999; Cataldo et al.，2006; Liu et al.，2006; Liu and Lee，2008）。这里我们描述一个离散事件模型如何运行，而不是讨论其形式化语义。实际上，这样的描述是给出模型语义的一个有效方式，其被称为**操作语义**（operational semantics）（Scott and Strachey, 1971; Plotkin, 1981）。

离散事件模型通常相当庞大也相当复杂，因此其执行性能就变得非常重要。由于使用了单事件队列，离散事件模型的并行化或分布式执行就会存在挑战（Misra, 1986; Fujimoto, 2000）。近期提出的一个策略是 PTIDES（Programming Temporally Integrated Distributed Embedded Systems，时间可编程的嵌入式分布系统）[⊖]，其利用网络时间同步来提供有效的分布式执行（Zhao et al., 2007; Lee et al., 2009）。一个论断是：执行足够有效时，离散事件不仅可以被用作模拟技术，而且可以被用作实现技术。也就是说，离散事件的事件队列和执行引擎成为所部署嵌入式软件的组成部分。至写作本书时为止，该论断还没有在任何实际例子中被证明。

6.4.3 时间连续系统

在第 2 章，我们基于常微分方程（ODE）讨论了时间连续系统的模型。具体地，我们讨论了如下形式的方程：

$$\dot{\boldsymbol{x}}(t) = f(\boldsymbol{x}(t), t)$$

其中 $\boldsymbol{x} \in \mathbb{R} \to \mathbb{R}^n$ 是一个向量值时间连续函数（vector-valued continuous-time function），该方程的等价模型是式（6.3）和式（6.4）所示的积分方程。

$$\boldsymbol{x}(t) = \boldsymbol{x}(0) + \int_0^t \dot{\boldsymbol{x}}(\tau)\mathrm{d}\tau \qquad (6.3)$$

$$= \boldsymbol{x}(0) + \int_0^t f(\boldsymbol{x}(\tau), \tau)\mathrm{d}\tau \qquad (6.4)$$

在第 2 章我们已经阐明，由该常微分方程给出的系统模型可以被描述为参元的互连网络，参元间的通信采用了时间连续信号。方程（6.4）可以被表示为如图 6-16 所示的互连关系，与图 6-1d 中的反馈模式相一致。

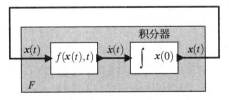

图 6-16 式（6.4）描述的系统参元模型

⊖ 实际上也是一种面向嵌入式分布实时系统的编程模型。——译者注

示例 6.17   图 2-3 的反馈控制系统使用了示例 2.3 中的直升机模型。该系统可以被重新设计为如图 6-17 所示形式，其与图 6-16 所示的模式相一致。在这种情况下，$x = \dot{\theta}_y$ 是一个标量值的时间连续函数（或者一个长度为 1 的向量）。函数 f 的定义以及积分器的初值分别如下：

$$f(x(t), t) = (K/I_{yy})(\psi(t) - x(t))$$
$$x(0) = \dot{\theta}_y(0)$$

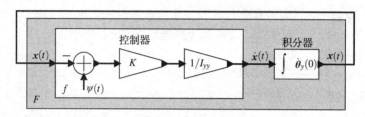

图 6-17   对图 2-3 反馈控制系统的重新设计

实际上，这样的模型是一个在**时间连续计算模型**上的参元组合。不像之前的计算模型，这个时间连续计算模型不能在数字计算机上严格地执行。数字计算机不能直接处理连续时间，但它可以被近似，而且通常都是非常精确的。

时间连续模型的近似执行可由一个**解算器**（solver）来实现，其对常微分方程的解构造一个近似值。解算器的算法研究已经非常悠久了，且使用了 19 世纪的一些常用技术。这里，我们将只关注解算器中最为简单的、被称为**前向欧拉**（forward Euler）的解算器。

前向欧拉解算器估计时间点 0, h, $2h$, $3h$, … 上 x 的值，其中 h 被称为**步长**（step size）。进而，采用积分以如下方式进行逼近。

$$x(h) = x(0) + hf(x(0), 0)$$
$$x(2h) = x(h) + hf(x(h), h)$$
$$x(3h) = x(2h) + hf(x(2h), 2h)$$
$$\cdots$$
$$x((k+1)h) = x(kh) + hf(x(kh), kh)$$

图 6-18a 给出了这个过程，$\dot{x}$ 的 "真实" 值被绘制为时间的函数。$x(t)$ 的真实值是 0 到 t 区间曲线下的面积与初值 $x(0)$ 的和。在算法的第一步，面积的增量近似于宽度为 h 且高度为 $f(x(0), 0)$ 的矩形的面积。该增量对 $x(h)$ 产生一个估计，其可被用于计算 $\dot{x}(h) = f(x(h), h)$，即第二个矩形的高度。以此类推。

可以看到，近似误差会随着时间积累，我们可以通过两种关键技术来有效地改善算法。第一，**可变步长的解算器**（variable-step solver）将基于误差来改变步长，以使得误差减小。第二，更为复杂的解算器将采用曲线的斜率，并使用图 6-18b 所给出的梯形逼近方法。该类解算器被称为 Runge-Kutta（龙格–库塔）解算器，且已得到广泛使用。但就我们在这里的目标而言，使用什么样的解算器并不是主要问题。更为重要的还有以下两点：（a）解算器确定步长；（b）在每一步，解算器执行某些计算来更新积分的近似值。

当使用这样一个解算器时，我们可以以类似于同步响应和离散事件模型的方式来解释图 6-16 所示的模型。f 参元是无记忆的，因此，它只是执行一个计算来生成仅与输入和当前时间相关的输出。积分器是一个状态机，解算器则基于输入来确定应该在每个响应中对状态机的状态做怎样的更新。另外，因为状态变量 $x(t)$ 是一个实数向量，该状态机的状态空间也就是无限的。

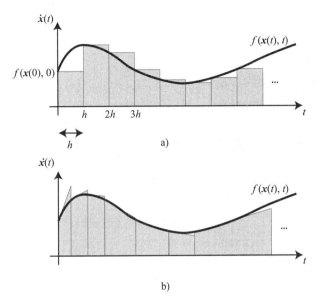

图6-18 a）为式（6.4）中积分的前向欧拉近似，b）为采用可变步长和曲线斜率的更好近似

由此，一个时间连续模型可以被看作一个在全局响应之间由解算器决定时间步的同步响应模型（Lee and Zheng，2007）。确切地讲，一个时间连续模型就是一个参元网络，其中每个参元是简单无记忆的计算参元和一个状态机的级联组合，而且参元的响应是同时和即时的。响应的时间由解算器决定。解算器通常会询问参元以确定时间步，从而使得类似于跨越能级（当一个连续信号越过一个能级阈值时）的事件可以被精确地捕获。所以，尽管有必须提供一个解算器这样的额外复杂度，但实现一个时间连续计算模型所要求的机制与实现同步响应和离散事件所需要的机制并没有太多差异。

使用时间连续计算模型的一个主流软件工具是 MathWorks 的 Simulink。Simulink 以类似于方块图的方式来表示模型，其给出了参元的互连。时间连续模型也可以通过使用 MathWorks 的文本工具 MATLAB 来进行模拟。另外，NI 的 MATRIXx 也可以支持图形化的时间连续建模。时间连续模型同样可以被集成到 LabVIEW 模型中，或者采用基于控制设计与仿真模块的图形化方式，或者使用编程语言 MathScript 的文本方式。

6.5 小结

本章围绕并发计算模型这一相当庞大的主题开展了一次"旋风之旅"。本部分内容以同步响应模型为开端，就如上一章所讨论的，该模型非常接近于状态机的同步组合。之后我们讨论了数据流，其允许执行更加松散的协同执行，且只要求数据优先级对参元计算顺序施加约束。最后，本章简要阐述了一些明确包含时间概念的计算模型，这些计算模型对于信息物理融合系统的建模非常有用。

习题

1. 请说明，通过使用类似于图 6-1b 的结构形式，如何使得以下每个参元模型可以转换为一个反馈系统。也就是说，这些参元应该被聚合为单个的平行组合参元。

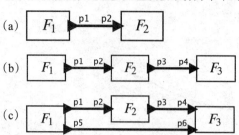

(a)

(b)

(c)

2. 如果以下状态机是一个同步反馈组合，那么：

(a) 该组合是形式良好的吗？是不是可推定的？

(b) 如果它是形式良好且是可推定的，请为前 10 个响应找出输出符号。如果不是，请解释问题出在哪里。

(c) 假设该组合没有输入且仅有输出 y，请分析该状态机。

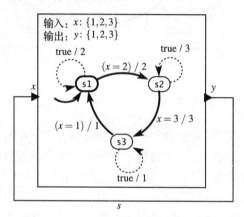

3. 对于以下同步模型，请确定其是否为形式良好且可推定的；如果是，请确定信号 s_1 和 s_2 取值的序列。

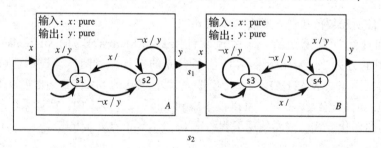

4. 对于如下同步模型，请确定其是否为形式良好且可推定的；如果是，请确定信号 s_1 和 s_2 值的可能序列。请注意，状态机 A 是非确定性的。

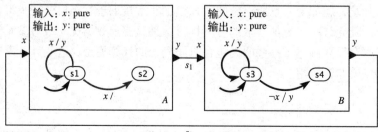

5.（a）请确定如下同步模型是否为形式良好且可推定的。

（b）通过设计一个等价的、没有输入且具有两个输出的扁平状态机来给出该模型的语义。

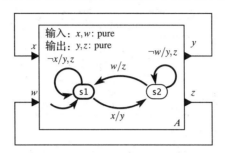

6. 结合如下同步反馈组合，请回答以下问题。注意，有限状态机 A 是非确定性的。

（a）该组合是形式良好的吗？是否为可推定的？请解释原因。

（b）给出一个等价的扁平有限状态机（没有输入也没有连接），其可以产生完全相同的可能序列 w。

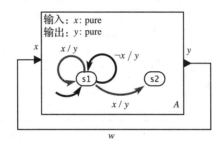

7. 回顾图 3-10 中的交通灯控制器。考虑将该控制器的输出与行人交通灯控制器（其有限状态机如图 5-10 所示）相连。请使用你所擅长的状态机建模软件（如 Ptolemy II、LabVIEW Statecharts，或者 Simulink/Stateflow）来构造这两个有限状态机的组合；请基于一个确定性扩展状态机来建模环境并生成输入信号 timeR、timeG、timeY 和 isCar。例如，环境有限状态机可以使用一个内部计数器来决定何时产生这些信号。

8. 考虑如下同步数据流模型，端口上的标号说明了参元触发时所产生或所消耗的令牌数量。请回答如下问题。

（a）令 q_A、q_B 和 q_C 分别表示参元 A、B、C 触发的数量。写出平衡方程并找出其最小正整数解。

（b）为无限执行找出一个调度，最小化两个通信通道上缓冲区的大小。求得的缓冲区大小是多少？

9. 对于如下各个数据流模型，确定在有界缓冲区上是否存在一个无限执行。如果存在，请确定最小缓冲区大小。

（a）

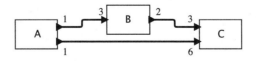

（b）其中 n 是某个整数。

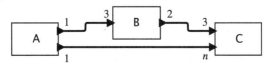

（c）其中 D 输出一个任意的布尔序列。

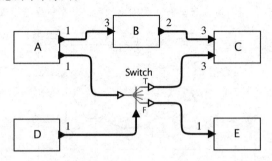

（d）对于（c）中的数据流模型，假设可以指定 D 生成一个周期性的布尔型输出序列，请找出一个产生有界缓冲区的序列，并给出缓冲区大小最小的调度以及缓冲区的大小。

10. 有如下所示的同步数据流图，该图中 A、B、C 是参元。参元的每个端口上的标号是该参元触发时在该端口上消耗或生成的令牌数量，其中 N 和 M 是取值为正整数的变量。假设变量 w、x、y 以及 z 代表其所在连接上的初始令牌数量，这些变量的取值为非负整数。

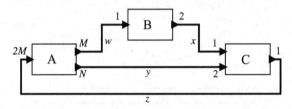

（a）请推导出 N 和 M 的一个简单关系，使得该模型是一致的，或者请证明不存在这样的正整数值来产生一个一致性模型。

（b）假设 $w=x=y=0$ 且该模型是一致的，请找出 z（作为 N 和 M 的函数）的最小值，使得该模型不会发生死锁。

（c）假设 $z=0$ 且该模型是一致的。请找出 w、x 和 y 的值，使得模型不会发生死锁且 $w+x+y$ 最小化。

（d）假设 $w=x=y=0$，且 z 是在 (b) 中找到的任何值，令 b_w、b_x、b_y 和 b_z 分别是连接 w、x、y 以及 z 的缓冲区大小，请问这些缓冲区的最小规模是多少？

嵌入式系统设计

本部分主要学习嵌入式系统的设计，重点强调用于构建并发、实时嵌入式软件的相关技术。本部分内容将由底向上逐级展开，首先在第7章讨论传感器与执行器，着重讨论如何对它们进行建模。第8章是嵌入式处理器设计，重点关注硬件中的并行机制及其对程序员的影响。第9章涵盖存储器体系结构的相关机制与技术，特别是存储器体系结构对程序时序的影响。第10章聚焦于使程序可以与外部物理世界进行交互的输入输出机制，重点关注如何调和软件的顺序特性与物理世界的并发特性。第11章阐述软件中实现并发的基本机制（包括线程与进程），以及并发软件任务的同步机制（包括信号量及互斥）。最后，第12章讨论调度，尤其是控制并发程序中的时序特性。

传感器与执行器

传感器（sensor）是测量物理量的一种装置，**执行器**（actuator，也译为作动器）则是改变物理量的装置。在电子设备中，传感器通常产生一个与被测量物理量成正比的电压。通过一个**模 – 数转换器**（Analog-to-Digital Converter，ADC），该电压就可以被转换为一个数字量。与 ADC 封装在一起的传感器称为**数字传感器**（digital sensor），而没有 ADC 的传感器被称为**模拟传感器**（analog sensor）。数字传感器的精度较为有限，其取决于用来表示数据的位数（该数可以仅是 1）。相反地，执行器通常被一个由**数 – 模转换器**（Digital-to-Analog Converter，DAC）转换数字值而生成的电压驱动。与 DAC 封装在一起的执行器称为**数字执行器**（digital actuator）。

现在，传感器和执行器通常与微处理器和网络接口集成在一起，这使之能够以服务的形式出现在互联网中。这样的智能传感器和执行器的出现，促进了将信息世界和物理世界深度连接的新技术的发展。这个"融合的世界"经常被称为**物联网**（Internet of Things，IoT）、**工业 4.0**（Industry 4.0）、**工业互联网**（Industrial Internet）、**机器通信**（Machine-to-Machine，M2M）、**万物互联网**（Internet of Everything）、**智慧地球**（Smarter Planet）、**TSensors**（Trillion Sensors，万亿传感器）或者**雾计算**（The Fog，与"云计算"的概念类似，但离地面更近）。

而且，基于为传统互联网应用而开发的机制，连接传感器和执行器的接口技术已经开始出现。例如，使用所谓的**可重新表达的状态迁移**（REpresentational State Transfer，REST）架构风格（Fielding and Taylor，2002），通过网络服务器就可以访问一个传感器或执行器。在这一架构中，通过构建一个 URL（统一资源定位器）就可以从传感器获取数据，或者将命令发送到执行器，就好像通过浏览器来访问普通网站的页面一样，之后网络会将这个 URL 直接传输到特定传感器或执行器装置，或者发送到一个提供类似中介服务的 Web 服务器。

在本章，我们不会关注上述这些高级接口，而是侧重于桥接物理世界和信息世界的传感器及执行器的基本属性。一些关键的底层属性包括测量或动作执行的速率、关联物理量与测量或控制信号的比例常数、偏移量或偏差，以及动态量程等。对许多传感器和执行器而言，对传感器或执行器偏离比例测量的程度（**非线性**）以及测量过程所引入的随机变化量（**噪声**）进行建模是有用的。

传感器与执行器共同面对的一个关键问题是物理世界在多维连续的时空中运行，即物理世界是**模拟的**（analog），但是软件世界是**数字的**（digital）且严格量化的。物理现象的测量必须首先在时间和量级上进行量化处理，之后软件才能对其进行操作。而且，由软件向物理世界发出的命令也将需要被完全量化。因此，理解量化的影响非常有必要。

7.1 节就如何构建传感器和执行器的模型进行了阐述，特别是聚焦于线性以及非线性、偏差、动态量程、量化、噪声以及采样等。该节最后简要介绍了信号调理技术，这是一种提升传感器数据或执行器控制质量的信号处理技术。随后，7.2 节讨论了一些常识性问题，包括倾斜度和加速度测量（加速度计）、位置与速度测量（风速计、惯性导航、GPS，以及其他测距与三角测量技术等）、旋转测量（陀螺仪）、声音测量（麦克风）以及距离测量（测距仪）等。7.3 节阐述了如何将这些建模技术应用于执行器，主要聚焦于 LED 和电机控制器。

安全性（特别是访问控制）、隐私（特别是开放互联网上的数据流）、命名空间管理以及委任（commissioning）等高级属性在本章没有讨论，但它们同样很重要。当传感器或执行器的数量增多时，委任尤其会成为一个大问题。委任是一个过程，其将一个传感器或执行器装置与物理位置（例如，一个温度传感器给出了什么的温度？）进行关联，进而使能并配置网络接口，有时也可能针对特定环境对装置进行校正等。

7.1　传感器与执行器模型

传感器与执行器将信息世界与物理世界相连接。信息世界中的数字与物理世界中的数量有着密切的关系。在本节，我们提供该类关系的模型，良好的传感器或执行器模型是有效使用该类关系的关键。

7.1.1　线性与仿射模型

许多传感器可以由一个仿射函数进行近似建模。假设传感器在 t 时刻给出物理量 $x(t)$ 的值为 $f(x(t))$，其中 $f: \mathbb{R} \rightarrow \mathbb{R}$ 是一个函数。如果存在一个**比例常量**（proportionality constant）$a \in \mathbb{R}$，对于所有的 $x(t) \in \mathbb{R}$ 有下式成立，那么函数 f 就是**线性的**（linear）。

$$f(x(t)) = ax(t)$$

如果存在一个比例系数 $a \in \mathbb{R}$ 及一个**偏差**（bias）$b \in \mathbb{R}$，使得式（7.1）成立，那么函数 f 就是一个**仿射函数**（affine function）。

$$f(x(t)) = ax(t) + b \tag{7.1}$$

显然，每个线性函数都是一个 $b=0$ 的仿射函数，但反之不成立。

要理解这样一个传感器的读数，还需要比例常数和偏差的相关知识。比例常数体现了传感器的**灵敏度**（sensitivity），因为其给出了物理量改变时测量值改变的程度。

执行器也可以用仿射函数来进行建模。通过式（7.1）所示的关系，就能将执行器的命令对物理环境的影响进行合理的近似。

7.1.2　量程

实际上，并没有传感器或执行器真的可以实现为一个仿射函数。特别是，传感器的**量程**（range），即传感器可测量物理量的值的集合，通常是有限的。执行器也是如此。在量程之外，仿射函数模型就不再有效。例如，一个气温检测温度计可能的量程为 −20℃ 到 50℃。量程范围以外的物理量通常会出现**饱和**（saturate），这意味着它们会在量程之外产生一个最大或最小值。传感器的仿射函数模型可以被扩展为如式（7.2）所示的形式，其中 $L, H \in \mathbb{R}$ 分别是量程的下限和上限，$L<H$。

$$f(x(t)) = \begin{cases} ax(t) + b & \text{若 } L \leq x(t) \leq H \\ aH + b & \text{若 } x(t) > H \\ aL + b & \text{若 } x(t) < L \end{cases} \tag{7.2}$$

式（7.2）给出的物理量 $x(t)$ 和测量值之间的关系并不是一个仿射关系（而是分段仿射的）。实际上，这是所有传感器共有的非线性的简化表示形式。在**操作量程** (L, H) 内，可以用仿射函数对传感器进行合理建模，但是超出操作量程时，传感器的行为就会有显著的不同。

7.1.3 动态量程

数字传感器不能有效区分两个非常接近的物理量的值。传感器的**精度**（precision）p 是传感器读数可区分的物理量两个值之间的最小绝对差。数字传感器的**动态量程**（dynamic range）$D \in \mathbb{R}_+$ 是如下所示的一个比率，其中 H 和 L 是式（7.2）中的量程上限和下限。

$$D = \frac{H-L}{p}$$

动态量程通常以分贝（decibel）为单位（见"分贝"），如式（7.3）。

$$D_{dB} = 20\log_{10}\left(\frac{H-L}{p}\right) \qquad (7.3)$$

7.1.4 量化

数字传感器使用一个 n 位数来表示一个物理量，其中 n 是一个小的整数。这种形式只能表示 2^n 个数，因此，传感器就只能输出 2^n 个不同的测量值。实际的物理量可以被表示为一个实数 $x(t) \in R$，但对每一个 $x(t)$，传感器只能从 2^n 个数中选出一个来对其进行表示。这个过程就是**量化**（quantization）。对于一个理想的数字传感器，两个由精度 p 区分的物理量可以由相差一位的数字量来表示，由此，精度和量化就相互关联了。

我们可以进一步扩展式（7.2）中的函数 f 以包括量化，由下例进行说明。

示例 7.1 有一个 3 位数字传感器，其可以测量 0V 到 1V 之间的电压。该传感器可以建模为函数 $f: \mathbb{R} \rightarrow \{0, 1, \cdots, 7\}$，如图 7-1 所示。横轴是传感器的输入值（V，伏特），纵轴显示为二进制值的输出，强调这是一个 3 位数字传感器。

图 7-1 中，量程的下限是 $L=0$，上限为 $H=1$。由于在操作量程内，任何两个相差大于 1/8 伏特的输入将产生不同的输出，所以传感器的精度为 $p=1/8$。由此，传感器的动态量程可以用下式进行计算。

$$D_{dB} = 20\log_{10}\left(\frac{H-L}{p}\right) \approx 18dB$$

类似于图 7-1，可以将传感器的输出定义为其输入的函数 f，称之为**传感器失真函数**（sensor distortion function）。一般而言，一个具有类似于图 7-1 传感器失真函数的 n 位理想数字传感器，其精度可由下式表示，且其动态量程表示为式（7.4）。

$$p = (H-L)/2^n$$

$$D_{dB} = 20\log_{10}\left(\frac{H-L}{p}\right) 20\log_{10}(2^n) = 20\log_{10}(2) \approx 6n \ dB \qquad (7.4)$$

可以看出，每增加一位就会产生约 6dB 的动态量程。

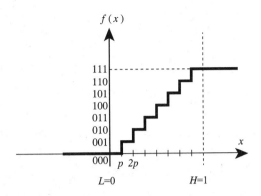

图 7-1　量程为 0 ～ 1V 且精度为 1/8 的 3 位数字传感器的失真函数

示例 7.2　**模拟比较器**（analog comparator）可以实现量化的一个极端形式，其将信号值与一个阈值进行比较，并产生一个二进制值（0 或 1）。这里，传感器函数 $f : \mathbb{R} \rightarrow \{0,1\}$ 的定义由下式给出。

$$f(x(t)) = \begin{cases} 0 & \text{若 } x(t) \leqslant 0 \\ 1 & \text{其他} \end{cases}$$

这样的极端量化处理通常是有用的，因为输出信号是非常简单的数字信号，可以直接连接到微处理器的 GPIO 输入引脚上，这将在第 10 章讨论。

前一示例中的模拟比较器是 1 位的 ADC。该转换器的量化误差比较大，但是使用如 7.1.8 节所述的信号调理，在采样率足够高时，通过数字低通滤波器就可以显著地降低噪声。这样的一个过程被称为**过采样**（oversampling）。这种方法在当今非常常用，这是因为处理数字信号比处理模拟信号的开销更低。

执行器也会受到量化误差的影响。一个数字执行器接收数字命令，并将其转换为一个模拟的物理动作。其关键的部分是数 - 模转换器。由于数字命令只会有数量有限的可能值，因此，一个模拟响应可以获取的精度将依赖于数字信号的位数以及执行器的量程。

然而，正如 ADC 一样，在精度与速度之间进行平衡是有可能的。例如，一个**启停控制器**（bang-bang controller）使用 1 位的数字作动信号来驱动一个执行器，这个 1 位命令的更新会非常快速。对于响应时间相对较长的执行器，如电机，并不会有很多时间来对每一位做出响应，因此对每一位的响应时间都很短。整体响应是一段时间内所有位上响应的平均值，这比所期望的一位控制更加平滑。以上就是对过采样的基本描述。

对于 ADC 与 DAC 硬件的设计，其本身就是一门艺术。选择不同的采样间隔与位数，其效果将迥然不同。要充分理解这些指标的含义，需要有大量的信号处理专业知识。下面我们来粗略地看一下这个有些复杂的主题。7.1.8 节讨论如何减弱环境噪声以及由量化所引入的噪声，直观地从结果来看，这将有利于滤除不感兴趣的频率范围。这些频率范围与采样速率相关，由此，噪声和采样将是下一个要讨论的话题。

分　贝

"**分贝**"（decibel）即十分之一贝尔（bel，音量比率的单位），其以加拿大发明家和企业家 Alexander Graham Bell 的名字命名。这个测量单位最初由贝尔电话实验室的电话工程师提出，并用于表示两个信号的**功率**比。

功率是对每个单位时间能量消耗（完成工作）的衡量，电子系统中其以**瓦特**（或瓦）为衡量单位。1 贝尔在功率中被定义为 10 的因子。因此，一个 1000 瓦的电吹风较 100 瓦的电灯泡多消耗 1 贝尔（或者说是 10dB）。令 $p_1(=1000W)$ 为电吹风的功率，$p_2(=100W)$ 是电灯泡的功率，那么，该比率可由下式表示。

$$\log_{10}(p_1/p_2) = 1\text{bel} \quad \text{或者} \quad 10\log_{10}(p_1/p_2) = 10\text{dB}$$

与式（7.3）比较，我们会注意到一个矛盾之处。式（7.3）中乘法因子是 20，而不是 10。这是因为式（7.3）中的比率是幅值（大小）而不是功率的比率。在电路中，如果一个幅值表示电阻上的电压，那么电阻所消耗的功率与幅值的平方成正比。令 a_1 和 a_2 就是这样的两个幅值，那么它们功率的比率由下式计算。

$$10\log_{10}(a_1^2/a_2^2) = 20\log_{10}(a_1/a_2)$$

因此，在式（7.3）中，乘法因子是 20 而不是 10。3dB 功率比率相当于功率的因子为 2。在幅值上，比率为 $\sqrt{2}$

在音频中，分贝被用于测量声音强度，有诸如 "10 米处的一台喷气式引擎产生 120dB 的声音" 这样的描述。依惯例，将声压与定义的 20 微帕斯卡（micropascal）这一基准进行比较，其中 1 帕斯卡是 1 牛顿每平方米的压力。对于大多数人，听力的阈值大约为 1kHz。因此，0dB 的声音几乎是听不到的，10dB 的声音有 10 倍的功率，100dB 的声音有 10^{10} 倍的功率。因此，在没有耳部防护的情况下，喷气式引擎发出的声音可能会致人耳聋。

7.1.5 噪声

由定义可知，**噪声**（noise）是信号中所不被需要的部分。如果要测量 t 时刻的 $x(t)$，但实际测量值为 $x'(t)$，那么噪声就是两者的差异，如下式所示。

$$n(t) = x'(t) - x(t)$$

等效地，实际测量值可由式（7.5）计算，即期望值加上噪声的总和。

$$x'(t) = x(t) + n(t) \tag{7.5}$$

示例 7.3 来看一个使用加速度计来测量慢速移动物体方向的例子（参见 7.2.1 节中对加速度计测量方向的解释）。加速度计附着在移动物体上并对方向变化做出反应，运动方向的改变会改变引力场相对于加速度计轴的方向。但是，它也会因为振动而产生加速度。令 $x(t)$ 是方向变化产生的信号，$n(t)$ 是振动引起的信号，那么，加速度计的测量值就是它们的和。

在上例中，噪声实际上是传感器未能准确测量所希望实际值所产生的副作用。我们想要方向值，但它却测量了加速度。另外，我们还可以将传感器的缺陷及量化建模为噪声。通常而言，传感器失真函数可以被建模为噪声，如式（7.6）所示，依据定义 $n(t)$ 就是 $f(x(t)) - x(t)$。

$$f(x(t)) = x(t) + n(t) \tag{7.6}$$

能够对测量值中的噪声数量进行表征是很有用的。噪声的**均方根**（Root Mean Square, RMS）$N \in \mathbb{R}+$ 等于 $n(t)^2$ 的均值平方根，具体由式（7.7）计算。

$$N = \lim_{T \to \infty} \sqrt{\frac{1}{2T} \int_{-T}^{T} (n(\tau))^2 \, \mathrm{d}\tau} \qquad (7.7)$$

这是**噪声功率**（noise power）（的平方根）的测量值。噪声功率的另一个（统计）定义是 $n(t)$ 平方的期望值平方根。式 (7.7) 将噪声功率定义为时间上的平均值，而不是一个期望值。

信噪比（Signal to Noise Ratio，SNR，以分贝为单位）是依据均方根噪声定义的，如下式所示：

$$SNR_{\mathrm{dB}} = 20 \log_{10} \left(\frac{X}{N} \right)$$

其中 X 是输入信号 x 的均方根值，x 定义为如式（7.7）所示的时间平均值，或者使用期望值。下一个示例说明如何使用基本概率论中的期望值来计算信噪比。

示例 7.4 我们可以通过使用式（7.6）作为量化器的模型来找出量化产生的信噪比。回顾示例 7.1 以及图 7-1 中给出的一个操作量程为 0V 至 1V 的 3 位数字传感器。假设输入电压可能是 0V 至 1V 量程中的任意位置。也就是说，$x(t)$ 是一个在 0 到 1 范围均匀分布的随机变量。那么，输入 x 的均方根值可由 $x(t)$ 平方的期望值平方根给出，或由下式进行计算。

$$X = \sqrt{\int_0^1 x^2 \mathrm{d}x} = \frac{1}{\sqrt{3}}$$

回顾图 7-1，如果 $x(t)$ 是在 0 到 1 范围均匀分布的随机变量，那么式（7.6）中的误差 $n(t)$ 就可能为 $-1/8$ 到 0 范围内的任意值。由此，均方根噪声可由下式计算。

$$N = \sqrt{\int_{-1/8}^{0} 8n^2 \mathrm{d}n} = \frac{1}{\sqrt{3 \cdot 64}} = \frac{1}{8\sqrt{3}}$$

从而可以得出信噪比的计算式如下。

$$SNR_{\mathrm{dB}} = 20 \log_{10} \left(\frac{X}{N} \right) = 20 \log_{10}(8) \approx 18\mathrm{dB}$$

请注意，这与式（7.4）所预测的 6dB 每位的动态量程相符！

为了计算上例中的 SNR，我们需要一个输入 x 的统计模型以及量化函数（x 符合 0 到 1 区间的均匀分布）。实践中，校准 ADC 硬件以使输入 x 充分利用它的量程是很困难的。也就是说，输入可能分布在小于整个 0 到 1 量程的范围内，且还可能不是均匀分布的。因此，系统中实际得到的 SNR 将可能明显小于式（7.4）所估计的 6 dB 每位。

7.1.6 采样

一个物理量 $x(t)$ 是时间 t 的函数。数字传感器会在一系列特定的时间点对物理量进行**采样**（sample），并生成离散信号。在**均匀采样**（uniform sampling）中，两次采样之间有一个固定的时间间隔 T，T 被称为**采样间隔**（或采样周期）。生成的信号可以被建模为一个函数 $s : \mathbb{Z} \to \mathbb{R}$，定义如式（7.8）所示，其中 $\mathbb{Z}$ 为整数集。也就是说，物理量 $x(t)$ 的值仅在 $t=nT$ 时间能被观察到，且测量值会受传感器失真函数的影响。由此，**采样速率**（sampling rate）就是 $1/T$，其表示**每秒的采样数**，单位为**赫兹**（Hz，表示每秒周期数）。

$$\forall n \in \mathbb{Z}, \ s(n) = f(x(nT)) \tag{7.8}$$

实际中，采样间隔 T 的值越小，ADC 提供更多数位的成本就会越高。在相同的开销下，越快的 ADC 产生的数位通常会越少，因此也就具有更高的量化误差或更小的量程。

示例 7.5 ATSC 数字视频编码标准中包括了一个数据格式，其中，帧速率为每秒 30 帧且每帧有 1080×1920=2,073,600 像素。由此，将一个颜色通道转换到一个数字化表示的 ADC 必须每秒执行 2,073,600×30=62,208,000 次转换操作，从而采样间隔 T 大约为 16ns（纳秒）。对于如此短的采样间隔，增加 ADC 中数位数量的成本就非常高。对于视频而言，$b=8$ 位通常足以产生良好的视觉保真度，且可以在合理的成本上实现。

采样信号时的一个重要问题是，有很多不同的函数 x 会在采样时产生相同的信号 s，这一现象被称为**混叠**（aliasing）。

示例 7.6 如下给出一个频率为 1kHz 的正弦声音曲线函数。

$$x(t) = \cos(2000\pi t)$$

假设不存在传感器失真，那么，式（7.8）中的函数 f 就是一个恒等函数。如果以每秒 8000 次的速率采样（电话系统中常用的采样速率），那么就能得到一个采样间隔 $T=1/8000$，其会产生如下采样。

$$s(n) = f(x(nT)) = \cos(\pi n/4)$$

相反，假设给定如下的一个 9kHz 信号。

$$x'(t) = \cos(18,000\pi t)$$

那么，同样以 8kHz 的速率采样会得出如下采样。

$$s'(n) = \cos(9\pi n/4) = \cos(\pi n/4 + 2\pi n) = \cos(\pi n/4) = s(n)$$

1kHz 的声音与 9kHz 的声音产生与图 7-2 完全相同的采样。因此，在这样的采样频率上，这两个信号互为混叠，根本无法对其进行区分。

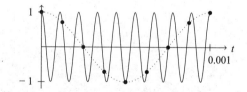

混叠是一个复杂而棘手的现象（更详细内容参见 Lee and Varaiya（2011）），但幸运的是，**奈奎斯特 – 香农采样定理**（Nyquist-Shannon samp-ling theorem）为统一采样提供了有用的经验法则。

图 7-2   关于混叠的示例

另外，对本主题的研究需要用到傅里叶变换机制，这超出了本书的范围。通俗地讲，该理论指出，以速率 $R=1/T$ 采样的样本唯一地定义了一个时间连续信号，即频率小于 $R/2$ 正弦分量的和。也就是说，在频率小于 $R/2$ 的正弦曲线之和的所有时间连续信号中，仅有一个与以 R 为速率的采样集相匹配。因此，这一经验性的法则就是，如果要采样一个最大频率为 $R/2$ 的信号，那么最小以 R 作为采样速率来采样信号就可以得到唯一表示该信号的样本。

示例 7.7 在传统电话系统中，工程师们已经确认无需高于 4kHz 的频率即可识别人的语音信号。由此，将高于 4kHz 的频率移除并以 8kHz 的速率采样人类语音音频信号，就足以从这些采样中重构出一个可识别的音频信号。高频信号的移除是由选频滤波器实现的，该滤波器被称为**抗混叠滤波器**（anti-aliasing filter），它能够防止高于 4kHz 的频率分量混入低于 4kHz 的频率分量。

然而，人的耳朵容易分辨最高可达 15kHz 的频率，或者对于年轻人来说可以达到 20kHz。因此，用于音乐的数字音频信号以高于 40kHz 的频率采样；通常选择 44.1kHz，这最初是用于 CD 的采样频率。

示例 7.8 室内气温的变化较声音强度的变化慢很多。例如，假设最快的气温变化速度以分钟的速率测量，而不是秒。如果我们要获取约一分钟左右的变化，那我们就应该每分钟采样两次室内的温度。

7.1.7 谐波失真

即使在传感器及执行器的操作量程内，一般也会出现**谐波失真**（harmonic distortion）这一非线性形式。谐波失真的出现通常是由于传感器或执行器的灵敏度并非保持不变，而常常依赖于信号强度的大小。例如，麦克风对于高声强的敏感度就低于对较低声强的。

谐波失真是一种非线性效应，可以用物理量的功率来模拟。具体而言，**二次谐波失真**（second harmonic distortion）取决于物理量的平方。也就是说，给定一个物理量 $x(t)$，那么该测量就可以由式（7.9）来进行建模，其中 d_2 是二次谐波失真的数量。如果 d_2 比较小，该模型就几乎是仿射的；如果 d_2 比较大，那么它就肯定不是仿射的。$d_2(x(t))^2$ 项被称为二次谐波失真，这是因为其具有随时间变化的信号 $x(t)$ 的频率成分。

$$f(x(t)) = ax(t) + b + d_2(x(t))^2 \tag{7.9}$$

示例 7.9 假定麦克风接收如下一个纯正弦输入声音，其中 t 是以秒为单位的时间，ω_0 是以弧度每秒为单位的正弦信号的频率。如果信号频率在人类的听觉范围内，该声音听起来就像一个纯音。

$$x(t) = \cos(\omega_0 t)$$

由式（7.9）建模的传感器将在 t 时间产生如下测量值：

$$
\begin{aligned}
x'(t) &= ax(t) + b + d_2(x(t))^2 \\
&= a\cos(\omega_0 t) + b + d_2\cos^2(\omega_0 t) \\
&= a\cos(\omega_0 t) + b + \frac{d_2}{2} + \frac{d_2}{2}\cos(2\omega_0 t)
\end{aligned}
$$

其中，主要用到了如下三角恒等式：

$$\cos^2(\theta) = \frac{1}{2}(1 + \cos(2\theta))$$

偏差项 $b + d_2/2$ 对于人类而言是听不见的。因此，该信号包含了一个由 a 所定标的纯音，以及一个两倍频率的失真项，其由 $d_2/2$ 标定。只要 $2\omega_0$ 在人的听觉范围内，失真项就和谐波失真一样是可以听得见的。

三次项会引入**三次谐波失真**（third harmonic distortion），较高的功率将会引入较高的谐波。

谐波失真的重要性取决于应用。例如，人的听觉系统对谐波失真非常敏感，但人的视觉系统对谐波失真的敏感度很低。

7.1.8 信号调理[⊖]

噪声与谐波失真通常与期望信号有着非常显著的差异。我们可以利用这些差异来减少甚至消除噪声或者失真，其中最方便的一个方式就是**选频滤波**（frequency selective filtering）。该滤波方法依赖于傅里叶理论，其认为信号是诸多不同频率正弦信号的叠加组合。然而，傅里叶理论的具体内容也超出了本书知识体系的范畴（参见（Lee and Varaiya（2003）））。对于有一些背景知识的读者而言，思考如何将该理论应用到嵌入式系统中可能会有所帮助。这正是本节所要介绍的。

示例 7.10 示例 7.3 所讨论的加速度计被用来测量慢速移动物体的运动方向，但是它实际测量的却是方向和振动的和。这里，我们可以通过**信号调理**（signal conditioning）的方法来降低振动对结果的影响。如果我们假设振动 $n(t)$ 较方向 $x(t)$ 拥有更高的频率成分，那么，选频滤波将会减少振动所产生的影响。具体来说，振动主要是快速地改变加速度值，而方向的改变则更慢，此时滤波就能够移除快速变化的成分，仅留下变化较慢的成分。

为了理解选频滤波可发挥作用的程度，我们需要有一个期望信号 x 和噪声 n 的模型。一个合理的模型通常是统计型的，且信号的分析需要使用随机过程、估计以及机器学习等技术。虽然该分析已经超出了本书的范畴，但是通过纯粹的确定性分析，我们就可以洞悉在很多实际情况下该方法是有用的。

我们的方法是，采用一个称为调理滤波器的线性时不变系统 S 对信号 $x'=x+n$ 的滤波来实现对信号的调理。假设调理滤波器的输出由下式给出，且 S 是线性的。

$$y = S(x') = S(x + n) = S(x) + S(n)$$

又假设滤波后的残差信号定义如式（7.10）所示。

$$r = y-x = S(x) + S(n) - x \qquad (7.10)$$

这个信号说明了滤波输出偏离期望信号程度的大小。令 R 表示 r 的均方根值，且 X 为 x 的均方根值，那么滤波后的信噪比就可由下式计算。

$$SNR_{dB} = 20\log_{10}\left(\frac{X}{R}\right)$$

我们希望设计一个调理滤波器 S 来最大化信噪比。由于 X 不依赖于 S，所以只要最小化 R 就可以使得信噪比最大。也就是说，我们选择用 S 来最小化式（7.10）中 r 的均方根值。

虽然确定这个滤波器需要使用超出本书的统计学方法，但我们仍然可以通过分析式（7.10）得出一些直观而又有吸引力的结论。容易看出，分母 R 有如式（7.11）所示的边界，其中 RMS 是式（7.7）所定义的均方根函数。这提示我们，可以通过让 $S(x)$ 接近 x（即让 $S(x) \approx x$）且减小 $RMS(n)$ 来最小化 R。也就是说，滤波器 S 在尽可能多地过滤噪声的同时应该最小化对期望信号 x 的损害。

$$R = RMS(r) \leqslant RMS(S(x)-x) + RMS(n) \qquad (7.11)$$

如示例 7.3，x 和 n 的频率成分通常存在差异。在该例中，x 仅包含了低频成分，而 n 仅包含了高频，因此，S 的一个最佳选择就是低通滤波器。

⊖ 在初次学习时可以跳过本节。本节内容要求具有高年级信号与系统工程课程的背景。

7.2　一些常用传感器

在本节，我们将描述一些传感器，并阐述如何来获得和使用这些传感器的合理模型。

7.2.1　测量倾斜度与加速度

加速度计是测量物体**固有加速度**的传感器，所谓固有加速度就是观察者在自由落体中观察到的物体的加速度。正如我们在这里解释的一样，重力与加速度是不可区分的，因此，加速度计不仅会测量加速度，同时还测量重力。这个结果是爱因斯坦广义相对论的基础之一，被称为爱因斯坦的**等效原理**（Einstein，1907）。

图 7-3 给出了一个加速度计的原理示意图，有一个可移动块通过弹簧连接到一个固定框架上。假设传感器电路可以测量可移动块相对固定框架的位置（这很容易实现，如通过测量电容）。当框架沿着图中双箭头线的方向加速移动时，加速度会引起可移动块发生位移，从而可以测量出加速度。

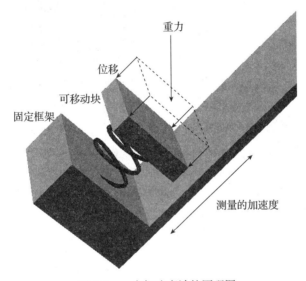

图 7-3　一个加速度计的原理图

可移动块有一个中性平衡位置，即弹簧完全没有发生形变的位置。在整个组合体的自由落体过程中或者这个组合体水平放置时，可移动块就会处于这个中性位置。相反，如果这个组合体是垂直放置的，那么重力就会压缩弹簧并使可移动块发生位移。对于自由落体的观察者而言，这看起来好像是组合体在以近似于**重力加速度**（$g=9.8\text{m/s}^2$）向上加速。

因此，加速度计还可以测量固定框架的倾斜度（与重力相关）。该固定框架所具有的任何加速度都将增加到该测量值中或从中减去。但要想分离重力与加速度这两种效应，还需要应对一些挑战。这两者结合起来称为固有加速度。

假设 x 是加速度计的固定框架在特定时间的固有加速度，那么，该数字加速度计将会产生一个测量值 $f(x)$。其中，f 的定义如下所示，$L \in \mathbb{R}$ 是最小可测量的固有加速度，$H \in \mathbb{R}$ 是最大可测量的固有加速度，$b \in \mathbb{N}$ 是 ADC 的位数。

$$f: (L, H) \rightarrow \{0, \cdots, 2^b-1\}$$

现在，已经基于硅材料实现了加速度计。在如图 7-4 所示的硅加速度计中，硅梳齿在重力拉力或加速度下发生形变（参见 Lemkin and Boser（1999）中的例子），再由电路测量形变并提供一个测量的数值。通常情况下会将三个加速度计封装在一起，从而形成一个三轴加速度计。这种加速度计可被用于测量物体相对于重力的方向，以及三维空间中任一方向上的加速度。

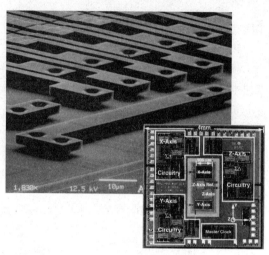

图 7-4　一个硅加速度计 [142]

7.2.2　测量位置和速度

理论上，只要给定加速度随时间变化的测量值 x，就有可能确定出物体的速度和位置。以一个在一维空间运动的物体为例。假设物体随时间的位置是 $p : \mathbb{R}_+ \to \mathbb{R}$，初始位置为 $p(0)$。令物体随时间变化的速度为 $v : \mathbb{R}_+ \to \mathbb{R}$，且初始速度为 $v(0)$，加速度为 $x : \mathbb{R}_+ \to \mathbb{R}$，那么可用下式来计算某个时刻物体的位置和速度。

$$p(t) = p(0) + \int_0^t v(\tau) \mathrm{d}\tau$$

$$v(t) = v(0) + \int_0^t x(\tau) \mathrm{d}\tau$$

但请注意，如果加速度的测量中有一个非零的偏差，$p(t)$ 将会有一个与 t^2 成比例增长的误差，这样的误差称为**漂移**（drift）。漂移误差使得独立使用加速度计来定位物体并不是很有意义。然而，如果能够使用诸如 GPS 等装置将物体位置周期性地设置为已知位置，那么加速度计就可被用于在这些位置之间进行近似的定位。在某些情形下，我们还可以测量物体在介质中的移动速度。例如，**风速计**（测量气流）可以估计一架飞机相对于周围大气的速度。但使用这一测量方法来推算位置会再次受到漂移的影响，特别是周围空气的运动会引入偏差。

由上可知，直接测量位置是一件比较麻烦的事情。**全球定位系统**（Global Positioning System，GPS）是基于地球卫星以及三角测量原理的复杂导航系统。GPS 接收机监听来自四颗或更多卫星的信号，这些信号携带了极为精确的时钟。具体而言，即卫星发射了提供发射时间以及所处位置的信号。如果接收机具有同样精确的时钟，那么基于从卫星收到的信号，接收机就能够利用光速计算出到该卫星的距离。给定三个这样的距离，接收机就能够计算出自己的位置。然而，这样的高精度时钟是非常昂贵的。为此，接收机需要使用第四个这样的测量距离以得到由四个方程构成的方程组，其包括了四个未知数、位置的三个维度以及本地时钟的误差。

实际上，GPS 卫星的信号强度相对较弱，很容易被建筑物和其他障碍物所阻挡。因此，对于室内定位就需要使用其他机制。一种机制是 **WiFi 指纹**（WiFi fingerprinting），即一个设备使用 WiFi 访问点的已知位置、这些访问点的信号强度以及其他本地信息来实现定位。另一种用于室内定位的技术是**蓝牙**（bluetooth）——短距离无线通信标准。蓝牙信号可被用作信标，且信标的信号强度可以给出到该信标的大致距离。

众所周知，基于无线电信号强度的测距并不是很好的方法，因为其会受到无线电信号的本地衍射及反射作用影响。室内环境中无线电信号通常会受到**多路径**（multipath）的影响，其沿着多条路径到达目标，且在目标端会出现相长干扰或相消干扰现象。这样的干扰将引起信号强度出现大的可变性，进而会误导距离的测量。在撰写本书时，精确的室内定位并非广泛可用的，这与 GPS 等已在全球广泛使用的室外定位技术形成了鲜明对比。

7.2.3　测量旋转

陀螺仪是用于测量方向（旋转）改变的装置。与加速度计不同的是，其（几乎）不受重力场的影响。传统的陀螺仪是安装在双平衡环架上的笨重旋转机械装置。现代的陀螺仪要么是使用小型共振结构的微机电系统装置（MicroElectroMechanical System，MEMS），要么是测量激光束在闭合路径的相反方向上行进的距离差异的光学装置，要么是（为了达到超高精度）利用量子效应的装置。

陀螺仪与加速度计可以组合起来，以提高**惯性导航**的精度，其采用**航位推算法**（dead reckoning，dead 源自 deduced（推导）一词）。航位推算法从一个已知的位置和方向开始，进而使用运动测量数据来估计接下来的位置与方向。**惯性测量单元**（Inertial Measurement Unit，IMU）或者**惯性导航系统**（Inertial Navigation System，INS）采用陀螺仪来测量方向的变化，并使用加速度计来测量速度的变化。当然，这些单元也会受到漂移的影响，因此它们通常与周期性提供较精确位置信息（虽然没有方向）的 GPS 单元结合起来使用。当然，惯性测量单元也可以变得非常复杂和昂贵。

7.2.4　测量声音

麦克风（microphone）测量声压的变化，有很多技术可被用于麦克风的设计，如电磁感应（声压导致导线在磁场中移动）、电容（声压变形板与固定板之间的距离发生改变，引起电容测量值的变化），或者压电效应（由于机械应力，电荷积累在晶体中）等。

面向人声特性设计的麦克风，可在人类听觉频率范围内（约 20Hz 到 20,000Hz）提供低失真和低噪声。但是，麦克风也广泛应用于这个范围之外。例如，**超声波测距仪**发出人类听觉范围外的声音并接收其回声，用于测量发射点到声反射表面的距离。

7.2.5　其他传感器

如我们所知，传感器的类型非常多样。例如，测量温度是 HVAC、汽车引擎控制器、过电流保护等系统以及诸多工业化学过程的必要操作之一。化学传感器可以检测出特定的污染物、测量酒精浓度等。相机和光电二极管测量光的强度与颜色；时钟测量时间的变化等。

开关是一个特别简单的传感器。设计合适的话，它也可以感知压力、斜度或者动作，如

通常可以将开关直接连接到微控制器的 GPIO 引脚。然而，开关带来的问题是它们可能会发生**抖动**（bounce）。一个基于电气触点闭合的机械开关存在金属与金属间的碰撞，触点的建立不可能一步完成。因此，系统设计人员在设计对建立电气触点的动作进行响应的机制时就需要格外小心，否则拨动一次开关可能会不经意间引起多次动作的响应。

7.3 执行器

与传感器一样，可用执行器的类型也非常多样。由于不可能进行完全覆盖，这里我们仅讨论两个常用的执行器：LED 和电机控制。更多细节将在讨论特定微控制器 I/O 设计的第 10 章中进行阐述。

7.3.1 发光二极管

执行器很少能被微控制器的数字 I/O 引脚（GPIO 引脚）直接驱动。这些引脚可以灌入或吸收限定大小的电流，并且任何超过该限制的尝试都存在着损害电路的危险。但存在一个例外，这就是发光二极管（Light-Emitting Diode，LED）。当发光二极管与一个电阻串联时，通常就可以直接连接到一个 GPIO 引脚。这可以对嵌入式系统的某些行为进行视觉提示，是一种非常方便且常用的方式。

示例 7.11 考虑一个纽扣电池供电并以 3V 电压工作的微控制器，规定其 GPIO 引脚最大可以吸收 18mA 的电流，且假设希望用软件来打开或关闭一个 LED（具体方法参见第 10 章）。假设所用 LED 在正向偏置（开启）时的压降为 2V，那么，可以与该 LED 串联并保证电流在 18mA 范围内的最小电阻是多少？**欧姆定律**（Ohm's Law）给出了式（7.12）所示计算关系，其中 V_R 是电阻两端的电压，I 是电流，R 是电阻值。

$$V_R = IR \tag{7.12}$$

电阻两端将会有 $V_R = 3-2 = 1V$ 的压降（3V 供电电压中的 2V 在 LED 上），由此，流经电阻的电流可由下式计算。

$$I = 1/R$$

为了将电流限制在 18mA，我们就需要选定如下最小阻值的电阻。

$$R \geqslant 1/0.018 \approx 56\,\Omega$$

如果选择一个 $100\,\Omega$ 的电阻，那么流经电阻和 LED 的电流就是由下式计算的值。

$$I = V_R/100 = 10\ \text{mA}$$

如果电池容量为 200mAh（毫安时），那么在不考虑微控制器及其他电路能量消耗的前提下，驱动 LED 20 小时将会完全耗尽电池电量。电阻和 LED 中的功耗可分别由以下两式计算。

$$P_R = V_R I = 10\text{mW}$$
$$P_L = 2I = 20\text{mW}$$

这些数字给出了 LED 电路所会产生的热量（较保守的估算）。

在要将一个装置与微控制器相连时，上例中的计算过程就是一个典型必备的步骤。

7.3.2 电机控制

电机（motor）被用于向负载施加一个与流经电机线圈的电流成正比的转矩（角向力）。

所以，向电机施加一个与期望转矩成正比的电压似乎也是个不错的选择。但实际上，这并不是一个好的想法。首先，如果电压由 DAC 进行数字化控制，我们就必须保证其不能超过该 DAC 器件的电流限制。大多数 DAC 不能传输大的功率，且要求在 DAC 和被供电的设备之间增加一个功率放大器。功率放大器的输入端具有高的阻抗，这就意味着在给定的电压上放大器所能吸收的电流非常少，因此通常将其与 DAC 直接相连。然而，输出端可能会有大的电流。

示例 7.12 用于驱动 $8\,\Omega$ 扬声器的音频放大器通常可以向扬声器传输 100W（峰值）的功率。如我们所知，功率是电压和电流的乘积，进而结合欧姆定律就可以得出功率与电流的平方成正比，以及如下计算公式。其中，R 是电阻值。

$$P = RI^2$$

由此，功率为 100W 时，流经 $8\,\Omega$ 扬声器的电流可由下式计算：

$$I = \sqrt{P/R} = \sqrt{100/8} \approx 3.5\text{A}$$

这的确是一个很大的电流。能够传输这样的大电流且不会导致过热并引入失真的功率放大器电路是非常复杂的。

具有良好线性的功率放大器（输出电压和电流与输入电压成正比）可能是非常昂贵、笨重和低效能的（放大器本身消耗了大量电量）。幸运的是，驱动电机时通常不需要这样一个功率放大器，使用一个通过微控制器数字信号进行打开和关闭的开关就已经足够了。显然，制作一个能承受大电流的开关比制作一个功率放大器要简单得多。

我们使用了**脉冲宽度调制**（PWM）技术，其可以在数字控制的方式下有效地传输大的功率，只要所驱动设备能够承受快速的电源通断即可，这样的设备包括了 LED、白炽灯（对应了调光器的工作机制），以及直流电机等。如图 7-5 底部所示的 PWM 信号以特定的频率在高电压和低电压之间切换，其在周期内的一小部分保持了高电平信号，而周期中的这一部分被称为**占空比**（duty cycle）。图 7-5 中占空比为 0.1，即 10%。

直流电机（或直流马达）包括了一个电磁体，其是用导线缠绕在置于永久磁铁或电磁体所制成磁场中的磁芯上构成的。当电流流经导线，磁芯就会发生旋转。

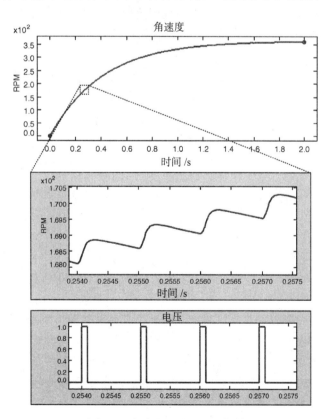

图 7-5 直流电机的 PWM 控制

这样的电机既有惯性又有电感，这使其在电流瞬时导通和断开的时候可以平滑地进行响应，所以这种电机可以很好地承受 PWM 信号。

令 ω：$\mathbb{R} \to \mathbb{R}$ 表示电机角速度的一个时间函数，且假设为电机提供的电压 v 也是时间函数。那么，基于基本电路理论，我们希望电机的电压和电流满足如下方程。

$$v(t) = Ri(t) + L\frac{\mathrm{d}i(t)}{\mathrm{d}t}$$

其中，R 是电阻值，L 是电机线圈的电感值。也就是说，电机线圈被建模为一对串联的电阻和电感。电阻两端的压降与电流成正比，电感的压降与电流的变化率成正比。

然而，该类电机会呈现出这样一个现象：当线圈在磁场中旋转时，它也会产生电流（相应地也会有电压）。实际上，电机同样也可以起到发电机的作用；如果不是将电机与无源负载进行机械耦合，而是与向电机施加转矩的电源耦合，电机旋转时将会产生电流。即使电机是被用作电动机而不是发电机，这种旋转时产生电流的趋势也会形成抵抗旋转的转矩，称之为**反电动势**。为了解释这一点，以上的方程可被进一步扩展为式（7.13）所示形式。其中，k_b 是经验性的**反电动势常量**，通常以 V/RPM（伏特／转数每分钟）为单位。

$$v(t) = Ri(t) + L\frac{\mathrm{d}i(t)}{\mathrm{d}t} + k_b\omega(t) \tag{7.13}$$

基于式（7.13）中所阐述的电机电气行为，可以使用 2.1 节中给出的技术来描述这个机械行为。这里，我们可以使用"转动版"的牛顿第二定律（$F=ma$），其用转矩替换了 F，用转动惯量替代了质量 m，且用角加速度替代了加速度 a。电机上的转矩 T 与流经电机的电流成正比，并由摩擦力和施加在机械负载上的任何力矩来进行调节。

$$T(t) = k_T i(t) - \eta\omega(t) - \tau(t)$$

其中，k_T 是一个经验性的**电机转矩常数**，η 是电机的运动摩擦力，τ 是负载施加的转矩。依据牛顿第二定律，其需要与转动惯量 I 乘以角加速度的值相等，由此可得式（7.14）。

$$I\frac{\mathrm{d}\omega(t)}{\mathrm{d}t} = K_T i(t) - \eta\omega(t) - \tau(t) \tag{7.14}$$

式（7.14）与式（7.13）共同描述了电机如何对施加于它的电压和机械转矩进行响应。

示例 7.13 有这样一个电机，其具体参数如下。

$$I = 3.88 \times 10^{-7}\,\mathrm{kg \cdot m^2}$$
$$k_b = 2.75 \times 10^{-4}\,\mathrm{V/RPM}$$
$$k_T = 5.9 \times 10^{-3}\,\mathrm{N \cdot m/A}$$
$$R = 17.1\,\Omega$$
$$L = 1.1 \times 10^{-4}\,\mathrm{H}$$

假设电机上没有其他负载，且给其施加一个频率为 1kHz、占空比为 0.1 的 PWM 信号。那么根据式（7.14）和式（7.13）进行数字化仿真的电机响应如图 7-5 所示。请注意，电机在 2s 后稳定在 350RPM 以上。如详细数据图所示，电机的角速度以 1kHz 的速率抖动。在 PWM 信号为高时，电机快速加速，当信号为低时减速，后者是由摩擦力以及反电动势所引起的。显然，通过提升 PWM 信号的频率，就可以减小抖动的幅度。

在 PWM 控制器驱动电机的典型应用中，我们可以使用 2.4 节中的反馈控制技术，并将电机速度设置为期望的 RPM 值。为此，还需要对电机的速度进行测量。我们可以使用一个称为**旋转编码器**（rotary encoder）或**编码器**的传感器，其输出角位置或者角速度（或者两者都有）。该类编码器的设计非常多样。一个非常简单的方式是每当电机轴转动一个特定角度时就提供一个电脉冲，然后通过统计每个单元时间中的脉冲数就能得出被测量电机的角速度。

7.4 小结

在实际设计中，工程师们可以选择的传感器和执行器种类非常多样。本章我们强调了这些传感器和执行器的模型，这些模型是嵌入式系统设计人员所使用工具包的重要组成部分。没有这样的模型，工程师将会被对各种现象的猜测和实验纠缠得无法前行。

习题

1. 请证明，两个仿射函数 f 和 g 的复合函数 $f \circ g$ 也是仿射的。

2. 人类听觉的动态范围约为 100 分贝。假设人类可以有效区别的最小声强差异约为 $20 \mu \text{Pa}$（微帕）。

   （a）对于一个 100 分贝的动态范围，人类可有效区别的最大声音的声强是多少？

   （b）对于一个适合于人类听力范围的完美麦克风，一个 ADC 要适应人类听力动态范围时的最小位数是多少？

3. 以下问题是关于如何为加速度计确定如下函数的。假设固有加速度 x 产生一个值 $f(x)$，且假设 x 的单位为"g's"，其中 1g 是重力加速度，约为 g=9.8(m/s^2)。

$$f : \{L, H\} \to \{0, \cdots, 2^B-1\}$$

   （a）令加速度计测量没有固有加速度时，ADC 的输出是偏差 $b \in \{0, \cdots, 2^B-1\}$，那么如何来测量 b？

   （b）令 $a \in \{0, \cdots, 2^B-1\}$ 是加速度计在测量 0g 加速度和 1g 加速度时所存在的差异。这是加速度计灵敏度的 ADC 转换。如何测量 a？

   （c）假设已有从（b）和（a）两题得到的测量值 a 和 b。为加速度计给出一个仿射函数模型；假设固有加速度为 x 且单位为 g's，请说明该模型的精度如何。

   （d）给定一个测量 $f(x)$（在仿射模型下），请找到一个 x，其固有加速度的单位是 g's。

   （e）通过测量来确定 a 和 b 的过程称为传感器的**校准**。请讨论，为什么单独校准每个加速度计可能是有用的，但为一组加速度计假设固定的校准参数 a 和 b 时却并非如此。

   （f）假设有一个理想的 8 位数字加速度计，其在固有加速度为 0g 时输出值 $f(x)=128$，当固有加速度大于 3g 时 $f(x)=1$，固有加速度小于 3g 时 $f(x)=255$。假设加速度计从不产生 $f(x)=0$。请给出灵敏度 a 和偏差 b。该加速度计的动态量程是什么（单位为分贝）？

4.（本题由 Eric kim 提供。）

   你是义军联盟（Rebel Alliance）的飞行员，正在通过将太空船悬停在克里星球（Cory planet）的云层下来躲避银河帝国（Galactic Empire）的追击（场景虚拟自电影《星球大战》，——译者注）。令 z 轴的正方向向上且表示飞船相对于地面的位置，v 是飞船的垂直速度。该星球的重力非常强大，其产生一个绝对值为 g 的加速度（真空中）。大气阻力与速度呈线性相关，等于 rv，其中阻力系数 $r \leqslant 0$ 是模型的一个参数常量。飞船质量为 M。飞船引擎提供一个垂直升力。

   （a）令 $L(t)$ 是飞船引擎提供的垂直升力的输入。请写出飞船位置 $z(t)$ 及速度 $v(t)$ 的动力学方程。请忽略当飞船坠落时的情形。方程右侧应包括 $v(t)$ 和 $L(t)$。

   （b）基于前一问题的答案，请写出大气阻力可忽略以及 $r=0$ 时 $z(t)$ 与 $v(t)$ 的显式解。在初始时刻 $t=0$ 时，飞船距离地面 30 米且初始速度为 -10(m/s)。提示：先写出 $v(t)$，之后用 $v(t)$ 来求解 $z(t)$。

   （c）请使用积分器、加法器等参元给生成垂直位置和速度的系统画出一个参元模型。请确保在所给出的参元模型中标出所有变量。

(d) 飞船引擎略有损坏且仅可以通过提供一个纯输入——"开关"来控制引擎，当输入出现时引擎状态将从打开切换到关闭，或者由关闭切换为打开。当引擎为打开状态时，其将提供一个正向的升力 L，而关闭时 $L=0$。飞船面板上有一个加速度计。假设飞船是水平的（即俯仰角为 0）且加速度计的 z 轴向上为正。令引擎的开关命令输入序列如下。

$$\text{switch}(t) = \begin{cases} present & \text{如果 } t \in \{0.5, 1.5, 2.5, \cdots\} \\ absent & \text{其他} \end{cases}$$

为了避免在切换时刻 $t=0.5, 1.5, 2.5, \cdots$ 的歧义，假定在切换发生时引擎升力瞬时就是新的值。假设大气阻力忽略不计（即 $r=0$），忽略坠毁状态，且在 $t=0$ 时刻引擎是打开的。

请将加速度计读数的垂直分量作为时间 $t \in \mathbb{R}$ 的函数绘制出来，并将重要的值在轴上标注出来。提示：首先绘制出升力图将很有帮助。

(e) 如果飞船在固定高度上航行，加速度计显示的值将是多少？

嵌入式处理器

在当今**通用计算体系**中，常见的指令集体系结构种类并不算多，Intel 的 x86 体系结构占据压倒性主导地位。但在嵌入式计算中并不存在这样"一边倒"的统治情形，各种各样的处理器类型反而让设计者有点望而生畏。本章的目标是为读者提供一些工具及名词，以便于读者了解这些选项并能严格评估处理器的这些特性。我们将特别关注在时间上提供并发与控制的机制，因为这些问题在信息物理融合系统的设计中占有很大比重。

当嵌入式处理器被部署于一个产品中时，其通常具有具体的专用功能，如它们被用以控制汽车引擎或测量北极的冰层厚度。这些处理器并不需要执行用户自定义软件的任意功能，因此，其可以更为专用。而且，使嵌入式处理器更为专用还可以带来诸多益处，如其能耗更低，从而可以使用小电池进行长期工作；或者它们可以集成专用硬件来执行在通用硬件上处理成本较高的某些操作，如图像分析等。

在评估处理器时，理解**指令集体系结构**（ISA）、处理器实现或芯片之间的差异非常重要。前者是处理器可执行指令的定义以及实现中必须采用的一些结构性约束（如字长），后者是半导体厂商销售的硅片。指令集体系结构是诸多实现所共享的一个抽象，其可以出现在很多不同的芯片中，这些不同的芯片由不同制造商生产并广泛具有不同的性能参数。x86 就是一个指令集体系结构，其具体实现非常多样。

在一系列的处理器中共用一套指令集体系结构的优势在于，可以共享高开发成本的软件工具，并且（有时）使得同样的程序可以在多个处理器实现上正确运行。然而，由于指令集体系结构通常并不包括任何时序约束，因此后一个特性实际上是比较有风险的。为此，即使一个程序可以在多个芯片上以相同的逻辑运行，但是当这些处理器嵌入信息物理融合系统时，各个系统的行为仍可能会完全不同。

8.1　处理器类型

由于嵌入式应用种类繁多，所使用的处理器也多种多样，其范围涵盖了从小型、低速、廉价及低功耗的装置到高性能、专用的设备。本节将对部分常见的处理器类型进行概要叙述。

8.1.1　微控制器

微控制器（µC）是单个集成电路构成的小型计算机，其由相对简单的**中央处理单元**（CPU）和外设（如存储器、I/O 设备以及定时器等）组成。根据一些数据，全球销售的处理器中有一半以上是微控制器，但这种说法很难被完全证实，因为微控制器与通用处理器的差异有时并不是那么明显。最简单的 8 位微控制器适合于内存需求少以及逻辑功能简单（相对于性能增强的运算功能）的应用。它们的功耗极低，且通常都会提供功耗可降至毫微瓦[⊖]级

　　⊖　功率单位，等于十亿分之一瓦特，常略作 nW。——译者注

的**睡眠模式**。现已证实，传感器网络结点和监视设备等嵌入式组件可在小容量电池供电的情况下运行多年。

微控制器也可能相当复杂，将它们与通用处理器进行明确区分可能会变得困难。例如，Intel Atom 是主要用于笔记本及其他小型移动计算机的 x86 处理器系列。由于这些处理器消耗的电能相对较少，且与高端计算机中的处理器相比不会过多地损失性能，因此它们适合于某些嵌入式应用以及存在散热问题的服务器。AMD 的 Geode 处理器是位于通用处理器与微控制器间模糊地带的另一个例子。

微控制器

大多数半导体厂商的产品线中都会有一个或多个系列的微控制器，其中有些体系结构已经非常陈旧。例如，1974 年面世的 Motorola 6800 和 Intel 8080 都是 8 位微控制器。今天仍然存在延续这些体系结构的微控制器，如 Freescale 6811。Zilog Z80 是与 8080 完全兼容的延续性产品，其已成为自诞生以来制造和应用最为广泛的微控制器。Z80 的一个衍生系列是由 Rabbit 半导体公司设计的 Rabbit 2000。

另一个非常流行和悠久的体系结构是 Intel 公司于 1980 年开发的 8 位微控制器 Intel 8051。现在，众多半导体厂商都提供了支持 8051 指令集体系结构的微控制器，如 Atmel（爱特梅尔公司）、Infineon Technologies（英飞凌科技）、Dallas Semiconductor（达拉斯半导体公司）、NXP（恩智浦半导体公司）、ST Microelectronics（意法半导体公司）、Texas Instruments（德州仪器）以及 Cypress Semiconductor（赛普拉斯半导体公司）等。

Atmel 公司于 1996 年开发的 Atmel AVR 8 位微控制器是率先采用片上 Flash 存储器来存储程序的微控制器之一。尽管 Atmel 公司曾表示 AVR 并不是一个缩写，但很多人都相信这个 RISC（精简指令集计算）体系结构是由两个挪威技术学院的学生（Alf-Egil Bogen 和 Vegard Wollan）提出的，因此它可能源自"Alf 和 Vegard 的 RISC"。

很多 32 位的微控制器中实现了一些 ARM 指令集的变体。ARM 的最初含义是先进的精简指令集计算机（Advanced RISC Machine，更早时称为 Acorn RISC Machine），但是，它今天仅表示为 ARM。基于 ARM 指令集体系结构的处理器被广泛应用于移动电话中以实现用户界面功能，以及诸多其他嵌入式系统。半导体厂商从 ARM 公司获得指令集授权，并生产自己的处理器。现在，采用 ARM 体系结构的处理器制造商已经非常多，著名的有 Alcatel（阿尔卡特）、Atmel、Broadcom（博通）、Cirrus Logic（凌云逻辑）、Freescale（飞思卡尔）、LG、Marvell Technology Group（美满电子科技）、NEC、NVIDIA（英伟达）、NXP、Samsung、Sharp、ST Microelectronics、Texas Instruments、VLSI Technology、Yamaha（雅马哈）等。

其他值得我们关注的嵌入式微控制器体系结构还有**摩托罗拉冷火**（Motorola ColdFire，之后因收购改为 Freescale ColdFire）、日立的 H8 和 SuperH、MIPS（最初由斯坦福大学 John Hennessy 教授领导的团队开发）、PIC（本意为可编程接口控制器，由微芯科技公司开发）以及 PowerPC（由苹果、IBM 和摩托罗拉于 1991 年联合推出）。

可编程逻辑控制器

可编程逻辑控制器（Programmable Logic Controller，PLC）是专门用于工业自动化的微控制器形式。PLC 最初用于替代基于电气继电器进行控制的机器中的控制电路，它们通常在恶劣环境（高温、高湿及灰尘等）中连续操作。

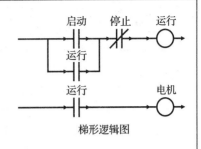

梯形逻辑图

PLC 通常使用**梯形逻辑**编程，梯形逻辑符号最初使用了由继电器和开关所构造的逻辑。**继电器**是一个由线圈控制触点的开关器件。当在线圈上施加电压时，触点闭合，从而使得电流流过继电器。通过将一组触点及线圈进行连接，就可以基于继电器构建符合特定模式的数字控制器。

在常见的表示方法中，触点表示为两条竖线，线圈则表示为一个圆圈，如以上梯形逻辑图所示。上图中有两个**阶梯**（rung，也可译为**横档**）。在下面的阶梯中，电机线圈控制打开或关闭电机。启动（Start）和停止（Stop）触点代表按键开关，启动通常是一个打开的触点。当操作人员按下启动按键时，该触点闭合且电流从左向右流动。停止触点通常是闭合的，用斜线表示，这意味着当操作人员按下开关时该触点打开。上面阶梯中的逻辑值得我们关注。当操作人员按下启动按键时，电流流经运行（Run）线圈，使得两个运行触点都闭合。电机将会一直转动，直至启动按键被松开。当操作人员按下停止按键时，电流中断，两个运行触点都打开，从而使得电机停止转动。并联的触点执行逻辑或（OR）功能，串联的触点实现逻辑与（AND）功能。另外，上面的阶梯中存在一个反馈，该阶梯的含义是图中所隐含逻辑方程的一个不动点解[⊖]。

目前，PLC 只是一些具有适用于工业控制 I/O 接口的、封装坚固的微控制器，而梯形逻辑则是用于程序的图形化编程符号。显然，具有成千上万阶梯的逻辑图将会是非常复杂的。读者可以从 Kamen（1999）中获取更多详细信息。

---

x86 体系结构

如我们所知，x86 是在桌面计算机、移动计算机中占据统治地位的指令集体系结构。这个命名源自于 Intel 公司于 1978 年设计的 16 位微处理器芯片 Intel 8086。8088 是 8086 的一个变体，用于早期 IBM PC，且该处理器系列自那时起就已经统治了 PC 市场。该系列的后续处理器都采用了以 "86" 为结尾的命名，而且通常是向后兼容的。诞生于 1985 年的 Intel 80386 是该指令集的第一款 32 位版本处理器。现在，"x86" 通常是指 32 位版本，而 64 位版本被命名为 "x86-64"。2008 年推出的 **Intel Atom** 是一个功耗已经显著降低的 x86 处理器，尽管其主要定位于笔记本电脑和其他小型便携式计算机，但对于一些嵌入式应用也是极具吸引力的选择。除 Intel 之外，AMD、Cyrix 及诸多其他半导体厂商也都已经实现了采用 x86 体系结构的处理器。

8.1.2　DSP 处理器

很多嵌入式应用中都要进行大量的信号处理。信号是物理世界采样测量值的集合，通常采用称为采样速率的常规速率进行采集。例如，运动控制应用可能要以几赫兹（Hz，每秒的采样次数）到数百赫兹的频率从传感器读取位置或定位的信息；音频信号的采样速率范围

⊖　有兴趣的读者可以继续查阅数学中的不动点概念和不动点定理。——译者注

从 8000Hz（或 8kHz，电话中的采样速率）到 44.1kHz（CD 的采样速率）；超声波应用（如媒体成像）及高品质音乐会要求更高的频率来采样声音信号等。通常情况下，消费电子设备中的视频采样频率为 25 或 30Hz，对于特定的测量应用则可能需要采用更高的采样频率。每一个采样包含了一个完整的图像（称为帧），其包括了对分布在空间的（不是时间的）多个采样（称为像素）。软件定义无线电应用具有从数百 kHz（用于基带处理）到数 GHz（数十亿 Hz）的采样速率。其他大量使用信号处理的嵌入式应用还包括交互式游戏、雷达、声呐、LIDAR（光探测与测距）成像系统（常称为激光雷达、激光定位器）、视频分析（从视频中提取信息，如监视系统）、汽车驾驶辅助系统、医疗电子以及科学仪器等。

所有的信号处理应用都具有某些特性。首先，它们要处理大量的数据。这些数据可以表现为物理处理器时间域中的采样（如无线电信号的采样）、空间中的采样（如图像）或者二者皆是（如视频和雷达等）。其次，它们通常要对数据进行复杂的数学运算，包括滤波、系统识别、频率分析、机器学习以及特征提取等，这些操作都是数学密集型的。

针对数字化密集信号处理应用所设计的处理器就是 **DSP 处理器**，或者简称为 DSP（Digital Signal Processor）。为了深入理解该类处理器的结构以及对软件设计者的影响，首先有必要来了解一下典型信号处理算法的结构。

在所有上述应用中使用的一个标准信号处理算法是**有限冲激响应**（FIR）滤波。该算法的基本形式非常简单，但是其对硬件却具有深远的影响。在最简形式中，输入信号 x 由一个非常长的数值序列组成，基于设计的目的，该序列被认为是无限的。这样的一个系统可以被建模为 $x : \mathbb{N} \rightarrow D$，其中 D 是某个数据类型的值的集合⊖。例如，D 可以是所有 16 位整数的集合，这种情形下，$x(0)$ 是第一个输入值（一个 16 位整数），$x(1)$ 是第二个输入值，等等。为了便于数学表述，我们可以通过定义 $n<0$ 时 $x(n)=0$，将模型扩展为 $x : \mathbb{Z} \rightarrow D$。对于每一个输入值 $x(n)$，FIR 滤波器可由式（8.1）计算出一个输出值 $y(n)$。其中，N 为 FIR 滤波器的长度，系数 a_i 是滤波器的**抽头值**（tap value）。从这个公式可以看出为什么扩展函数 x 的定义域是有用的。举例来说，$y(0)$ 的计算包括了值 $x(-1)$、$x(-2)$ 等。

$$y(n) = \sum_{i=0}^{N-1} a_i x(n-i) \tag{8.1}$$

DSP 处理器

面向信号处理的专用计算机体系结构已经存在了相当长的一段时间（Allen, 1975）。单片的 DSP 微处理器最早出现于 20 世纪 80 年代早期，最初有贝尔实验室的 Western Electric DSP1、AMI 的 S28211、TI 的 TMS32010、NEC 的 uPD7720 等典型产品。这些芯片的早期应用包括了话带数据调制解调器、语音合成、消费类音频、图形以及磁盘驱动控制器等。在（Lapsley et al., 1997）中可以找到自 20 世纪 90 年代中期以来 DSP 处理器发展过程的完整阐述。

DSP 的核心特征包括硬件乘加单元、多种哈佛体系结构的变体（哈佛体系结构支持多个数据和程序的同时取操作），以及支持自动递增的寻址模式、环形缓冲区和位翻转寻址（后者支持 FFT 计算）。大多数 DSP 支持 16 ～ 24 位精度的定点数，通常具有更宽的加法器（40 ～ 56 位），从而可以执行大量连续的乘加指令而不会发生溢出。现在，一些

⊖ 要回顾相关符号的含义，可参见附录 A。

具有浮点硬件逻辑的 DSP 已经出现，但这些 DSP 并没有主导市场。

与 RISC 体系结构相比，DSP 的编程具有较大难度，这主要是因为其复杂的专用指令、编程人员需了解的流水线以及非对称的内存架构等特性。直到 20 世纪 90 年代后期，这些处理器几乎一直在使用汇编语言。即使在今天，C 语言程序还在普遍使用基于汇编语言设计的函数库，以充分利用这些体系结构中最为深奥的特性。

示例 8.1 假设 $N = 4$，且 $a_0=a_1=a_2=a_3=1/4$，那么，对于所有的 $n \in \mathbb{N}$ 有如下算式。

$$y(n) = (x(n) + x(n-1) + x(n-2) + x(n-3))/4$$

由式可知，各输出采样是最近四个输入采样的平均值。该计算组件的结构如图 8-1 所示。该图中，一组输入值从左侧传入，并传输到每一个延迟单元后引出的**延迟线**[⊖]。这个结构被称为**抽头延迟线**（tapped delay line）。

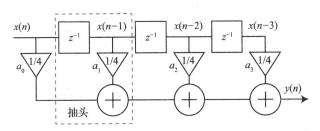

图 8-1 示例 8.1 中 FIR 滤波器的抽头延迟线实现结构

图 8-1 可以被看作一个数据流图。对于每一个 $n \in \mathbb{N}$，图中的每个组件从输入路径上获取一个输入值并向输出路径生成一个输出值。标识为 z^{-1} 的单元是单位延迟，它们的功能是在输出路径上生成前一个输入的值（或者在没有前一个输入时的一个初始值）。三角形单元给它们的输入乘上一个常数，圆形单元将其输入进行相加。

提供输入值 $x(n)$ 及其必须被处理的速率称为**采样率**。如果知道了采样率和 N，就可以确定每秒必须进行的算术运算次数。

示例 8.2 假设一个 FIR 滤波器以 1MHz 的速率采样（每秒采样一百万次），且 $N=32$，然后必须以 1MHz 的速率来计算输出，且每个输出需要执行 32 次乘法和 31 次加法。由此，一个处理器必须要能够支持每秒 6300 万次的算术运算操作才能实现这一应用。当然，为了保证计算速率，不仅要求计算硬件要足够快，还要求数据进出内存以及芯片的机制要足够快。

类似地，图像可以被建模为一个函数 $x: H \times V \to D$，其中 $H \subset \mathbb{N}$ 是图像的水平索引，$V \subset \mathbb{N}$ 表示垂直索引，D 是所有可能像素值的集合。一个**像素**（或图元）表示图像中一个点的颜色和亮度值的采样。有很多方法可以用于这一表示，但都是为每个像素分配一个或多个数值。H 和 V 集合的大小则取决于图像的**分辨率**。

示例 8.3 现在，模拟电视正在稳步地被数字系统所取代，如由先进电视系统委员会（Advanced Television Systems Committee）所制定的一组标准 ATSC。在美国，绝大多数的无线 NTSC 服务已经在 2009 年 6 月 12 日被 ATSC 标准所取代。ATSC 支持范围从 24Hz 到 60Hz 的多个帧速率以及多种分辨率。例如，在 ATSC 标准所支持的高清晰视频传输中，帧

⊖ delay line，实现 FIR 计算中的 z^{-1} 延时。——译者注

速率为 30Hz 时分辨率可达 1080×1920 像素。此时有 H={0, …, 1919}，V={0, …, 1079}，工业界将这个分辨率称为 1080p。现在，专业视频设备可以达到这个分辨率的四倍（4320×7680），帧速率也可以较 30Hz 更高。较高的帧速率对于捕捉慢动作中的瞬间现象是有益的。

对于灰度图像，典型的滤波操作将会依据式（8.2）从原始图像 x 构造出一个新的图像 y。这是一个二维的 FIR 滤波器，其中，$a_{n,m}$ 是滤波器系数。该计算要求将 x 定义在区域 $H \times V$ 之外。对此，这里要有一定的技巧（以避免边界效应），但就此处的目标而言，我们仅需要了解计算的结构而无需过多关注于细节。

$$\forall i \in H, j \in V, \qquad y(i,j) = \sum_{n=-N}^{N} \sum_{m=-M}^{M} a_{n,m} x(i-n, j-m) \qquad (8.2)$$

彩色图像将具有多个**颜色通道**。这些通道可以表示亮度（像素有多亮）以及色度（像素的颜色是什么），或者它们可以表示通过组合来获得任意颜色的一组颜色。在后一种情形中，常见的选择是 RGBA 格式，其具有代表红色、绿色、蓝色的三个通道以及一个表示透明的 Alpha 通道。例如，R、G、B 全为 0 代表黑色，A 的值为 0 表示全透明（不可见）等。每一个通道都有一个最大值，即 1.0。如果所有的四个通道都是最大值，由此所产生的颜色是完全不透明的白色。

式（8.2）中滤波操作的计算负载取决于通道数量、滤波器系数的数量（N 和 M 的值）、分辨率（H 和 V 集合的大小）以及帧速率。

示例 8.4   假设在示例 8.3 中的高清晰视频信号上执行式 (8.2) 所给出的滤波操作，N=1 且 M=1（有效滤波器的最小值）。那么，输出图像 y 的每一个像素就需要执行 9 次乘法和 8 次加法。假设有一个三通道彩色图像（即 RGB，无 Alpha 通道），那么每个像素将需要执行 3 次操作，由此，对于每一帧图像将要执行 1080×1920×3×9=55,987,200 次乘法，以及数量相近的加法。帧速率为每秒 30 帧时，每秒将要执行 1,679,616,000 次乘法，以及相似数量的加法。因为这还只是在高清晰视频信号上要执行的最简单操作，由此看出处理该类视频信号的处理器体系结构必须具备相当快的处理能力。

环形缓冲区

FIR 滤波器需要一个如图 8-1 所示的延迟线。一个不够成熟的实现是在内存中分配一个数组，且当每一个输入采样到来时，将数组中的每一个元素移动到下一个更高地址从而为第一个到来的新元素腾出空间。然而，这会对内存带宽造成极大的浪费。一个更好的解决方法是采用**环形缓冲区**，这可理解为内存中具有环形结构的数组。下图给出了长度为 8 的延迟线的环形缓冲区，其标记为 0～7 的 8 个连续内存位置存储了延迟线中的值。指针 p（初始指向位置 0）用以提供对这些位置的访问。

FIR 滤波器可以使用该环形缓冲区来实现式 (8.1) 中的求和。实现中，首先接收一

个新的输入值 $x(n)$，进而从 $i=N-1$ 项（本例中 $N=8$）开始后向求和。假设当第 n 个输入到来时，p 的值是 $p_i \in \{0,\cdots,7\}$（对于第一个输入 $x(0)$，$p_i=0$），程序就向 p 所指向的位置写入新的输入 $x(n)$，进而递增 p 的值，即 $p=p_i+1$。p 上的所有运算都是以 8 为模的，具体来说就是，当 $p_i=7$ 时会有 $p_i+1=0$。然后，FIR 滤波器计算时会从位置 $p=p_i+1$ 读取 $x(n-7)$，并将其乘以 a_7，计算结果被存储在**累加器**寄存器中。之后，滤波器又给 p 加 1，将其设置为 $p=p_i+2$。进而，从 $p=p_i+2$ 位置读取 $x(n-6)$，乘以 a_6，并将结果添加到累加器中（这结合寄存器解释了 "累加器" 一词，是因为它对抽头延迟线中的项进行了累加）。滤波器继续该操作直至从 $p=p_i+8$ 位置读取 $x(n)$，这是因为模运算的位置与最后一个输入 $x(n)$ 的写入位置相同，且乘以 a_0。接下来，继续增加 p 的值，$p=p_i+9=p_i+1$。由此，该计算的结果是，p 的值等于 p_i+1，给出了下一个输入 $x(n+1)$ 应该写入的位置。

除了大量的算术运算之外，DSP 处理器必须处理数据沿着延迟线的移动，如图 8-1 所示。通过提供对延迟线和乘加指令的支持，如示例 8.6，DSP 处理器可以在一个周期内实现 FIR 滤波器的一个抽头。在该周期内，它们将两数相乘，将结果添加到累加器，并采用模运算来递增或递减两个指针。

8.1.3 图形处理器

图形处理单元（Graphics Processing Unit，GPU）是专为执行图形渲染计算所设计的专用处理器。该类处理器发源于 20 世纪 70 年代，当时被用于渲染文本和图形、合成多个图形模式，以及绘制矩形、三角形、圆和圆弧等。现代的 GPU 支持 3D 图形、阴影以及数字视频。当今主要的 GPU 提供商有 Intel、NVIDIA 和 AMD 等公司。

GPU 非常适合于某些特定的嵌入式应用，尤其是游戏设备。另外，GPU 已经在朝着更为通用的编程模型发展，因此也已经开始出现在其他计算密集型应用中，如仪器仪表等。GPU 的功耗通常非常大，因此至今也不能很好地满足能量受限的嵌入式应用的要求。

8.2 并行机制

当今的大多数处理器都提供了不同形式的并行机制。这些机制影响程序执行的时间特性，因此，嵌入式系统设计者必须对其有深入的理解。本节概述了几种形式及其可能对系统设计造成的一些影响。

8.2.1 并行与并发

并发是嵌入式系统的核心。当计算机程序的不同部分在概念上同时执行时，这个程序就是并发的。如果这个程序的不同部分在不同硬件（如多核处理机、服务器集群中的多台服务器，或者不同的微处理器等）上物理地同时执行时，就说其是并行的。

非并发程序指定了要执行指令的序列。将计算表示为操作序列的编程语言被称为**命令式语言**[⊖]。C 语言就是一种命令式语言。在用 C 语言来编写并发程序的时候，我们必须要脱离语言本身，通常要使用**线程库**。线程库使用的功能并非由 C 语言提供，而是由操作系统和 / 或

⊖ 或强制式语言。——译者注

硬件提供。Java 总体上也是一种命令式语言[⊖]，其扩展的结构可以直接支持线程。为此，开发者可以用 Java 编写并发程序而无需脱离该语言本身。

基于命令式语言的程序，其每一次（正确）执行必须表现出指令就像完全按照指定的顺序在执行一样。然而，通常可能的是，以并行方式或者以与程序所指定顺序不同的方式来执行指令仍然可以得到与它们序列化执行时同样的效果。

示例 8.5 来看如下一组 C 语句。

```
double pi, piSquared, piCubed;
pi = 3.14159;
piSquared = pi * pi ;
piCubed = pi * pi * pi;
```

后两条语句是相互独立的，因此它们可以并行执行或者以相反顺序执行，而并不会改变程序的行为。然而，将上述语句写为如下形式时，它们将不再是相互无关的。

```
double pi, piSquared, piCubed;
pi = 3.14159;
piSquared = pi * pi ;
piCubed = piSquared * pi;
```

在这种情况下，最后一条语句依赖于第三条语句，也就是说，第三条语句必须在最后一条语句开始之前完成执行。

如果目标处理平台支持并行，编译器可以分析程序中操作之间的依赖性并生成并行代码。该分析被称作**数据流分析**。当今的很多微处理器都支持并行执行机制，其使用多发射指令流或 VLIW（Very Large Instruction Word，超长指令字）体系结构。多发射指令流处理器可以同时执行相互独立的指令。硬件分析待发射指令的依赖关系，而且当不存在依赖时，可以在同一时刻执行多条指令。VLIW 体系的机器具有支持多个操作一起执行的汇编级指令。在这种情况下，通常要求编译器能够生成合适的并行指令。在这些案例中，依赖性分析是在汇编语言或者单个操作的层面进行的，而不是在 C 代码行的层面。一行 C 语句可以指定多个操作，甚至是像函数调用这样的复杂操作。在上述多发射和 VLIW 两种情形中，分析命令式程序的并发性是为了能够并行执行，总的目标是为了加速程序的执行，从而改善其性能。当然，这里有一个假设，即一个任务尽早完成常常要比其更晚完成要好。

然而，在嵌入式系统，并发性较性能改善更为核心和重要。嵌入式程序与物理进程交互，而物理世界中的很多活动是同时进行的。嵌入式程序常常需要监测并响应并发的激励源，同时控制影响物理世界的多个输出装置。因此，嵌入式程序几乎都是并发程序，且并发性是该类程序逻辑的固有部分。这不只是改善性能的一种方式。实际上，尽早完成一个任务并不一定比更晚完成这个任务更好。当然，及时性也是很重要的。物理世界中执行的动作常常需要在恰当的时间（不早也不晚）进行。想象这样一个例子，即汽油发动机的引擎控制器中，过早地点火火花塞并不会过晚点火更好，应该是必须在恰当的时间进行点火。

就如同可以被顺序或并行执行的命令式程序一样，并发式程序也可以以顺序或并行的方式执行。现在，并发程序的顺序执行是由**多任务操作系统**完成的，其在单个序列化的指令流

⊖ 不是纯粹命令式的，而是命令式与函数式的混合。——译者注

中交错执行多个任务。当然，如果处理器具有多发射或 VLIW 体系结构，硬件就可以支持实现并行执行。因此，并发程序可以被操作系统转换为顺序流，并由硬件转换回并发程序，而后一种转换是为了提升性能。这些转换使得确保事务在恰当时间发生这一问题变得非常复杂，具体将会在第 12 章进行阐述。

硬件中的并行机制（本章的主题）是为了提升计算密集型应用的性能。从程序员的角度，并发性是以提升性能为目的的硬件设计的成果，而不是基于要解决的应用问题。换句话说，应用并不（必然）要求多个活动同时进行，其仅要求快速地处理这些事务。当然，很多值得关注的应用结合了由并行性和应用需求所引起的并发形式。

计算密集型嵌入式程序中的算法类型对于硬件的设计有着深远的影响。在本节我们聚焦于实现并行机制的硬件方法，即流水线、指令级并行及多核体系结构。这些方法对嵌入式软件的编程模型都有着非常大的影响。在第 9 章，我们会讨论对并行实现有巨大影响的存储器系统。

8.2.2　流水线

大多数现代处理器都是采用**流水线**技术设计的。图 8-2 所示是一个简单的 32 位五级流水线处理器。图中的阴影矩形是以处理器时钟频率计时的锁存器，在时钟的每一个跳沿，输入端的值被存入锁存器寄存器中。然后，输出就一直保持不变直至下一个时钟跳沿到来，这将使得锁存器之间的电路保持稳定。这个图可以被看作处理器行为的同步响应模型。

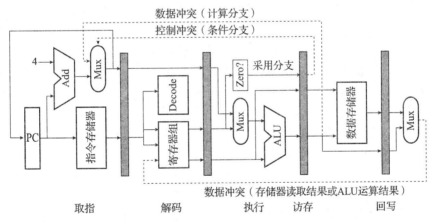

图 8-2　简单的流水线（晚于 Patterson 和 Hennessy (1996) 提出）

在流水线的取指阶段，**程序计数器**（PC）提供一个指令存储器中的地址。指令存储器提供编码过的指令，在图 8-2 中假定为 32 位宽。在取指阶段，PC 的值增加 4（即地址增加 4 字节）就能够得到下一条指令的地址，直到条件分支指令为 PC 提供一个全新的地址。在流水线的解码阶段，从 32 位的指令中提取出寄存器地址，并将数据读入寄存器组中的一组特定寄存器。在执行阶段，由执行算术和逻辑运算的**算术逻辑单元**（Arithmetic Logic Unit，ALU）对取自寄存器的数据或 PC（计算分支）进行运算。访存阶段对寄存器给出的内存地址进行读或写操作。流水线的回写阶段则将结果存储到寄存器文件。

DSP 处理器中通常会增加一或两个额外阶段来执行乘法运算，为地址计算提供单独的一组 ALU，为同时访问两个操作数提供双数据存储器（被称为哈佛体系结构）。但是，没有该类单独 ALU 的简单版本就足以说明嵌入式系统设计人员所面临的问题。

流水线中锁存器两两之间的部分可以并行运行。因此，我们就能立即看出有五条指令可以同时执行。这可以方便地表示为**预约表**（reservation table），如图 8-3 所示。表的左侧是可同时使用的硬件资源。在这种表示情形下，寄存器组出现了三次，这是因为图 8-2 中的流水线假定在每个周期中可以对寄存器文件进行两次读和一次写操作。

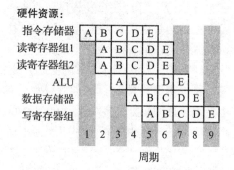

图 8-3   图 8-2 所示流水线的预约表

图 8-3 中的预约表给出了程序指令 A、B、C、D、E 的序列。在第 5 个指令周期，这五条指令并行执行：取指令 E 时，指令 D 在读取寄存器组，C 在使用 ALU，B 在读或写存储器，而 A 正将结果写回寄存器组。指令 A 的写操作出现在第 5 个周期中，但指令 B 的读操作出现在第 3 个周期。由此，指令 B 读取的值并不会是指令 A 所写的值。这种现象被称为**数据冲突**（data hazard，或数据依赖、数据竞争），是**流水线冲突**的一种形式。流水线冲突是由图 8-2 中的虚线所示关系所导致的。程序员通常期望如果指令 A 先于指令 B，那么 A 的任何计算结果对 B 都将是可用的，因此这种冲突行为是完全不可接受的。

计算机设计人员已经采用各种各样的方式来处理流水线冲突问题。最简单的是一种称为**显式流水线**的技术。该技术中仅给出了流水线冲突的说明，实际中程序员（或编译器）必须对该冲突进行处理。例如，在指令 B 读取指令 A 所写寄存器的例子中，编译器可以在指令 A 和 B 之间插入**三条空指令**（no-op 指令，无任何操作的指令），以确保写操作在读操作之前。这些空指令形成了沿着流水线传播的**流水线气泡**（pipeline bubble）。

更为复杂的技术是提供**互锁**（interlock）机制。在该技术中，指令解码硬件在遇到要读取指令 A 所写入寄存器的指令 B 时，将检测冲突并推迟指令 B 的执行直至指令 A 已经完成回写步骤。对于该流水线，指令 B 需要被延迟三个时钟周期以保证指令 A 完成执行，如图 8-4 所示。如果提供了稍微复杂的转发逻辑，其检测到指令 A 正在写由指令 B 正在读的位置，则直接提供数据而不是要求写操作出现在读操作之前，那么就可以减少至两个时钟周期。因此，互锁为硬件提供了自动插入流水线气泡的机制。

另外一个更为复杂的技术是**乱序执行**（out-of-order execution），其提供了检测冲突的硬件。冲突发生时，硬件并不是简单地延迟指令 B 的执行，而是继续取指令 C，且如果指令 C 并不读取指令 A 或指令 B 所写的寄存器，也不写指令 B 要读取的寄存器，那么就可以在指令 B 之前执行指令 C。这可以进一步减少流水线气泡的数量。

如图 8-2 所示流水线冲突的另一种形式是**控制冲突**（control hazard，或控制依赖、控制竞争）。该图中，如果一个专用寄存器的值为 0，那么条件分支指令将改变 PC 寄存器的值。PC 的新值由 ALU 的运算结果提供（可选）。在这种情况下，如果指令 A 是

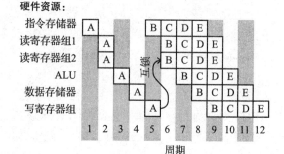

图 8-4   图 8-2 中流水线的带互锁预约表（假设指令 B 读由指令 A 写入的寄存器）

条件分支指令，那么在 PC 的值被更新之前 A 必须已经到达访存阶段。存储器中紧跟 A 的这些指令将已被取出，并在确定这些指令实际上不会被执行的时刻它们已经处于解码和执行阶段了。

与数据冲突类似，很多技术都可用于处理控制冲突问题。**延迟分支**（delayed branch）只是说明这一事实，即该分支出现之后将在一定的周期内执行，具体则留给程序员（或编译器）决定，以确保条件分支指令之后的指令要么是无害的（如 no-op 指令），要么做一些不依赖于该分支是否被采用的有用工作。互锁机制提供了硬件，从而可以根据需要插入流水线气泡，这一点与数据冲突一样。在**推测执行**（speculative execution）这一最为复杂的技术中，硬件会预测该分支是否可能被选取，进而开始执行它所希望执行的指令。如果没有达到它的预期，其将会消除预测性指令执行所引起的任何影响（如寄存器写等）。

除了显式流水线和延迟分支外，所有这些技术都引入了指令序列执行时间的可变性。对于具有复杂转发和预测能力的深度流水线，程序的时序分析会变得极为困难。在时间精确度至关重要的环境中，DSP 处理器一般都采用显式流水线。乱序及推测执行常见于通用处理器，因为时序仅在整体意义上是重要的。嵌入式系统的设计者需要理解应用需求，并且要避免使用无法达到所需时间精度水平的处理器。

8.2.3 指令级并行

要实现更好的性能，一种方式就是硬件的并行化。该类并行机制可以采用两种主体形式，即多核体系结构（将在 8.2.4 节讨论），或者本节即将要讨论的**指令级并行**（ILP）机制。支持指令级并行的处理器可以在每一个指令周期执行多条独立的操作。本节将讨论四种主要的 ILP 形式：CISC 指令、子字并行[⊖]、超标量以及 VLIW。

1. CISC 指令

采用复杂指令（通常是非常专用的）的处理器被称为 **CISC 处理机**（Complex Instruction Set Computer）。该类处理器的设计思想与 **RISC 处理机**（Reduced Instruction Set Computers）（Patterson and Ditzel, 1980）完全不同。DSP 通常都是 CISC 处理机，并且包括了专门支持 FIR 滤波（以及一些其他算法，如快速傅里叶变换（FFT）、维特比解码算法等）的一组指令。实际上，要实现 DSP，一个处理器必须能够在每个抽头的一个指令周期中执行 FIR 滤波。

示例 8.6 德州仪器（TI）的 TMS320c54x 系列 DSP 旨在用于信号处理性能要求高且功率受限的嵌入式应用，如无线通信系统以及个人数字助理（Personal Digital Assistant, PDA）。式 (8.1) 给出的 FIR 计算所对应的内循环代码如下。

```
1  RPT numberOfTaps - 1
2  MAC *AR2+, *AR3+, A
```

第一条指令给出了 DSP 中常见的**零开销循环**（zero-overhead loop，也译为零耗循环），其之后指令的执行次数等于 RPT 指令参数加 1。MAC 是一条**乘加指令**（multiply-accumulate instruction），同样流行于 DSP 体系结构中。该指令有三个参数并实现如下计算：

$$a := a + x * y$$

其中，a 是累加器寄存器 A 的值，x 和 y 是内存中的数值。这些值的地址存放在辅助寄存器 AR2 和 AR3 中。被访问之后，这些寄存器中的值会自动递增。另外，这些寄存器也可

⊖ SubWord Parallelism, SWP。——译者注

被设置来实现一个环形缓冲区（参见"环形缓冲区"注解栏）。

该 c54x 处理器有一块支持单周期可访问两次的片上存储器，而且只要地址指向了该存储区域，MAC 指令将在一个单周期内执行。由此，处理器可以在每一个周期中执行两次存储器取值、一次乘法、一次普通加法和两次地址递增（可能是模计算）操作。所有 DSP 都具备类似的能力。

示例 8.7 式（8.1）中 FIR 滤波器的系数通常是对称的，意味着 N 是偶数且有如下关系。

$$a_i = a_{N-i-1}$$

究其原因，该类滤波器都有线性相位（直观地讲，这意味着对称的输入信号会产生对称的输出信号，或者说所有的频率分量都被延迟了相同的量）。在这种情况下，可以通过重写式（8.1）来减少乘法的数量，重写后的方程如下。

$$y(n) = \sum_{i=0}^{(N/2)-1} a_i \big(x(n-i) + x(n-N+i+1) \big)$$

TMS320c54x 的指令集中包括了一个 FIRS 指令，该指令的功能与示例 8.6 中的 MAC 相似，但其使用了上面这个算式而并非式（8.1）。这发挥出了 c54x 有两个 ALU 的优势，因此可以做两倍于乘法数量的加法。由此，一个 FIR 滤波器的执行时间就降低为每个抽头 1/2 周期。

CISC 指令通常是非常深奥与复杂的。当然，CISC 指令集也有明显的缺点。其一，对于编译器而言，要优化地使用该指令集是非常具有挑战性的事情（甚至是不可能的）。因此，DSP 处理器常常与基于汇编语言编写和优化的代码库一起使用。

其二，CISC 指令集可能有敏感的时序问题，其可能会干扰到硬实时调度。在以上示例中，存储器中的数据布局对于执行时间有巨大影响。更为微妙的是，零开销循环（之前的 RPT 指令）的使用可能会引入一些麻烦。例如，在 TI 的 c54x 处理器上，在循环执行 RPT 之后的指令期间中断会被禁用，这可能导致不可预期的中断响应延迟。

2. 子字并行

诸多嵌入式应用会操作比处理器字长小得多的数据类型。

示例 8.8 在示例 8.3 和示例 8.4 中，数据类型是典型的 8 位二进制数，每个数据表示一个颜色强度。在 RGB 格式中，像素的颜色可能被表示为三字节，每一个 RGB 字节的值都是从 0 到 255，代表了相应颜色的强度。那么，如果使用 64 位 ALU 来处理单个 8 位数就会对资源造成浪费。

为了支持这些数据类型，一些处理器开始支持**子字并行**机制，其允许一个宽字长的 ALU 被划分为几个较窄的单元，以使得可以在较小的字长上同时进行几个算术或逻辑运算。

示例 8.9 Intel 在广泛应用的通用奔腾处理器中引入了子字并行技术，并将其称为 MMX（Multi Media Extension，多媒体增强）（Eden and Kagan, 1997）。MMX 指令将 64 位宽的数据通路划分为一组 8 位宽的子通路，进而支持在图像像素数据的多字节上同时进行相同的操作。该技术已被用于提高图像处理应用以及视频流应用的性能。Sun Microsystems 和

HP（Hewlett Packard）分别在 Sparc 处理器（Tremblay et al., 1996）、PA RISC 处理器（Lee, 1996）中引入了类似的技术。很多面向嵌入式应用的处理器体系结构设计，包括诸多 DSP 处理器，也都支持子字并行。

向量处理器⊖是这样的一类处理器：其指令集可以同时操作一组数据元素。子字并行就是向量处理的典型形式。

3．超标量体系

超标量处理器使用了相当传统的顺序指令集，但当硬件检测到同时发射多条指令不会影响程序行为时，将会把这些指令同时发射到不同的硬件单元。也就是说，程序的执行效果与其顺序执行时的效果相同。该类处理器甚至支持乱序执行，即指令流中后到的指令可以先于之前的指令执行。超标量处理器对于嵌入式系统而言存在一个严重的不足：执行时间的预测极为困难，而且在多任务处理（多中断与多线程）的情况中这甚至可能是不可重复的。然而，执行时间对于中断的精确时间特性可能会非常敏感，因为时间特性上的小偏差可能会对程序的执行时间造成很大的影响。

4．超长指令字

面向嵌入式应用的处理器通常会采用 VLIW 体系结构而不是超标量架构，以获得可重复性、可预测性更好的时序。类似于超标量处理器，VLIW 处理器包括了多个功能单元，每一条指令指定每个功能单元在特定周期应该做什么，而不是动态地确定哪些指令能够同时执行。也就是说，在 VLIW 指令集中，一条指令会包括多个相互无关的操作。与超标量体系结构相似，这些操作会在不同的硬件上同时得到执行。然而，与超标量不同的是，执行顺序和同时性在程序中是固定的，而并非在执行过程中动态确定。那么，程序员（使用汇编语言级的）或编译器就必须要确保这些同时执行的操作确实是相互独立的。作为这一额外编程复杂性的回报，其执行时间是可重复和（经常）可预测的。

示例 8.10　在示例 8.7 中，我们已经看到 c54x 体系结构的专用指令 FIRS，其就两个 ALU 和一个乘法器指定了相关操作。这可被认为是 VLIW 的原始形式，但其后几代处理器的 VLIW 特性则更为明确。TI 的 TMS320c55X 是 c54x 之后的下一代产品，其有两个乘加单元并可以支持如下形式的指令。

```
1  MAC      *AR2+, *CDP+, AC0
2  :: MAC   *AR3+, *CDP+, AC1
```

这里，AC0 和 AC1 是两个累加器寄存器，CDP 是一个用于指向滤波器系数的专用寄存器。符号 :: 表示这两条指令应该在同一个周期内被发射和执行，而程序员和编译器则必须确定这些指令是否真的能够被同时执行。假设存储器地址是可以同时获取的，那么这两条 MAC 指令就可以在一个单周期内执行，有效地将执行 FIR 滤波器所需的时间减半。

对于要求高性能的应用，VLIW 体系结构可能会更加复杂。

示例 8.11　TI 的 c6000 系列处理器具有 VLIW 指令集。该处理器家族有三个处理器子系列，即 c62x、c64x 定点处理器以及 c67x 浮点处理器。这些处理器被设计用于无线基站（如蜂窝基站、自适应天线等）、电信设施（如 VoIP 和视频会议）和影像应用（如医疗影像、

⊖　Vector Processor，又称矢量处理器、数组处理器等。——译者注

监控、机器视觉或检测，以及雷达等）。

示例8.12 NXP 的 **TriMedia** 处理器系列瞄准了数字电视应用，可以非常高效地执行类似于式（8.2）中的操作。飞利浦公司是生产平板电视、产品多元化的消费电子公司，NXP 半导体曾是飞利浦公司的一员。TriMedia 体系结构的方略是使得编译器生成高效代码更加容易，减少对汇编级编程的需求（虽然它包括了那些编译器难以利用的专用 CISC 指令）。通过提供较典型寄存器组（128 个寄存器）更大的寄存器组、一个允许多指令同时发射的类 CISC 指令集，以及硬件对 IEEE 754 浮点操作的支持，编译器的处理工作就会容易很多。

定 点 数

很多嵌入式处理器仅提供整数运算的硬件。但要注意的是，整数运算并不能应用于非整型数。对于一个 16 位整型数，程序员可以假定一个与十进制小数点类似的**二进制小数点**，其划分的是二进制位而不是数字。例如，通过在最高位之后放置一个（概念上的）二进制小数点，一个 16 位的整型数就可以被用来（粗略地）表示 −1.0~1.0 范围的数，如下所示。

没有这个小数点时，这个 16 位数是一个整数 $x \in \{-2^{15}, \cdots, 2^{15}-1\}$（假定以二进制补码来表示，这是有符号数的常见表示方法）。使用二进制小数点时，我们将该 16 位数解释为表示数 $y=x/2^{15}$。由此，y 的取值范围为 −1 到 $1-2^{-15}$。这就是**定点数**（fixed-point number）。这个定点数的格式可以被写为"1.15"，这表示小数点左侧有 1 位，小数点右侧共 15 位。当这样的两个数全精度相乘时，其结果是一个 32 位数，其二进制小数点的位置如下所示。

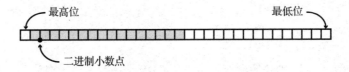

二进制小数点的位置由**位守恒定律**（law of conservation of bits）得出。该定律表示，当两个格式为 $n.m$ 和 $p.q$ 的二进制数相乘时，结果的格式为 $(n+p).(m+q)$。处理器通常支持这一全精度乘法，其结果存放在至少两倍于原始数据寄存器长度的累加器寄存器中。然而，为了将该结果写回数据寄存器，我们就必须从 32 位的结果中提取出 16 位数据。如果我们提取出下面阴影数据位，就保留了二进制小数点的位置，而且该结果也仍将大致地表示 −1 到 1 范围的数。

然而，从 32 位结果中提取一个 16 位数会造成信息的丢失。首先，由于丢掉了最高位，就会存在溢出的可能。假定两个相乘的数都为 −1，其二进制补码表示及相乘后的结果分别如下所示。

−1的二进制补码 `1000000000000000`

32位结果 `01000000000000000000000000000000`

该结果以二进制补码表示时为1，是正确的。但是当我们从中提取了阴影部分的16位时，结果就成为 −1！实际上，定点数格式1.15不能表示1，由此产生了溢出。程序员必须对这一点保持警惕，如要确保所有数的值都严格地小于1，禁止为 −1。

第二个问题是当我们从32位结果中提取出阴影部分的16位二进制数时，就丢掉了其后的低15位。这会造成信息丢失。如果只是简单地丢掉低15位，这种策略被称为**截断**（truncation）。相反地，如果我们为32位结果增加以下位模式，这个结果就称为是**舍入**（rounding）的。舍入选择了最接近全精度结果的值，而截断选择了最接近结果的较小值。

`00000000000000001000000000000000`

当把数据从累加器移动到通用寄存器或存储器时，DSP处理器通常会在硬件中进行以上舍入或截断处理。

C 语言中的定点运算

对非整型数进行运算时，大多数C程序员将使用 float 或 double 数据类型。然而，很多嵌入式处理器缺少用于浮点运算的硬件。因此使用 float 或 double 数据类型的C程序通常会导致执行速度慢得难以接受，这是因为不得不在软件中模拟浮点运算。程序员被迫使用整型运算来实现对非整型数的操作。那么，他们会如何处理呢？

首先，程序员可以使用二进制小数点的概念来解释一个以不同于标准表示的32位整型数（int）（参见"定点数"注解栏）。然而，当一个C程序指定两个 int 数相乘时，其结果也是 int 型，而不是我们所需要的全精度64位数。实际上，前文所列出的策略，即在二进制小数点的左侧放置一位并从结果中抽取阴影部分的数位，将不再有效，这是因为大多数的阴影数位将从结果中丢失。例如，假定我们要用0.5乘以0.5。这个数可以表示为如下所示的32位整型数。

`01000000000000000000000000000000`

由于没有小数点（这对C程序和硬件并不可见，仅存在于程序员的脑海中），这个位模式就表示了整型数 2^{30}，实际上是一个大数。当这两个数相乘时，其结果就会是 int 型无法表示的 2^{60}。通常处理器会设置处理器状态寄存器（这是程序员必须检查的）中的溢出位，并且给出一个结果0，即乘积的低32位。

为了防止这个问题，在做乘法之前程序员可以将每一个32位整型数向右移动16位。这种情况下，0.5×0.5的结果是如下位模式。

`00100000000000000000000000000000`

基于位模式中所示的小数点，该结果就被解释为0.25，即正确的结果。当然，向右的16位移位操作丢失了整型数的低16位，精度的损失相当于截断。程序员也可能希望以四舍五入来进行代替，即在向右移动16位之前先给这些数加上一个整型值 2^{15}。浮点数类型使这些处理变得更加简单。硬件（或软件）跟踪所需的移位数量，并尽可能保持精度。然而，并非全部带有浮点硬件的嵌入式处理器都符合 IEEE 754 标准。这可能使程序员的设计过程复杂化，因为数值结果与台式计算机所产生的结果将不一致。

8.2.4   多核体系结构

多核（Multicore）处理机是多个处理器在单个芯片上的组合。虽然多核处理机在 20 世纪 90 年代初期就已经出现，但直到最近才延伸至通用计算，继而在今天引起了众多关注。**异构多核**（Heterogeneous multicore）处理机在单个芯片上组合了不同类型的处理器，与之相对的是集成多个同类型的处理器。

示例 8.13 TI 的 **OMAP**（Open Multimedia Application Platform，开放多媒体应用平台）体系结构广泛应用于移动电话，其由一个或多个 DSP 以及一个或多个接近于通用处理器的处理器构成。DSP 用以处理射频、语音和媒体（如音频、图像和视频等），其他处理器则执行用户界面、数据库、网络交互以及可下载应用的处理工作。具体来说，OMAP4440 处理器中有一个 1GHz 的双核 ARM Cortex 处理器、一个 c64x DSP、一个 GPU 以及一个图像信号处理器。

对于嵌入式应用而言，多核体系结构相对于单核体系结构有着潜在的巨大优势，这是因为实时和安全攸关任务可能有其专用的处理器。在移动电话中，无线电和语音处理是计算负载相当大的硬实时功能，这也是在移动电话中采用异构体系结构的一个主要原因。在该体系结构下，用户应用不能干预这些实时功能。

在通用多核体系结构中，缺乏对这些实时功能的干预是很成问题的。例如，在使用多级缓存（Cache）的体系结构中，通常会在多核之间共享二级或更高级的缓存。不幸的是，这种共享使得隔离独立内核上的实时程序行为变得非常困难，因为每一个程序都有可能触发另一个内核中的缓存未命中。这样的多级缓存架构并不适合于实时应用。

在嵌入式应用中，有时会使用一种非常不同的多核体系结构，该架构配合现场可编程门阵列（Field-Programmable Gate Array，FPGA）上的定制硬件来使用一个或多个**软核**（soft core，或软内核）。FPGA 是可基于硬件设计工具对其硬件功能编程的芯片。软核的优势在于，较货架处理器⊖而言其可以更为简单地与定制硬件紧密结合。

8.3   小结

嵌入式系统处理器体系结构的选择对于程序员有着重要的影响。程序员可能需要使用汇编语言以发挥不同架构特性的优势。对于有精确时间约束的应用，控制程序的时序可能是困难的，其原因可归咎于处理流水线冲突和并行资源的复杂硬件技术。

习题

1. 考虑图 8-4 中的预约表。假设处理器包括了转发逻辑，其能够断定指令 A 正在写由指令 B 正在读的寄存器，以及指令 A 的写结果可以在写完成之前被直接转发至 ALU，同时假设转发逻辑本身无时

⊖ 即现有的商业化处理器。——译者注

间开销。请给出修正的预约表，并请说明流水线气泡损失了多少个周期。

2. 示例 8.6 中有如下指令。

```
1  MAC *AR2+, *AR3+, A
```

　　假定处理器有三个 ALU，其中，一个用于寄存器 AR2 与 AR3 所包含地址上的每个算术运算，一个用于执行 MAC 乘加指令中的加法操作。假设每个 ALU 都需要一个时钟周期来执行，且乘法器也都需要一个时钟周期来执行。进而假设寄存器组支持每个周期的两次读和两次写操作，以及累加器寄存器 A 可以被分开写入且无写入时间开销。请给出表示这些指令序列执行的预约表。

3. 对于具有格式 1.15（参见 "定点数" 注解栏）的定点数，请证明仅当 -1 和 -1 这两个数相乘时才会引起溢出。也就是说，如果两数中有一个是 1.15 格式中值非 -1 的任何数，那么提取阴影部分的 16 位不会导致溢出。

存储器体系结构

许多处理器架构师认为存储器系统对整个系统性能的影响比数据流水线更大。当然，这取决于具体应用，但对很多应用来说确实如此。存储器的复杂性主要来源于三个方面。第一，在一个嵌入式系统中通常需要混合使用不同的存储器技术。很多存储器技术是**易失的**（volatile），意味着掉电后存储器中的内容会丢失。大多数嵌入式系统至少需要包括一部分非易失性存储器以及一部分易失性存储器。另外，在这些存储器类型中又可以有很多选择，而这些选择对系统设计人员有着显著的影响。第二，通常需要层次化的存储结构，这是因为大容量和 / 或低功耗的存储器速度通常更慢，为了以适当的成本获取合理的性能，必须将快速存储器和慢速存储器混合使用。第三，需要划分处理器架构的地址空间，以访问不同类型的存储器、为通用编程模型提供支持，以及为实现与设备（如 I/O 设备）而不是与存储器的交互分配地址等。在本章，我们将依次讨论这三个问题。

9.1 存储器技术

在嵌入式系统中，存储器是一个很重要的方面。存储器技术的选择对系统设计人员来说至关重要。例如，程序员可能需要关心系统电源关闭或进入节能待机模式时当前数据是否继续存留。系统掉电时内容丢失的存储器被称为**易失性存储器**（volatile memory）。在本节，我们讨论一些常用的技术以及它们之间需要达到的平衡。

9.1.1 RAM

除了寄存器文件之外，微型计算机通常拥有一定数量的**随机访问存储器**（Random Access Memory, RAM），这是一个可以相对快速地一次写入和读取单独一个单元（字节或字）的存储器。SRAM（静态 RAM）较 DRAM（动态 RAM）更快，但它的体积也更大（每一位占用更大的半导体面积，或者说存储密度更低）。SRAM 可以在供电期间一直保存数据。而 DRAM 仅能在短时间内保持数据有效，因此每个存储位置必须被周期性地刷新。这两种类型的存储器在掉电时都会丢失数据，因此它们都是易失的（尽管可能认为 DRAM 比 SRAM 更易失，由于其在供电期间数据也会丢失）。

嵌入式计算机系统大都具有 SRAM 存储器。但因为仅采用 SRAM 技术不能提供足够的存储空间，所以很多系统中还会使用 DRAM。关注程序执行时间的程序员必须清楚地知道将要访问的存储器地址是被映射到了 SRAM 还是 DRAM。另外，DRAM 的刷新周期可能导致访问时间的可变性，这是因为当发出访问请求时 DRAM 可能正忙于如刷新等其他操作。另外，访问历史也可能会影响访问时间，访问一个存储器地址所需的时间可能取决于最后一次的访存地址。

DRAM 存储芯片的制造商将指定每一个存储位置必须被刷新，如每 64ms 刷新一次，而且一次刷新多个位置（一"行"）。只有存储器的读取操作会刷新所读取的位置（以及同一行上的所有位置），但由于应用并不会在特定的时间间隔内访问所有行，因此，DRAM 通常必须与一个 DRAM 控制器配合使用以保证能够刷新所有位置且保持数据。如果在访问存储器时该存储器正在进行 DRAM 刷新，那么存储器控制器将会停止访问，这就导致了程序执行时间的可变性。

9.1.2 非易失性存储器

除供电时需要保留数据之外，嵌入式系统在断电时通常也需要存储一部分数据。这可以有多种具体的实现方式。其中，一种方法是为存储器提供后备电池以保证其从不断电。然而，电池终究会耗尽。实际上，这里还有更好的选择，即**非易失性存储器**（non-volatile memory）。非易失性存储器的早期形式是**磁芯存储器**（magnetic core memory，或者仅称为核），其采用被磁化的铁磁环来存储数据。"核"（core）一词在计算中一直是指计算机存储器，尽管随着多核（multicore）机器的普及这种情况发生了变化。

现在，最基础的非易失性存储器是 ROM（Read-Only Memory，只读存储器）或者**掩膜 ROM**（mask ROM），其内容在出厂时由芯片厂商固化。这对大批量生产仅用于存储程序和永不改变数据的产品非常有用。这里的程序通常被称为**固件**（firmware），说明它们并不像软件那样"软"。ROM 也有多种可现场编程的变体，相关技术已经非常成熟并在当今已替代了掩膜 ROM。其中一种是 EEPROM（Electrically-Erasable Programmable ROM，**电可擦除可编程 ROM**），虽然其形式多样但都是可写的。该存储器的写时间一般比读时间要长，而且在设备的生命周期中写次数是有限的。新型 EEPROM 的常见产品形态是 Flash 存储器，其常用于存储固件以及在掉电时继续保持用户的数据。

Flash 存储器是由东芝公司 Fujio Masuoka 博士在 20 世纪 80 年代初发明的，这是一种非常便于使用的非易失性存储器，但也对嵌入式系统设计人员提出了一些值得关注的挑战。通常而言，Flash 存储器具有非常快的读时间，但又不像 SRAM 与 DRAM 那样快，因此，频繁访问的数据必须在被程序使用之前就从 Flash 搬移到 RAM 中。其写时间较读时间要长得多，而且总写入次数是受限的，因此这些存储器并不能作为系统运行时内存的替代品。

Flash 存储器被分为 NOR 和 NAND 两种类型。NOR Flash 具有更长的擦除和写入时间，但它可以像 RAM 一样进行随机访问。NAND Flash 成本更低且具有更快的擦除和写入速度，但每次都要读取一个数百到数千位的数据块。从系统的角度，这意味着 NAND Flash 的行为与硬盘或光介质（如 CD、DVD）等二级存储介质类似。两种类型的 Flash 都只能被有限次地擦除和写入，NOR Flash 的写入次数通常在 1 000 000 次以下，而 NAND Flash 的写入次数在 10 000 000 次以下。

访问时间长、写入次数有限以及块式访问（对于 NAND Flash）等特性，对嵌入式系统设计人员来说即使问题变得复杂。这些属性不仅需要在硬件设计时考虑，也要在软件中考虑。

磁盘存储器也是非易失的。该类存储器的数据容量非常大，但访问的时间开销也会变得非常大。特别是，旋转磁盘的机构以及读写磁头都要求控制器首先要等待磁头定位到待读取的区域，之后才能读取该区域的数据。这个过程所要花费的时间变化非常大。由于磁盘较上述固态存储器更易受到振动的损坏，因此它们很难应用在嵌入式系统中。

9.2 存储器分级体系

很多应用需要大量存储空间，常常会超过微型计算机中片上可用的存储器容量。诸多微处理器中采用了**存储器分级体系**（memory hierarchy），其采用多种不同的存储器技术来提高整个系统的存储容量，同时优化成本、延迟以及能耗。通常，一个容量相对较小的片上SRAM常常要与大容量的片外DRAM配合使用。这还可进一步与三级存储器配合，如磁盘驱动器，该类存储器的容量很大，但缺乏随机访问能力且读写速度很慢。

应用程序设计人员可能不会意识到存储器分布于这些技术之中。对于程序员来说，一个称为**虚拟存储器**（virtual memory）的常用机制使得这些不同的存储器看起来是在一个连续的**地址空间**。操作系统和 / 或硬件提供**地址转换**，其将地址空间中的逻辑地址翻译为某个存储器中的物理位置。这个翻译工作通常由一个称为**旁路转换缓冲**（也称为快表，Translation Lookaside Buffer，TLB）的专用硬件来协助，其可在一定程度上提高地址的转换速度。由于这些技术会使得对存储器访问时间的预测和理解变得非常困难，对于嵌入式系统设计人员而言，这些技术也就带来了很多严重的问题。由此，嵌入式系统设计人员通常需要比通用软件设计人员更为深入地理解存储器系统。

9.2.1 存储器映射

处理器的**存储器映射**（memory map）定义了如何将地址映射到硬件，且处理器的地址宽度限定了地址空间的总大小。例如，一个 32 位的处理器可以寻址 2^{32} 个位置，或者假设每个地址只对应 1 字节时共可寻址 4GB 的地址空间。地址宽度通常与字宽相匹配，当然除了8 位处理器，因为该类处理器中的地址宽度通常更高（一般为 16 位）。例如，ARM Cortex - M3 体系结构具有如图 9-1 所示的存储器映射。其他体系结构具有不同的空间布局，但是模式大致是相似的。

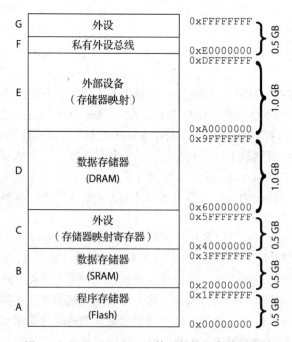

图 9-1   ARM Cortex - M3 体系结构的存储器映射

请注意，该体系结构将程序存储器（图中标记为 A）与数据存储器（图中标记为 B 和 D）分离。这种（典型的）模式允许通过一组独立的总线来访问这些不同的存储器，从而允许同时读取指令和数据，这会有效地使存储器带宽加倍。这种将程序存储器与数据存储器分离的技术称为**哈佛体系结构**（Harvard architecture，或哈佛结构）。与之相对的是经典的**冯·诺依曼体系结构**（von Neumann architecture），其将程序与数据存储在同一个存储器中。

该体系结构的任何半导体实现都会受到存储器映射结构的约束。例如，Luminary Micro[⊖]的 LM3S8962 控制器有一个 ARM Cortex - M3 核，拥有 256KB 的片上 Flash 存储器，该体系结构允许访问不超过 0.5GB 的存储空间，并被映射到 0x00000000 到 0x0003FFFF 的地址空间。该体系把从 0x00040000 到 0x1FFFFFFF 的地址作为存储程序的剩余地址，即"预留地址"，这表示它们不应被针对此设备的编译器所使用。

LM3S8962 具有 64KB 的 SRAM，映射到地址空间 0x20000000 ～ 0x2000FFF，也就是区域 B 中的一小部分。芯片同时包括了一组片上**外设**（peripheral），允许处理器通过 0x40000000 到 0x5FFFFFFF 区间（图中的区域 C）的地址来访问这些设备。这些外设包括定时器、ADC、GPIO、UART 以及其他的 I/O 设备。每一个设备通过一组**存储器映射寄存器**（memory-mapped register）来占用一段存储器地址。处理器可以通过写其中的一些寄存器来配置和 / 或控制外设，或者在一个输出端口上提供输出数据。一些寄存器可以被用于读取外设获得的数据。私有外设总线区域的部分地址被用于访问中断控制器。

LM3S8962 被安装在提供诸如 DRAM 数据存储器及外部设备等其他设备的印制电路板（PCB）上。之后，这些设备接口将被映射到存储器地址空间 0xA0000000 ～ 0xDFFFFFFF（区域 E），如图 9-1 所示。例如，Luminary Micro 公司的 Stellaris® LM3S8962 评估板并不提供附加的外部存储器，但其增加了一些外部设备，如 LCD 显示、用于 Flash 存储扩展的 MicroSD 插槽以及一个 USB 接口等。

这一方式的结果是使得大量存储器地址未被使用。在 ARM 中采用了称为**位带**（bit banding）的巧妙方法来利用这些未被使用的地址，使得一些未使用的地址可被用于访问存储器或外设中单独的位，而不是整个字节或字。这会使得某些操作更为高效，因为不需要屏蔽特定位的其他附加指令。

哈佛结构

"哈佛结构"一词源自于为程序和数据采用不同存储器的 Mark I 计算机。Mark I 是由 IBM 采用机电继电器制造的计算机，并于 1944 年运抵哈佛。该机器由 Howard H. Aiken 设计，用来数字化地求解微分方程。其把指令存储在打孔纸带上，将数据存放于机电计数器中，被 IBM 称为全自动化循环控制计算机（Automatic Sequence Controlled Calculator，ASCC）。美国海军少将 Grace Murray Hopper 以及 IBM 帮助促成了该计算机的实现。

9.2.2 寄存器文件

在各处理器中集成最为紧密的存储器是**寄存器文件**（register file）。该文件中的每个寄存器存储一个**字**（word）。如前所述，字长是处理器体系结构中的一个关键属性。在 8 位体系结构中，字是 1 字节，在 32 位体系结构中是 4 字节，而在 64 位体系结构中则是 8 字节。寄存器文件可直接由处理器电路中的触发器来实现，或者，这些寄存器也可以被置于一个存储

⊖ 2009 年被德州仪器收购。

体中，通常是采用之前讨论的 SRAM 技术。

处理器中的寄存器数量通常很少，究其原因，并不是因为寄存器文件的硬件成本，而是指令字中位的成本。指令集体系结构中通常提供可以访问一个、两个或三个寄存器的指令。为了将程序有效地存储在存储器中，这些指令就不能使用过多的编码位数，因此，它们也就不能用更多的位数来标记寄存器。如果寄存器文件中有 16 个寄存器，那么指向一个寄存器就需要 4 位。如果一条指令可以使用 3 个寄存器，它就需要 12 位。如果一个指令字是 16 位，则只会留下 4 位来表示指令中的其他信息，如必须编码在指令中的指令自身标识等。例如，这些信息标识出指令对两个寄存器进行相加还是相减操作、结果是否存放在第三个寄存器等。

9.2.3 暂存器与高速缓存

很多嵌入式系统都会混合使用这些存储器技术。其中，一些存储器的访问通常是在其他存储器之前，也即前者较后者"更接近"处理器。例如，近端的存储器（SRAM）通常被用于存储程序操作的临时运行数据。如果近端的存储器具有一组独有的地址，且程序负责向其移入数据或者将数据移出到远端存储器，那么该存储器就被称为**暂存器**（scratchpad）。如果近端的存储器使用自动的硬件拷贝操作将数据复制到远端存储器，那么该存储器就被称为**高速缓存**（Cache，或缓存）。

对于具有严格实时约束的嵌入式应用，Cache 会存在一些较大的麻烦，因为它们的时间行为可能会以难以预测的方式发生显著变化。另一方面，手动管理暂存器中的数据对于程序员而言可能是非常乏味无聊的，而自动化编译器驱动的方法现在仍处于初级阶段。

如 9.2.1 节所述，若采用为程序员呈现连续地址空间的虚拟存储器系统，体系结构通常就可以支持较处理器的物理存储器更大的地址空间。如果处理器具有**内存管理单元**（Memory Management Unit，MMU），程序就可以使用**逻辑地址**，并且 MMU 会将这些逻辑地址翻译为**物理地址**。例如，使用图 9-1 所示的存储器映射，进程可能被允许使用 0x60000000 ~ 0x9FFFFFFF 地址范围的逻辑地址空间（图中的区域 D），其共有 1GB 的可访问数据存储单元。MMU 可以使用区域 B 中的部分物理存储单元来实现一个 Cache。当程序提供了一个存储地址时，MMU 就可以判定该地址是否在区域 B 中。如果是，翻译该地址并完成取操作；如果不是，就会得到**缓存未命中**（cache miss）的结果，此时 MMU 会从二级存储器的相应位置（区域 D 中）将数据读入 Cache（区域 B）。如果该地址也不在区域 D 中，MMU 就会触发一个**页面失效**（page fault），这将导致软件把磁盘数据读入内存的操作。由此，程序就被赋予了可以访问大的内存空间的"错觉"，其带来的成本是内存访问时间变得相当难以预测。存储器访问时间变化 1000 倍或更多的情况并不少见，这要取决于这些逻辑地址在物理存储器上如何分配。

考虑到执行时间对存储器体系结构的敏感性，理解 Cache 的组织和操作就变得非常重要了，这也是本节的一个重点。

1. 基本缓存组织结构

假设存储系统中的每个地址有 m 位，那么就最多有 $M=2^m$ 个唯一地址。Cache 存储器被组织为一个 $S=2^s$ **缓存组**（Cache set）的阵列。每一个缓存组顺序包括 E 个**缓存行**（Cache line）。每个缓存行存储了一个 $B=2^b$ 字节数据的单独**块**（Block），以及**有效**（Valid）位和**标记**（Tag）位。有效位指示该缓存行是否存放了有效数据，而标记位（包括了 $t=m-s-b$ 位）唯一地标识缓存行中存放的块。图 9-2 刻画了基本的 Cache 组织结构以及地址格式。

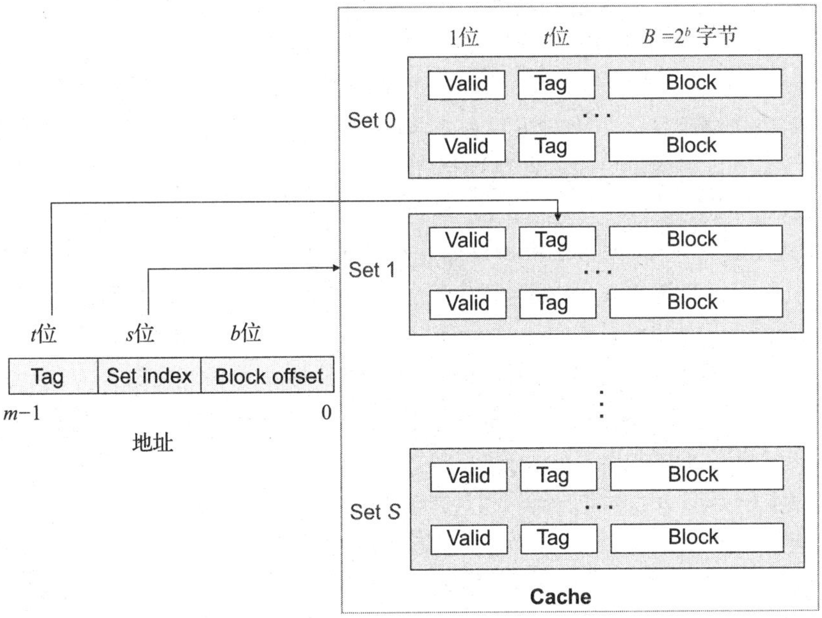

图 9-2 Cache 的组织结构与地址格式。Cache 可被看作缓存组的阵列，每个缓存组则包括了一个或多个缓存行。每个缓存行包括了一个有效位、一组标记位和一个缓存块

由此，Cache 可以被表示为一个元组（m，S，E，B），相关参数的定义如表 9-1 所示。Cache 的大小为 $C = S \times E \times B$ 字节。

假设程序要读取存放在地址 a 中的值，且假设本节后续内容中该值是一个单数据字 w，CPU 首先会将地址 a 发送到 Cache 以判断该地址是否在 Cache 中。地址 a 可以被看作分为三个段的位：高 t 位编码为标记（Tag），之后的 s 位为组索引（Set index），最后的 b 位编码（Block offset）表示在一个块中的位置。如果 w 出现在 Cache 中，存储器访问为**缓存命中**，否则为**缓存未命中**。

表 9-1 Cache 参数

参数	描述
m	物理地址的位数
$S = 2^s$	缓存组的数量
E	每组的行数
$B = 2^b$	块的大小（字节）
$t = m - s - b$	标记位的位数
C	缓存总容量（字节）

基于 E 的值可以将 Cache 分为不同类型。下面我们来看 Cache 存储器的分类，并对其操作方式进行简要阐述。

2. 直接映射高速缓存

每一组只有一行（$E = 1$）的 Cache 被称为**直接映射高速缓存**（direct-mapped cache）。给定一个从存储器中请求的字 w，w 的存放地址为 a，那么通过以下三步就能确定 w 是缓存命中还是未命中。

1）组选择：从地址 a 提取编码该组的 s 位，并以其为索引来选择相应的缓存组。

2）行匹配：检查该组中唯一的缓存行上是否有 w 的拷贝，这可以通过检查缓存行的有效位和标记位来实现。如果有效位被设置且行的标记位与 a 中的信息匹配，那么这个字就在该行中且缓存命中，否则缓存未命中。

3）字选择：一旦确认该字就在缓存块中，使用 a 地址中块内编码的 b 位位置信息来读取这个数据字。

在缓存未命中时，必须从存储体系中的下一级存储器来请求字 w。一旦该块已经被取出，其将替代缓存行中正在占用 w 位置的块。

虽然对直接映射高速缓存的理解及其实现都是非常简单的，但它可能会出现**冲突失效**（conflict miss）的问题。当映射到同一缓存行的两个或两个以上块中的多个字被反复访问时，一个块的访问将会排斥另一个块的访问，并导致一连串的缓存未命中，此时就出现了冲突失效。组相联高速缓存结构可以帮助解决这个问题。

3. 组相联高速缓存

组相联高速缓存（set-associative cache）可以在每一个组中存放更多的缓存行。如果 Cache 中的缓存组可以存放 E 行，$1<E<C/B$，那么该 Cache 就被称为 E 路组相联高速缓存。"联合的"（associative）一词来源于**联合存储器**（associative memory），这是一种通过其内容寻址的存储器。也就是说，存储器中的每个字与其唯一的关键字共同存储，且通过其关键字而不是指定其存放位置的物理地址来读取。联合存储器也被称为**按内容访问的存储器**（content-addressable memory）。

对于组相联高速缓存，访问 a 地址的一个字 w 包含了如下步骤。

1）组选择：该步骤等同于直接映射高速缓存的步骤 1。

2）行匹配：该步骤比直接映射高速缓存中的步骤复杂得多，因为 w 可能存在于于多个行中，即 a 中的标记位可以与缓存组中任一行的标记位相匹配。操作上，组相联高速缓存中的每一个组可以被看作一个联合存储器，其中关键字是标记位和有效位的连接，数据值则是相应块的内容。

3）字选择：一旦匹配到缓存行，字的选择就与上述直接映射高速缓存中的操作相同。

在未命中的情况下，将会比直接映射高速缓存的缓存行替换操作更复杂。对于直接映射高速缓存，由于新块将替换缓存行中的当前块，因此并不存在可进行替代的其他选择。然而，在组相联高速缓存中，我们可以选择想要从中删除一个块的一个缓存行。

常用的一个策略是**最近最少使用**（Least-Recently Used，LRU），即最近访问发生在最远时间的缓存行被清除。另一个常用策略是**先进先出**（First-In-First-Out，FIFO），即在 Cache 中时间最久的缓存行会被清除，而不用考虑其最后被访问的时间。好的 Cache 替换策略对于提高 Cache 的性能非常重要。注意，实现这些 Cache 内容替换策略需要使用额外的存储器来记录访问顺序，不同策略以及策略的不同实现所需要的额外存储容量会有所不同。

全相联高速缓存（fully-associative cache）是一个 $E=C/B$ 的缓存，即其只有一个组。对于这样的 Cache，鉴于联合存储器的价格非常昂贵，行匹配方式对于大容量 Cache 而言具有相当高的成本，因此全相联高速缓存通常仅被用作小的 Cache 组件，如之前提到的旁路转换缓冲（TLB）。

9.3 存储器模型

存储器模型（memory model）定义了程序如何使用存储器。实际上，硬件、操作系统（如果有）、编程语言及其编译器都会对存储器模型产生影响。本节将讨论存储器模型中的一些常见问题。

9.3.1 存储器地址

最基本地，存储器模型定义了程序可访问的**存储器地址**范围。在 C 语言中，这些地址被存放在**指针**中。对于 **32 位的体系结构**，存储器地址为 32 位的无符号整数，从而可以表示从 0 到 $2^{32}-1$ 的地址空间，共约 40 亿个地址，其中每个地址指向内存中的 1 字节（8 位）。C 语言中的 char 数据类型长度是 1 字节，而 int 数据类型则是至少 2 字节的序列。在 32 位体系结构中，int 类型通常为 4 字节，可以表示 -2^{31} 到 $2^{31}-1$ 范围内的整数。C 语言的 double 数据类型是依据 IEEE 浮点数标准（IEEE 754）编码的 8 字节序列。

由于一个存储器地址指向 1 字节，当编写一个直接操作存储器地址的程序时，就有两个需要注意的关键兼容性问题。第一个是数据的**对齐**（alignment）。一个整型数通常会从 4 的倍数的某个地址开始占用 4 个连续的字节。在十六进制表示中，这些地址通常以 0、4、8 或者 c 结尾。

第二个是字节顺序。第一个字节（在以 0、4、8 或者 c 结尾的地址上）可能表示整数的低 8 位（称为**小端模式**），或者是表示整数的高 8 位（称为**大端模式**）。不幸的是，虽然很多数据表示问题已经形成了普遍的标准（如字节中的位顺序），但字节顺序却不在此列。Intel 的 x86 体系结构与 ARM 处理器等默认采用了小端模式，而 IBM 的 PowerPC 则采用了大端模式。有些处理器对两种模式都支持。另外，字节顺序在网络协议中也很关键，其通常会采用大端模式。

大端、小端这两个词来源于爱尔兰作家 Jonathan Swift 的小说《格列佛游记》，小说中小人国的王室法令要求从小的一端磕开溏心蛋，然而在其对手王国 Blefuscu，则规定居民们要从大端磕开溏心蛋。

9.3.2　栈

栈（stack）是动态分配给程序的以**后进先出**（Last-In-First-Out，LIFO）方式访问的一块存储区域。**栈指针**（通常是一个寄存器）持有栈顶存储单元的地址。当把一个元素压入栈时，栈指针增加，同时该元素被存储在栈指针所指的新位置。当从栈中弹出一个元素时，栈指针所指的存储地址（通常）被拷贝到其他地方（如寄存器中），同时栈指针减小。

栈通常用来实现函数的调用。例如，对于 C 程序中的函数调用，编译器会生成代码以将函数返回时要执行的指令地址、某些或全部寄存器的当前值以及函数的参数等压入栈中，之后，设置程序计数器为该函数代码的起始地址。压入栈中的函数相关的数据被称为该函数的**栈帧**（stack frame）。当一个函数返回时，编译器会弹出其栈帧，并最终获取程序恢复执行的地址。

对于嵌入式软件，栈指针超出分配的栈空间将会是灾难性的。这样的**栈溢出**（stack overflow）可能引起存储位置的重写（可用于其他用途），从而导致不可预测的结果。因此，限定栈的使用就是系统设计的一个重要目标。当然，这对于调用自身的**递归程序**（recursive program）来说会特别困难。嵌入式软件设计人员通常会避免使用递归以免引起不可预见的问题。

由于对栈的误用或错误理解，可能会产生很多棘手的错误。这里，我们以如下 C 程序为例进行说明。

```c
1    int* foo(int a) {
2      int b;
3      b = a * 10;
4      return &b;
5    }
```

```
6     int main(void) {
7       int* c;
8       c = foo(10);
9       ...
10    }
```

变量 b 是一个局部变量，其存储空间位于栈中。当 foo 函数返回时，变量 c 会包含一个指向栈指针之上的内存地址的指针。当这些项下一次被压入栈时，该地址的内容将被重写。所以，让函数 foo 返回 b 的指针是不正确的。当该指针被释放时（即如果在 main 中第 8 行之后使用 *c），该内存位置可能会包含与 foo 函数中指定的值不一致的内容。不幸的是，C 语言并没有提供应对这种错误的保护机制。

9.3.3 存储器保护单元

对于支持多任务的系统而言，一个尤为关键的事情是防止一个任务干扰另一个任务的执行。这对于允许下载第三方软件的嵌入式应用而言是非常重要的，当然其也可以为防范安全攸关应用中的软件缺陷提供保护。

很多处理器的硬件中提供了**存储器保护**机制。任务都被分配了属于自己的地址空间，且当一个任务尝试访问其地址空间之外的存储器时，就会出现**段错误**（segmentation fault）或者其他异常结果。其结果通常是：违反访问规定的应用程序将结束运行。

9.3.4 动态内存分配

通用软件应用一般会具有不确定的存储器需求，其主要依赖于参数和 / 或用户的输入。为了支持这些应用，计算机科学家已经开发了动态内存分配机制，即程序可以在任何时刻请求操作系统来分配额外的存储空间。从数据结构中分配的内存称为**堆**（heap），这使得跟踪内存中哪个块正在被哪个应用使用更加容易了。通过操作系统调用（如 C 语言中的 malloc）可以实现内存的分配，且当程序不再需要访问之前所分配的内存时，就可以释放这一内存区域（C 语言中通过调用 free）。

对内存分配的支持通常（但不总是）还包括垃圾回收。例如，垃圾回收机制在 Java 编程语言中是内置的。**垃圾回收器**（garbage collector）是一个周期性或在内存紧张时运行的任务，该任务分析程序分配的数据结构，并自动释放那些不再被程序使用的内存空间。原则上，当使用一个垃圾回收器时，程序员就无需再担心内存释放的问题。

无论有没有垃圾收集机制，程序都可能会无意中增加从不释放的内存，这被称为内存泄漏。对于经常必须长时间执行的嵌入式应用，内存泄漏是灾难性的。当物理内存耗尽时，程序最终会失效。

动态内存分配机制引起的另一个问题是内存碎片，这主要出现在程序以不同内存大小分配和回收内存的过程中。一个碎片化的内存拥有散布的已分配内存块和空闲内存块，而且空闲内存块通常都因变得太小而不能使用。在这种情况下，就需要对碎片进行整理。

碎片整理和垃圾回收对于实时系统来说是很大的问题，这些任务的一种简单实现是在其运行时停止其他任务的执行。基于这种"时间停止"（stop the world）技术的实现会出现大量的暂停时间，有时会达到数毫秒。由于在这种任务的执行期间，数据结构（指针）中的数据引用不一致，所以其他任务不能执行。一种可以减少这一暂停时间的技术是增量式垃圾回收，其隔离内存分区和垃圾，并实现隔离回收。在撰写本书时，这种技术仍是实验性的且尚未得到广泛部署。

9.3.5　C 程序的存储模型

C 程序的数据存放在栈、堆以及由编译器生成的固定内存位置中，以如下 C 程序为例进行讨论。

```
1    int a = 2;
2    void foo(int b, int* c) {
3      ...
4    }
5    int main(void) {
6      int d;
7      int* e;
8      d = ...;                    // 给d赋值
9      e = malloc(sizeInBytes);    // 为e分配内存
10     *e = ...;                   // 给e赋值
11     foo(d, e);
12     ...
13   }
```

该程序中，变量 a 被声明在所有函数之外，因此是一个**全局变量**。编译器将为该变量分配一个固定的内存位置。变量 b 和 c 都是**参数**，当函数 foo 被调用时将在其栈上为这些变量分配空间（编译器也可以将这些变量放置在寄存器中而不是栈中）。变量 d 和 e 是**自动变量**或**局部变量**，这类变量声明在函数体中（本例中即 main 函数），编译器将在栈中为它们分配空间。

当函数 foo 在第 11 行被调用时，b 所在的栈位置将获得第 8 行赋予 d 的值的一个拷贝。这是一个**值传递**（或传值）的例子，即参数的值被拷贝到栈上供被调用的函数使用。另外，由指针 e 引用的数据存放在从堆中分配的内存中，这就是**引用传递**（或传引用，指向该数据的指针 e 的值被传递）。该地址存放在栈中 c 的位置。如果 foo 中对 *c 进行了赋值，那么在 foo 返回后，其就可以通过解引用 e 来读取该值。

第 1 行为全局变量 a 赋初值。然而，这里存在着一个麻烦的陷阱。当程序被加载时，存储变量 a 的内存位置将被初始化为 2。这意味着如果程序是第二次运行而不是重新加载，那么 a 的初值将不一定为 2！它的值将是第一次调用程序结束时的值。在大多数桌面操作系统中，程序会在每次运行时重新加载，因此该问题不会出现。但在很多嵌入式系统中，并非每次运行时都需要重新加载程序。例如，系统复位时程序可以是重新开始运行。为了防止这类问题的出现，在 main 函数体中而不是在如上的声明行初始化全局变量将是更为安全的方式。

9.4　小结

嵌入式系统设计人员需要理解目标计算机的存储器体系结构，以及编程语言的存储模型。存储器的不正确使用可能会导致潜在的错误，而且有些错误在测试中根本不会显现出来。那些仅会在已部署的产品中出现的错误对系统用户和技术提供者来说都将是灾难性的。

设计人员需要清楚地了解地址空间中哪些部分是用于易失性存储器的，哪些部分是用于非易失性存储器的。对于时间敏感的应用（主要是嵌入式系统），设计人员同样需要了解存储器技术以及 Cache 的体系结构（如果有的话），以更好地理解程序的执行时间。另外，程序员需要清楚编程语言的存储器模型，以免读取可能无效的数据。程序员还需要非常小心地使用动态内存分配（特别是对于那些需要运行很长时间的嵌入式系统），可用内存耗尽可能导致系统崩溃或者不可预知的行为。

习题

1. 以下函数 compute_variance 用于计算数组 data 中整数的方差。

```
1   int data[N];
2
3   int compute_variance() {
4     int sum1 = 0, sum2 = 0, result;
5     int i;
6
7     for(i=0; i < N; i++) {
8       sum1 += data[i];
9     }
10    sum1 /= N;
11
12    for(i=0; i < N; i++) {
13      sum2 += data[i] * data[i];
14    }
15    sum2 /= N;
16
17    result = (sum2 - sum1*sum1);
18
19    return result;
20  }
```

假设该程序在一个具有直接映射高速缓存的 32 位处理器上执行，直接映射高速缓存的参数为 $(m, S, E, B) = (32, 8, 1, 8)$。进而给出如下假设：

- int 是 4 字节宽度；
- sum1、sum2、result 以及 i 都存放在寄存器中；
- data 存储在内存中起始地址为 0x0 的位置。

请回答如下问题：

(a) 如果 N 是 16，将会产生多少次缓存未命中？

(b) 如果 N 是 32，请重新计算缓存未命中的次数。

(c) 考虑在参数为 $(m, S, E, B) = (32, 8, 2, 4)$ 的 2 路组相联高速缓存上 N=16 的一次执行。换句话说，块的大小减半，但在每个组上有两个缓存行，那么这段代码会发生多少次缓存未命中？

2. 回顾 9.2.3 节中 Cache 将地址的中间位作为组索引，并将高端的位作为标记。为什么要这样设计？如果将中间的位用作标记位，而将高端的位用作组索引，将会对 Cache 性能产生多大影响？

3. 考虑如下一段 C 程序，以及 16 位微控制器的简化存储器映射。假设栈是从数据与程序存储器的顶部向下增加的（区域 D），程序和静态变量存储在该区域的底部（区域 C），且假设整个地址空间与物理存储器相互关联。

```
1   #include <stdio.h>
2   #define FOO 0x0010
3   int n;
4   int* m;
5   void foo(int a) {
6     if (a > 0) {
7       n = n + 1;
8       foo(n);
9     }
10  }
11  int main() {
12    n = 0;
13    m = (int*)FOO;
```

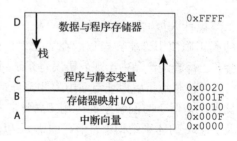

```
14      foo(*m);
15      printf("n = %d\n", n);
16   }
```

　　假定本系统中 int 型数是 16 位的，没有操作系统且无存储器保护，程序已经被编译并装载到内存的 C 区域。

（a）对于变量 n、m 和 a，请说明各变量将被存储在内存的哪个区域（区域 A、B、C 或者 D）。

（b）如果在入口时 0x0010 地址的值为 0，请确定程序将如何运行。

（c）如果在入口时 0x0010 地址的值为 1，请确定程序将如何运行。

4. 有如下一段程序。

```
1    int a = 2;
2    void foo(int b) {
3       printf("%d", b);
4    }
5    int main(void) {
6       foo(a);
7       a = 1;
8    }
```

　　请问 "传递给函数 foo 的变量 a 的值一直是 2" 这一说法是否成立？请说明原因。假设这就是完整的程序，该程序存储在持久性内存中，每次按下复位按钮时程序就在微控制器裸机上重新执行。

输入与输出

由于信息物理融合系统兼具计算和物理动态性，处理器中支持与外部世界交互的机制就成为所有设计工作的核心。系统设计人员必然要面临一系列问题。其中，接口的机械、电气属性非常重要。要是对这些属性使用不当，如引脚上的电流过大，可能会引起系统的功能故障或者缩短系统的使用寿命。另外，在物理世界中，很多事情是瞬时发生的，而软件则更多是顺序执行的。调和这些完全不同的属性是一个非常大的挑战，而且通常也是嵌入式系统设计中最大的风险因素。有顺序的代码与物理世界中并发事件间的不恰当交互，可能会引起严重的系统故障。在本章，我们就来讨论这些问题。

10.1 I/O 硬件

嵌入式处理器如微控制器、DSP，或者通用处理器通常都提供一组片上的输入和输出（I/O）机制，并以芯片引脚的形式暴露给设计人员。本节将回顾一些常见接口，并通过以下示例来说明它们的具体特性。

示例 10.1 图 10-1 所示是一个采用 Luminary Micro Stellaris 微控制器的评估板，该控制器的核心是一个 32 位的 ARM Cortex - M3 处理器。处理器位于图中间偏下的位置。微控制器两侧以及评估板顶部与底部的连接器引出了微控制器的大多数引脚。该评估板通常用于搭建嵌入式应用的原型系统，而在最终的产品中，这将被替换为只保留应用所需硬件的定制电路板。工程师则使用供应商提供的集成开发环境（IDE）来开发嵌入式软件，并将软件固化到评估板底部插槽中的 Flash 存储器中。或者，也可以通过板子顶部的 USB 接口通过开发计算机[⊖]将软件加载到评估板。

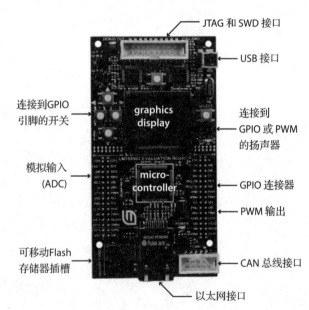

图 10-1　Stellaris LM3S8962 评估板 (Luminary Micro®, 2008a).
(Luminary Micro 于 2009 年被德州仪器收购)

上例的评估板中集成了多个处理器，用于支持一个显示接口及其他多个不同的硬件接

⊖　通常称为宿主机。——译者注

口（如开关、扬声器等）。这样一个硬件通常被称为**单板计算机**（Single-Board Computer，SBC）或者**微计算机板**（microcomputer board）。接下来，我们将讨论由微控制器或单板计算机所提供的这些接口。为了更全面地理解所使用的各种 I/O 接口，我们推荐读者进一步阅读 Valvano（2007）和 Derenzo（2003）等文献。

10.1.1 脉冲宽度调制

脉冲宽度调制（Pulse Width Modulation，PWM）是将可变大小的功率有效地传输给外部硬件设备的技术。例如，该技术可用于控制电机的速度、LED 灯的亮度以及加热元件的温度等。通常情况下，其可以将大小变化的功率传输给可以承受电压和电流快速突变的设备。

由于 PWM 硬件仅适用数字电路，因此很容易被集成到基于微控制器的芯片中。通过特定的设计，数字电路只会产生高、低两个电压。一个 PWM 信号以某个固定的频率在高低电压之间快速切换，改变信号为高电平时的时间总长度。占空比是信号总长度中电压为高的时间比例。如果占空比为 100%，那么电压就一直为高；如果占空比为 0%，电压就一直为低。

很多微控制器都提供了一组 PWM 类型的外围组件（见图 10-1）。对于这些组件，程序员通常只要在组件对应的存储器映射寄存器中写入特定值，设置占空比（频率也是可以设置的）即可。之后，相应的组件就可以以与设定的占空比成正比地将功率传输给外部硬件。

PWM 是传输可变功率的一种有效途径，但这仅针对特定设备。例如，一个加热元件是一个电阻，随着更多的电流流过电阻，其温度升高。相比 PWM 信号的频率，电阻温度的变化相对慢，因此，快速变化的信号电压是由电阻平均的，且对于一个固定的占空比，温度将会非常接近于一个常量。类似地，电机也会对输入电压的快速变化进行平均，白炽灯和 LED 灯也是如此。对于任何设备，当其对电流或电压变化的响应速度慢于 PWM 信号频率时，该设备潜在地都可以通过 PWM 进行控制。

10.1.2 通用数字 I/O

嵌入式系统设计人员经常将专用的或定制的数字硬件连接到嵌入式处理器。嵌入式处理器大都具有一定数量的**通用 I/O**（General-Purpose I/O，GPIO），其允许软件读写以电压级别表示的逻辑 0 或 1。如果处理器的**供电电压**（supply voltage，或电源电压）为 V_{DD}，在**高电平有效逻辑**（active high logic）中，接近于 V_{DD} 的电压表示逻辑 1，接近零的电压表示逻辑 0。在**低电平有效逻辑**（active low logic）中，情况则正好相反。

在很多设计中，一个 GPIO 引脚可以被配置为输出，这使得软件可以通过写存储器映射寄存器将输出电压设置为高电压或低电压。基于这一机制，软件可以直接控制外部的物理设备。

但要注意的是，这需要非常谨慎。当把硬件连接到 GPIO 引脚时，设计人员必须理解该硬件部分的技术参数，特别是设备间的电压和电流差异。如果输入逻辑 1 时 GPIO 引脚会输出一个 V_{DD} 电压，那么设计人员就需要在连接电路之前了解设备的电流限制。例如，如果阻值为 $R\Omega$ 欧姆的设备连接到该引脚，那么由欧姆定律就可以得出如下输出电流计算公式。

$$I=V_{DD}/R$$

让电流保持在规定的容差范围内是非常重要的，而一旦超出容差范围就可能会导致设备的过热和损坏。**功率放大器**（power amplifier）可以被用来传输足够的电流，也可以被用来改变电压。

示例 10.2 Luminary Micro Stellaris 微控制器的 GPIO 引脚如图 10-1 所示，其可以被配置为提供或吸收不超过 18mA 电流的工作模式。当然，哪些引脚的组合可以处理这种相对较高的电流是有一定限制的。例如，Luminary Micro ®（2008b）给出了一个说明"选择大电流的 GPIO 封装引脚时，物理封装的每侧最多只能选择两个大电流引脚……整个芯片的大电流 GPIO 输出引脚总数不应超过 4 个。"该约束用于防止设备过热。

另外，保持处理器电路与外部设备的**电气隔离**（electrical isolation）也是非常重要的。外部设备可能会存在杂乱的（噪声）电气特性，如果这些噪声涌入处理器的电源或接地线路就有可能造成处理器的不可靠。又或者，外部设备可能工作在与处理器不同的电压或功率状态下。一个有效的策略是将电路划分为互相影响非常小的多个**电气域**（electrical domain，也称电畴），不同域的电路可以使用独立的电源。光隔离器及变压器等隔离组件则可用于实现跨电气域的通信。前者将一个电气域中的电信号转换为光信号，同时检测另一个电气域中的光信号并将其转换回电信号。后者则采用了电气域之间的电感耦合。

GPIO 引脚也可被配置为输入，此时软件可以对外部的电压信号进行响应。一个输入引脚可以是**施密特触发**（Schmitt triggered）类型的，此时输入具有迟滞特性，与示例 3.5 中的恒温器相似。施密特触发输入引脚不易受到噪声的影响。施密特触发器是美国科学家 Otto H. Schmitt 于 1934 年在其研究生阶段研究鱿鱼的神经脉冲传播过程中发明的，之后以他的名字命名。

示例 10.3 当图 10-1 中微控制器的 GPIO 引脚被配置为输入时，就是施密特触发类型的。

在很多应用中，一部分设备会共享一个电气连接。设计人员必须谨慎地确保这些设备不会同时将其驱动连接到不同的电压，这将导致引起设备过热乃至损坏的短路问题。

示例 10.4 考虑这样一个工厂车间：几个相互独立的微控制器都可以通过在输出 GPIO 线路上产生一个逻辑 0 来关停机器。这样的设计可以更好地保证安全性，因为这些控制器是冗余的，某一个的失效并不会影响到安全相关的紧急关停操作。如果所有这些 GPIO 引线都连接在一起，并接在机器的单个控制输入引脚上，那么就必须采取预防措施以确保这些微控制器不会互相短路（注意，当一个微控制器尝试将共享线路驱动为高电平而另一个正在将其驱动为低电平时就会出现这种情况）。

GPIO 输出可能采用如图 10-2 所示的**集电极开路**（open collector，也称开放收集器）电路。在这样的电路中，对（存储器映射）寄存器写入一个逻辑 1 将会使驱动晶体管（transistor）导通，其将把输出引脚的电压拉成低电平。在寄存器中写入逻辑 0 将会使晶体管断开，此时输出引脚为未连接，即"开路"。

多个集电极开路接口可以按图 10-3 所示的方式连接。公共线路上连接了一个**上拉电阻**（pull-up resistor），会在所有晶体管都关闭时将该线路上的电压拉高至 V_{DD}。如果任

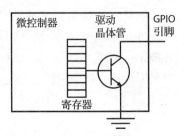

图 10-2 GPIO 引脚的集电极开路电路

何一个晶体管打开，它将把整条线路的电压拉低至零电压（附近），且不会导致与其他 GPIO 引脚的短路。逻辑上，为了输出高电平，所有这些寄存器的值都必须为 0。如果有任何一个寄存器的值为 1，输出就为低电平。假设是高电平有效逻辑，所执行的是异或（NOR）逻辑功能，这样的电路被称为**线异或**（wired NOR）。采用不同的配置，可以类似地构造出线或（wired OR）或者线与（wired AND）。

"集电极开路"一词源自双极晶体管端子的名字。在 CMOS 技术中，这一类型的接口通常被称为**漏极开路**（open drain，或开漏）接口。本质上，它也具有相同的工作方式。

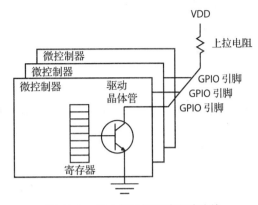

图 10-3　多个集电极开路电路连接

示例 10.5　当把如图 10-1 所示微控制器的 GPIO 引脚配置为输出时，其就可以被设置为开漏电路。它们的内部逻辑中也可能会提供相应的上拉电阻，此时，就可以减少印制电路板所需外部分立元件的数量。

GPIO 输出也可以实现**三态**（tristate）逻辑，这意味着除了输出高电平或者低电平，引脚还有可能被简单地断开。如同集电极开路接口，这可以方便在多个设备之间共享同一个外部电路。与集电极开路接口不同的是，一个三态设计既能输出高电平，也能输出低电平，而不只是其中之一。

10.1.3　串行接口

嵌入式处理器设计人员面临的一个关键约束是要采用小的物理封装和低的功耗。由此，嵌入式处理器集成电路的引脚数量通常是有限的，每一个引脚都应该被充分利用。另外，在将多个子系统连接到一起时，必须限制电路连线的数量以保证整个系统的体积与成本等都是可控的。所以，必须要充分利用电路连线。一种充分利用这些引脚和电路连线的方式是在其上串行地传输位的序列，这样的接口被称为**串行接口**（简称串口）。至今，在工业界已经形成了一组串行接口标准，这使得不同厂商的设备（通常）可以进行互连。

一个在早期出现并沿用至今的标准是美国电子工业协会（Electronic Industrial Association，EIA）制定的 RS-232，该标准最早在 1962 年被引入，用于连接电传打字机与调制解调器。标准定义了接口的电气信号和连接器类型，其一直沿用至今的原因在于简单性以及使用这类接口的工业装备持续普及。该标准同时定义了一个设备如何异步地向另一个设备传输字节（异步意味着设备之间没有共享的时钟信号）。在较早期的个人计算机中，RS-232 接口大都采用了如图 10-4 所示的 DB-9 连接器形式。微控制器通常使用**通用异步接收器/发送器**（Universal Asynchronous Receiver/Transmitter，UART）将 8 位寄存器的内容转换为 RS-232 串行链路上传输的位的序列。

对于嵌入式系统设计人员，一个需要重点考虑的问题是 RS-232 接口的速度可能非常低，甚至可能会影响到应用软件的速度。

示例 10.6　Atmel AVR 微控制器的所有型号都提供了一个可用于连接 RS-232 的 UART

接口。为了在串口上发送一字节，应用程序中可能需要采用如下代码。其中，变量 x 的类型是 uint8_t（指定 8 位无符号整型的 C 语言数据类型）；符号 UCSR0A 和 UDR0 定义在由 AVR IDE 所提供的头文件中，指向 AVR 体系中存储器映射寄存器的内存位置。

```
1  while(!(UCSR0A & 0x20));
2  UDR0 = x;
```

第一行执行一个空循环 while，直到串行发送缓冲区为空。在 AVR 体系结构中，通过将存储器映射寄存器 UCSR0A 的第六位设置为 1 来表示发送缓冲区为空。当该位为 1 时，表达式 !（UCSR0A & 0x20）的值为 0 且 while 循环被打断。第二行代码将变量 x 中要发送的值加载到存储器映射寄存器 UDR0 中。

假设要发送数组 x 中的 8 字节序列，可以用如下 C 代码来实现该功能。

```
1  for(i = 0; i < 8; i++) {
2    while(!(UCSR0A & 0x20));
3    UDR0 = x[i];
4  }
```

那么这段代码需要多久的执行时间呢？假设串口的波特率被设置为 57600Baud 或者 bit/s（57600Baud 对于 RS-232 接口而言是非常快的速度）。向 UDR0 加载一个 8 位的值之后，发送这个 8 位数据的时间为 8/57 600s，约 139ms。假设处理器运行在 18MHz 的频率下（对于微控制器而言是相对较慢的频率），那么除了第一次执行 for 循环之外，每个 while 循环将需要占用约 2500 个时钟周期。然而，在此期间处理器并没有进行有用的工作。

程序员可以使用如下 C 代码在串口上接收一字节。此代码中 while 循环会一直等待，直到 UART 接口接收到一字节。程序员必须确保一定会有字节到来，否则该代码将会无限执行。如果该代码是在一个循环中执行以接收字节的序列，那么 while 循环在每次执行时将需要占用大量的时钟周期。

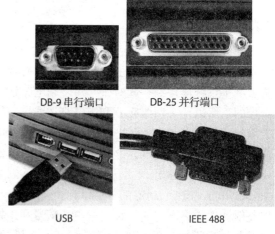

DB-9 串行端口   DB-25 并行端口

USB   IEEE 488

图 10-4   串行、并行接口的连接器

```
1  while(!(UCSR0A & 0x80));
2  return UDR0;
```

对于串口上的发送和接收，程序员可以使用中断（interrupt）来避免因为等待串行通信的发生而使得处理器处于空闲状态。关于中断的知识我们将在随后内容中讨论。

RS-232 的通信机制实际上是非常简单的。发送方和接收方首先必须协商相同的传输速率（当前标准下速度较慢）。发送方用一个**起始位**（start bit）发起字节的传输，起始位用于通知接收方该数据传输开始。之后，发送方以双方商定的速率发送位的序列，最后发送一位或两位的**停止位**（stop bit）。接收方的时钟基于接收到的起始位进行复位，且与发送方的时钟要足够接近才能够对顺序到来的信号进行采样并恢复位序列。在 RS-232 之后还有很多可以支持更高通信速率的标准，如 RS-422、RS-423 等。

目前，连接个人计算机的较新设备大都采用 USB（Universal Serial Bus，通用串行总线）接口，相关标准是由供应商联盟制定的。USB1.0 出现在 1996 年，其速率为 12Mbit/s；USB2.0 诞生于 2000 年，速率达到 480Mbit/s；2008 年推出 USB3.0，其速率可达 4.8Gbit/s。

在电气特性上，USB 较 RS-232 更为简单，其使用了更为简单和鲁棒的连接器，如图 10-4 所示。但是，USB 标准定义的不仅仅是字节的电气传输，还有更为复杂的控制逻辑。由于新式的外设，如打印机、硬盘驱动器以及音频与视频设备等都使用了微控制器，那么对于这些设备而言，支持更为复杂的 USB 协议就是合适的。

在嵌入式处理器中广泛采用的另一个串行接口是 JTAG（Joint Test Action Group，联合测试行动组），或者更为正式地称为 IEEE 1149.1 标准测试访问端口以及边界扫描结构。这种接口出现在 20 世纪 80 年代中期，当时集成电路封装以及印制电路板技术已经发展到使用电探针已经难于甚至不可能进行测试的阶段。JTAG 接口的出现就是为了解决探针不能探测电路中待检测点的这一问题。**边界扫描**（boundary scan）方法允许通过可访问的引脚来串行地读取或者写入电路（传统上是探针可触及的引脚）的一个逻辑边界。目前，JTAG 端口被广泛地用于向嵌入式处理器提供一个调试接口，进而使得驻留在 PC 上的调试环境可以检查并控制嵌入式处理器的运行状态。例如，JTAG 端口可被用于读出处理器寄存器的状态、在程序中设置断点以及对程序进行单步调试等。另一个新的版本是**串行线调试**（Serial Wire Debug，SWD），其通过较少的引脚来提供类似的功能。

在当今嵌入式应用中，还存在很多其他类型的串行接口，包括 I^2C（内部集成电路）总线、SPI（串行外设接口总线）、PCI Express、FireWire、MIDI（乐器数字接口），以及串行的 SCSI（后续讨论）等。这些接口中的每一种都有其自身特性和用途。另外，网络接口通常也是串行的。

10.1.4　并行接口

串行接口是在单条线路上顺序地发送或接收位序列。**并行接口**（parallel interface）则使用多条线路同时传输多个数据位。当然，并行接口的每条线路也都是串行的，但是这些线路的逻辑分组以及协同动作是并行工作的。

从发展历程的角度来看，使用最为广泛的一个并行接口是 IEEE-1284 打印机接口，在 IBM PC 中采用的是图 10-4 所示的 DB-25 连接器。该接口出现在 1970 年的 Centronics 101 型打印机中，因此也被称为 Centronics 打印机端口。现在，打印机通常都是使用 USB 接口或者无线网络进行连接的。

若采用特定的程序设计机制，也可以用一组 GPIO 引脚来实现一个并行接口。实际上，嵌入式系统设计人员有时会用一组 GPIO 来模拟硬件所不直接支持的接口。

并行接口使用更多的线路来互相连接，从直观上看，其似乎应该比串行接口具有更高的性能。但实际情况并非如此。并行接口的一个重要挑战是要在多条线路上保持同步，而这在连接的物理长度增大时变得非常困难。实际上，由于并行接口要使用体积更为庞大的电缆和更多的 I/O 引脚，因此传统的并行接口正在被串行接口所代替。

10.1.5　总线

总线（bus）是在多个设备间直接共享的接口，这不同于仅连接两个设备的点到点连接。总线可以是串行接口（如 USB）或者并行接口。一个广泛应用的并行接口是 SCSI（小型计算机系统接口），其通常用于将硬盘驱动器以及磁带驱动器连接到计算机。新的 SCSI 接口版本不再采用并行形式，而已成为串行接口。SCSI 是**外设总线**（peripheral bus）体系结构的一个实例，也可用于连接计算机和外设（如声卡、硬盘驱动器等）。

其他广泛使用的外设总线标准还有 **ISA 总线**（在 IBM 的 PC 体系中普遍使用）、**PCI**（外围组件接口）以及**并行 ATA**（高级技术附加装置）等。一个略微不同的外设总线标准是 **IEEE-488**，30 多年以前开发且最初是用来连接计算机和自动测试装备的。该接口由惠普设计并以 **HP-IB**（惠普接口总线）和 **GPIB**（General Purpose Interface Bus）的名字广为人知。很多网络也使用了总线体系结构。

由于总线在多个设备间共享，那么，任何总线体系结构就必须提供一个**介质访问控制**（Media-Access Control，MAC）协议来仲裁访问竞争。简单的 MAC 协议中存在一个询问总线从设备的主设备，如 USB 就使用了这一机制。另一种是**时间触发总线**（time-triggered bus），这类总线为各个设备分配了可以传输数据的时间槽（没有数据要传输时也可不分配）。第三种是**令牌环**（token ring），环总线上的设备在访问共享介质之前必须先获得一个令牌，而且令牌会以某种模式在设备中传递。第四种方法是使用一个**总线仲裁器**，这个电路组件会根据某种优先级机制处理总线上的请求。第五种是**载波侦听多路访问**（Carrier Sense Multiple Access，CSMA）协议，设备监听载波以确定介质是否正在使用，并在开始使用时检测冲突，当冲突产生时会延时再尝试。

总体而言，共享物理介质都会对应用的时间特性产生影响。

示例 10.7　外设总线提供了外部设备与 CPU 之间的通信机制。如果一个外部设备需要传输大量数据到主存，每次传输都请求 CPU 将会是低效和 / 或破坏性的。一个典型的解决方案是**直接存储器访问**（Direct Memory Access，DMA）。在 ISA 总线的 DMA 机制中，数据访问由一个称为 **DMA 控制器**的独立设备负责，其控制总线并传输数据。在近期的一些设计中，如 PCI，外部设备可以直接取得对总线的控制并传输数据而无需专用 DMA 控制器的帮助。对于这两种情况，在传输数据的过程中 CPU 就可以执行软件。但如果 CPU 执行的代码也要访问内存或者外设总线，程序的时序将会被 DMA 操作所扰乱。这样的时序问题将会很难分析。

10.2　并发世界中的顺序软件

如示例 10.6 中所见，当软件与外部世界交互时，软件的执行时序可能会受到严重的影响。软件本质上是顺序的，且通常要尽可能快地执行，而物理世界是并发的，很多事件会同时发生并由其物理属性确定发生的速度。将这两类不匹配的语义进行桥接是嵌入式系统设计人员所要面临的主要挑战，本节将讨论实现这一目标的几个关键机制。

10.2.1　中断与异常

中断（interrupt）是停止处理器的当前执行并转而执行一个预先定义的代码序列的机制。所执行的这个代码序列被称为**中断服务例程**（Interrupt Service Routine，ISR）或**中断句柄**（interrupt handler）。总体而言，共有三种类型的事件可以触发中断。一是**硬件中断**（hardware interrupt），某些外部硬件改变了中断请求线上的电平。二是**软件中断**（software interrupt），在该情形下，由正在执行的程序通过一条特定指令或者写一个存储器映射寄存器来触发中断。第三种被称为**异常**（exception），由检测到错误（如分段错误）的内部硬件来触发中断。

对于前两种方法，一旦 ISR 完成，被中断的程序会从之前离开的位置继续执行。而在异常模式下，一旦 ISR 完成执行，触发异常的程序通常不会恢复执行。相反地，程序计数器会被设置为某个固定的位置，例如，在该位置操作系统会终止这个出现问题的程序。

当一个中断触发到来时，硬件必须首先决定是否要做出响应。如果中断是被禁止的，则不会响应。禁止或使能中断的机制在不同处理器中有所差异，某些处理器中允许一部分中断是使能的而另外一些被禁止。中断和异常一般都有优先级，仅当处理器不再处理更高优先级的中断时，较低优先级的中断才能得到执行。通常，异常具有最高的优先级且总会得到服务。

当硬件确定要响应一个中断时，它通常会首先禁止中断，将当前的程序计数器和处理器状态寄存器等压栈，进而转到跳往 ISR 的指定地址。ISR 必须将它所要使用寄存器的当前值全部存储在栈中，并在从中断返回时将这些值又恢复至相应的寄存器，以便于让被中断的程序能够恢复执行。注意，中断服务例程或者硬件必须在从中断返回之前重新使能所禁止的中断。

示例 10.8　ARM Cortex - M3 是一个用于工业自动化和其他应用的 32 位微控制器。其具有一个称为 SysTick 的系统定时器。该定时器可以被用来触发一个每毫秒执行一次的 ISR。假设要从某个初始计数值向下计数，每毫秒计数一次直至为零时计数停止。如下 C 代码给出了实现该功能的 ISR。

```
1    volatile uint timerCount = 0;
2    void countDown(void) {
3        if (timerCount != 0) {
4            timerCount--;
5        }
6    }
```

这里，变量 timerCount 是一个全局变量且每次 countDown( ) 函数被调用时其值减 1，直至为 0。把 countDown( ) 函数注册为一个中断服务例程，每毫秒就会执行一次。变量 timerCount 由 C 语言的 **volatile 关键字**所标识，用以通知编译器在程序执行期间该变量的值可能会发生不可预知的改变。该关键字会阻止编译器执行某些优化操作，如将变量的值缓存在寄存器中并反复读取。使用 Luminary Micro® (2008c) 提供的 C 语言 API，就可以用如下代码来指定 countDown( ) 函数作为 ISR 且每毫秒被调用一次。

```
1    SysTickPeriodSet(SysCtlClockGet() / 1000);
2    SysTickIntRegister(&countDown);
3    SysTickEnable();
4    SysTickIntEnable();
```

第一行代码设置 SysTick 定时器在"节拍"之间的时钟周期数，从而使得该定时器会在每个节拍请求一个中断。其中，SysCtlClockGet( ) 是一个库函数，其返回目标平台时钟在每一秒的时钟周期总数（例如，50MHz 时为 50,000,000）。第二行代码通过向 ISR 提供一个**函数指针**（即 countDown( ) 的地址）来注册这个 ISR（注意，某些配置并不支持运行时的 ISR 注册，如本代码所示，具体参见相应系统的手册文档）。第三行启动时钟，使能时间节拍。第四行使能中断。

例如，所设置的定时器服务可被用于执行某些功能两秒，随后立即停止。表示原理的示例代码如下。

```
1   int main(void) {
2       timerCount = 2000;
3       ... 初始化代码 ...
4       while(timerCount != 0) {
5           ... 运行2秒的代码 ...
6       }
7   }
```

处理器供应商提供了以上所使用机制的多个版本，对于所使用的特定处理器，需要查阅相应的说明文档。由于这些代码并不是**可移植的**（即它不能在其他处理器上正确运行），一种明智的做法是将这些代码从应用逻辑中隔离出来，并在文档中仔细说明对于新的处理器都要重新实现哪些内容。

基础知识：定时器

微控制器几乎总是包括一组称为**定时器**（timer）的外围设备。**可编程间隔定时器**（Programmable Interval Timer，PIT）是最为常见的一种类型，其简单地由一个初值向下计数，直至为 0。通过对一个存储器映射寄存器的写入就可以设置寄存器的初值，且当该值到 0 时 PIT 就会触发一个中断请求。通过写一个存储器映射控制寄存器，定时器可以被设置为重复触发模式，而不必由软件进行复位。相对于每一次 ISR 被调用时重启定时器，这样的重复触发机制将具有更为精确的周期性。这是因为定时器硬件计数到达 0和由 ISR 重启计数器之间的时间非常难以控制且是变化的。例如，如果在某个中断碰巧被禁止时定时器的计数到达 0，那么，在 ISR 被调用之前将有一个延迟；在中断被重新使能之前，ISR 是不能被调用的。

10.2.2 原子性

一个中断服务例程可以在主程序的任意两条指令之间得到调用（或者在较低优先级 ISR的任意两条指令之间）。对于嵌入式软件设计人员而言，一个重要的挑战在于对可能的指令交错进行推理是极为困难的。在前一个示例中，中断服务例程及主程序通过 timerCount 这个**共享变量**进行交互。该变量的值可以在主程序的任意两个**原子操作**（atomic operation）之间发生改变。不幸的是，要知道哪些操作是原子的可能会非常困难。"**原子的**"一词来源于希腊语中的"不可分割的"（indivisible），但对于程序员而言到底什么操作是不可分割的却并不那么清晰。如果程序员正在编写汇编代码，每条汇编指令都是原子的这一假设可能是成立的，但很多指令集体系结构中都包括了非原子的汇编级指令。

示例 10.9 ARM 指令集包括了一条 LDM 指令，该指令将连续内存位置的数据装载到多个寄存器中。该指令在装载过程中可以被中断（ARM Limited，2006）。

在 C 程序中，很难知道哪些操作是原子的。以如下一条看似简单的语句为例：

```
timerCount = 2000;
```

在一个 8 位微控制器上，这条语句的执行需要多个指令周期（一个 8 位的字不能存储指令和常量 2000；实际上，这个常量也并不能用 8 位的字来存储），而中断可能会在这些执行周期中的某个时刻到来。假设 ISR 也对变量 timerCount 进行写操作，此时，timerCount 变量最终的值可能有 8 位是由 ISR 设置的，其他的位则由以上的 C 代码设置。最终的值可能与 2000 完全不同，也不同于中断服务例程中所设定的值。那么，在 32 位处理器上这个缺陷还会出现吗？除非完全地理解 ISA 和编译器相关的机制，否则这点无法确认。从这样的角度看，使用 C 语言而不是汇编语言来编写代码似乎并没有任何好处。

程序中类似的缺陷是极其难于确定和纠正的。尤其麻烦的是，这些存在问题的指令交错出现的概率非常低，因此在测试中可能并不会表现出来。对于安全攸关系统而言，程序员必须尽力避免出现这样的缺陷。一种解决方法是如第 6 章所述的那样，采用高级并发计算模型来构造程序。显然，这些计算模型的实现必须是正确的。可以预测，这些模型将是由并发领域的专家所构建的，而不是应用工程师。

当在 C 语言以及 ISR 的层面开展设计工作时，程序员必须细致地推理操作的**顺序**。虽然很可能存在一些指令交错，但是以 C 语句序列给出的操作必须顺序地执行（更为精确地，它们必须就像在顺序执行时一样运行，即使是使用了乱序执行等机制）。

示例 10.10　在示例 10.8 中，程序设计依赖于 main( ) 函数中顺序执行的语句。请注意在该示例中，语句 "timerCount = 2000;" 出现在 "SysTickIntEnable( );" 之前。后一条语句使能 SysTick 中断。因此，前一条语句的执行并不会受 SysTick 中断的影响。

10.2.3　中断控制器

中断控制器（interrupt controller）是处理器中处理中断的逻辑，支持一定数量的中断以及一组优先级。每个中断拥有一个**中断向量**（interrupt vector），即一个 ISR 的地址或者是包含所有 ISR 地址的**中断向量表**（interrupt vector table）中的一个索引。

示例 10.11　如图 10-1 所示的 Luminary Micro LM3S8962 控制器是一个 ARM Cortex - M3 核的微控制器，其可支持 36 路中断和 8 个中断优先级。如果两个中断被分配了相同的优先级，那么向量更小的中断将具有更高的优先级。

当通过引脚电压的改变来触发一个中断时，响应可以是**电平触发**（level triggered）或者**边沿触发**（edge triggered）。对于电平触发的中断，触发该中断的硬件通常会保持中断线上的电压，直到其得到确认，从而表示中断已经得到处理。对于边沿触发的中断，触发中断的硬件则仅会在一个很短的时间内改变电压。在以上两种情况下，可以使用集电极开路的电路，使得多个设备共享一条用于中断的物理线路（当然，ISR 将通过某些机制来确定是哪个设备引发的中断；例如，读取每个设备中能够标识中断的存储器映射寄存器）。

在多个设备中间共享中断可能会非常棘手，必须谨慎处理以避免低优先级中断阻塞高优先级中断的执行。通过向总线上的指定地址写数据来发起中断具有可使同一硬件支持更多不同中断的优势，但其不足在于，外围设备必须包含一个到内存总线的接口，因此外围设备会变得更加复杂。

10.2.4　中断建模

完全理解中断的动态行为可能有相当大的难度，很多灾难性的系统故障就是由不可预测的相关行为所引发的。而且，处理器技术文档中关于中断控制器逻辑的描述通常也不够严谨，从而就留下了很多可能不够明确的问题。使得这些逻辑更为清楚准确的一个方法是：用有限状态机对其进行建模。

示例 10.12 图 10-5 中以 ISR 和主程序的有限状态机模型给出了示例 10.8 中两秒内执行某些动作的程序逻辑。有限状态机的状态对应于执行中标记为 A 到 E 的位置，如左侧的程序代码所示。这些位置在 C 代码的语句之间，因此，可以在这里假设这些语句都是原子操作（这通常是一个有问题的假设）。

我们可能希望明确程序是否总是能够确定地到达位置 C。换句话说，我们能否有把握断定程序将会完成"任何两秒时间的计算"这一设计功能？状态机模型将有助于我们回答这个问题。

现在的关键问题是如何组合这些状态机以正确地建模 ISR 与 main 函数中两段顺序代码之间的交互关系。很显然，异步组合并不是合适的选择，因为在这里交错执行并非是任意的。具体来讲就是，main 函数可以被 ISR 中断，但 ISR 并不会被 main 中断。异步组合并不能刻画这些不对称性。

假设中断总是在发生时就立即得到服务，我们也希望存在一个类似于图 10-6 所示的模型。在该图中，一个两状态的有限状态机对中断是否正被服务进行建模。从状态 Inactive 到 Active 的迁移是由一个纯输入 *assert* 触发的，其建模了请求中断服务的定时器硬件。当 ISR 完成执行时，由另一个纯输入 *return* 触发并返回到 Inactive 状态。请注意，从 Inactive 到 Active 状态的迁移是一个抢先式迁移，其由迁移开始端的小圆圈表示，这说明当 *assert* 出现时应该立即执行该迁移。同时，这也是一个复位迁移，表示 Active 的状态精化应该从其初始状态的入口开始。

如果我们将图 10-5 和图 10-6 进行组合，就可以得到如图 10-7 所示的分层状态机。注意，*return* 信号现在既是输入又是输出，其是由 Active 的状态精化所产生的输出，也是到顶层有限状态机的输入，后者可以触发到 Inactive 状态的迁移。具有输入功能的输出为精化状态触发其容器状态机中的迁移提供了支持机制。

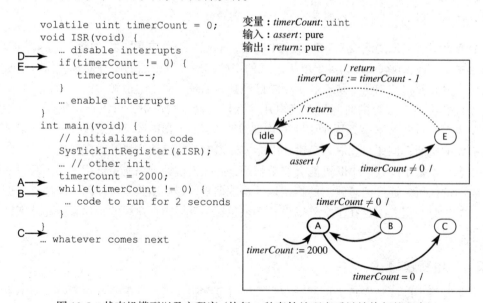

图 10-5   状态机模型以及主程序（执行 2 秒事件处理之后继续执行的程序）

输入：*assert*, *return*：pure

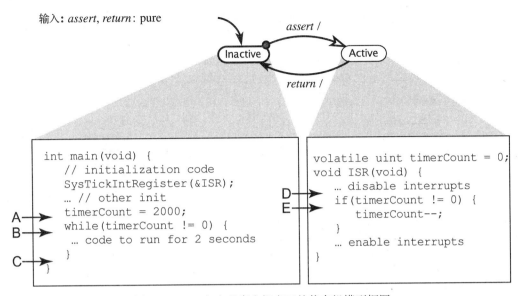

图 10-6　ISR 与主程序之间交互的状态机模型框图

变量：*timerCount*：uint
输入：*assert*：pure, *return*：pure
输出：*return*：pure

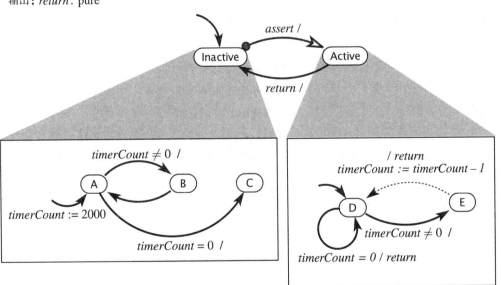

图 10-7　ISR 与主程序之间交互的分层状态机模型

　　为了确定程序是否到达 C 状态，可以研究一下图 10-8 中所示的扁平状态机。仔细地分析这个状态机可以看出，我们并不能保证 C 状态是可以到达的！例如，如果在每一个响应上 *assert* 都是存在的，C 状态就永远不可达。

　　这在实际中有可能发生吗？对于本程序而言是不大可能的，但也并非完全不可能。如果 ISR 本身的执行时间超过了两次中断的间隔时间，就会发生这种情况。那么，有没有什么方法来确保这类情形一定不会出现呢？不幸的是，我们仅有的保证仍然是一个模糊的概念，即处理器可以运行得更快。实际上，这表示并没有任何保证。

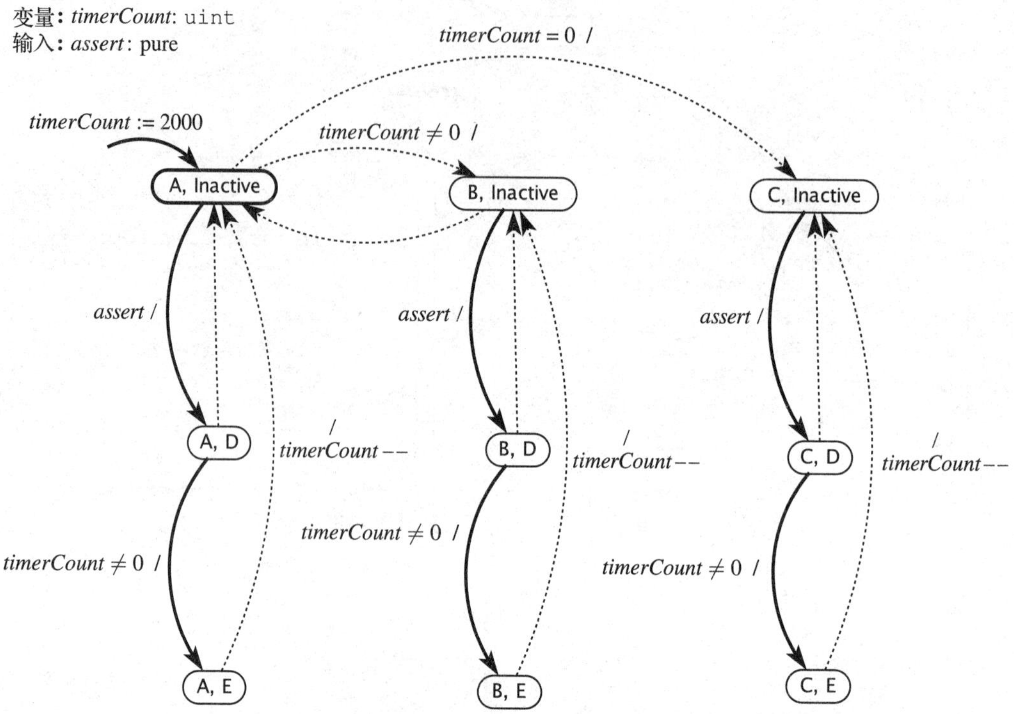

变量：*timerCount*: uint
输入：*assert*: pure

图 10-8 图 10-7 中分层状态机的扁平图

在上例中，对主程序与中断服务例程的建模暴露了程序的一个潜在缺陷。尽管这个缺陷在实际中不大可能会出现，但是仅其存在这一事实就令人感到不安。在任何情况下，了解到这一缺陷的存在且确认其引发的风险是可接受的总比不知道其存在要更好一些。

中断机制可能非常复杂。使用这些机制向外部设备提供 I/O 服务的软件被称为**设备驱动**（device driver）。设计并开发正确的、鲁棒的设备驱动是一项极具挑战性的工程任务，这需要对体系结构有足够深入的理解且要具有关于并发性推理的丰富技巧。如我们所知，计算机系统中的很多故障都是由设备驱动与其他程序之间的未知交互所导致的。

10.3 小结

本章回顾了用于把传感器数据输入到处理器以及将命令从处理器发送到执行器的硬件和软件机制。本章重点在于要深入理解这些机制背后隐藏的相关原理，聚焦于将顺序软件世界与并发的物理世界之间进行桥接融合。

习题

1. 类似于示例 10.6，一个 Atmel AVR 微控制器的 C 程序使用 UART 接口将 8 字节发送到 RS-232 串行接口，代码如下。

```
1  for(i = 0; i < 8; i++) {
2      while(!(UCSR0A & 0x20));
3      UDR0 = x[i];
4  }
```

假设处理器运行频率为 50MHz；初始时 UART 接口是空闲的，由此在代码开始执行时，UCSR0A & 0x20 == 0x20 为真；串口的波特率为 19,200 Baud。那么，执行上述代码需要多少个时钟周期？假设 for 语句在 3 个周期中执行（一个递增 i，一个将其与 8 进行比较，一个执行条件分支）；while 语句在 2 个周期内执行（一个计算 !(UCSR0A & 0x20)，另一个执行条件分支）；UDR0 的赋值在一个周期内执行。

2. 图 10-9 给出了一个在 Atmel AVR 微控制器上重复执行某个函数 3 秒的程序框图。通过调用函数 foo( ) 来调用该函数。程序以设置定时器中断每秒到来一次开始（这里并没有列出相关设置代码）。中断每次到来时，特定的中断服务例程被调用。该中断服务例程对计数器进行减操作，直至其为 0。main( ) 函数将计数器的值初始化为 3，之后调用 foo( ) 函数直至该计数器的值为 0。

```
#include <avr/interrupt.h>
volatile uint16_t timer_count = 0;

// 中断服务例程
SIGNAL(SIG_OUTPUT_COMPARE1A) {
    if(timer_count > 0) {                    A
        timer_count--;
    }
}

// 主程序
int main(void) {
    // 设置中断每秒到来
    // 一次
    ...

    // 启动一个3秒定时器
    timer_count = 3;                         B

    // 重复做某些
    // 处理3秒钟
    while(timer_count > 0) {
        foo();                               C
    }
}
```

图 10-9 通过重复调用 foo( ) 函数执行某些特定功能 3 秒的程序框图，其中使用了一个定时器中断来决定何时停止

（a）假设标记为 A、B 和 C 的灰色框中的代码片段是原子的，请给出使这个假设成立的条件。

（b）为该程序构建一个状态机模型，与（a）中一样假设 A、B、C 都是原子的。状态机中的迁移应该被标记为"监督条件 / 动作"，其中动作可以是 A、B、C 中的任何一个，或者为空。动作 A、B 或者 C 应分别对应于具有相应标识的灰色框中的代码。在设计中，可以假设这些动作都是原子的。

（c）所设计的状态机是否为确定性的？其中 foo( ) 函数可被调用的次数是多少？模型所有可能的行为是否与预期目标一致？
    请注意，答案可能并不唯一，可以给出多个模型。注意，简单的模型比复杂的模型更好，完整的模型（所有方面都被定义）比非完整的模型更好。

3. 以与示例 10.8 相似的方式，使用 SysTick 为 ARM Cortex – M3 开发一个 C 程序，其以快速的 10ms 时间间隔来调用一个系统时钟 ISR，并采用 32 位整型数来记录自系统启动以来的时间。那么，在时钟溢出之前，程序可以运行多长时间？

4. 有一个汽车仪表板，汽车正常刹车时显示"normal"（正常），而故障时显示"emergency"（紧急）。

预期的行为是一旦显示了"emergency",就不会再显示"normal"。也就是说,"emergency"会一直保持,直至系统重新启动。

在以下代码中,假设变量display定义了要显示的内容。无论该变量的值是什么,其都将被显示在仪表板上。

```
1   volatile static uint8_t alerted;
2   volatile static char* display;
3   void ISRA() {
4       if (alerted == 0) {
5           display = "normal";
6       }
7   }
8   void ISRB() {
9       display = "emergency";
10      alerted = 1;
11  }
12  void main() {
13      alerted = 0;
14      ... 设置中断 ...
15      ... 使能中断 ...
16      ...
17  }
```

假设ISRA是驾驶员进行刹车时所调用的中断服务例程。如果传感器检测到刹车是在油门踏板被踩下的同时发生的,则会调用ISRB。假设没有ISR能够中断其自身的执行,且ISRB较ISRA有更高的优先级。由此,ISRB可以中断ISRA,但ISRA不能中断ISRB。进一步假设(虽然不现实)每一行代码都是原子的。

(a) 该程序表现出的行为一直都符合预期吗?请给出解释。在本题的后续问题中将要构造不同的模型,要么证明行为是正确的,要么说明其不正确的原因。

(b) 构建ISRA的确定性扩展状态机模型,假设:

- alerted是一个类型为 $\{0,1\} \subset$ uint8_t 的变量;
- 有一个纯输入 A,当其为存在时说明产生了对ISRA的中断请求;
- display是一个char*类型的输出。

(c) 给出以上解决方案的状态空间规模大小。

(d) 请解释(b)中设计的状态机在响应时的假设。其是时间触发的还是事件触发的,或者二者都不是?

(e) 对ISRB构建一个确定性扩展状态机模型,其有一个纯输入 B,其存在表示一个对ISRB的中断请求。

(f) 构造一个扁平的(非分层的)确定性扩展状态机,其描述了这两个ISR的联合操作。使用所设计模型来讨论(a)中所给答案的正确性。

(g) 给出一个等价的分层状态机,并使用所设计模型来讨论(a)中所给答案的正确性。

5. 假设一个处理器以如下有限状态机指定的方式来处理中断。

这里,假设一个较示例10.12更为复杂的中断控制器,其支持多个中断且具有一个用以确定哪个中断得到服务的仲裁器。该状态机给出了中断的状态。当一个中断被断定(assert),有限状态机将迁移到Pending状态,并一直保持直到仲裁器提供了一个 *handle* 输入。在那时,有限状态机迁移到Active状态并产生一个 *acknowledge* 输出。如果在Active状态时有另一个中断到来,其就迁移到Active and Pending状态。当ISR返回时,输入 *return* 将会触发到Inactive状态或者Pending状态的迁移,这取决于起始状态。输入 *deassert* 允许外部硬件在中断请求得到服务之前取消该中断请求。请回答如下问题。

输入：*assert, deassert, handle, return*：pure
输出：*acknowledge*

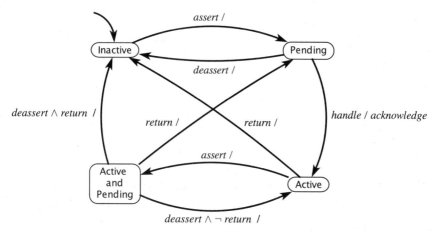

（a）如果状态为 Pending 且输入为 *return*，那么响应将是什么？

（b）如果状态为 Active 且输入为 *assert* ∧ *deassert*，那么响应会是什么？

（c）假设状态是 Inactive 且三个连续响应的输入序列如下：

　i. *assert*

　ii. *deassert* ∧ *handle*

　iii. *return*

　　那么，在对这些输入进行响应之后，所有可能的状态是什么？该中断是否得到处理？

（d）假设一个输入序列从来不包括 *deassert*，那么，"每个输入 *assert* 都会引起一个 *acknowledge* 输出"是否为真？换句话说，是否每个中断请求都会得到服务？如果是，请给出证明。如果不是，请给出一个反例。

6. 假设要设计这样一个处理器，即其支持两个逻辑类似习题 5 中有限状态机的中断。设计一个具有仲裁器逻辑的有限状态机，其可以为两个中断中的一个赋予更高的优先级。输入应该是如下所示的纯信号：

$$assert1, return1, assert2, return2$$

其分别表示中断 1 和中断 2 的请求与返回。输出为纯信号 *handle*1 和 *handle*2。假设 *assert* 输入是由类似于习题 5 中的两个状态机所生成的，能否确定仲裁器将会处理每一个请求？请给出证明。

7. 如下代码监测两个传感器，sensor1 和 sensor2 这两个变量存储从传感器读出的数据。实际的读操作是由函数 readSensor1( ) 和 readSensor2( ) 分别完成的，且这两个函数都在中断服务例程 ISR 中被调用。

```
1  char flag = 0;
2  volatile char* display;
3  volatile short sensor1, sensor2;
4
5  void ISR() {
6    if (flag) {
7      sensor1 = readSensor1();
8    } else {
9      sensor2 = readSensor2();
10   }
11 }
12
13 int main() {
```

```
14      // ... 设置中断 ...
15      // ... 使能中断 ...
16      while(1) {
17          if (flag) {
18              if isFaulty2(sensor2) {
19                  display = "Sensor2 Faulty";
20              }
21          } else {
22              if isFaulty1(sensor1) {
23                  display = "Sensor1 Faulty";
24              }
25          }
26          flag = !flag;
27      }
28  }
```

函数 isFaulty1( ) 与 isFaulty2( ) 分别检查两个传感器读数，如果有问题返回 1，否则返回 0。假设变量 display 定义了要在屏幕上警告操作人员的错误内容，同时假设仅在 main 函数体中修改 flag。请回答以下问题。

（a）当 main 函数在检查 sensor1 是否有错误时，ISR 有可能更新 sensor1 的值吗？请说明原因。

（b）假设发生虚假错误，引起测量中的 sensor1 或 sensor2 错误，那么，这段代码是否可能不报告 "Sensor1 Faulty"（Sensor1 错误）或者 "Sensor2 Faulty"（Sensor2 错误）？

（c）假设 ISR 的中断源是定时器驱动的，什么条件将会使得这段代码从不检测这些传感器是否出现了错误？

（d）假设不是中断驱动，而是让 ISR 和 main 分别在各自的线程中且并发地执行。假设有一个微内核，其支持在任何时刻中断任何线程，并可以切换上下文来执行另一个线程。在这一情形下，当 main 函数检查 sensor1 是否有错误时 ISR 是否可以更新 sensor1 的值？请说明原因。

多任务机制

本章将讨论在软件中用于支持顺序代码并发执行的中间层机制。同时执行多个顺序程序的原因有很多，但都涉及时间问题。其中一个原因是，通过避免长时间执行的程序对响应外部激励（如传感器数据或用户请求）的程序的阻塞等情形可提高系统的响应能力。提升响应能力可以减少**延迟**（latency），即从激励出现到响应的时间。另一个原因是，通过让程序在多个处理器或多核上同时运行可以提升性能。这实际上也是一个时间问题，因为其认为较早地完成任务总是更好的。第三个原因是能够直接控制外部交互的时序。一个程序可能需要在特定的时间来执行某些动作，如刷新显示等，而不关心其他程序在该时间的执行情况。

我们已经在不同的语境中讨论过并发性。图 11-1 给出了本章主题与其他章节内容之间的关系。第 8 章和第 10 章涵盖了图 11-1 中的底层机制，其主要阐述了硬件如何为软件设计人员提供并发机制。第 5 章和第 6 章包含了最高层内容，其给出了一组并发的抽象模型，包括同步组合、数据流、时间触发模型等。本章则是这两层机制之间的桥梁，主要阐述了使用底层机制所实现的一些机制，以及为实现高层机制可以提供的基础设施。综合而言，中间层的这些技术被统称为**多任务机制**（multitasking），这意味着多个任务的同时执行。

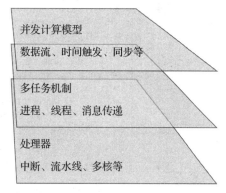

图 11-1 程序中的并发性抽象分层

嵌入式系统设计人员常常直接使用这些中间层机制来构建应用，但是对于高级设计人员而言，反而正越来越多地使用高层机制。这些设计人员使用支持一种（或多种）计算模型的软件工具来构建模型。之后，该模型被自动或者半自动地翻译为使用中间层或底层机制的程序，相应的这个翻译过程被称为**代码生成**（code generation）或者**自动编码**（autocoding）。

本章阐述的机制通常是由操作系统、微内核（microkernel）或者程序库所提供。正确地实现这些机制可能会非常有难度（存在一些陷阱，参见 Boehm（2005）），因此应该由专业人士来完成。然而，嵌入式系统应用程序开发人员经常发现自己必须在**裸机**（无操作系统的处理器）上实现这些机制，要正确地实现这些机制就需要对并发机制有深入的理解。

本章从顺序化程序模型的简要描述开始，这使得建立这些顺序程序的并发组合模型成为可能。之后，我们继续讨论线程、进程和消息传递，这是顺序程序的三种组合形式。

11.1 命令式程序

将计算表示为操作序列的编程语言被称为命令式语言，C 语言就是一种命令式语言。如图 11-2 所示。

```
1   #include <stdlib.h>
2   #include <stdio.h>
3   int x;                              // 被更新的变量
4   typedef void notifyProcedure(int);   // 通知函数的类型
5   struct element {
6     notifyProcedure* listener;        // 指向通知函数的指针
7     struct element* next;             // 指向下一元素的指针
8   };
9   typedef struct element element_t;    // 链表元素的类型
10  element_t* head = 0;                 // 链表的开始指针
11  element_t* tail = 0;                 // 链表的结尾指针
12
13  // 增加一个 listener 的函数
14  void addListener(notifyProcedure* listener) {
15    if (head == 0) {
16      head = malloc(sizeof(element_t));
17      head->listener = listener;
18      head->next = 0;
19      tail = head;
20    } else {
21      tail->next = malloc(sizeof(element_t));
22      tail = tail->next;
23      tail->listener = listener;
24      tail->next = 0;
25    }
26  }
27  // 更新 x 的函数
28  void update(int newx) {
29    x = newx;
30    // 通知所有 listener
31    element_t* element = head;
32    while (element != 0) {
33      (*(element->listener))(newx);
34      element = element->next;
35    }
36  }
37  // 通知函数的例子
38  void print(int arg) {
39    printf("%d ", arg);
40  }
```

图 11-2 本章多个示例中使用的 C 程序

示例 11.1 本章将基于如图 11-2 所示的 C 程序来说明一组关键问题。该程序实现了一个被称为**观察者模式**（observer pattern）的常用设计模式（Gamma et al., 1994）。该模式中，update 函数修改变量 x 的值。无论何时，只要 x 被一个**回调函数**（callback procedure）所改变，观察者（其他程序或程序的其他部分）就会被通知。例如，观察者可能将 x 的值显示在屏幕上。无论何时该值改变，观察者都要被通知以便刷新屏幕上的显示。以下 main 函数使用了图 11-2 中定义的函数。

```
1   int main(void) {
2     addListener(&print);
3     addListener(&print);
4     update(1);
5     addListener(&print);
6     update(2);
7     return 0;
8   }
```

这个测试程序先把 print 函数两次注册为回调函数，之后执行一个更新（设置 x=1），接下来再次注册 print 函数，最后执行另一次更新（设置 x=2）。print 函数只是简单地打印 x 的当前值，那么，该测试程序执行时就会输出"1 1 2 2 2"。

C 程序指定了一系列执行步骤，每个步骤都会改变处理机的内存状态。在 C 语言中，处理机的内存状态是由变量的值来表示的。

示例 11.2　在图 11-2 所给出的程序中，处理机的内存状态包括了全局变量 x 的值以及由全局变量 head 所指向的一列元素。这一列元素被表示为一个链表（linked list），链表中的每一个元素都包含一个 x 改变时所要调用函数的函数指针。

在 C 程序执行过程中，处理机的内存状态同样还需要包含栈的状态，其包括了任何的局部变量。

采用扩展状态机，我们就能够对特定 C 程序的执行进行建模，这里假设程序具有固定的、数量有限的变量。C 程序的变量将是状态机的变量。状态机的状态代表了程序中的位置，迁移则代表程序的执行。

示例 11.3　图 11-3 给出了图 11-2 中 update 函数的模型。当 update 函数被调用，状态机从初始的 Idle 状态迁移。这个调用是由存在的输入 *arg* 来通知的，它的值将是 update 函数的 int 型参数。当执行这个迁移时，栈中的 *newx* 将被赋予该参数的值，同时，全局变量 *x* 将被更新。

在第一个迁移之后，状态机处于 31 状态，恰好对应于图 11-2 中第 31 行执行之前的程序计数器位置。之后，其无条件地转移到状态 32 并设置 *element* 的值。在状态 32 有两种可能：如果 *element*=0，状态机转移回 Idle 状态且生成纯输出 *return*，否则，其转移到状态 33。

在状态 33 到 34 的迁移上，执行的动作是监听器 listener 的函数调用，其参数为栈变量 *newx*。从状态 34 回到 32 的迁移发生在接收到纯输入信号 *returnFromListener* 时，该信号表示 listener 函数返回。

输入：*arg*: int, *returnFromListener*: pure
输出：*return*: pure
局部变量：*newx*: int, *element*: element_t *
全局变量：*x*: int, *head*: element_t *

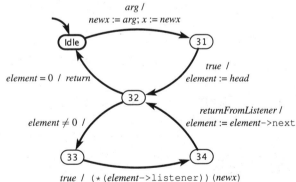

图 11-3　图 11-2 中 update 函数的模型

图 11-3 的模型并不只是我们可以构造的 update 函数的唯一模型。在构建这样一个模型的过程中，我们需要确定细节等级，且需要确定哪些动作可以被作为原子操作来安全地处理。图 11-3 使用了代码行级别的细节等级，但并不能保证每行 C 代码都是原子执行的（其通常都不是）。

另外，C 程序的精确模型通常并不是有限状态系统。仅以图 11-2 中的代码为例，有限状态机模型是不适用的，因为该代码允许将任意数量的监听器添加到链表中。如果我们将图 11-2

与示例 11.1 中的 main 函数相结合，此时链表中只会添加三个监听器，该系统就是有限状态的。因此，一个精确的有限状态模型需要涵盖完整的程序，这使得代码的模块化推理非常困难。

当在这个混合体上再增加并发性时，问题就会变得更糟。在本章我们将说明，对具有线程等中间层并发机制的程序进行精确推理是极为困难且容易出错的。正是基于这个原因，设计人员更倾向于使用图 11-1 中的上层机制。

C 中的链表

链表（linked list）是在程序运行过程中用于以动态长度存储元素列表的数据结构。表中的每个元素包含了一个**有效载荷**（payload，即该元素的值）以及指向链表中下一个元素的指针（该元素为最后一个时则是空指针）。对于图 11-2 中的程序，该链表数据结构可定义为如下形式。

```
1   typedef void notifyProcedure(int);
2   struct element {
3     notifyProcedure* listener;
4     struct element* next;
5   };
6   typedef struct element element_t;
7   element_t* head = 0;
8   element_t* tail = 0;
```

第 1 行将 notifyProcedure 声明为一个类型，其值是一个具有 int 型参数且无返回值的 C 函数。第 2 ～ 5 行声明了一个**结构**，即 C 语言中的一个组合数据类型。该结构包括了两部分，listener（类型为指向 C 函数的函数指针 notifyProcedure*）和 next（指向相同结构实例的指针）。第 6 行声明 element_t 是引用 element 结构实例的类型。

第 7 行声明了指向链表元素的指针 head。其初值为 0 时，表示链表为空。图 11-2 中的 AddListener 函数使用以下代码创建了第一个链表元素。

```
1   head = malloc(sizeof(element_t));
2   head->listener = listener;
3   head->next = 0;
4   tail = head;
```

第 1 行使用 malloc 函数从堆上分配内存来存储一个链表元素，并设置 head 指针指向该元素。第 2 行设置该元素的值，第 3 行表明这是最后一个元素，第 4 行设置指向链表末尾元素的 tail 指针。当链表不为空时，addListener 函数将使用 tail 指针而不是 head 指针向链表中添加元素。

11.2　线程

线程是共享内存空间且并发运行的一组命令式程序，线程之间可以互相访问对方的变量。本领域的很多从业者常常会狭义地用"线程"这一术语来指代构建共享内存的程序的特定方式，但是在这里，我们将使用该术语来广泛地指代命令式程序并行运行和共享内存的任何机制。在这一更为宽泛的含义上，几乎在所有微处理器中线程首先是以中断的形式存在的，即使系统中根本不存在任何操作系统（即裸机）。

11.2.1　创建线程

大多数操作系统都提供了较中断更为高级的机制来实现共享内存的命令式程序，该机制以程序员可用的函数集形式提供。这样的函数通常是标准的 API（Application Program Interface，应用程序接口），这使得编写可移植程序（这些程序将运行在多种处理器和/或多个操作系统上）成为可能。POSIX 线程（Pthread）就是这样的一套 API，其已被集成于多数现代操作系统中。1988 年，IEEE 为统一不同的 UNIX 版本而制定了这一标准。POSIX 线程定义了一套 C 编程语言的类型、函数以及常量。在 POSIX 线程中，线程被定义为一个 C 函数，且要通过调用 pthread_create 函数来创建这一线程⊖。

示例 11.4 图 11-4 中给出了一个使用 POSIX 线程的简单多线程 C 程序。printN 函数（第 3 ～ 9 行）是线程开始执行的函数，被称为**启动例程**（start routine）。从功能上，启动例程会将传递给它的参数打印 10 次，之后退出并结束线程。main 函数创建两个线程，每一个都将执行这个启动例程。第 14 行创建的第一个线程将打印值 1，第 15 行创建第二个线程，其打印值 2。当该程序运行时，值 1 和 2 将以依赖于线程调度过程的某种交替顺序打印出来。通常，重复运行将产生值 1 和 2 交替的不同序列。

pthread_create 函数创建一个线程并立即返回。在该函数返回时，启动例程可能已经启动运行，也可能还没有启动运行。第 17 和 18 行代码使用 pthread_join 来确保在这两个线程结束之前，主程序不会结束。如果没有这两行代码，程序可能根本不会产生来自这些线程的任何输出。

启动例程可能有返回也可能没有返回。在嵌入式应用中，定义无返回的启动例程是司空见惯的。例如，启动例程可以无限执行并周期性地刷新显示。如果启动例程没有返回，其他调用它的 pthread_join 都将会被无限期地阻塞。

如图 11-4 所示，启动例程具有一个参数并提供一个返回值。pthread_create 的第四个参数是传递给启动例程的参数地址。那么，掌握 9.3.5 节中的 C 程序内存模型或者是下例所示的一些可能出现的错误，就非常重要了。

```
1   #include <pthread.h>
2   #include <stdio.h>
3   void* printN(void* arg) {
4       int i;
5       for (i = 0; i < 10; i++) {
6           printf(My ID: %d\n, *(int*)arg);
7       }
8       return NULL;
9   }
10  int main(void) {
11      pthread_t threadID1, threadID2;
12      void* exitStatus;
13      int x1 = 1, x2 = 2;
14      pthread_create(&threadID1, NULL, printN, &x1);
15      pthread_create(&threadID2, NULL, printN, &x2);
16      printf("Started threads.\n");
17      pthread_join(threadID1, &exitStatus);
18      pthread_join(threadID2, &exitStatus);
19      return 0;
20  }
```

图 11-4 使用 POSIX 线程的简单多线程 C 程序

⊖ 为了简洁起见，本书的示例中都不检查失败，但任何使用 POSIX 线程高质量编写的程序都应做此检查。例如，pthread_create 在成功时返回 0 值，在失败时返回一个非零值。在系统资源不足时创建线程就会失败，所以任何使用 pthread_create 的程序都应该检查这些失败并对其进行某种处理。具体参见 POSIX 线程的技术文档。

示例 11.5 假设以下代码是在一个函数中尝试创建一个线程。

```
1   pthread_t createThread(int x) {
2       pthread_t ID;
3       pthread_create(&ID, NULL, printN, &x);
4       return ID;
5   }
```

因为传递给启动例程的参数是由指向栈中变量的指针所给出的，因此这段代码不正确。在线程访问特定内存地址时，**createThread** 函数可能已经返回，且该内存地址可能已经被栈的后续操作所重写。

11.2.2　实现线程

调度器（scheduler）是实现线程的核心机制，在处理器的状态变为可用于执行下一个线程时，其决策出将要执行的线程。这个决策可能是基于**公平性**（fairness）的，其根据时间约束、某些重要程度或者优先级，为每个活跃的线程提供同等的运行机会。本节简要地阐述一个线程调度器将如何工作，而不用过度关心其如何选择要执行的线程（调度算法将在第 12 章详细讨论）。

第一个关键问题是在何时以及如何调用调度器。在一种称为**协作式多任务**（cooperative multitasking）的简单技术中，线程的执行不会被中断，直到线程本身调用一个特定的函数或者一组特定函数中的某一个。例如，在当前执行的线程调用任何操作系统服务时，调度器就可以进行干预。需要说明的是，操作系统服务是通过库函数调用来访问的。每个线程拥有自己的栈，而且当该库函数被调用时，其返回地址会被压入栈中。如果调度器确定当前执行的线程应该继续，那么这个被请求的服务执行完成后函数正常返回。反之，如果调度器确定该线程应被**挂起**（suspended）而选择另一个线程来执行，那么调度器并不返回，而是对正在执行线程的栈指针进行记录，并修改栈指针指向所选中线程的栈。然后，通过从栈中弹出返回地址并恢复执行以实现从调度器的返回。注意，现在系统将返回到一个新的线程。

协作式多任务调度的最大问题是一个程序可能运行很长一段时间而并不调用系统服务，这样一来其他线程将会处于**饥饿状态**（starved）。为了消除这个问题，大多数操作系统中都包括了一个以固定时间间隔运行的中断服务例程。该例程维护一个**系统时钟**（system clock），从而为应用程序设计人员提供一种获取当前时间的方式，同时其使能了基于定时器中断的周期性调度器执行。对于具有系统时钟的操作系统，系统时钟 ISR 被调用的时间间隔常被称为一个 jiffy（即时钟周期）。

示例 11.6 在 Linux 不同版本中，jiffy 的值通常在 1ms 到 10ms 之间。

通过平衡性能问题和所要求的定时精度就可以确定 jiffy 的值。一个较小的 jiffy 值表示调度功能会被更频繁地执行，这可能会降低总体系统性能。一个较大的 jiffy 值意味着系统时钟的精度降低，且任务切换出现得更少，可能导致实时性约束被破坏。有时，jiffy 间隔是由应用决定的。

示例 11.7 游戏控制台通常会使用与目标电视系统帧速率同步的 jiffy 值，因为该类系统的主要时间攸关任务会以这一帧速率来生成图形。例如，NTSC[⊖]是曾经应用于美洲大

⊖　National Television System Committee，美国国家电视系统委员会，这里是指一个电视制式标准。——译者注

部分地区、日本、韩国、中国台湾以及其他一些地区的模拟电视系统。NTSC 的帧速率为 59.94Hz，因此，一个适合的 jiffy 值应该是 1/59.94 或者 16.68ms。PAL（Phase Alternating Line，相位交替行）电视标准主要用于欧洲以及世界上的其他地区，该标准的帧速率是 50Hz，相应 jiffy 值为 20ms。

模拟电视日益被 ATSC[⊖] 等数字格式所替代。ATSC 支持从略低于 24Hz 到 60Hz 范围的多个帧速率以及多种分辨率。对于符合标准的电视机，游戏控制台设计人员可以选择符合成本与质量期望的帧速率和分辨率。

除了周期性中断以及操作系统服务调用，调度器也可能在一个线程因为某种原因被阻塞时调用。随后将对其进行讨论。

11.2.3 互斥

一个线程在其任何两个原子操作之间都有可能被挂起，转而执行另一个线程和 / 或中断服务例程。这种情况使得对线程间交互的分析变得极为困难。

示例 11.8 回顾图 11-2 中的如下函数。

```
14  void addListener(notifyProcedure* listener) {
15    if (head == 0) {
16      head = malloc(sizeof(element_t));
17      head->listener = listener;
18      head->next = 0;
19      tail = head;
20    } else {
21      tail->next = malloc(sizeof(element_t));
22      tail = tail->next;
23      tail->listener = listener;
24      tail->next = 0;
25    }
26  }
```

假设 addListener 函数会被多个线程调用，那么，这可能引起什么错误呢？首先，两个线程可能会同时修改同一个链表数据结构，这容易导致数据结构被破坏。例如，一个线程在执行第 23 行之前被挂起。当第一个线程从第 23 行恢复执行时，tail 的值已经被修改，不再是该线程之前在第 22 行设置的值！仔细分析就可以看出，这会导致形成一个这样的链表，其倒数第二个元素是 listener 指向的一个随机地址（无论 malloc 分配的内存中是什么值），而且第二个添加到链表的 listener 不再在链表中[⊜]。当 update 函数被调用时，其将尝试在一个随机地址上执行该函数，这可能引起段错误，或者更为糟糕地执行随机内存地址的内容，就好像它们真的是指令一样。

上例中举证说明的这一问题被称为**竞态条件**（race condition）。两个并发的代码段竞争访问同一个资源，且它们的访问顺序会影响程序的执行结果。某些竞争的结果可能导致灾难性的错误，然而也并非所有的竞态条件都会像上例所示的那样糟糕。防止这一灾难的一种方式是使用**互斥锁**（mutual exclusion lock，或者 mutex），可结合以下示例进行分析。

⊖ Advanced Television System Committee，先进电视系统委员会，这里是指一个电视制式标准。——译者注
⊜ 实际上已经被恢复执行的第一个线程的 listener 所覆盖。——译者注

示例 11.9 在 POSIX 线程中，互斥锁是通过创建一个 pthread_mutex_t 的实例来实现的。例如，可以将 addListener 函数修改为如下形式。

```
pthread_mutex_t lock = PTHREAD_MUTEX_INITIALIZER;

void addListener(notifyProcedure* listener) {
  pthread_mutex_lock(&lock);
  if (head == 0) {
    ...
  } else {
    ...
  }
  pthread_mutex_unlock(&lock);
}
```

第 1 行创建并初始化了一个全局变量 lock。addListener 函数中的第 1 行**获取**（acquire）这个锁。基本原则是，每一时刻只允许有一个线程能够**持有**（hold）这个锁。如果该锁被占用，pthread_mutex_lock 函数将会阻塞，直至调用线程可以获得这个锁。

在上述代码中，当 addListener 被线程调用且开始执行时，pthread_mutex_lock 函数会阻塞等待，直至没有其他线程持有该锁。一旦该函数返回，调用者线程将持有锁。最后的 pthread_mutex_unlock 函数调用用以**释放**（release）锁。在多线程程序设计中，不能成功地释放一个锁将会是非常严重的错误。

互斥锁可以防止任何两个线程同时访问或修改一个共享资源。lock 和 unlock 之间的代码被称为**临界区**（critical section）。在任何时间，仅有一个线程可以执行该类临界区中的代码。程序员可能需要确保所有对共享资源的访问都被用这些锁同样地保护起来。

示例 11.10 图 11-2 中的 update 函数并不修改 listener 链表，而是读取这个链表。假设线程 *A* 调用 addListener 并刚好在第 21 行如下语句之后挂起。

```
21        tail->next = malloc(sizeof(element_t));
```

假设 *A* 被挂起，另一个线程 *B* 调用 update 函数，其具有如下代码。

```
31        element_t* element = head;
32        while (element != 0) {
33          (*(element->listener))(newx);
34          element = element->next;
35        }
```

当 element == tail—>next 时，第 33 行将发生什么情况？此时，线程 *B* 将把第 21 行 malloc 代码返回的内存中的随机值当作一个函数指针，并尝试执行该指针指向的函数。这将再一次引起段错误或者更为糟糕的错误。

示例 11.9 中增加的互斥机制不足以预防这一错误，互斥并不能防止线程 *A* 被挂起。因此，就需要使用互斥锁来保护对该数据结构的所有访问。例如，可以将 update 代码修改为如下形式。

```
void update(int newx) {
  x = newx;
  // 通知所有 listener
  pthread_mutex_lock(&lock);
  element_t* element = head;
  while (element != 0) {
    (*(element->listener))(newx);
```

```
    element = element->next;
  }
  pthread_mutex_unlock(&lock);
}
```

这将能防止 update 函数读取正在被其他线程修改的链表数据结构。

11.2.4 死锁

随着互斥锁在程序中的使用越来越多，**死锁**（deadlock）发生的风险也会大大增加。当一些线程被永久地阻止获得互斥锁时就发生了死锁。例如，线程 *A* 持有 lock1 且被阻止获取 lock2，线程 *B* 持有 lock2 但被阻止获取 lock1，此时就会出现死锁。这样的"死亡拥抱"是根本无法摆脱的，程序只得被中止。

示例 11.11 假设图 11-2 中的 addListener 和 update 函数是由互斥锁来保护的，与之前的两个示例一样。update 函数中有如下一行代码，其调用由该链表元素所指向的一个函数。那么，该函数本身需要获得一个互斥锁并不是不合理的。

```
33     (*(element->listener))(newx);
```

例如，假设该 listener 函数需要刷新显示器，而显示器通常是共享资源，此时可能就必须用它自己的互斥锁进行保护。假设线程 *A* 调用 update 函数，该函数在第 33 行时由于 listener 函数尝试获取线程 *B* 所持有的另一个锁而被阻塞。如果之后的线程 *B* 也调用 addListener 函数，则发生死锁！

避免死锁可能是非常困难的。在一篇经典的文献中，Coffman 等（1971）给出了发生死锁的一组必要条件，去除其中的任何一个就能避免死锁。一种简单的技术是在一个多线程的程序中仅使用一个锁。然而，这个技术不能很好地支持模块化编程。另外，因为某些共享资源（如显示器）可能需要被长时间持有，从而又引起其他线程的执行错过其截止期，所以可能难以满足实时性约束。

在非常简单的微内核中，我们有时可以用中断的使能和禁止作为单个全局的互斥锁。假设有一个单核（而非多核）处理器且中断是唯一将线程挂起的机制（也就是说，这些线程不会在调用内核服务或在 I/O 上阻塞时被挂起）。基于这些假设，禁止中断就可以防止线程被挂起。然而，在大多数操作系统中，线程可能会因为多种原因被挂起，因此此一技术也并不完全适用。

第三个技术是当有多个互斥锁时，必须确保每个线程以相同的顺序来获取这些互斥锁。然而，由于诸多原因（见习题 2），这可能也是难以保证的。首先，大多数程序是由多位程序员编写的，一个函数中要获取的锁并非该函数标识的一部分。因此，这一技术依赖于整个开发团队内部非常细致且一致的说明文档与合作机制。在任何时候，一旦添加了一个锁，程序中获取锁的所有部分都可能需要被修改。

其次，这可能使得正确地编写代码变得极为困难。如果程序员希望调用一个函数来获取lock1，依惯例该锁应该是程序中第一个被获取的，那么该函数就必须首先释放它所持有的其他锁。然而，一旦函数释放了这些锁，它就可能被挂起，此时其之前用锁保护起来的资源就有可能被修改。一旦该函数获得了 lock1，它就必须再次尝试获取之前释放的那些锁，但是，接下来将需要假设该函数不再具有关于这些资源状态的任何信息，由此可能需要重新进行大量的处理。

实际上，还有更多的方法来防止死锁。例如，Wang et al.（2009）采用了一个相当讲究的技术，其在调度器上合成约束来防止死锁。然而，大多数方法要么对程序员施加严格的约束，要么需要采用相当复杂的机制，这些都表示该问题可能与线程的并发编程模型有关。

操作系统

嵌入式系统中的计算装置通常并不直接采用桌面计算机或手持计算机的人机交互方式。其结果是，需要**操作系统**（Operating System，简写为 OS）提供的服务集可能会非常不同。当今桌面计算机中占支配地位的**通用操作系统**（general-purpose OS）有微软的 Windows、苹果的 Mac OS X 以及 Linux 等，提供了嵌入式处理器可能需要也可能不需要的服务。例如，很多嵌入式应用并不需要**图形用户接口**（Graphical User Interface，GUI）、文件系统、字体管理或者网络协议栈等。

现在已有很多面向嵌入式应用的专用操作系统，包括微软的 Windows CE（WinCE）、风河公司（2009 年被 Intel 收购）的 VxWorks、QNX 软件公司（2010 年被 RIM 公司⊖收购）的 QNX、嵌入式 Linux（由开源组织推出）以及 FreeRTOS（另一个开源组织推出）。这些嵌入式操作系统与通用操作系统有很多共同特性，但是通常拥有专门的内核并形成**实时操作系统**（Real-Time Operating System，RTOS）。RTOS 提供了有限延迟的中断服务，同时提供了考虑实时约束的进程调度器。

移动操作系统（Mobile Operating System）是第三类操作系统，其专用于手持设备。iOS（苹果公司）和 Android（Google 公司）智能手机操作系统在当今市场占有支配性地位，但用于移动电话和 PDA 的该类系统软件实际上已具有很长的历史。相关的系统有 Symbian OS(Symbian 基金会维护的开源软件)、BlackBerry OS(RIM 公司)、Palm OS(Palm 公司，2010 年被惠普收购) 以及 Windows Mobile（微软）等。这些操作系统具有对无线连接和媒体格式的专门支持。

操作系统的核心是**内核**（kernel），其控制所执行进程的顺序、内存使用以及信息到外设与网络的传输（通过设备驱动程序）。**微内核**（microkernel）是一个非常小的操作系统，其仅提供以上这些服务（甚至是这些服务的子集）。然而，操作系统还可能提供诸多其他服务，包括用户接口设施（集成到 Mac OS X 和 Windows 中）、虚拟内存、内存分配与回收、内存保护（将每个应用与内核及其他应用进行隔离）、文件系统以及程序间交互机制，如信号量、互斥锁以及消息传递库等。

11.2.5 内存一致性模型

如竞态条件、死锁并非完全没有问题一样，线程也会受到程序内存模型中潜在问题的影响。任何特定的线程实现都给出了某种**内存一致性**模型，其定义了由不同线程读写的变量如何呈现给这些线程。很显然，读变量就应该获取到最后写给该变量的值，但是，"最后"（last）又意味着什么？举例说明，我们来看这样一个场景，所有变量都被初始化为 0 且线程 A 执行如下两条语句。

⊖ RIM，即 Research in Motion，加拿大"行动研究"公司，2013 年 RIM 更名为 BlackBerry Limited，即著名的黑莓公司。——译者注

```
1  x = 1;
2  w = y;
```

线程 B 执行以下两条语句。

```
1  y = 1;
2  z = x;
```

显然，在两个线程完成这些语句的执行之后，我们期望 w 和 z 这两个变量中至少有一个的值是 1。这种保证被称为**顺序一致性**（Lamport，1979）。即，任何顺序的执行结果都是相同的，就好像所有线程都在以某种顺序执行，且在该序列中单个线程的运行好像是以指定的顺序出现的。

然而，顺序一致性在大多数（或者几乎所有）POSIX 线程的实现中并没有得到保证。实际上，在使用现代编译器的现代处理器上提供这样的保证是相当有难度的。例如，编译器并不会对每个线程中的指令进行重新排序，这是因为它们之间并没有（编译器可见的）依赖性。即使编译器不对这些指令进行重新排序，硬件也会进行处理。一个好的应对策略是使用互斥锁来小心地监督对共享变量的访问（且希望这些互斥锁本身都被正确地实现）。

对内存一致性问题的权威阐述可见于 Adve 和 Gharachorloo 的文章（1996），其侧重于多处理器体系。Boehm 等人（2005）对单处理器上的内存一致性问题进行了分析。

11.2.6　多线程机制带来的问题

多线程程序可能非常难于理解，也很难对该类程序建立起足够的信心，因为代码中的问题在测试中可能并不会呈现出来。例如，程序可能会发生死锁，但尽管如此，该程序也可以正确运行很多年且不出现死锁。虽然说程序员必须非常谨慎，但由于程序的分析非常困难，编程错误仍然是可能存在的。

在图 11-2 的示例中，我们可以使用简单的技巧来避免示例 11.11 中潜在的死锁问题，但是这个技巧会引起一个更为**隐蔽的错误**（insidious error，指在测试中不会出现且在出现时也不会被提示的错误，而不像会被立即提示的死锁）。

示例 11.12 假设将 update 函数修改为如下形式。

```
void update(int newx) {
  x = newx;
  // 复制链表
  pthread_mutex_lock(&lock);
  element_t* headc = NULL;
  element_t* tailc = NULL;
  element_t* element = head;
  while (element != 0) {
    if (headc == NULL) {
      headc = malloc(sizeof(element_t));
      headc->listener = head->listener;
      headc->next = 0;
      tailc = headc;
    } else {
      tailc->next = malloc(sizeof(element_t));
      tailc = tailc->next;
      tailc->listener = element->listener;
      tailc->next = 0;
    }
    element = element->next;
  }
```

```
pthread_mutex_unlock(&lock);

// 通知所有 listener 使用该拷贝
element = headc;
while (element != 0) {
  (*(element->listener))(newx);
  element = element->next;
}
}
```

在这个实现中，当其调用 listener 函数时并不会持有 lock。反之，它在构建 listener 链表的一个拷贝时会持有锁，并在之后释放该锁。在释放锁之后，其使用 listener 链表的拷贝来通知各个 listener。

然而，这段代码具有在测试中可能检测不到的一个潜在严重问题。具体而言，假设线程 A 用参数 newx=0 来调用 update 函数，表示"所有系统都正常"。假设线程 A 在释放锁 lock 之后、执行通知之前立即被挂起。又假设在它被挂起期间，线程 B 以参数 newx=1 来调用 update 函数，意味着"紧急！引擎着火了！"，且对 update 的这个调用会在线程 A 恢复之前执行完成。当线程 A 恢复执行时，其将通知所有 listener，但它通知了错误的值！如果一个 listener 正在刷新飞机的驾驶显示器，在引擎着火时显示器将仍然指示所有系统都是正常的。

很多程序员都非常熟悉线程机制，且深刻体会到使用线程机制可以方便地开发出支持并行化的硬件。构建可靠和正确的多线程程序是可能的但并非那么容易。例如，可以在文献（Lea，1997）中看到如何使用 Java 线程机制的优秀方法指南。直到 2005 年，标准的 Java 库中才包括了基于线程的并发数据结构和机制（Lea，2005）。类似于 OpenMP（Chapman et al.，2007）的库也提供了对常用多线程模式的支持，如并行循环结构等。然而，嵌入式系统程序员很少使用 Java 或诸如 OpenMP 等大型的复杂软件包。而且，即使是使用了，还会发生同样的死锁风险和隐蔽错误。

线程机制有很多难点，将它们提供给程序员作为构建并发程序的方式是有问题的（Ousterhout，1996；Sutter and Larus，2005；Lee，2006；Hayes，2007）。实际上，在 20 世纪 90 年代之前，应用程序员根本不使用线程机制。随着类似于 POSIX 线程的库以及诸如 Java 和 C# 等编程语言出现，才开始将这些机制提供给应用程序设计人员。

复杂的多线程程序通常会异常地难以理解，并可能产生隐蔽错误、竞态条件以及死锁。这些问题可能隐藏在多线程程序中很多年，即使这些程序被大量地使用。这些关注点对于影响人类安全和生活的嵌入式系统尤为重要。自从几乎每个嵌入式系统都包含了并发软件，设计嵌入式系统的工程师们就不得不面对这些陷阱和问题。

11.3　进程与消息传递

进程（process）是拥有自己内存空间的命令式程序。进程之间不能互相引用彼此的变量，从而，它们也不会出现线程中涉及的那些问题。进程必须要通过操作系统、微内核或库所提供的机制来进行通信。

正确地实现进程一般要求硬件以内存管理单元（或 MMU）的形式给予支持。MMU 防止一个进程的内存被其他进程意外地读或者写。MMU 通常也提供地址转换能力，就好像是为每个进程提供了一个固定的内存地址空间，且所有进程都好像具有相同的地址空间。当进程访问该地址空间中的一个内存位置时，MMU 将把该地址转换到分配给该进程的物理内存块中的某个位置。

为了实现并发性，进程之间也要能够进行通信。操作系统通常会提供多种通信机制，甚至包括创建共享内存的能力，当然，此时就又把多线程编程中存在的潜在难题呈现给了程序员。

一个较容易的机制是**文件系统**。从数据较创建它的进程可以存续更久的意义上说，文件系统是创建持久数据体的一个简单方法。进程可以创建数据并将其写入一个文件，另一个进程可以从该文件中读取数据。这时，由文件系统的实现来确保读取数据的进程不会在数据被写入之前就进行读操作。这是可以被实现的，如可以限定某一时刻只能有一个进程来操作文件。

一个更为灵活的进程间通信机制是**消息传递**。这里，进程创建一个数据块并将其存放在一个受控的共享内存区域，之后通知其他进程有消息已经准备就绪。读消息的那些进程可以阻塞等待数据的就绪。消息传递机制也要使用可共享的内存，但这是在专业人员编写的库中实现的。应用程序设计人员调用库函数来发送消息或者接收消息。

示例 11.13 图 11-5 给出了一个简单的消息传递程序示例。程序使用**生产者 / 消费者模式**（producer/consumer pattern），一个线程生成一个消息序列（一个消息**流**，stream），另一个线程读取这些消息。这个模式可被用于实现观察者模式，而不存在死锁风险及上一节中讨论的隐蔽错误。update 函数一直是在观察者的不同线程中执行，并生成观察者要读取的消息。

```
1   void* producer(void* arg) {
2       int i;
3       for (i = 0; i < 10; i++) {
4           send(i);
5       }
6       return NULL;
7   }
8   void* consumer(void* arg) {
9       while(1) {
10          printf("received %d\n", get());
11      }
12      return NULL;
13  }
14  int main(void) {
15      pthread_t threadID1, threadID2;
16      void* exitStatus;
17      pthread_create(&threadID1, NULL, producer, NULL);
18      pthread_create(&threadID2, NULL, consumer, NULL);
19      pthread_join(threadID1, &exitStatus);
20      pthread_join(threadID2, &exitStatus);
21      return 0;
22  }
```

图 11-5 简单的消息传递应用示例

图 11-5 中，生产者线程执行的代码在 producer 函数中，消费者线程执行的代码则在 consumer 函数中。producer 在第 4 行调用 send 函数（待定义）来发送一个整数值的消息。consumer 在第 10 行使用 get 函数（待定义）来接收消息。consumer 约定，get 函数直到实际接收到消息才会返回。请注意，在这种情况下 consumer 一直不返回，因此该程序就不会自行终止。

使用 POSIX 线程的 send 和 get 函数实现如图 11-6 所示。这一实现使用了类似于图 11-2

中的链表结构，结点的有效载荷为 int 型。这里，链表被实现为一个无限长度的 **FIFO**（First-In-First-Out）**队列**，新的元素将被插入队尾，而旧元素将从队首移除。

```c
1   #include <pthread.h>
2   struct element {int payload; struct element* next;};
3   typedef struct element element_t;
4   element_t *head = 0, *tail = 0;
5   int size = 0;
6   pthread_mutex_t mutex = PTHREAD_MUTEX_INITIALIZER;
7   pthread_cond_t sent = PTHREAD_COND_INITIALIZER;
8
9   void send(int message) {
10      pthread_mutex_lock(&mutex);
11      if (head == 0) {
12          head = malloc(sizeof(element_t));
13          head->payload = message;
14          head->next = 0;
15          tail = head;
16      } else {
17          tail->next = malloc(sizeof(element_t));
18          tail = tail->next;
19          tail->payload = message;
20          tail->next = 0;
21      }
22      size++;
23      pthread_cond_signal(&sent);
24      pthread_mutex_unlock(&mutex);
25  }
26  int get() {
27      element_t* element;
28      int result;
29      pthread_mutex_lock(&mutex);
30      while (size == 0) {
31          pthread_cond_wait(&sent, &mutex);
32      }
33      result = head->payload;
34      element = head;
35      head = head->next;
36      free(element);
37      size--;
38      pthread_mutex_unlock(&mutex);
39      return result;
40  }
```

图 11-6 发送和接收消息的消息传递函数

首先来看一下 send 函数的实现。其使用了互斥锁来确保 send 和 get 不会同时修改链表，这与之前一样。但是，它还附加地使用了一个**条件变量**（condition variable）来通知消费者进程该队列的长度发生了改变。第 7 行声明并初始化了条件变量 sent。在第 23 行，生产者线程调用 pthread_cond_signal 函数，其"唤醒"阻塞在该条件变量上的另一个线程（如果存在的话）。

要了解"唤醒"另一个线程的含义就需要查看 get 函数。在第 31 行，如果调用 get 函数的线程发现当前的队列长度为 0，它将会调用 pthread_cond_wait 函数，该函数将阻塞线程直到其他线程调用了 pthread_cond_signal 函数。

请注意，get 函数要在检查 size 变量之前获取互斥锁。在第 31 行，pthread_cond_wait 函数将 &mutex 作为参数。实际上，当该线程阻塞这一等待时，它会临时地释放 mutex 锁。

如果不释放，生产者线程就不能进入临界区，从而也就不能发送消息，程序将会出现死锁。在 pthread_cond_wait 函数返回之前，它将再次获取 mutex 锁。

在调用 pthread_cond_wait 函数时，程序员必须非常小心，因为 mutex 锁在该调用过程中会被临时释放。由此，调用 pthread_cond_wait 函数之后，共享变量的值与调用之前可能不同（见习题 3）。因此，是在循环检测 size 变量的 while 循环中（第 30 行）调用 pthread_cond_wait 函数。这也就解释了多个线程可能同时阻塞在第 31 行的可能性（因为临时释放互斥锁）。当一个线程调用 pthread_cond_signal 函数时，所有正在等待的线程都将被通知。但是，只有一个会在其他线程之前重新获得该互斥锁并读取发送的消息，导致 size 被重新设置为 0。当其他被通知到的线程最终获得互斥锁时，将会发现 size==0 并恢复等待。

上例中使用的条件变量是**信号量**（semaphore）的一般形式。信号量的命名来源于传统铁路系统中表示某个铁轨区间上有火车通行的机械信号，使用该类信号量，就可以为双向行驶的火车使用一个铁轨区间（该信号量实现了互斥，防止两列火车同时处于相同的铁轨区间，即意味着发生碰撞）。

在 20 世纪 60 年代，荷兰埃因霍温理工大学数学系的 Edsger W. Dijkstra 教授借用这一思想来说明程序如何能够安全地共享资源。计数信号量（Dijkstra 将其称为 PV 信号量）是一个值为非负整数的变量。零被视为明显不同于大于零的值。实际上，示例 11.13 中的 size 变量就发挥了该信号量的作用。发送一个消息会使该变量的值增加，零值会阻塞消费者直至其值大于 0。条件变量通过支持任意条件（而不只是零或非零）将该思想推广为用于阻塞的门控标准。另外，至少在 POSIX 线程中，条件变量和互斥锁也会进行协同，从而使得编写类似于示例 11.13 所示模式的程序更为容易。鉴于在并发编程方面做出的突出贡献，Dijkstra 于 1972 年获得图灵奖。

在应用中使用消息传递可能比使用线程和共享变量更加容易。但是，消息传递并不是完全没有风险。示例 11.13 中生产者/消费者模式的实现实际上存在一个相当严重的问题，具体而言，其并没对消息队列的长度进行约束。生产者线程调用 send 函数时，就会为存储消息分配内存，且在该消息被取走之前相应的内存空间不会被释放。如果生产者线程产生消息的速度快于消费者读取消息的速度，那么程序将最终耗尽所有可用的内存。当然，可以通过限制消息队列的长度（见习题 4）来解决这个问题，但是什么长度的消息队列才是合适的？选择过小的队列长度值可能会引起程序的死锁，队列长度值过大又会造成资源的浪费。解决这个问题是非常重要的（Lee，2009b）。

这里还有其他陷阱。程序员可能无意间构造了会发生死锁的消息传递程序，如程序中的一组线程都在互相等待来自其他另一个线程的消息。另外，程序员可能无意间构建非确定性消息传递程序，在某种意义上，计算结果会依赖于调度器调度线程的（任意）顺序。

对于应用程序设计人员而言，最简单的解决方法是使用并发的高级抽象，即图 11-1 中的最上面一层，如第 6 章所述。当然，仅当存在可用的高级并发计算模型的可靠实现时，才可以使用这一策略。

11.4　小结

本章聚焦于并发程序的中间层抽象，其在中断与并行硬件层之上、并发计算模型之下。具体地，本章介绍了并发执行且共享变量的顺序程序——线程，同时介绍了互斥和信号量的用法。本章也阐明线程机制中充满了风险，而且编写正确的多线程程序是相当困难的。消息传递机制避免了其中的一些难题，但并非全部，付出的代价是通过禁止直接共享数据而受到了更多的约束。长远来看，设计人员将会更好地使用较高级别的抽象，具体如第 6 章所述。

习题

1. 类似于图 11-3，请给出图 11-2 中 addListener 函数的扩展状态机模型。
2. 假设两个整型全局变量 a 和 b 被多个线程所共享；lock_a 和 lock_b 是保护访问 a 和 b 的两个互斥锁。要求不能假定 int 型全部变量的读和写是原子的。那么，请阅读如下代码。

```
1    int a, b;
2    pthread_mutex_t lock_a
3        = PTHREAD_MUTEX_INITIALIZER;
4    pthread_mutex_t lock_b
5        = PTHREAD_MUTEX_INITIALIZER;
6
7    void procedure1(int arg) {
8      pthread_mutex_lock(&lock_a);
9      if (a == arg) {
10         procedure2(arg);
11     }
12     pthread_mutex_unlock(&lock_a);
13   }
14
15   void procedure2(int arg) {
16     pthread_mutex_lock(&lock_b);
17     b = arg;
18     pthread_mutex_unlock(&lock_b);
19   }
```

假设为了确保不会出现死锁，开发团队已经约定：任何要同时获取两个锁的线程都必须先获取 lock_b 再获取 lock_a。另外，基于性能方面的考虑，团队内要保证仅在有必要时才会获取锁。由此，将 procedure1 函数修改为如下形式就是不可接受的。

```
1    void procedure1(int arg) {
2      pthread_mutex_lock(&lock_b);
3      pthread_mutex_lock(&lock_a);
4      if (a == arg) {
5          procedure2(arg);
6      }
7      pthread_mutex_unlock(&lock_a);
8      pthread_mutex_unlock(&lock_b);
9    }
```

一个调用 procedure1 函数的线程将在 a 不等于 arg 时不必要地获取 lock_b $^{\ominus}$。请给出 procedure1 的一个设计，使不必要获得 lock_b 的次数最少。请问，所给出的解决方案是否完全消除了对 lock_b 的不必要获取？是否还有其他解决方案？

3. 图 11-6 中 get 函数的实现允许由多个线程来调用 get 函数。

然而，如果将代码的第 30 ～ 32 行改为如下使用 pthread_cond_wait 函数的形式，那么这段代码仅在满足以下两个条件时才能工作。

```
1    if (size == 0) {
2      pthread_cond_wait(&sent, &mutex);
3    }
```

$\ominus$ 在一些线程库中，该类代码实际上是不正确的，即一个线程在尝试获得其已经持有的锁时将被阻塞。但我们对该问题做出假设，如果线程尝试获取其已经持有的一个锁，该锁将立即授权给该线程。

- 仅当对 pthread_cond_signal 函数有一个相对应的调用时，pthread_cond_wait 函数返回；
- 且仅有一个消费者线程。

请解释为什么需要条件 2。

4. 示例 11.13 中生产者 / 消费者模式的实现具有消息队列长度无限制的缺点。当可用内存耗尽时（导致 malloc 函数失败），程序就可能失败。请修改图 11-6 中 send 函数和 get 函数的代码，使得消息队列的长度为 5。

5. 消息队列的一个可替代形式称为会合式，其与示例 11.13 中的生产者 / 消费者模式相似，但是它会更为密切地同步生产者与消费者。具体如在示例 11.13 中，send 函数会立即返回，而不关心是否有任何消费者线程已经准备好接收该消息。在会合式通信中，send 函数将不会立即返回，直到一个消费者线程已经执行至调用 get 函数的代码位置，由此并不需要缓冲这些消息。请设计可实现该会合式机制的 send 函数和 get 函数。

6. 有如下一段代码。

```
 1   int x = 0;
 2   int a;
 3   pthread_mutex_t lock_a = PTHREAD_MUTEX_INITIALIZER;
 4   pthread_cond_t go = PTHREAD_COND_INITIALIZER; // 在 c 部分使用
 5
 6   void proc1(){
 7       pthread_mutex_lock(&lock_a);
 8       a = 1;
 9       pthread_mutex_unlock(&lock_a);
10       <proc3>(); // 在 proc3a 或 proc3b 调用
11       // 取决于问题
12   }
13
14   void proc2(){
15       pthread_mutex_lock(&lock_a);
16       a = 0;
17       pthread_mutex_unlock(&lock_a);
18       <proc3>();
19   }
20
21   void proc3a(){
22       if(a == 0){
23           x = x + 1;
24       } else {
25           x = x - 1;
26       }
27   }
28
29   void proc3b(){
30       pthread_mutex_lock(&lock_a);
31       if(a == 0){
32           x = x + 1;
33       } else {
34           x = x - 1;
35       }
36       pthread_mutex_unlock(&lock_a);
37   }
```

　　假设 proc1 和 proc2 在两个独立的线程中运行，且每个函数仅在相应的线程中调用一次。变量 x 和 a 是全局变量且在线程间共享，x 的初值为 0。进而，假设加法、减法操作都是原子的。

　　根据各问题，在 proc1 和 proc2 中用对 proc3a 和 proc3b 的调用来替代对 proc3 的调用。

(a) 如果 proc1 和 proc2 在第 10 行和第 18 行调用 proc3a，全局变量 x 的最终值是否确保为 0？请证明你的答案。

（b）如果 proc1 和 proc2 调用 proc3b 呢，情况如何？请证明你的答案。

（c）proc1 和 proc2 仍然调用 proc3b，请用条件变量 go 来修改 proc1 和 proc2 以确保 x 的最终值为 2。特别地，请给出上述代码中应该插入 pthread_cond_waitt 和 pthread_cond_signal 的位置。请简要地证明你的答案。假设 proc1 在 proc2 之前获得 lock_a。

请回顾 "pthread cond wait(&go, &lock a);" 将会暂时释放 lock_a 并阻塞调用线程直至另一个线程调用执行了 "pthread cond signal(&go);"，此时，该等待线程将被解除阻塞并再次获取 lock_a。

（该题由 Matt Weber 提供。）

调 度 机 制

　　第 11 章已经解释了多任务机制，该机制中多个命令式任务并发执行，要么是在单处理器上交替执行，要么是在多处理器上并行执行。当处理器的数量少于任务数量时（通常情况下如此），或者当任务必须在特定的时间执行时，**调度器**就必须进行干预。调度器决策接下来的某个时刻将要做什么，如当处理器状态变为可用时。

　　实时系统是任务的集合，除了由任务之间的优先序所施加的排序约束之外，还会有时序约束。这些约束将任务的执行与**实时**（real time）关联到一起，即执行该任务的计算机环境中的物理时间[⊖]。任务通常具有截止期，其是任务执行完成时的物理时间值。更为普遍地，实时程序可以有各种**时间约束**（timing constraint），而不仅限于截止期。例如，可以要求一个任务的执行不能早于某个特定时间；或者要求在另一个任务执行之后，一个任务的执行不能超过给定的时间量；又或者，该任务可能被要求以某个特定周期来反复执行。多个任务可能互相依赖，并互相配合以形成一个应用。或者，这些任务除了共享处理器资源之外，可能没有其他关系。所有这些情形都需要一个调度策略。

12.1　调度基础

　　本节将讨论调度的能力范围、调度器用于管理进程的任务属性，以及操作系统或微内核中的调度器实现。

12.1.1　调度决策

　　当在执行一个并发程序或一组程序时，由调度器决定下一个要执行的任务。一般而言，一个调度器可能会面对多个可用的处理器（如在多核系统中）。**多处理器调度器**（multiprocessor scheduler）不仅需要决定接下来要执行哪个任务，还要决定该任务在哪个处理器上执行。处理器的选择被称为**处理器分配**（processor assignment）。

　　调度决策（scheduling decision）即做出执行一个任务的决定，其包括以下三个部分。

- **分配**（assignment）：哪一个处理器执行该任务。
- **排序**（ordering）：每个处理器应该采用什么顺序来执行分配给它的任务。
- **定时**（timing）：每个任务开始执行的时间。

　　这三个决策中的每一个都可以在**设计阶段**（design time）确定，即程序开始执行之前，或者在**运行时**（run time）确定，即程序执行期间。

　　根据做出决策的时机，我们可以将调度器划分为不同的类型（Lee and Ha，1989）。**全静态调度器**（fully-static scheduler）在设计阶段就要确定这三个因素。对于每个处理器，调度结果就是关于在什么时候做什么的精确规格说明。全静态调度器通常不需要信号量或者

　　⊖　或实际时间。——译者注

锁。它可以使用定时，而不是强制互斥或者优先约束。然而，全静态调度器在很多现代微处理器上很难实现，因为很难精确预测任务执行所需要的时间，而且任务通常具有数据依赖的执行时间（参见第 16 章）。

　　静态顺序调度器（static order scheduler）在设计阶段进行任务的分配和排序，但会延迟到运行时才确定任务执行的实际时间。该决策可能会被一些因素影响，如是否能够获取一个互斥锁，或者是否满足了优先序约束。在静态顺序调度中，在程序开始执行之前每个处理器上的执行顺序就已经被指定，处理器则以该顺序尽可能快地执行。例如，其并不改变基于信号量或锁状态的任务顺序。然而，一个任务本身可能会阻塞在一个信号量或者锁上，在这种情况下，其就会阻塞该处理器上的整个任务序列。静态顺序调度器通常也被称为**离线调度器**（off-line scheduler）。

　　静态分配调度器（static assignment scheduler）在设计阶段进行任务分配，而其他则都在运行时确定。每个处理器都有一组给定的待执行任务，**运行时调度器**（run-time scheduler）在执行期间决定接下来要执行什么任务。

　　全动态调度器（fully-dynamic scheduler）在运行时进行全部三个方面的决策。当处理器变为可用状态时（如处理器完成了一个任务的执行，或者任务获取互斥锁时被阻塞），调度器在此时决定接下来在处理器上要执行哪个任务。静态分配调度器和全动态调度器通常被统称为**在线调度器**（on-line scheduler）。

　　当然，还可能有其他调度器设计。例如，对每个任务的分配可能只进行一次，并且是在运行时第一次执行任务之前完成，对于相同任务的后续执行都使用相同的分配。而某些组合并没有太大意义。例如，在设计阶段确定任务的执行时间以及在运行时确定执行顺序这一组合就是没有意义的。

　　抢先式（preemptive）调度器可以在任务执行期间做出调度决策，给当前处理器分配一个新任务。也就是说，在一个任务执行的过程中，调度器可以停止其执行并开始执行另一个任务。对第一个任务的中断被称为**抢先**。在向处理器分配下一个要执行的任务之前，可以保证该处理器上当前任务完成运行的调度器即**非抢先式**（non-preemptive）调度器。

　　在抢先式调度中，如果一个任务尝试获取一个不可用的互斥锁，该任务就可能被抢先。当这一情形发生时，就说该任务在该锁上被**阻塞**（blocked）。当另外一个任务释放了锁后，被阻塞的任务才可以恢复执行。另外，一个任务在释放锁时可能会被抢先。例如，当一个较高优先级的任务被阻塞在这个锁上时就可能出现这一情形。在本章，我们假设所有程序都是结构良好的，其中任何获取到锁的任务最终都会释放该锁。

12.1.2　任务模型

　　调度器要进行决策，就需要具有关于程序结构的一些信息。通常，假设调度器管理一个有限的任务集合 T，每个任务可以是有限的（在有限时间内结束）或无限的。操作系统调度器通常不会假定任务会结束，但实时调度器经常如此。调度器可能会做出很多关于任务的假设，在本节将讨论一部分该内容。这组假设被称为调度器的**任务模型**（task model）。

　　有些调度器假设在调度开始之前所有要被执行的任务都是已知的，还有一些支持**到达的任务**（arrival of task），这意味着在其他任务正在执行时这组任务对调度器才可以是已知的。在有些调度器中，每个任务 $\tau \in T$ 可能无限重复执行，也可能周期性重复执行。任务可能是**偶发的**（sporadic），这意味着任务以不规律的时间进行重复，但其两次执行之间具有一个时间下界。在任务 $\tau \in T$ 重复执行的情形中，我们需要区别任务 τ 及其**任务执行**（task execution）$\tau_1, \tau_2, \cdots$。如果每个任务只执行一次，就不需要这样区分了。

任务执行可能具有**优先序约束**（precedence constraint），即要求一个任务的执行要先于另一个任务。如果任务执行 i 必须在任务执行 j 之前，可以写成 $i < j$。这里，i 和 j 可能是同一任务的不同执行，也可能是不同任务的执行。

任务执行 i 的开始或恢复执行可能具有一些**先决条件**（precondition），这些条件必须在任务可以执行之前被满足。当这些先决条件被满足时，就说该任务执行是**被使能的**[⊖]。例如，优先顺序指定了任务开始执行的先决条件，锁的可用性可以是恢复一个任务的先决条件等。

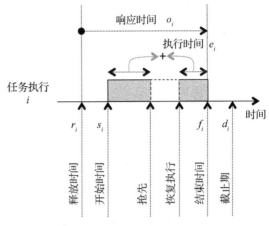

图 12-1　任务执行相关的时间因素

接下来，我们定义图 12-1 中归纳的一些名词。

对于任务执行 i，定义**释放时间** r_i（release time，也称为到达时间，arrival time）是一个任务被使能的最早时间。定义**开始时间** s_i（start time）是该任务真正开始执行的时间。显然，必须满足如下要求。

$$s_i \geq r_i$$

定义**结束时间** f_i（finish time）是任务执行完成的时间，其与开始时间有如下关系。

$$f_i \geq s_i$$

响应时间 o_i（response time）的定义如下。显然，响应时间就是任务第一次被使能到任务完成执行之间所消耗的时间。

$$o_i = f_i - r_i$$

τ_i 的**执行时间** e_i 是指任务真正执行的时间，不包括任务被阻塞或抢先的任何时间。很多调度策略假设（通常不现实地）一个任务的执行时间是已知且固定的。如果执行时间是可知的，通常就会假设（不现实地）最坏执行时间（Worst-Case Execution Time，WCET）是已知的。一般而言，确定软件的执行时间会是非常具有挑战性的，参见第 16 章中的讨论。

截止期 d_i（deadline）是任务必须完成执行的时间。有时，截止期是应用所要求的物理时间约束，在该应用中错过截止期被认为是错误的，这样的截止期被称为**硬截止期**（hard deadline）。基于硬截止期的调度被称为**硬实时调度**（hard real-time scheduling）。

通常，有些截止期反映了一个不需严格遵守的设计要求：最好是满足截止期，但错过截止期也不会引发错误。在一般情况下，最好不要超过截止期太久。用于这种情形的调度是**软实时调度**（soft real-time scheduling）。

调度器也可能使用**优先级**（priority）而不是（或除了）截止期。基于优先级的调度器假设每个任务被分配了一个称为优先级的数字，而且调度器总是选择执行具有最高优先级的任务（通常数字最小）。**静态优先级**（fixed priority）是指在任务的整个执行过程中优先级不变。

⊖ enabled，任务调度中通常称为就绪。——译者注

而**动态优先级**（dynamic priority）则允许在任务执行期间改变其优先级。

　　基于优先级的抢先式调度器（preemptive priority-based scheduler）支持任务的动态到来，并一直执行就绪任务中优先级最高的任务。**基于优先级的非抢先式调度器**（non-preemptive priority-based scheduler）依据优先级来选择当前任务执行完成之后将要执行的任务，但从不中断一个任务的执行来调度另一个任务。

12.1.3　调度器比较

　　调度策略的选择取决于应用目标所考虑的因素。一个最简单的目标是所有任务执行都满足其截止期，即 $f_i \leqslant d_i$。实现这一目标的调度被称为**可行的调度**（feasible schedule）。对于存在一个可调度方案的任何任务集（符合任务模型），如果调度器都能给出可调度方案，就说该调度器是**最优可调度**的。

　　用于比较调度算法的一个标准是可达到的处理器**利用率**（utilization）。利用率是处理器用于执行任务（相对于空闲状态）的时间的百分比，这一度量对于周期性执行的任务最为有用。在处理器利用率低于或等于 100% 时，能够提供可调度方案的调度算法显然是最优可调度的。其仅在所有调度算法都得不出可调度方案的情形下才不能提供一个可调度方案。

　　可用于比较调度器的另一个标准是**最大延迟**（lateness），一组任务执行 T 上的最大延迟定义为如下形式。

$$L_{\max} = \max_{i \in T} \left(f_i - d_i \right)$$

　　对于一个可调度方案，该值为 0 或负数。当然，最大延迟也可被用于比较不可行的调度方案。对于软实时问题，该值为正值且只要该值不要变得太大就是可以忍受的。

　　第三个可用于任务执行有限集 T 的标准是**总完成时间**（total completion time）或者**最大完成时间**（makespan），由下式定义。

$$M = \max_{i \in T} f_i - \min_{i \in T} r_i$$

　　如果调度的目标是使最大完成时间最小，实际上这更多体现的是性能目标而不是实时要求。

12.1.4　调度器的实现

　　调度器可能是编译器或者代码生成器的一部分（对于设计阶段要做出调度决策而言），也可能是操作系统或微内核的组成（对于运行时做出调度决策而言），或者两者都是（调度决策在设计阶段和运行时都有）。

　　运行时调度器通常以线程（或进程，在这里不考虑二者的区别）来实现任务。有时，调度器假设线程都在有限时间内完成，有时则不做这样的假设。在任一情形下，调度器都是在特定时间进行调度操作的函数。对于非常简单的非抢先式调度器，在一个任务完成时该调度函数会被调用。而对于抢先式调度器，调度函数会在如下任何情形发生时被调用。

- 定时器中断到来，如在一个 jiffy 时间间隔上。
- I/O 中断到来。
- 一个操作系统服务被调用。
- 任务尝试获取一个互斥锁。
- 任务检测一个信号量。

对于中断引发的调度情形，该调度函数会被中断服务例程调用。在其他情形下，调度函数被提供调度服务的操作系统函数所调用。在所有这些情形下，栈中包含了恢复执行所需要的信息。然而，调度器也可能不是简单地选择恢复执行，即可能并不选择立即从中断或服务函数返回，相反地，其选择抢先当前正在执行的任务并开始或恢复另一个任务。

为了实现这种抢先机制，调度器需要记录任务被抢先的情况（可能的话，包括为什么被抢先），以便于之后可以恢复该任务。之后，调度器可以调整栈指针来获取要开始或恢复执行的任务的状态。此时，执行返回操作时并不恢复被抢先任务的执行，而是恢复另一个任务的执行。

抢先式调度器的实现非常具有挑战性，其涉及非常细致的并发控制。例如，对于该过程中的重要部分可能需要禁止中断，以避免其因栈被破坏而结束。这也是为什么调度是操作系统内核或微内核中一个最核心功能的原因。调度器的实现质量对系统的可靠性和稳定性有着重要影响。

12.2 单调速率调度

假设有 n 个任务 $T=\{\tau_1, \tau_2, \cdots, \tau_n\}$，这些任务必须周期性地执行。具体来讲，假设任务 τ_i 必须在每个时间间隔 p_i 内完成一次执行，即将 p_i 作为该任务的**周期**（period）。由此，任务 τ_i 的第 j 次执行的截止期就是 $r_{i,1}+jp_i$，其中 $r_{i,1}$ 是第一次执行的释放时间。

Liu 等（1973）已经给出，对于上述任务模型，被称为**单调速率调度**（Rate Monotonic Scheduling，RM 或 RMS）的简单抢先式调度策略是单处理器静态优先级调度器中最优可调度的。该调度策略为较小周期的任务分配一个较高优先级。

该问题的最简单形式如图 12-2 所示，两个任务 $T=\{\tau_1, \tau_2\}$，它们的执行时间分别为 e_1 和 e_2，周期分别为 p_1 和 p_2。图中，任务 τ_2 的执行时间 e_2 比任务 τ_1 的周期 p_1 长。由此，如果两个任务在同一个处理器上执行，那么很显然，依据非抢先式调度器将得不到一个可调度方案。如果任务 τ_2 必须不被中断地执行完，那么任务 τ_1 就会错过某些截止期。

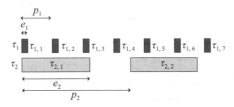

图 12-2　两个周期任务 $T=\{\tau_1, \tau_2\}$（任务的执行时间分别为 e_1 和 e_2，周期分别为 p_1 和 p_2）

图 12-3 给出了遵循单调速率原理的抢先式调度。图中，任务 τ_1 的周期较小，其拥有较高的优先级。因此，任务 τ_1 在每个周期间隔的开始执行，而不考虑 τ_2 是否正在执行。如果任务 τ_2 正在执行，τ_1 将对其进行抢先。假设执行抢先操作所需的时间（即**上下文切换时间**）是可以忽略的[⊖]。这一调度在图中是可行的，然而，如果任务 τ_2 具有更高的优先级，那么该调度就是不可行的。

⊖　上下文切换时间可以忽略这一假设在实际中是有问题的。在具有 Cache 的处理器上，上下文切换通常会引起 Cache 相关的大量延迟。另外，用于上下文切换的操作系统开销会相当大。

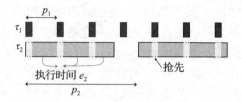

图 12-3   抢先式调度时的两个周期任务 $T=\{\tau_1,\tau_2\}$，τ_1 具有较高优先级

对于这个双任务的情况，很容易证明在假设忽略上下文切换时间的任务模型下，单调速率调度是所有静态优先级抢先式调度器中最优可调度的。这很容易证明，因为在这个简单情形下仅有两个静态优先级调度，单调速率调度为任务 τ_1 分配了较高的优先级，而非单调速率调度为任务 τ_2 分配了较高的优先级。为了证明最优性，我们只需要简单地证明如果非单调速率调度是可行的，那么单调速率调度也是可行的。在此之前，我们需要考虑影响可行性的任务执行的可能排列。如图 12-4 所示，当低优先级任务的启动时机与高优先级任务的相同时，其响应时间是最坏的。也就是说，当所有任务在相同时间开始自己的执行周期时，最坏情形就会出现。因此，我们也就仅需要考虑这种情形。

在最坏情形下，任务的释放时间完全相同，那么，当且仅当式（12.1）被满足时非单调速率调度才是可行的。

$$e_1 + e_2 \leqslant p_1 \qquad (12.1)$$

图 12-5 中给出了这个情形。由于任务 τ_1 被任务 τ_2 抢先，为了让任务 τ_1 不错过截止期，就要求 $e_2 \leqslant p_1 - e_1$，以使得任务 τ_2 能为任务 τ_1 留下保证在截止期之前完成执行的足够时间。

为了证明单调速率调度是最优化可调度的，我们仅需要证明如果非单调速率调度是可行的，那么单调速率调度也会是可行的。再来看图 12-6，很明显如果式（12.1）被满足，那么单调速率调度是可行的。由于这仅是两个静态优先级的调度，单调速率调度就是可调度性最优的。该证明方法可被推广到任意数量的任务，并形成如下定理（Liu and Layland，1973）。

定理 12.1 给定一个抢先式、静态优先级的调度器以及一个重复执行任务的有限集 $T=\{\tau_1,$

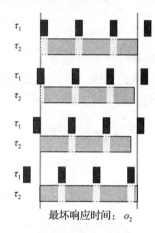

图 12-4   当任务 τ_2 与任务 τ_1 在同一时间开始时，τ_2 的响应时间 o_2 是最坏的

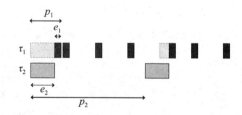

图 12-5   非单调速率调度为任务 τ_2 分配较高的优先级（当且仅当 $e_1 + e_2 \leqslant p_1$ 时，其才是可行的）

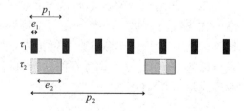

图 12-6   单调速率调度为任务 τ_1 分配较高的优先级。要使单调速率调度是可行的，$e_1+e_2 \leqslant p_1$ 是充分但非必要的

$\tau_2, \cdots, \tau_n\}$，各任务的优先级为 $p_1, p_2, \cdots, p_n$ 且任务间没有优先序约束。如果任一优先级分配都能生成一个可调度方案，那么单调速率优先级分配就会生成一个可调度方案。

由此，就可以容易地在一个以所有任务周期的最大公约数为时间间隔的定时器中断中实现单调速率调度。当然，也可以在多个定时器中断中实现单调速率调度。

实际情况是，单调速率调度器通常不能达到 100% 的 CPU 利用率。特别是，单调速率调度器被限制应用于静态优先级任务。这个约束导致可调度任务集的 CPU 利用率低于 100% 且不能容忍任何的执行时间增加或周期减小。这意味着在不会引起截止期错过时将会有空闲的处理器周期不能被利用。习题 3 给出了这样的一个示例。

幸运的是，Liu 和 Layland（1973）已经证明该影响是有限的。首先，对于执行时间为 e_i、周期为 p_i 的 n 个独立任务，其 CPU 利用率可写为：

$$\mu = \sum_{i=1}^{n} \frac{e_i}{p_i}$$

如果 $\mu = 1$，那么此时处理器是 100% 被占用的。很显然，如果对于任何任务集有 $\mu > 1$，那么，该任务集上就没有可行的调度方案。Liu 和 Layland（1973）中已经证明，如果 μ 小于或等于由式（12.2）给出的利用率上限，那么单调速率调度就是可行的。

$$\mu \leqslant n\left(2^{1/n} - 1\right) \tag{12.2}$$

为了理解这个（相当重要的）结果，我们来分析一些特殊情形。首先，如果 $n=1$（仅有一个任务），那么 $n\left(2^{1/n} - 1\right) = 1$，这个结果告诉我们如果利用率小于或等于 100%，那么这个 RM 调度就是可行的。这里显然成立，因为仅有一个任务的情况下，$\mu = e_1/p_1$，只要 $e_1 \leqslant p_1$ 截止期就会被满足。

如果 $n=2$，那么 $n\left(2^{1/n} - 1\right) \approx 0.828$。由此，如果具有两个任务的任务集不会尝试使用超过 82.8% 的可用处理器时间，RM 调度将会满足所有截止期。

随着 n 不断增大，利用率上限将达到 $\ln(2) \approx 0.693$，具体计算方式如下：

$$\lim_{n \to \infty} n\left(2^{1/n} - 1\right) = \ln(2) \approx 0.693$$

这意味着，如果一个有任意数量任务的任务集不尝试使用超过 69.3% 的可用处理器时间，那么 RM 调度就可以满足所有的截止期。

在下一节，我们将放宽静态优先级这一限制，并将证明在动态优先级调度器可以达到更高 CPU 利用率的意义上，动态优先级调度器较静态优先级调度器会更好。其代价是更复杂的实现。

12.3 最早截止期优先调度

给定一个具有截止期、没有优先序约束的非重复任务有限集，一个简单的调度算法就是**最早到期**（Earliest Due Date，EDD）算法，也称为 **Jackson 算法**（Jackson，1955）。最早到期优先策略采用与任务截止期顺序相同的调度顺序来执行一组任务，截止期最早的任务最先执行。如果两个任务拥有相同的截止期，那么它们的相对顺序并不会成为问题。

定理 12.2 给定一个非重复任务的有限集 $T = \{\tau_1, \tau_2, \cdots, \tau_n\}$，每个任务的截止期为 $d_1, d_2, \cdots, d_n$ 且任务间没有优先序约束，在最小化最大延迟的意义上，EDD 调度较其他所有可能的任务排序而言是最优的。

证明　这个定理很容易用简单的**交换论证**（interchange argument）方法来证明。考虑一个不是 EDD 的任意调度。在该调度中，由于其不是最早到期优先，所以必须有两个任务 τ_i 和 τ_j 且 τ_j 紧接在 τ_i 之后，但是 $d_j < d_i$，如下图所示。

由于这些任务都是独立的（即没有优先约束），调换这两个任务的顺序就会产生另一个有效的调度，如下。

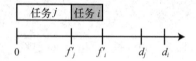

我们可以证明，这个新调度的最大延迟并不超过原来调度的最大延迟。如果我们重复上面的互换直到不能找出适合该互换的任务，那么我们就构建了一个 EDD 调度。由于这个调度的最大延迟不大于原调度的最大延迟，因此，EDD 调度的最大延迟是所有调度中最小的。

为了证明第二个调度的最大延迟不会大于第一个调度的最大延迟，首先请注意如果最大延迟是由其他任务决定的而不是 τ_i 和 τ_j，那么这两个调度就有相同的最大延迟。

否则，下式肯定是第一个调度的最大延迟。其中，后面的等式很显然与图是相符的，且遵从 $f_i \leq f_j$ 和 $d_j < d_i$ 的实际情况。

$$L_{\max} = \max\ (f_i - d_i, f_j - d_j) = f_j - d_j$$

第二个调度的最大延迟由下式给出：

$$L'_{\max} = \max\left(f_i' - d_i, f_j' - d_j\right)$$

再考虑以下两种情形。

情形 1：$L'_{\max} = f_i' - d_i$。在这个情形下，由于 $f_i' = f_j$，就可以得出如下最大延迟时间。其中，后面的不等式是由 $d_j < d_i$ 产生的，因此，$L'_{\max} \leq L_{\max}$。

$$L'_{\max} = f_j - d_i \leq f_j - d_j$$

情形 2：$L'_{\max} = f_j' - d_j$。此时，由于 $f_j' \leq f_j$，就可以有如下不等式。再一次可得出 $L'_{\max} \leq L_{\max}$。

$$L'_{\max} \leq f_j - d_j$$

在这两种情形下，第二个调度的最大延迟都不会大于第一个调度的最大延迟。　■

EDD 也是可调度性最优的，因为其最小化了最大延迟时间。然而，EDD 不支持任务的到来，因此也不支持周期性任务或任务的重复执行。幸运的是，可以很容易对 EDD 进行扩展以支持这些特性，从而也就产生了**最早截止期优先**（Earliest Deadline First，EDF）或称为 Horn 算法（Horn，1974）。

定理 12.3　给定由 n 个独立任务组成的任务集 $T = \{\tau_1, \tau_2, \cdots, \tau_n\}$，每个任务的截止期为

d_1, d_2, …, d_n 且到达时间任意, 在任何时候都执行所有到来任务中截止期最小任务的任何算法都是最小化最大延迟最优的。

该定理的证明可以使用类似的交换论证方法。另外, 该结论也可以很容易地扩展到支持数量不限的任务到达。这个留作练习题, 感兴趣的读者可尝试证明。

请注意, EDF 是一个动态优先级调度算法。如果一个任务被重复地执行, 在每一次执行时其可能被分配不同的优先级, 这会使其实现变得更加复杂。典型地, 对于周期性任务, 截止期就是任务周期的结束, 当然也可以为任务采用其他截止期。

尽管 EDF 较单调速率调度的实现成本更高, 但是, 实际中它的性能通常也更为出众 (Buttazzo, 2005b)。首先, 单调速率调度仅在静态优先级调度器中是可调度性最优的, 然而 EDF 在动态优先级调度器中是可调度性最优的, 另外 EDF 也最小化了最大延迟时间。其次, 在实际中 EDF 引起的抢先更少 (见习题 2), 这意味着上下文切换的开销更低, 这通常对更大的实现复杂度进行了补偿。再者在利用率低于 100% 时任何的 EDF 调度都能承受执行时间的增加和 / 或周期时间的减少, 并仍然是可调度的, 这不同于单调速率调度。

具有优先序的 EDF

定理 12.2 说明 EDF 对于没有优先序的任务集是优化的 (最小化了最大延迟)。然而, 如果有优先序又会怎样呢? 给定一个有限的任务集, 任务间的优先序可以被表示为**优先序图** (precedence graph, 也译为**优先图**、**前驱图**)。

示例12.1 由六个任务组成的任务组 $T=\{1, …, 6\}$, 每个任务的执行时间为 $e_i=1$, 其优先序如图 12-7 所示。该图表示, 任务 1 必须在任务 2 或 3 中的任意一个之前执行, 任务 2 必须在任务 4 和 5 之前执行, 任务 3 必须在任务 6 之前执行。图中给出了每个任务的截止期。EDF 调度用 "EDF" 标出。由于任务 4 错过其截止期, 这个调度是不可行的。然而, 仍然存在一个可行的调度方案, 图中标记为 LDF 的调度可以满足所有的截止期。

前一示例表明, 如果存在优先序关系, EDF 就不是最优化的。1973 年, Lawler(1973) 提出了一个对于优先序任务最优化的简单算法, 其最小化了最大延迟。该策略非常简单。

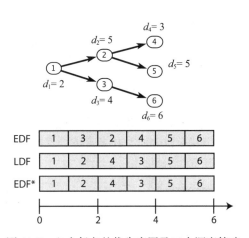

图 12-7　六个任务的优先序图及三个调度策略下的调度示例 (每个任务只执行一个时间单元)

给定一个固定的、具有截止期的有限任务集, Lawler 的策略构建了后向调度[⊖], 首先选择最后的任务。要选择的最后任务满足的条件是, 没有被其他任务依赖且具有最晚的截止期。该算法持续后向地构造该调度, 每次从依赖者已经被调度的任务中选择一个截止期最晚的。对于之前的示例, 图 12-7 中标识为 "LDF" 的调度是可行的。Lawler 算法被称为**最晚截止期优先** (Latest Deadline First, LDF)。

　⊖ 即从调度队列末尾向前操作, 但调度时依然是从前往后选择。——译者注

在最小化最大延迟的意义上，LDF 是最优化的，由此它也是最优可调度的。然而，其不支持任务的到来。幸运的是，Chetto 等人（1990）提出了 EDF 的一个简单修改算法。EDF*（支持优先序的 EDF）支持任务动态到来且最小化最大延迟。在该修改版中，我们调整所有任务的截止期。假设任务的集合为 T，对于一个任务执行 $i \in T$，令 $D(i) \subset T$ 是优先序图中依赖于 i 的任务执行的集合。对于所有执行 $i \in T$，我们定义如下一个修改的截止期。

$$d_i' = \min\left(d_i, \min_{j \in D(i)}\left(d_j' - e_j\right)\right)$$

除了使用修改的截止期之外，EDF* 与 EDF 非常相似。

示例 12.2 从图 12-7 中可以看到 EDF* 调度与 LDF 调度相同，修改的截止期如下。

$$d_1' = 1, \; d_2' = 2, \; d_3' = 4, \; d_4' = 3, \; d_5' = 5, \; d_6' = 6$$

关键在于，任务 2 的截止期已经从 5 修改到 2，反映出该任务的后继都有较早的截止期。这使得 EDF* 在调度任务 3 之前调度任务 2，最终产生一个可行的调度。

EDF* 可以被看作一种使截止期合理化的技术。该算法并非接受给定的任意截止期，而是确保任务的截止期要考虑其后继任务的截止期。在该例中，使任务 2 的截止期是较其后继任务更晚的时间（5）基本没有意义，因此 EDF* 会在使用 EDF 调度之前纠正这一现象。

12.4 调度与互斥

尽管截至目前所给出的算法理解起来都不复杂，但其在实际中的效果可远不是那么简单的，经常会让系统设计人员感到惊讶。尤其是在任务共享资源并使用互斥机制来控制对这些资源的访问时，会经常如此。

12.4.1 优先级翻转

原则上，**基于优先级的抢先式调度器**会一直选择就绪的高优先级任务进行调度。然而，当使用互斥机制时，任务可能会在执行期间被阻塞。如果调度算法不考虑这一可能性，就会出现严重的后果。

示例 12.3 图 12-8 所示是 1997 年 7 月 4 日着陆在火星表面的火星探路者。在任务运行的一段时间里，探路者开始不定期地错过截止期，并引起整个系统的复位，每次都有数据丢失。地面工程师最终诊断出是发生了优先级翻转问题，即一个低优先级气象任务持有一个锁并阻塞高优先级任务，从而使得中优先级任务执行。（**来源：**What Really Happened on Mars? Mike Jones, RISKS-19.49 on the comp.programming.threads newsgroup, Dec. 07, 1997，以及 What Really Happened on Mars? Glenn Reeves, Mars Pathfinder Flight Software Cognizant Engineer, email message, Dec. 15, 1997.）

图 12-8   火星探路者以及着陆器拍摄到的火星表面
（来自 Wikipedia Commons）

优先级翻转（priority inversion）是一个不正常的调度，表现为高优先级任务被阻塞而不相关的低优先级任务却得到执行。图 12-9 说明了这一现象。图中，低优先级的任务 3 在时间 1 获得锁。在时间 2，该任务被高优先级的任务 1 所抢先，任务 1 在时间 3 时因为尝试获取该锁而被阻塞。然而，在任务 3 执行到释放锁的位置之前，其将被不相关的中优先级任务 2 所抢先。任务 2 可以无时间限制地运行，从而阻止更高优先级的任务 1 执行。几乎可以确定，这种情况是不可取的。

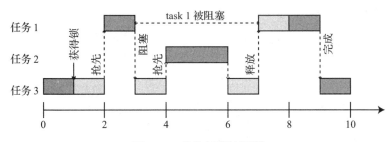

图 12-9　优先级翻转问题

（任务 1 具有最高优先级，任务 3 优先级最低。任务 3 在一个共享对象上获得锁，并进入临界区。之后，其被任务 1 所抢先，任务 1 尝试获取锁时被阻塞。任务 2 在时间 4 抢先任务 3，使得任务 1 以无限的时间被阻塞。从效果来看，任务 1 和任务 2 的优先级翻转了，因为任务 2 可以让任务 1 等待任意长的时间）

12.4.2　优先级继承协议

1990 年，Sha 等人（1990）给出了一个针对优先级翻转问题的解决方法，称为**优先级继承**（priority inheritance）。在他们的解决方案中，当一个任务在尝试获取锁时被阻塞，那么，持有该锁的任务会继承被阻塞任务的优先级。这样一来，持有锁的任务就不会被优先级低于被阻塞任务优先级的任务所抢先。

示例 12.4　图 12-10 说明了优先级继承机制。该图中，当任务 1 在获取任务 3 所持有的锁时被阻塞，任务 3 会继续执行而且是以任务 1 的优先级继续执行。因此，当任务 2 在时间 4 就绪时，其不能抢先任务 3。反之，任务 3 一直运行，直到其在时间 5 释放了锁。该时刻，任务 3 恢复其原来优先级（低优先级），且任务 1 恢复执行。直到任务 1 完成执行之后，任务 2 才能执行。

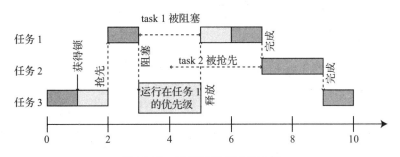

图 12-10　优先级继承协议示例

（任务 1 的优先级最高，任务 3 的最低。任务 3 获得锁并进入临界区。任务 1 抢先并在尝试获取该锁时阻塞。任务 3 继承任务 1 的优先级，防止被任务 2 抢先）

12.4.3　优先级天花板协议

优先级可以与互斥锁以很多有意思的方式进行交互。特别是在 1990 年，Sha 等（1990）已经阐明可以使用优先级来防止某些类型的死锁。

示例 12.5 图 12-11 给出了两个任务死锁的情形。图中，任务 1 有更高的优先级。在时间 1，任务 2 获得锁 a。在时间 2，任务 1 抢先任务 2 执行，并在时间 3 获得锁 b。当持有锁 b 时，其尝试获取锁 a。由于 a 被任务 2 持有，该任务阻塞。在时间 4，任务 2 恢复执行。在时间 5，其尝试获取任务 1 正在持有的锁 b。发生死锁！

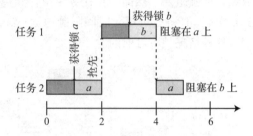

图 12-11　死锁示例低优先级任务首先开始执行并获得锁 a，之后被更高优先级的任务抢先，其获得锁 b 并在尝试获取锁 a 时阻塞。低优先级任务在尝试获取锁 b 时被阻塞，之后就无法继续运行了）

我们可以通过一个称为**优先级天花板**（priority ceiling）协议的技术来巧妙地防止上例中的死锁问题（Sha et al., 1990）。在该协议中，每个锁或者信号量被赋予一个优先级天花板，其等于申请该锁的最高优先级任务的优先级。仅当任务 τ 的优先级严格地大于当前其他任务所持有的全部锁的优先级天花板时，任务 τ 可以获得锁 a。直观上，如果要防止任务 τ 获取锁 a，那么就要保证在后续尝试获取由其他任务持有的锁时任务 τ 将不会持有锁 a。这可以防止某些死锁的出现。

示例 12.6 优先级天花板协议可以防止示例 12.5 中的死锁，如图 12-12 所示。在图中，当任务 1 尝试在时间 3 获取锁 b 时，其将被阻止。在该时间，锁 a 正被另一个任务（任务 2）所持有。分配给锁 a 的优先级天花板等于任务 1 的优先级，因为任务 1 是可以获得锁 a 的最高优先级任务。由于任务 1 的优先级并没有严格大于这个优先级天花板，因此任务 1 就不能获得锁 b。由此，任务 1 被阻塞，允许任务 2 完成运行。在时间 4，任务 2 顺利获得锁 b，且在时间 5 其释放这两个锁。一旦该任务释放了这两个锁，拥有较高优先级的任务 1 不再被阻塞，其抢先任务 2 并恢复执行。

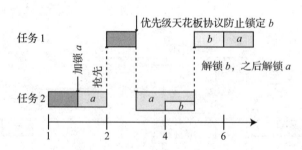

图 12-12　优先级天花板协议示例（该示例中，锁 a 和 b 的优先级天花板等于任务 1 的优先级。在时间 3，任务 1 尝试锁定 b，但其不能锁定，因为任务 2 当前持有优先级天花板等于任务 1 的优先级的锁 a）

当然，要实现优先级天花板协议就要求提前确定哪些任务会访问哪些锁。一种简单且保守的策略是，检查每个任务的源代码并列出代码中要获取的锁。将这一策略称为保守的是因为，一个特定程序可能会也可能不会执行代码中的每一行，因此代码中出现了锁并不意味着该任务必将尝试获取该锁。

12.5 多处理器调度

如上所述，在单处理器上调度任务已经足够困难了，在多处理器上进行调度的难度会更大。考虑这样一个问题：在有限数量的处理器上调度具有优先序的固定有限任务集且要最小化总完成时间。虽然该问题是一个 NP 难问题，但仍然出现了一些有效和高效的调度策略。最为简单的一个是 **Hu 级调度**（Hu level scheduling）算法。该算法基于**级别**（level）为每个任务 τ 分配一个优先级，级别是优先序图中从 τ 到另一个不依赖任务的路径上所有任务的最大执行时间总和。具有较大级别的任务比具有较小级别的任务具有更高的优先级。

示例 12.7 对于图 12-7 中的优先序图，任务 1 的级别为 3，任务 2 和 3 的级别均为 2，任务 4、5 和 6 的级别为 1。因此，Hu 级调度器将给任务 1 分配最高的优先级，给任务 2 和 3 分配中等优先级，任务 4、5、6 为最低优先级。

Hu 级调度是**关键路径**（critical path）方法族中的一种，因为其强调了优先序图中具有最大整体执行时间的路径。尽管该调度不是最优的，但众所周知，对大多数图而言其都可以非常接近最优解（Kohler，1975；Adam et al.，1974）。

一旦任务被分配了优先级，**列表调度器**（list scheduler）根据优先级对这些任务进行排序，并在处理器变为可用时按照排序列表中的顺序为这些任务分配处理器。

示例 12.8 如图 12-13 所示是基于 Hu 级调度算法为图 12-7 中的优先序图构建的一个双处理器调度序列。总完成时间为 4。

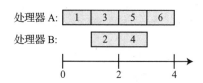

图 12-13　图 12-7 中任务优先序图的双处理器并行调度

调度异常

嵌入式系统设计中最严重的缺陷之一是**调度异常**（scheduling anomalies），即由于系统运行条件的微小变化而出现意想不到的或违反预期的行为。我们已经阐述了两个这样的异常，即优先级翻转和死锁。除此之外，还有很多其他异常。如下的 Richard 异常（Graham，1969）很好地说明了会出现问题的可能范围。这些都表明多处理器调度是**非单调的**（non-monotonic，即局部级别的性能提升会导致全局性能下降），以及**脆弱的**（brittle，即微小变化会导致严重的后果）。

以下定理对 Richard 异常进行了总结。

定理 12.4 对于一个由具有静态优先级、执行时间和优先序约束的任务所组成的任务集，如果在固定数量的处理器上根据优先级进行调度，那么增加处理器的数量、减少执行时间，或者弱化优先序约束都可以增加调度的长度。

证明 该定理可由图 12-14 中的例子来证明。该例中有 9 个任务，其执行时间如图所示。假设任务都分配了优先级，且较小编号的任务比较大编号的任务具有更高的优先级。请注意，这并不对应一个关键路径优先级分配，但是其足以证明该定理。图中给出了一个三处理器上的优先级调度。总完成时间为 12。

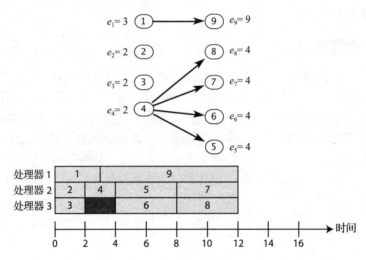

图 12-14　9 个任务的优先序图（编号小的任务具有高的优先级）

首先，来看一下执行时间全部减少一个时间单元时会发生什么。如下给出一个符合优先级和优先序的调度过程。

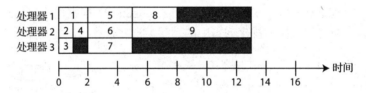

请注意，此时的总完成时间已经增加到了 13，即使总的计算量已经显著降低。由于很难准确地获取计算时间，所以这种脆弱性表现就会令人非常不安。

再来看一下，增加第四个处理器且其他条件与原问题保持一致的情况下将会发生什么。如下也给出了一个调度过程。

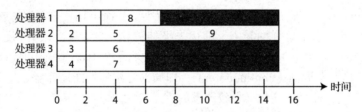

即使已经将原有计算能力增加了 33%，但总完成时间再一次增加（至 15）。

最后，再来看看通过移除任务 4 和任务 7、8 之间的优先序来减弱优先序约束之后会发生什么情况。如下给出了一个调度结果。

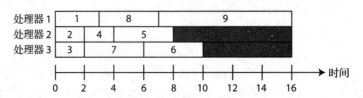

即使弱化优先序约束增加了调度的灵活性，但总完成时间现在已经增加到了 16。显然，像这样简单的基于优先级的调度并没有将这些弱化的约束利用起来。

当我们意识到软件的执行时间很难被准确获取时，这个定理就非常令人担忧了（见第 16 章）。调度策略将基于近似值，而且运行时行为可能会出乎我们的意料。

当有互斥锁时，就会出现另一种异常形式。图 12-15 给出了一个示例说明。在该例中，使用静态分配调度器将 5 个任务分配给两个处理器。任务 2 和 4 竞争一个互斥锁。如果任务 1 的执行时间减少，那么任务 2 和 4 的执行顺序会翻转，这将引起执行时间的增加。在实际中，这种类型的异常是非常常见的。

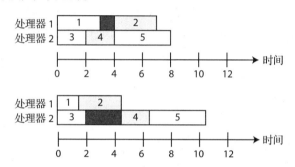

图 12-15　因互斥锁引起的异常（任务 1 执行时间的减少会导致总完成时间的增加）

12.6　小结

嵌入式软件对时间特性的变化非常敏感，因为其不可避免地要与外部物理系统进行交互。因此，设计人员就需要非常注意任务的调度机制与特性。本章阐述了实时任务调度和并行调度相关的基础技术，并解释了可能会遇到的一些陷阱，如优先级翻转以及调度异常。了解这些陷阱的设计人员将能够更好地预防这些问题的出现。

延伸阅读

调度是一个不断被深入研究的主题，许多基础性结论可以追溯到 20 世纪 50 年代。本章仅覆盖了相关的基础性技术，同时省略了一些重要的主题。就实时调度方面的书籍与资料而言，我们特别推荐 Buttazzo（2005a）、Stankovic and Ramamritham（1988）、Liu（2000），其中 Liu（2000）很好地覆盖了偶发任务的调度。Sha 等人（2004）的 "Real time scheduling theory: A historical perspective" 是一篇优秀的综述文章，Klein et al.（1993）是一个实用的实践指南，Audsley et al.（2005）是阐述 2005 年以前静态优先级调度技术演化的优秀文献。对于软实时调度，我们推荐研究 1977 年由 Douglas Jensen 提出的时间效用函数，其是克服实时系统中经典截止期约束有限表达性的一个有效方式（Jensen et al.，1985；Ravindran et al.，2007）。

当然，还存在比这里所提及的更多的调度策略。例如，**截止期单调**（Deadline Monotonic，DM）调度对单调速率进行了修改以允许周期性任务具有小于其周期的截止期（Leung and Whitehead，1982）。**弹簧算法**（Spring algorithm）是一组支持到达、优先序关系、资源约束、非抢占属性以及重要性级别的启发式方法（Stankovic and

Ramamritham，1987，1988）。

　　本书没有涵盖的一个重要主题是**可调度性分析**（feasibility analysis），该技术分析程序以确定是否存在可行的调度方案。该领域的很多工作基础参见 Harter（1987）和 Joseph and Pandya（1986）。

　　多处理器调度也是一个被深入研究的主题，许多核心成果源于运筹学领域。关于该主题的书籍有 Conway et al.（1967）和 Coffman（1976）。Sriram and Bhattacharyya（2009）聚焦于嵌入式多处理器，以及用于降低多处理器调度中同步开销的革新技术。

　　同样值得注意的是，很多项目都引入了表达软件实时行为的编程语言结构。其中最值得一提的是 Ada，这是一种根据美国国防部（DoD）的合同于 1977 ～ 1983 年期间开发的语言，其目标是用一种统一的语言来替换当时用于 DoD 项目中的数百种编程语言。在 Lee and Gehlot（1985）和 Wolfe et al.（1993）中可以找到针对实时的语言结构的深入讨论。

习题

1. 本题研究静态优先级调度。考虑两个在单处理器上周期执行的任务，任务 1 的周期 $p_1=4$ 且任务 2 的周期 $p_2=6$。
   - （a）令任务 1 的执行时间为 $e_1=1$。请找出任务 2 执行时间 e_2 的最大值以使得 RM 调度是可行的。
   - （b）令任务 1 的执行时间为 $e_1=1$。non-RMS 是一个非 RM 调度的静态优先级调度。请找出任务 2 执行时间 e_2 的最大值以使得 non-RMS 调度是可行的。
   - （c）针对上述（a）和（b）两题的解，请分别给出处理器的利用率，并说明哪一个更好。
   - （d）对于 RM 调度，是否存在 e_1 和 e_2 可以使 CPU 的利用率为 100%？如果存在，请给出一个示例。

2. 本问题研究动态优先级调度。考虑两个在单处理器上周期执行的任务，任务 1 的周期 $p_1=4$ 且任务 2 的周期 $p_2=6$。令这些任务的每个调用的截止期就是其周期。也就是说，任务 1 第一个调用的截止期为 4，其第二个调用的截止期为 8，以此类推。
   - （a）令任务 1 的执行时间为 $e_1=1$。请找出任务 2 执行时间 e_2 的最大值以使得 EDF 调度是可行的。
   - （b）对于（a）中求解得到的 e_2，请将习题 1（a）中的 RM 调度与 EDF 调度进行比较。哪个调度中的抢先更少？哪个调度具有更好的利用率？

3. 本题对单调速率调度（RM）和最早截止期优先调度（EDF）进行比较。有周期分别为 $p_1=2$ 和 $p_2=3$、执行时间为 $e_1=e_2=1$ 的两个任务。假设每个任务执行的截止期就是周期的结束。
   - （a）请为任务集给出 RM 调度并给出处理器利用率。该利用率与式（12.2）所得的利用率边界（Liu and Layland，1973）相比如何？
   - （b）请证明，e_1 或 e_2 的任何增加都会使得 RM 不可调度。如果保持 $e_1=e_2=1$ 以及 $p_2=3$ 为常量，是否可能将 p_1 减小至 2 以下且仍然存在可行的调度方案？可减小多少？如果保持 $e_1=e_2=1$ 以及 $p_1=2$ 为常量，是否可能将 p_2 减小至 3 以下并仍然存在可行的调度方案？可减小多少？
   - （c）将任务 2 的执行时间增加至 $e_2=1.5$，请给出一个 EDF 调度。该调度是可行的吗？处理器利用率是多少？

4. 本题由 Hokeun Kim 设计，也比较了 RM 和 EDF 调度。考虑两个在单处理器上周期执行的任务，任务 1 的周期 $p_1=4$ 且任务 2 的周期 $p_2=10$。假设任务 1 的执行时间为 $e_1=1$，任务 2 的执行时间为 $e_2=7$。
   - （a）请画出单调速率调度过程（20 个时间单元，4 和 10 的最小公倍数）。该调度是可行的吗？
   - （b）假设任务 1 和 2 竞争一个互斥锁，且每次执行在开始时获取锁并在结束时释放锁。同时假设获取或释放一个锁并不占用时间，且使用了优先级继承协议。该单调速率调度是否可行？

（c）仍然假设任务 1 和 2 像（b）中一样在竞争一个互斥锁。假设任务 2 在运行一个**任意时间算法**（anytime algorithm），该类算法可以提前终止并仍然获得有用的结果。例如，其可以是一个图像处理算法，当提早终止时将得到较低质量的图像。请给出任务 2 执行时间 e_2 的最大值，以使得单调速率调度是可行的。假设执行时间总为正值，减少任务 2 的执行时间并以此构造所生成的调度，以及画出 20 个时间单元的调度过程。

（d）对于本题的原问题，即 $e_1=1$ 且 $e_2=7$，且没有互斥锁，请画出 20 个时间单元的 EDF 调度过程。为了解决具有相同截止期的多个任务执行之间的冲突，假设任务 1 的执行较任务 2 的执行具有更高的优先级。那么，该调度是可行的吗？

（e）现在考虑增加第三个任务，即任务 3，其周期和执行时间分别为 $p_3=5$ 和 $e_3=2$。另外，假设（c）中我们可以调整任务 2 的执行时间。

假设执行时间总是正值。为了打破具有相同截止期的多个任务执行之间的僵持情形，假设如果 $i<j$，任务 i 的优先级高于任务 j 的优先级。请找出任务 2 执行时间 e_2 的最大值，以使得 EDF 调度是可行的，并请画出 20 个时间单元的调度过程。

5. 本问题基于 Burns 和 Baruah（2008）给出的例子来比较静态优先级与动态优先级调度。有两个周期性任务，任务 τ_1 的周期为 $p_1=2$，任务 τ_2 的周期为 $p_2=3$。假设执行时间分别为 $e_1=1$ 和 $e_2=1.5$，且任务 τ_1 的执行 i 的释放时间由下式给出，其中 $i=1, 2, \cdots$。

$$r_{1,i} = 0.5 + 2\,(i-1)$$

假设任务 τ_1 的执行 i 的截止期由下式给出：

$$d_{1,i} = 2i$$

相应地，假设任务 τ_2 的释放时间和截止期分别由以下两式计算。

$$r_{2,i} = 3\,(i-1)$$
$$d_{2,i} = 3i$$

（a）请给出一个可行的静态优先级调度。

（b）请证明任务 τ_1 所有执行的释放时间如果被减少 0.5，就不存在可行的静态优先级调度。

（c）将任务 τ_1 的释放时间减少为下式所示，请给出一个可行的动态优先级调度。

$$r_{1,i} = 2\,(i-1)$$

6. 本问题研究调度异常。考虑八个任务构成的任务优先序图，如图 12-16 所示。在图中，e_i 表示任务 i 的执行时间。假设如果 $i<j$，则任务 i 的优先级高于任务 j 的优先级，不存在任务抢先。这些任务必须依照所有的优先序约束以及优先级进行调度。假设所有任务在 $t=0$ 时刻到来。

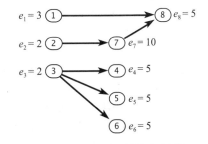

图 12-16 习题 6 的优先序图

（a）在两个处理器上调度这些任务，请画出这些任务的调度过程并给出总完成时间。

（b）现考虑在三个处理器上调度这些任务。请画出这些任务的调度过程并给出总完成时间。该总完成时间大于还是小于（a）中的总完成时间？

（c）考虑让每个任务的执行时间减少 1 个时间单元，并在两个处理器上调度这些任务。请画出这些任务的调度过程并给出总完成时间。该总完成时间大于还是小于（a）中的总完成时间？

7. 本问题研究实时调度与互斥之间的交互，由 Kevin Weekly 设计。

首先给出如下一段代码。

```
1  pthread_mutex_t X; // 资源      X：无线通信
2  pthread_mutex_t Y; // 资源      Y：LCD 屏
```

```
3    pthread_mutex_t Z; // 资源        z:外部存储器(低速)
4
5    void ISR_A() { // 安全传感器中断服务例程
6      pthread_mutex_lock(&Y);
7      pthread_mutex_lock(&X);
8      display_alert(); // 使用 资源Y
9      send_radio_alert(); // 使用 资源X
10     pthread_mutex_unlock(&X);
11     pthread_mutex_unlock(&Y);
12   }
13
14   void taskB() { // 状态记录任务
15     while (1) {
16       static time_t starttime = time();
17       pthread_mutex_lock(&X);
18       pthread_mutex_lock(&Z);
19       stats_t stat = get_stats();
20       radio_report( stat ); // 使用 资源X
21       record_report( stat ); // 使用 资源Z
22       pthread_mutex_unlock(&Z);
23       pthread_mutex_unlock(&X);
24       sleep(100-(time()-starttime)); // 调度下一次执行
25     }
26   }
27
28   void taskC() { // UI 更新任务
29     while(1) {
30       pthread_mutex_lock(&Z);
31       pthread_mutex_lock(&Y);
32       read_log_and_display(); // 使用 资源Y和Z
33       pthread_mutex_unlock(&Y);
34       pthread_mutex_unlock(&Z);
35     }
36   }
```

可以假设这些注释已经完全给出了函数的资源使用情况。也就是说，一行代码若注释为"uses resource X"，那么相关函数就只使用资源 X。系统上运行的调度器是基于优先级的抢先式调度器，taskB 的优先级高于 taskC 的优先级。在本问题中，ISR_A 可以被当作具有最高优先级的异步任务。

系统的预期行为是每 100ms 发送一个无线电数据报文，UI 的预期行为是持续地刷新。另外，如果有一个安全中断，无线电报告会被立即发出，且由 UI 来通知用户。

(a) 通常，当有一个安全中断时，系统将完全停止工作。在一个调度图中（类似于本书中的图 12-11），使用任务 {A, B, C} 以及资源 {X, Y, Z} 来解释该行为的原因。在图中，执行时间不一定要按比例画出，但请清晰地标注该图。评分将不仅考虑正确性，还部分取决于答案的清晰度。

(b) 基于优先级天花板协议，请为 (a) 中给出的相同事件序列画出调度图。请标出直到所有任务完成，或者到一次重复执行的结束这一过程中所有的加锁和解锁事件。其是否会像之前那样终止？

(c) 不改变该调度器，如何重新排序 taskB 中的代码才能解决这个问题？使用所有任务/资源锁定方案的穷举搜索，证明该系统不会遇到死锁。（提示：由于有 3 个任务且每个任务有两个可能要加锁的资源，因此证明该过程应列举 6 种情况。）

分析与验证

本部分学习嵌入式系统的分析方法，重点是刻画期望和非期望行为的方法，以及检验一个实现是否符合其规格要求。第13章包括了时态逻辑，这是能够表达多种输入/输出行为以及系统状态随时间演化的形式化标记方法，该方法可被用于明确地指定期望的和非期望的行为。第14章解释了一个规格与另一个规格等价的含义，以及实现规格的设计意味着什么。第15章阐述了如何在算法上检查一个设计是否正确地实现了规格。第16章说明如何分析设计的定量属性，重点强调软件的执行时间分析。该类分析对于实现软件的实时行为是非常必要的。第17章围绕与嵌入式、信息物理融合系统相关的概念，介绍了安全性与隐私性的基础知识。

不变量与时态逻辑

每个嵌入式系统的设计都必须满足特定需求，这样的系统需求也被称为**属性**或者**规格**。对规格的需要可由如下引语恰当地表述（Young et al., 1985）：

"一个没有规格的设计无法判断对或错，只可能是不可思议的！"

在当前的工程实践中，通常是使用自然语言（如英语）来描述系统需求。例如，已被多个国家空间机构所采用的 SpaceWire 总线通信协议（European Cooperation for Space Standardization, 2002）。以下给出引自该协议规格文档 8.5.2.2 节中的两个属性，描述复位时系统行为的条件。

1）"在系统复位之后、链路操作因某种原因终止之后或者在线路初始化期间出现错误时，状态机应该进入 *ErrorReset* 状态。"

2）"无论何时，一旦复位信号有效，状态机应该立即转换到 *ErrorReset* 状态，且保持在该状态直到复位信号变为无效。"

精确地描述需求以避免自然语言中固有的歧义是非常重要的。例如上述 SpaceWire 协议的第一条属性，可以看到，这一条属性并没有描述什么时候将会进入 *ErrorReset* 状态。实现 SpaceWire 协议的系统是同步的，意味着状态机的迁移会出现在系统时钟的节拍上。那么，必须在三个条件之一变为 true 之后紧接的那个节拍时刻进入 *ErrorReset* 状态，还是在之后的某个节拍时刻？事实证明，文档中的本意是让系统在紧接的那个节拍迁移到 *ErrorReset* 状态，但上述自然语言描述并不精确。

本节将介绍以数学方式精确表述系统属性的相关技术。系统属性的数学规格也被称为**形式化规格**（formal specification）。我们将要使用的特定形式化机制是**时态逻辑**（temporal logic）。顾名思义，时态逻辑是一个精确的数学符号表示方法，其具有对时间相关系统属性进行表示和推理的一组规则。虽然自从亚里士多德时期时态逻辑已被哲学家和逻辑学家所使用，但也只有在近三十年才发现其是可用作描述系统需求的数学符号表示方法。

最常见系统属性中的一种就是**不变量**（invariant），其也是时态逻辑属性的最简单形式之一。我们将首先介绍不变量的概念，进而将其推广到表达性更好的时态逻辑规格中。

13.1 不变量

不变量（invariant）是在整个系统运行期间一直保持为 true 的系统属性。换句话说，所谓的不变量，就是在系统初始状态为 true，且在系统演化过程中的每个状态及每个响应之后都保持为 true 的系统属性。

实际中，很多属性都是不变量。SpaceWire 协议的上述两个属性都是不变量，虽然这也许并非显而易见的。SpaceWire 的这两个属性指明了必须一直为真的条件。如下是我们在第 3 章已经讨论过的模型的不变量属性示例。

示例 13.1　回顾图 3-10 中的交通灯控制器及其在图 3-11 中所建的环境模型，再考虑这两个状态机的异步组合所构成的系统。组合系统必须满足的一个显而易见的属性是：当交通灯为绿灯时不会有行人通过（即允许车辆通行时）。该属性在系统中必须一直为 true，从而也就是一个系统不变量。

指定嵌入式系统软硬件实现的不变属性是可取的。这些属性中的一部分指定了语言结构上的正确编程实践方法。例如，C 语言的属性"程序从不间接引用一个空指针"[⊖]就是指明好的编程实践方法的一个不变量。通常，C 程序中间接引用一个空指针会导致段错误，从而可能导致系统崩溃。

类似地，并发程序的一些期望属性也是不变量，如下例所述。

示例 13.2　看看如下关于没有死锁的属性。

如果线程 A 在尝试获取一个互斥锁时被阻塞，那么持有该锁的线程 B 在尝试获取由 A 所持有的锁时就必须不被阻塞。

该属性被要求是任何基于线程 A 和 B 所构建多线程程序的一个不变量。当然，一个特定程序也可能不会保持该属性，而它将面临死锁的风险。

很多系统不变量还会对程序数据施加要求，如下例所示。

示例 13.3　以下是来自 Paparazzi 无人机（Unmanned Aerial Vehicle，UAV）项目的一个软件任务（Nemer et al.，2006）。

```
1  void altitude_control_task(void) {
2   if (pprz_mode == PPRZ_MODE_AUTO2
3      || pprz_mode == PPRZ_MODE_HOME) {
4    if (vertical_mode == VERTICAL_MODE_AUTO_ALT) {
5     float err = estimator_z - desired_altitude;
6     desired_climb
7           = pre_climb + altitude_pgain * err;
8     if (desired_climb < -CLIMB_MAX) {
9      desired_climb = -CLIMB_MAX;
10     }
11     if (desired_climb > CLIMB_MAX) {
12      desired_climb = CLIMB_MAX;
13     }
14    }
15   }
16  }
```

对于本例而言，要求变量 desired_climb 的值在 altitude_control_task 函数的末尾保持在 [−CLIMB_MAX，CLIMB_MAX] 范围以内。这是关于**后置条件**（postcondition）这一特殊不变量类型的例子，每次 altitude_control_task 函数返回时都必须保持该后置条件，要确定是否符合这一情形就得分析程序的控制流。

13.2　线性时态逻辑

现在，我们给出**时态逻辑**（temporal logic）的形式化描述并用示例说明如何用时态逻

⊖　dereference，间接引用，表示取指针指向的值，即 C 语言中的 * 操作。——译者注

辑来刻画系统行为。尤其是我们研究一类特定类型的时态逻辑，即**线性时态逻辑**（Linear Temporal Logic，LTL）时。除此之外还有一些其他形式的时态逻辑，本书将在注解栏中对其中一部分进行简要说明。

使用线性时态逻辑，就可以在系统的任意单个执行中表达一个属性。例如，可以在线性时态逻辑中表示如下类型的属性。

- 事件的发生及其属性。例如，事件 A 必须在系统的每个轨迹中至少出现一次，或者其必须无限次地发生。
- 事件之间的因果依赖。例如，如果事件 A 在一个轨迹中出现，那么事件 B 也必定出现。
- 事件排序。例如，指定事件 A 的每次出现之前都有一个相应的事件 B 出现。

现在，我们将对上述关于线性时态逻辑可表达属性的直观认识进行形式化。选定一个具体的形式化计算模型对形式化表示来说是很有帮助的。这里，我们将会使用第 3 章讨论的有限状态机理论。

回顾 3.6 节中一个有限状态机的执行轨迹是如下形式的序列。其中，$q_j = \{x_j, s_j, y_j\}$，s_j 是状态，x_j 是输入估值，y_j 是响应 j 的输出估值。

$$q_0, q_1, q_2, q_3, \cdots$$

13.2.1 命题逻辑公式

首先，我们需要能够讨论每个响应的条件，如一个输入或输出是否存在、一个输入或输出的值是多少，或者状态又是什么等。令**原子命题**（atomic proposition）是关于输入、输出或状态的这样一个描述，其是一个谓词（估值为真或假的表达式）。与图 13-1 中状态机相关的原子命题示例如下。

输入: x: pure
输出: y: pure

true	为真
false	为假
x	输入 x 为 *present* 时为真
$x=present$	输入 x 为 *present* 时为真
$y=absent$	y 为 *absent* 时为真
b	有限状态机为 b 状态时为真

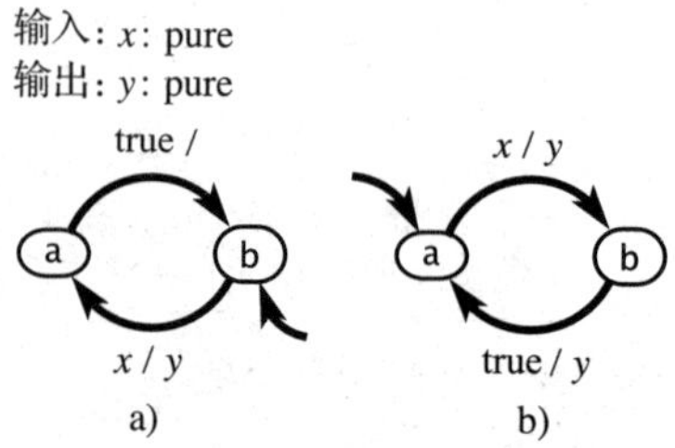

图 13-1 用于说明线性时态逻辑的两个有限状态机

在每种情况下，响应 q_i 的表达式要么为真要么为假。如果对于任何估值 x 和 y 都有 $q_i = (x, b, y)$，响应 q_i 的命题 b 为真，这意味着在该响应开始时状态机为 b 状态。也就是说，它是指当前状态，而不是下一个状态。

命题逻辑公式（propositional logic formula）或者（更简单地）**命题**（proposition）是采用**逻辑连接符**（logical connective）组合起来的原子命题，这些连接符包括合取（逻辑与，记为 ∧）、析取（逻辑或，记为 ∨）、否定（逻辑非，记为 ¬），以及蕴涵（逻辑包含，记为 ⇒）。图 13-1 中状态机的命题包括了上述所有原子命题以及使用逻辑连接符和原子命题组成的表达式。如下给出一些示例。

$x \wedge y$	x 和 y 都为 *present* 时为真
$x \vee y$	x 或 y 为 *present* 时为真
$x=present \wedge y=absent$	x 为 *present* 且和 y 为 *absent* 时为真

$\neg y$　　　　　　　　　　　　　　y 为 *absent* 时为真

$a \Rightarrow y$　　　　　　　　有限状态机在 a 状态时为真，响应将把输出 y 置为存在

注意，对于命题 p_1 和 p_2，当且仅当 $\neg p_2 \Rightarrow \neg p_1$ 时，命题 $p_1 \Rightarrow p_2$ 为真。换句话说，如果我们希望使得 $p_1 \Rightarrow p_2$ 为真，实际上就等价于使得 $\neg p_2 \Rightarrow \neg p_1$ 为真。逻辑上，后一个表达式被称为前一表达式的**逆否命题**（contrapositive）。

进而注意，如果 p_1 为假，命题 $p_1 \Rightarrow p_2$ 就会为真，这通过逆否命题是很容易理解的。如果 $\neg p_1$ 为真，命题 $\neg p_2 \Rightarrow \neg p_1$ 就为真，而不用考虑 p_2。因此，$p_1 \Rightarrow p_2$ 的另一个等价命题如下。⊖

$$\neg p_1 \vee p_2$$

13.2.2　线性时态逻辑公式

与上述命题不同，线性时态逻辑公式应用于如下整个轨迹而不仅仅是一个响应 q_i。最简单的线性时态逻辑公式看起来与上述命题很相似，但是它们应用于整个轨迹而不仅仅是轨迹中的单个元素。

$$q_0, q_1, q_2, \cdots$$

如果 p 是一个命题，那么通过定义就可以说当且仅当 p 对于 q_0 为真时，线性时态逻辑公式 $\phi = p$ 对于 $q_0, q_1, q_2, \cdots$ 也成立。虽然"即使该命题仅对轨迹中的第一个元素成立，该公式对整个轨迹都成立"看起来有些奇怪，但是我们将看到线性时态逻辑提供了推理整个轨迹的方法。

依惯例，我们用 ϕ、ϕ_1、ϕ_2 等来表示线性时态逻辑公式，用 p、p_1、p_2 等来表示命题。

给定一个状态机 M 和一个线性时态逻辑公式 ϕ，如果 ϕ 对状态机 M 所有可能的轨迹都是成立的，我们就说 ϕ 对状态机 M 是成立的。这通常需要考虑到所有可能的输入。

示例 13.4　因为所有轨迹都从状态 a 开始，线性时态逻辑公式 a 对图 13-1b 成立。但这在图 13-1a 中并不成立。

线性时态逻辑公式 $x \Rightarrow y$ 对两个状态机都成立。对于这两种情况，在第一个响应中，如果 x 为 *present*，则 y 将为 *present*。

为了证明一个线性时态逻辑公式对于一个有限状态机为假，只需要给出一个使该公式为假的轨迹就足够了。这样的一个轨迹被称为**反例**（counterexample）。为了证明一个线性时态逻辑公式对一个有限状态机为真，就必须证明其对所有的轨迹都为真，这通常非常困难（尽管当线性时态逻辑公式是一个简单的命题逻辑公式时（其仅须考虑轨迹的第一个元素）并不是那么困难）。

示例 13.5　线性时态逻辑公式 y 对于图 13-1 中的两个有限状态机都为假。在这两种情形下，第一个响应中 x 为 *absent* 的轨迹就是一个反例。

除了命题之外，线性时态逻辑公式也可以具有一个或多个特定的**时态算子**（temporal operator）。这些算子使得线性时态逻辑变得更加有趣，因为它们使得我们可以对整个轨迹进行推理，而不仅是对轨迹的第一个元素进行推断。以下我们将讨论四个主要的时态算子。

⊖　可以采用定义证明法或真值表证明法，具体请参考逻辑学、离散数学内容。——译者注

G 算子

如果 ϕ 对一个轨迹的每一个**后缀**（suffix）都成立（后缀是从某个响应开始并包括后续所有响应的一个轨迹的尾部），属性 Gϕ（读作"所有 ϕ"）对该轨迹成立。

数学符号表示中，当且仅当对于所有的 $j \geqslant 0$，都有公式 ϕ 在轨迹的后缀 $q_j, q_{j+1}, q_{j+2}, \cdots$ 中成立，则 Gϕ 对于该轨迹成立。

示例 13.6　在图 13-1b 中，G $(x \Rightarrow y)$ 对于状态机的所有轨迹都为真，因此对于状态机成立。G$(x \wedge y)$ 对状态机不成立，因为其对于出现了 x 为 *absent* 的响应的任何轨迹都为假。这样的轨迹提供了一个反例。

如果 ϕ 是一个命题逻辑公式，那么 Gϕ 只是意味着 ϕ 在每个响应中都成立。然而，我们将看到当把 G 算子和其他时态逻辑算子进行组合时，就可以对这些轨迹和状态机做出更有意思的描述。

F 算子

在 ϕ 对轨迹的某个后缀成立时，属性 Fϕ（读作"最终 ϕ"）对该轨迹成立。

形式化地，当且仅当对于某个 $j \geqslant 0$，ϕ 在轨迹的后缀 $q_j, q_{j+1}, q_{j+2}, \cdots$ 中成立，Fϕ 对于该轨迹成立。

示例 13.7　在图 13-1a 中，Fb 保持为真，因为状态机从状态机 b 开始，因此，对于所有轨迹，命题 b 对于轨迹本身（恰好是第一个后缀）成立。

更为有意思的是，G $(x \Rightarrow$ F$b)$ 对于图 13-1a 成立。这是因为如果在任何响应中 x 都是 *present*，那么该状态机将最终进入状态 b。即使是在从状态 a 开始的后缀中，其也为真。

请注意，在解释线性时态逻辑公式时括号可能非常重要。例如，$($G$x) \Rightarrow ($F$b)$ **会**保持为真，因为 Fb 对于所有轨迹都为真（因为初始状态为 b）。

请注意，当且仅当 $\neg$Gϕ 时 F$\neg\phi$ 成立。即，ϕ 最终为假与 ϕ 并不总为真的说法是一样的。

X 算子

属性 Xϕ（读作"下一个状态 ϕ"）对于一个轨迹 $q_0, q_1, q_2, \cdots$ 成立，当且仅当 ϕ 对于轨迹 $q_1, q_2, q_3, \cdots$ 成立。

示例 13.8　在图 13-1a 中，$x \Rightarrow$ Xa 对于状态机成立，这是因为如果在第一个响应中 x 为 *present*，那么接下来的状态就将是 a。G $(x \Rightarrow$ X$a)$ 对该状态机不成立，因为其对从状态 a 开始的任何后缀都不成立。在图 13-1b 中，G $(b \Rightarrow$ X$a)$ 对于状态机成立。

U 算子

如果 ϕ_2 对一个轨迹的某个后缀成立且直到 ϕ_2 为 true 时 ϕ_1 成立，属性 ϕ_1Uϕ_2（读作"ϕ_1 直到 ϕ_2"）对于这个轨迹成立。

形式化地，ϕ_1 Uϕ_2 对于该轨迹成立，当且仅当存在 $j \geqslant 0$，对于所有的 i 且 $0 \leqslant i < j$ 有 ϕ_2 在后缀 $q_j, q_{j+1}, q_{j+2}, \cdots$ 中成立，且 ϕ_1 在后缀 $q_i, q_{i+1}, q_{i+2}, \cdots$ 中成立。ϕ_1 对于 $q_j, q_{j+1}, q_{j+2}, \cdots$ 可能成立也可能不成立。

示例 13.9　在图 13-1b 中，aUx 对于任何 Fx 成立的轨迹都为真。但因为其并不包括所有轨迹，所以 aUx 对该状态机不成立。

一些作者定义了 U 算子的弱化形式，其并不要求 ϕ_2 成立。基于我们的定义，其可被写为如下形式：

$$(G\phi_1) \vee (\phi_1 U\phi_2)$$

如果 ϕ_1 一直成立（对于任何后缀），该式成立，或者如果 ϕ_2 对于某个后缀成立，那么，ϕ_1 对于之前的后缀都成立。这可被等价地写为如下形式：

$$(F\neg\phi_1) \Rightarrow (\phi_1 U\phi_2)$$

示例 13.10 在图 13-1b 中，$(G\neg x) \vee aUx$ 对于该状态机成立。

延伸探讨：可选的时态逻辑

以色列计算机科学家 Amir Pnueli（1977）率先将时态逻辑作为形式化描述程序属性的方法。为此，他于 1996 年获得了计算机科学的最高荣誉——ACM 图灵奖。从他那篇开创性的文章开始，时态逻辑已经广泛作为描述一系列系统的方法，包括硬件、软件和信息物理融合系统等。

在本章，我们聚焦于线性时态逻辑，当然还有很多其他类型的时态逻辑。线性时态逻辑公式应用于有限状态机中的单个轨迹，且在本章中，依据惯例，我们断定如果一个线性时态逻辑公式对于有限状态机的所有可能轨迹都成立，那么该公式对这个有限状态机成立。**计算树逻辑**（Computation Tree Logic，CTL*）是一个更为通用的逻辑，其显式地在有限状态机可能的轨迹上提供了一组量词（Emerson and Clarke，1980）；Ben-Ari et al.（1981））。例如，如果存在任意满足某个属性的轨迹，而不是要求该属性必须对所有轨迹都成立，我们就可以写出对一个有限状态机成立的计算树逻辑表达式。计算树逻辑也被称为**分叉时间逻辑**（branching-time logic），因为无论何时只要有限状态机的响应具有一个非确定性选择，它都将同时考虑这些选项。与之不同的是，线性时态逻辑每次仅考虑一个轨迹，因此它被称为是一个**线性时间逻辑**（linear-time logic）。习惯地认为，"如果线性时态逻辑公式对于所有轨迹都成立，则它对有限状态机成立"这一情况是不能在线性时态逻辑中直接表达的，因为线性时态逻辑并不包括类似于"对于所有轨迹"这样的量词。我们不得不跳出该逻辑来使用这一约定。而采用 CTL* 时，该约定可以在逻辑中直接表示。

时态逻辑的其他变体还包括了如用于连续时间实时系统推理的**实时时态逻辑**（如时间计算树逻辑或 TCTL）（Alur et al.，1991；Alur and Henzinger，1993）；以及用于推理诸如马尔可夫链或马尔可夫决策过程等概率模型的**概率时态逻辑**（probabilistic temporal logic）（Hansson and Jonsson，1994）。同时，已证明**信号时态逻辑**对于推理混合系统的实时行为非常有效（Maler and Nickovic，2004）。

一些用于从轨迹中推理时态逻辑属性的技术也被称为**规格挖掘**（specification mining），被证明对于工业实践是有用的（Jin et al.，2015）。

13.2.3 运用线性时态逻辑公式

看看如下用自然语言描述的属性，及其相应的线性时态逻辑形式化表示。

示例 13.11 "每当机器人遇到障碍物时，其最终都会移动离开障碍物至少 5cm。"

令 p 表示机器人遇到障碍物这一条件，q 表示机器人距离障碍物至少 5cm 这一条件。那么，这一属性可以被形式化地表示为如下线性时态逻辑。

$$G\,(p \Rightarrow Fq)$$

示例 13.12 来看 SpaceWire 总线的如下属性：

"无论何时，一旦复位信号有效，状态机应该立即转换到 *ErrorReset* 状态，且保持在该状态直到复位信号变为无效。"

令 p 在复位信号有效时为 true，且 q 在有限状态机处于 *ErrorReset* 状态时为 true，那么上述自然语言表示的属性可以基于线性时态逻辑形式化地表示为如下形式。

$$G\,(p \Rightarrow X\,(q U \neg p))$$

在上述形式化中，我们已经解释了"立即"意味着在紧接着的下一个时间步时状态改变为 *ErrorReset*。另外，上述线性时态逻辑公式对于任何复位信号有效且永不失效的执行不再成立。复位信号最终失效可能是该标准的初衷，但自然语言描述并没有将这个意思表述清楚。

示例 13.13 考虑图 3-10 中的交通灯控制器。该控制器的一个属性是输出会在 *sigG*、*sigY*、*sigR* 中一直循环，可以将其表示为如下线性时态逻辑。

$$G\,\{\,(sigG \Rightarrow X\,((\neg sigR \wedge \neg sigG)\, U sigY))$$
$$\wedge\,(sigY \Rightarrow X\,((\neg sigG \wedge \neg sigY)\, U sigR))$$
$$\wedge\,(sigR \Rightarrow X\,((\neg sigY \wedge \neg sigR)\, U sigG))\,\}$$

如下线性时态逻辑公式通常表示一些有用的属性。

（a）无数次发生：该属性的形式为 $G\,Fp$，意味着 p 最终为 true 的情况总是出现。换句话说，这意味着 p **无限经常**（infinitely often）为 true。

（b）稳态属性：该属性的形式为 $F\,Gp$，读作"从将来的某个点，p 一直成立"。这表示了一个稳态属性，说明在某个时间点之后，系统就处于 p 一直为 true 的一个**稳态**（steady state）。

（c）请求 – 响应属性：公式 $G\,(p \Rightarrow Fq)$ 可以被解释为一个请求 p 最终将会产生一个响应 q。

13.3 小结

可靠性与正确性是嵌入式系统设计中的核心问题，而形式化规格又是达成这些目标的核心方式。在本章我们学习了时态逻辑，这是编写形式化规格的主要方法之一。本章提供了精确描述系统中随时间一直成立的属性的相关技术，特别是聚焦于线性时态逻辑，该方法能够表达系统的安全性和活性属性。

安全性与活性属性

系统属性可能是具有**安全性**（safety）或**活性**（liveness）的属性。通俗地讲，安全属性指定了在运行期间"不发生坏的情况"。类似地，活性属性则指定了在运行期间"一些好的情况将会发生"。

更为形式化地，如果当且仅当存在一个不能被扩展为满足 p 的无限执行的、有限长度的执行前缀时，系统的执行不满足 p，该属性 p 就是一个**安全性属性**。如果每个有限长度的执行轨迹都能被扩展为满足 p 的一个无限执行，那么就说 p 是一个**活性属性**。关于安全性和活性的理论论述参见 Lamport（1977）和 Alpern and Schneider（1987）。

13.1 节中的属性全都是安全性属性的例子。另一方面，活性属性指定了系统上的性能需求或演进需求。对于一个状态机而言，$F\phi$ 形式的属性是一个活性属性。不存在任何有限执行能够证明该属性不被满足。

以下给出一个活性属性稍微详细一些的例子：

"只要一个中断有效，其相应的中断服务例程（ISR）终将被执行。"

在时态逻辑中，如果 p_1 是中断有效的属性，p_2 是中断服务例程被执行的属性，那么这个属性就可以被写为如下形式：

$$G\,(p_1 \Rightarrow Fp_2)$$

请注意，安全性和活性属性两者都能够构成系统不变量。例如，上述中断的活性属性是一个不变量，$p_1 \Rightarrow Fp_2$ 在每个状态中都必须成立。

活性属性可以是有界的，也可以是无界的。一个**有界活性**（bounded liveness）属性对期望发生的事情指定一个时间边界（这使其也是一个安全属性）。在上例中，如果 ISR 必须在中断有效后的 100 个时钟周期内执行，该属性就是有界活性属性；否则，如果在 ISR 执行上没有这个时间边界，其就是一个**无界活性**（unbounded liveness）属性。线性时态逻辑可以使用 X 算子表示有限形式的有界活性属性，但是它并不为量化时间直接提供任何机制。

习题

1. 就如下每个问题，请简要地给出答案并说明理由。
   (a) 判断真假：如果 GFp 对于一个状态机 A 成立，那么 FGp 也成立。
   (b) 判断真假：当且仅当 Gp 成立时，$G(Gp)$ 对于一个轨迹成立。

2. 考虑以下状态机：
   （请回顾虚线表示了一个默认迁移。）对于如下每个线性时态逻辑公式，请确定其真假，如果为假，请给出一个反例。
   (a) $x \Rightarrow Fb$
   (b) $G\,(x \Rightarrow F\,(y{=}1\,))$
   (c) $(Gx) \Rightarrow F\,(y{=}1)$
   (d) $(Gx) \Rightarrow GF\,(y{=}1)$
   (e) $G\,((b \wedge \neg x) \Rightarrow FGc)$
   (f) $G\,((b \wedge \neg x) \Rightarrow Gc)$
   (g) $(GF\neg x) \Rightarrow FGc$

   输入：x: pure
   输出：y: {0,1}

   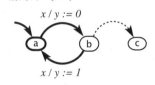

3. 结合第 6 章习题 6 中学习的同步反馈组合，请确定如下描述的真假。

   每个可能的组合行为的序列 w 可以满足如下时态逻辑公式，不是组合行为的序列不能满足该公式。

   $$G\,(w) \vee (wU(G\neg w))$$

   请给出答案的证明。如果认为该描述为假，请提供一个时态逻辑公式使其为真。

4. 本问题涉及指定机器人执行的线性时态逻辑任务。假设机器人必须访问 $l_1, l_2, \cdots, l_n$ 等 n 个位置。令

p_i 为原子公式，当且仅当机器人访问位置 l_i 时其为 true。

请给出如下任务的线性时态逻辑公式表示。

（a）机器人最终必须至少访问 n 个位置中的一个。

（b）机器人最终必须（可以以任意顺序）访问全部 n 个位置。

（c）机器人最终必须以 $l_1, l_2, \cdots, l_n$ 的顺序访问全部 n 个位置。

5. 考虑一个由图 13-2 中分层状态机所建模的系统 M，其建模了一个中断驱动程序。M 有两个模式：主程序执行的 Inactive 模式和中断服务例程执行的 Active 模式。主程序和中断服务例程读取并更新一个公共变量 *timerCount*。请回答如下问题。

（a）选择合适的原子命题，在线性时态逻辑中指定如下属性 ϕ：

　　ϕ：主程序最终会到达程序中的位置 C。

（b）M 是否满足上述线性时态逻辑属性？请构造一个有限状态机来验证所给出的答案。如果 M 不能满足该属性，那么其在何种条件下可以满足？假设 M 所处的环境可能在任何时间产生中断。

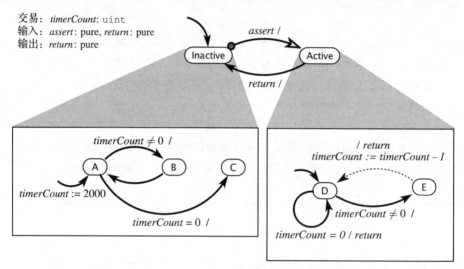

图 13-2　对主程序及其中断服务例程建模的分层状态机

6. 请以线性时态逻辑公式的形式表示示例 13.3 中的后置条件，并清晰地描述所给出的假设。

7. 考虑如图 11-6 所示的程序片段，其为线程提供了函数以通过发送消息的方式进行异步通信。请回答关于这段代码的如下问题。假设这段代码运行在单个处理器上（不是多核处理机），且可以假设仅依靠给出的这些代码访问列出的这些静态变量。

（a）令 s 是断定 send 函数释放该互斥锁（即执行第 24 行）的一个原子命题，令 g 是断定 get 函数释放该互斥锁（即执行第 38 行）的一个原子命题。请写出一个可以断定程序执行中 g 不能早于 s 出现的线性时态逻辑公式。该公式对于使用这些函数的任意程序的第一次执行是否成立？

（b）假设图 11-6 中使用 send 函数和 get 函数的程序在其执行的任意点被中止，之后重新从头执行。在这个新的执行中，对 get 函数的调用可能在任何对 send 函数已经进行的调用之前返回。请描述这是如何发生的。get 函数将返回什么值？

（c）再次假设如上使用 send 和 get 函数的程序在其执行中的任意点被中止，之后重新从头执行。在新的执行中是否可能出现死锁，使得对 get 函数的调用和对 send 函数的调用都不能返回？如果是，请描述这是如何发生的并给出解决方法。如果不是，请说明。

等价与精化

本章讨论对状态机与诸如轨迹等价、轨迹包含、模拟及互模拟等其他模态模型进行比较的一些基础性方法。这些方法与机制可以被用于检查状态机相对于规格的一致性。

14.1 规格模型

上一章提供了无歧义地描述系统在正确、安全运行时所需属性的一组技术，这些属性采用线性时态逻辑进行表示，其可以简明地描述有限状态机轨迹所必须满足的需求。描述需求的另一个替代性方法是提供一个模型，即一个规格，其呈现所期望的系统行为。规格通常都是非常抽象的，而且较一个系统的有效实现可能会呈现出更多的行为。但是，作为一个有效的规格，关键在于其必须要显式地排除不期望的或者危险的行为。

示例 14.1 一个简单的交通灯规格可以描述为："所有灯都应该以绿灯、黄灯、红灯的顺序依次转换。例如，永远不能直接从绿灯转到红灯，或者直接从黄灯转到绿灯。"这个需求可表示为时态逻辑公式（如示例 13.13 中所示），或者表示为一个抽象的模型（如图 3-12 所示）。

本章的主题是抽象规格模型的使用，以及如何将这些模型与一个系统实现和时态逻辑公式进行关联。

示例 14.2 我们将阐述如何证明图 3-10 中的交通灯模型是图 3-12 中规格的一个有效实现。另外，图 3-10 中模型的所有轨迹都满足示例 13.13 中的时态逻辑公式，但是并非图 3-12 所示规格中的所有轨迹都是满足的。因此，这两个规格并不相同。

本章内容主要是关于模型的比较，以及关于如何确定一个模型可被用来替代另一个模型。这使得一个工程设计过程成为可能，即我们从期望和非期望行为的抽象描述开始，进而对模型求精直至其能为一个完整的实现提供足够详细的信息。本章还会告诉我们何时可以安全地更改一个实现，如将其替换为另一个有可能会降低实现成本的实现。

14.2 类型等价与精化

我们从两个模型之间的简单关系开始，即仅比较它们与所处环境进行通信的数据类型。具体目标是确保适用于模型 *A* 的任何环境也可以适用于模型 *B*，且不会引起数据类型冲突。我们要求模型 *B* 能够接受模型 *A* 可接受的任意环境输入，以及接受 *A* 的任何输出的环境也将能够接受 *B* 的任何输出。

为了使得问题更加具体，分别为 *A* 和 *B* 假设一个参元模型，如图 14-1 所示。图中 *A* 具有三个端口，其中两个是表示为集合 $P_A=\{x, w\}$ 的输入端口，一个是表示为集合 $Q_A=\{y\}$ 的输出端口。这些端口表示了 A 与其所处环境之间的通信。输入的类型为 V_x 和 V_w，其意味着在参元的响应上，输入的值将是集合 V_x 或 V_w 中的成员。

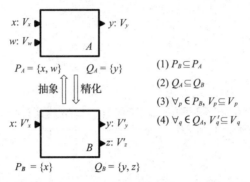

$$P_A = \{x, w\} \qquad Q_A = \{y\}$$

$$(1)\ P_B \subseteq P_A$$
$$(2)\ Q_A \subseteq Q_B$$
抽象 $\Uparrow\Downarrow$ 精化
$$(3)\ \forall p \in P_B,\ V_p \subseteq V_p'$$
$$(4)\ \forall q \in Q_A,\ V_q' \subseteq V_q$$

$$P_B = \{x\} \qquad Q_B = \{y, z\}$$

图 14-1　类型精化总结。如果右侧四个约束都被满足，那么 B 就是 A 的一个类型精化

如果我们打算在某些环境下用 B 来替换 A，就要对这些端口及其类型施加如下四个约束。

1）第一条约束：模型 B 不会需要环境所不提供的输入信号。如果 B 的输入端口给定为集合 P_B，那么，该约束可由式（14.1）保证。

$$P_B \subseteq P_A \tag{14.1}$$

B 的端口是 A 的端口的一个子集。A 具有多于 B 的端口是无害的，因为如果 B 在某些环境下替代 A，它可以简单地忽略那些不需要的输入信号。

2）第二条约束：B 会输出环境可能要求的所有输出信号。这可由式（14.2）来保证。其中，Q_A 是 A 的输出端口集合，Q_B 是 B 的输出端口集合。B 提供的额外输出是无害的，因为接受 A 的环境并不关心这些输出，因此可以忽略这些输出信号。

$$Q_A \subseteq Q_B \tag{14.2}$$

剩下的两条约束处理端口的类型。令一个输入端口 $p \in P_A$ 的类型为 V_p。这表示 p 可接受的一个输入值 v 满足 $v \in V_p$。令 V_p' 表示输入端口 $p \in P_B$ 的类型。

3）第三条约束：如果环境在 A 可接受的输入端口 p 上提供一个值 $v \in V_p$，之后如果 p 也是 B 的一个输入端口，那么该值对于 B 也是可接受的；即，$v \in V_p'$。这条约束可简洁地写为式（14.3）。

$$\forall p \in P_B,\ V_p \subseteq V_p' \tag{14.3}$$

令一个输出端口 $q \in Q_A$ 的类型为 V_q，且相应输出端口 $q \in Q_B$ 的类型为 V_q'。

4）第四条约束：如果 B 在一个输出端口 q 上输出一个值 $v \in V_q'$，那么如果 q 也是 A 的一个输出端口，该值对任何使 A 可以运行的环境而言就必须是可接受的。可表示为式（14.4）。

$$\forall q \in Q_A,\ V_q' \subseteq V_q \tag{14.4}$$

式（14.1）～式（14.4）这四条约束总结在图 14-1 中。当这四条约束都被满足时，就说模型 B 是模型 A 的**类型精化**（type refinement）。如果 B 是 A 的类型精化，那么在任何环境中使用 B 来替代 A 将不会引起类型系统问题。当然，这可能会引起其他问题，因为 B 的行为可能是环境所不接受的，这些问题将在后续章节中进行处理。

如果 B 是 A 的一个类型精化，且 A 是 B 的一个类型精化，那么我们说 A 和 B **类型等价**

(type equivalent)。它们拥有相同的输入和输出端口，而且端口的类型也相同。

示例 14.3 令 A 表示图 3-12 中的非确定性交通灯模型，B 表示图 3-10 中更为详细的确定性模型。对于两个状态机而言，其端口以及端口的类型完全相同，因此它们是类型等价的。从而，在任何环境中使用 B 替代 A 或者反过来都不会引起类型系统问题。

请注意，图 3-12 忽略了 *pedestrian* 输入，且忽略该端口似乎是合理的。令 A' 代表图 3-12 中没有 *pedestrian* 输入的一个模型变体，那么在所有环境中用 B 来代替 A' 就是不安全的。这是因为 B 需要一个 *pedestrian* 输入信号，但 A' 可被用于不提供该输入的环境中。

抽象与精化

本章关注于**抽象**（abstraction）和**精化**（refinement）这两类模型之间的关系。这两个术语是对称的，因为声明"模型 A 是模型 B 的一个抽象"就意味着"模型 B 是模型 A 的一个精化"。作为一个通用规则，精化模型 B 比抽象 A 具有更多的细节，且抽象更加简单、更小或者更易于理解。

如果这些对抽象为真的属性对其精化也是真的话，这个抽象就是**合理的**（关于一些属性的形式化系统）。例如，属性的形式化系统可以是状态机的一个类型系统、线性时态逻辑或者语言。在形式化系统是线性时态逻辑时，如果对于 A 成立的每个线性时态逻辑公式对于 B 也成立，那么 A 就是 B 的一个合理抽象。在证明一个公式对 A 成立比证明其对 B 成立更容易时，这会是非常有用的，如 B 的状态空间远远大于 A 的状态空间。

如果这些对精化为真的属性对于抽象也为真的话，一个抽象是**完备的**（关于一些属性的形式化系统）。例如属性的形式化系统是线性时态逻辑时，如果每一个对于 B 成立的线性时态逻辑公式对于 A 也成立，那么 A 就是 B 的一个完备抽象。可用的抽象通常是合理但不完备的，因为创建一个非常简化或更小的完备抽象极为困难。

例如，考虑一个基于命令式语言（如 C 语言）的多线程程序 B。我们可能构建一个忽略变量值并用非确定性选择来替代所有分支和控制结构的抽象 A。很显然，该抽象较程序的信息要更少，但是它对证明程序的某些属性（如互斥锁属性）可能已经够用。

14.3 语言等价与包含

要想用状态机 B 来替换状态机 A，仅单独关注输入和输出的数据类型通常是不够的。如果 A 是一个规格且 B 是一个实现，那么，通常 A 会规定更多的约束，而不仅仅是数据类型。如果 B 是 A 的一个优化（例如一个更低成本的实现，或者增加了功能或利用了新技术的一个精化），那么，B 通常需要以某种方式与 A 的功能保持一致。

在本节，我们将关注等价和精化的一个更为强大的形式。具体而言，等价意味着给定一个输入估值的特定序列，这两个状态机会产生相同的输出估值。

示例 14.4 图 3-4 中的停车场计数器（如示例 3.4 中所讨论的）是图 3-8 中扩展状态机版本的类型等价，其参元模型如下所示。

　　然而，这两个状态机不仅仅是较为简单的类型等价，其具有更深的等价内涵。从外部看，这两个状态机表现出完全一致的行为：给定相同的输入序列，这两个状态机将给出相同的输出序列。

　　来看一个类型为 V_p 的状态机端口 p。该端口将有一个取自集合 $V_p \cup \{absent\}$ 的值的序列，每个响应上有一个值。我们可以将该序列表示为如下形式的一个函数。

$$s_p: \mathbb{N} \to V_p \cup \{absent\}$$

这是该端口（如果其是输入端口）接收的信号，或者该端口（如果其是输出端口）输出的信号。根据前文可知，状态机的一个行为是这样一个信号到状态机每一个端口的一次分配，也即状态机 M 的语言 $L(M)$ 是该状态机所有行为的集合。如果两个状态机拥有相同的语言，就说这两个状态机是**语言等价的**（language equivalent）。

　　示例 14.5 停车场计数器的行为对于 *up* 和 *down* 两个输入而言是 *present* 和 *absent* 的一个序列，其与端口 *count* 的输出序列相对应。示例 3.16 给出了一个具体实例，这是图 3-4 和图 3-8 两者都有的一个行为。图 3-4 的所有行为也都是图 3-8 的行为，反之亦然。由此，这两个状态机是语言等价的。

　　对于非确定性状态机 M，两个不同的行为可能共享相同的输入信号。也就是说，给定一个输入信号，可能会出现多于一个的输出序列。语言 $L(M)$ 包括了所有可能的行为。就像确定性状态机一样，如果两个非确定性状态机具有相同的语言，那它们就是语言等价的。

　　假设对于两个状态机 A 和 B，有 $L(A) \subset L(B)$，也就是说，B 具有 A 所没有的行为。这被称为**语言包含**（language containment）。A 被称为是 B 的**语言精化**（language refinement）。与类型精化一样，语言精化对 A 替代 B 的适用性做了一个声明。如果 B 的每一个行为对于环境而言是可接受的，A 的每一个行为也应该被该环境所接受，A 就可以替代 B。

　　示例 14.6 图 14-2 中的状态机 M_1 和 M_2 是语言等价的，两个状态机产生输出 $1,1,0,1,1,0,\cdots$，如果输入在某些响应中是不存在的，该序列中可能穿插有 *absent*。

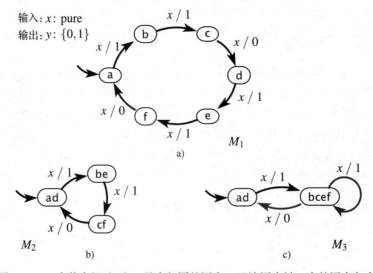

图 14-2　三个状态机（a 和 b 具有相同的语言，且该语言被 c 中的语言包含）

　　然而，状态机 M_3 具有更多的行为。该状态机可以输出状态机 M_1 和 M_2 可生成的任何输出序列，但是它对于给定的相同输入也能生成其他输出。为此，M_1 和 M_2 都是 M_3 的语言精化。

有限序列和接受状态

　　本书所涉及有限状态机的一次完整执行是无限的。假设我们仅关心有限执行，为此，我们引入**接受状态**（accepting state）的概念，该状态用双轮廓标记，如下例中的状态 b。

输入：x：{0,1}
输出：y：pure

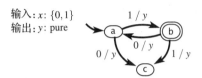

　　令 $L_a(M)$ 表示语言 $L(M)$ 的子集，其源自结束在一个接受状态的所有执行。等价地，$L_a(M)$ 仅包括 $L(M)$ 中的这些行为——具有保持在一个接受状态中的卡顿响应的一个无限尾部。所有这样的执行实际上都是有限的，这是由于在有限数量个响应之后，输入和输出从此往后将为 absent，或者在线性时态逻辑中每个端口 p 为 **FG**$\neg p$。

　　我们将 $L_a(M)$ 称为是有限状态机 M 可接受的语言。$L_a(M)$ 中的一个行为是每个端口 p 指定的一个**串**（string），或者类型为 V_p 的值的有限序列。对于上例，输入串（1）、（1,0,1）、（1,0,1,0,1）等都在 $L_a(M)$ 中。在任何两个存在的值之间有任意有限个 absent 值的版本也是如此。当没有歧义时，我们可以将这些串写为 1、101、10101 等。

　　在上例 $L_a(M)$ 包含的所有行为中，当在相同的响应中输入为存在时，输出也会有限次地为存在。

　　本书中的状态机是可接受的，这意味着在每个响应上，每个输入端口 p 可能是类型为 V_p 的任何值或者 absent。因此，上述状态机的语言 $L(M)$ 就包括了所有可能的输入估值序列。$L_a(M)$ 排除了任何不能让状态机处于接受状态的序列。例如，任何有连续两个 1 的输入序列以及无限序列 $(1,0,1,0,\cdots)$ 都在集合 $L(M)$ 中，但不在 $L_a(M)$ 中。

　　请注意，在引用状态机接受的语言时，有时考虑语言包含而不是那些给出状态机所有行为的语言是有用的。

　　接受状态也被称为**最终状态**（final state），因为对于 $L_a(M)$ 中的任何行为，它是状态机的最后一个状态。我们将在习题 2 中进一步探究接受状态。

正则语言与正则表达式

　　语言是由其**字母表**（alphabet）集合中的值所组成序列的集合。可以被有限状态机接受的语言被称为**正则语言**（regular language）。非正则语言的一个典型实例是具有 0^n1^n 形式的序列，即 n 个 1 紧跟 n 个 0 的序列。很容易看到有限状态机不接受这个语言，因为状态机将不得不统计 0 的数量以确保 1 的数量与之匹配。并且，0 的数量并不是有限的。"有限序列和接受状态"注解栏中的有限状态机可以接受的形式为 10101…01 的输入序列是正则的。

　　正则表达式（regular expression）是用于描述正则语言的符号表示方法。正则表达式的一个核心特征是 Kleene 星号（或 Kleene 闭包），其以美国数学家 Stephen Kleene

的名字命名。记号 V^*，表示集合 V 中元素所组成的所有有限序列的集合。例如，如果 $V=\{0,1\}$，那么 V^* 就是一个包括空序列（常记为 λ）和所有由 0 和 1 组成的有限序列的集合。

Kleene 星号可以被应用于序列的集合。例如，如果 $A=\{00,11\}$，那么 A^* 是所有这些 0 和 1 都成对出现的有限序列的集合。在正则表达式的记法中，这被写为 (00|11)*，其中竖线表示"或"，括号中的部分定义了集合 A。

正则表达式是字母表以及一组序列集合中符号的序列。假设我们的字母表是 $A=\{a,b,\cdots,z\}$，即小写字母的集合。那么 grey 是一个正则表达式，其表示了一个四字符的单个序列。表达式 grey|gray 表示了两个序列组成的集合。括号可用于对多个序列或者序列的多个集合进行分组，如 (grey)|(gray) 以及 gr(e|a)y 表示了相同的集合。

正则表达式也提供便捷的表示方法以使其更加精炼和可读。例如，"+"操作符表示"至少一次"[⊖]，相反地，Kleene 星号则表示"0 次或多次"[⊜]。例如，a+ 指定了 a、aa、aaa 等序列，其与 a(a*) 相同。"?"操作符表示"最多一次"[⊜]。例如，colou?r 指定了两个序列 color 和 colour 的集合，这与 colo(λ|u)r 相同，其中 λ 表示空序列。

正则表达式通常被运用于模式匹配的软件系统中，通常在实现中会提供比这里所示的更多的便捷符号。

语言包含可以确保一个关于输入输出序列的线性时态逻辑公式的抽象是合理的。也就是说，如果 A 是 B 的语言精化，那么，对 B 成立的关于输入输出的任何线性时态逻辑公式对 A 也成立。

示例 14.7 再来看图 14-2 中的状态机，M_3 可能是一个规格。例如，如果我们要求任意两个输出值 0 之间至少插入一个 1，那么 M_3 就是满足该要求的一个合适的规格。这个要求可以被写作如下形式的线性时态逻辑公式。

$$\mathbf{G}((y=0) \Rightarrow \mathbf{X}((y \neq 0)\mathbf{U}(y=1)))$$

如果我们证明该属性对 M_3 成立，那么也就隐含地证明其对 M_1 和 M_2 都成立。

延伸探讨：Omega 正则语言

前面讨论的正则语言仅包括了有限序列，但大多数嵌入式系统通常具有无限执行的特点。为了将正则语言的思想扩展到无限运行，我们可以使用一个 **Büchi 自动机**（Büchi automaton，以瑞士逻辑学家、数学家 Julius Richard Büchi 的名字命名）。Büchi 自动机是一个可能不确定的、具有一个或多个接受状态的有限状态机。该有限状态机所接受的语言被定义为无限经常访问一个或多个接受状态的行为的集合；换句话说，这些行为满足线性时态逻辑公式 **GF**($s_1 \vee \cdots \vee s_n$)，其中 $s_1, \cdots, s_n$ 是一组接受状态。这样的语言被称为 **omega 正则语言**（或者 ω 正则语言），是正则语言的一个泛化形式。之所以在名字中使用 ω，是因为 ω 被用于构建无限序列，如附录 A 中注解栏所给出的解释。

⊖ 加号前的符号必须至少出现一次。——译者注
⊜ 星号前面的符号可以不出现，也可以出现一次或者多次。——译者注
⊜ 问号之前的字符出现 0 次或一次。——译者注

如我们将在第 15 章中看到的一样，很多模型检验问题可以用一个 Büchi 自动机来表示，进而检验其所定义的 ω 正则语言是否包含任何序列。

在下一节中我们将会看到，语言包含对于涉及状态机状态的线性时态逻辑公式是不合理的。实际上，语言包含并不要求这些状态机要具有相同的状态，因此，一个涉及状态机状态的线性时态逻辑公式甚至可能不适用于另外的状态机。需要对一个引用这些状态的合理抽象进行模拟。

语言包含有时被称为**轨迹包含**（trace containment），但是在这里"轨迹"一词仅指可观察的轨迹，而不是执行轨迹。接下来我们将看到，当考虑执行轨迹时情况将变得更加不同。

14.4　模拟

两个非确定性有限状态机可能是语言等价的，但是在某些环境下仍然会在行为上有显著的差异。语言等价仅是说明在给定相同的输入估值序列时，两个状态机能够生成相同的输出估值序列。然而，执行时它们会在非确定性允许范围内做出选择。如果不能预见接下来的变化，这些选择可能导致其中一个状态机进入不再匹配另一个状态机输出的状态。

当面对非确定性选择时，每个状态机都可无约束地使用策略来做出选择。假设状态机不能看到未来的发展过程，也就是说其不能预测未来的输入，且不能预知另一个状态机将要做出的选择。为了让两个状态机等价，我们将要求每个状态机都能够做出使其匹配另一个状态机响应（即给出相同的输出）的选择，进而允许其在未来持续地如此运行。事实证明，语言等价并不足以保证这种可能性。

示例 14.8　图 14-3 给出了两个状态机。假设 M_2 在某些环境下是可接受的（其在该环境中呈现的每个行为与某个规格或者设计意图是一致的）。那么，用 M_1 替代 M_2 是安全的吗？这两个状态机是语言等价的。在两个状态机的所有行为中，输出是 01 或 00 两个有限串之一，因此看起来可以用 M_1 替代 M_2。但事实并非如此。

假设用使得 M_2 可接受的每个状态机的环境副本来构建该状态机。在 x 为 *present* 的第一个响应中，M_1 除了转换到状态 b 并产生输出 $y=0$ 之外别无选择。然而，M_2 必须在状态 f 和 h 之间进行选择。无论其选择哪一个，M_2 都匹配 M_1 的输出 $y=0$，但是其进入了一个不能总是匹配 M_1 输出的状态。如果 M_1 在进行选择时可以观察到 M_2 的状态，那么在 x 为 *present* 的第二个响应中，它就能够选择一个 M_2 永远不能匹配的迁移。对于 M_1，这样的策略确保了在给定相同输入的情况下，M_1 的行为从不与 M_2 的行为相同。因此，使用 M_1 来替代 M_2 就是不安全的。

另一方面，如果 M_1 在某些环境下是可接受的，用 M_2 来替代 M_1 是安全的吗？M_1 在该环境下是可接受的，其表示 M_1 所做的任何决策都是可接受的。为此，在 x 为 *present* 的第二个响应中，两个输出 $y=1$ 和 $y=0$ 都是可接受的。在第二个响应中，M_2 除了生成这些输出中的一个之外别无选择，并且将不可避免地转换到继续匹配 M_1 输出的状态（此后永远为 *absent*）。因此，用 M_2 来替代 M_1 就是安全的。

在上例中，我们可以把这些状态机看作使 M_1 看起来与 M_2 不同的刻意尝试。由于它们都可以自由地选择任何策略来做出选择，所以它们自由地使用了与我们使用 M_1 替代 M_2 这一目标相反的策略。请注意，这些状态机不需要知道下一步会怎样，它们仅仅对于当前具有良好的可见性就足够了。我们在本节要提出的问题是：在何种情形下，我们可以确保没有能够使状态机 M_1 明显不同于 M_2 的非确定性选择策略？该问题的答案是称为互模拟的更强的等价形式以及称为模拟的精化关系。以下我们从模拟关系开始讨论。

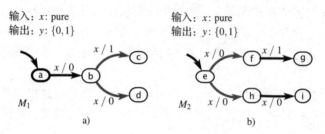

图 14-3　语言等价但 M_2 不模拟 M_1（M_1 模拟 M_2）的两个状态机

14.4.1　模拟关系

首先，请注意示例 14.8 中给出的情形是非对称的。用 M_2 代替 M_1 是安全的，但反过来并非如此。因此，从我们如今要建立的意义上说，M_2 是 M_1 的一个精化，而 M_1 并不是 M_2 的精化。

我们现在要关注的特定精化类型是**模拟精化**（simulation refinement），且如下叙述是等价的：

- M_2 是 M_1 的模拟精化；
- M_1 模拟 M_2；
- M_1 是 M_2 的模拟抽象。

模拟（simulation）由一个**匹配游戏**（matching game）来定义。为了确定 M_1 是否模拟 M_2，我们来玩一个 M_2 在每一轮率先移动的游戏。该游戏从两个状态机处于初始状态开始，M_2 首先通过响应一个输入估值而移动。如果这个响应包括了一个非确定性选择，那么它将可以做任何选择。但无论它选择了什么，都将产生一个输出估值且 M_2 的此次移动结束。

接下来轮到 M_1 进行移动。M_1 必须对 M_2 已响应的相同输入估值做出响应。如果响应包括了一个非确定性选择，那么它就必须做出匹配 M_2 输出估值的选择。如果存在多个这样的选择，其就必须在不知道未来输入或 M_2 未来移动的情况下选择其中的一个。其策略应该是选择能够持续匹配 M_2 的那个，而不用考虑将要到来的输入是什么或者 M_2 将做出什么决策。

如果对于所有可能的输入序列，状态机 M_1 能够一直匹配状态机 M_2 的输出符号，那么状态机 M_1 就在这场匹配游戏中"获胜"（M_1 模拟 M_2）。如果在 M_2 的响应中可以输出 M_1 不能匹配的输出，那么 M_1 就不模拟 M_2。

示例 14.9　在图 14-3 中，M_1 模拟 M_2，但反之并不成立。为了理解这一点，首先进行 M_2 在每一轮率先移动的游戏——M_1 将总是能够匹配 M_2。之后，再进行 M_1 在每一轮率先移动的游戏——M_2 将不能总是匹配 M_1。即使这两个状态机是语言等价的，真实情况也仍是如此。

有意思的是，如果 M_1 模拟 M_2，那么精简地记录所有可能输入上的全部情形就是可能的。令 S_1 是 M_1 的状态，S_2 是 M_2 的状态。由此，一个模拟关系 $S \subseteq S_2 \times S_1$ 是对于所有可能输入的每一轮游戏中两个状态机所处状态对的集合。这个集合涵盖了所有可能的游戏过程。

示例 14.10 在图 14-3 中，$S_1=\{a,b,c,d\}$ 且 $S_2=\{e,f,g,h,i\}$。表示 M_1 模拟 M_2 的模拟关系定义如下。

$$S=\{(e,a), (f,b), (h,b), (g,c), (i,d)\}$$

首先，请注意该关系中的初始状态对 (e,a)，显然，该关系包括了第一轮中两个状态机的状态。在第二轮，M_2 可能是状态 f 或者 h，且 M_1 将处于状态 b，这两种可能性也得到表示。在第三轮及往后，M_2 将在状态 g 或者 i 中，而 M_1 将处于状态 c 或者 d。

因为 M_2 并不模拟 M_1，所以并不存在 M_2 模拟 M_1 的模拟关系。

如果一个模拟关系涵盖了所有可能的游戏过程，那么它就是完备的。因为 M_2 的移动不受限制，所以必须考虑率先移动的 M_2 状态机的所有可达状态。由于 M_1 的移动需要匹配 M_2，因此不必考虑它的所有可达状态。

14.4.2　形式化模型

使用 3.5.1 节给出的非确定性有限状态机的形式化模型，我们就可以形式化地定义一个模拟关系。令

$$M_1 = \{States_1, Inputs, Outputs, possibleUpdates_1, initialState_1\}$$

且有

$$M_2 = \{States_2, Inputs, Outputs, possibleUpdates_2, initialState_2\}$$

假设这两个状态机是类型等价的。如果任一状态机是确定性的，那么它的 possibleUpdates 函数将总是返回一个只有一个元素的集合。如果 M_1 模拟 M_2，模拟关系可给定为 $States_2 \times States_1$ 的一个子集。请注意这里的顺序：该游戏中率先移动的状态机 M_2 是被模拟的，在关系 $States_2 \times States_1$ 中是第一项。

再来看与之相反的情形，如果 M_2 模拟 M_1，那么该关系就是 $States_1 \times States_2$ 的一个子集。在这个游戏中，M_1 必须率先移动。

我们也可以用数学的方式来描述"获胜"策略。我们说 M_1 模拟 M_2，则如果有一个子集 $S \subseteq States_2 \times States_1$，就有：

1）$(initialState_2, initialState_1) \in S$

2）如果 $(s_2, s_1) \in S$，那么 $\forall x \in Inputs$，且 $\forall(s_2', y_2) \in possibleUpdates_2(s_2, x)$，

那么会有 $(s_1', y_1) \in possibleUpdates_1(s_1, x)$，且具有以下关系：

（a）$(s_2', s_1') \in S$

（b）$y_2 = y_1$

如果存在的话，那么集合 S 就被称为模拟关系，其建立了两个状态机中状态之间的对应关系。如果其不存在，M_1 就不模拟 M_2。

14.4.3　传递性

模拟是**可传递的**（transitive），即如果 M_1 模拟 M_2 且 M_2 模拟 M_3，那么 M_1 也就模拟 M_3。具体地，如果给定模拟关系 $S_{2,1} \subseteq States_2 \times States_1$（$M_1$ 模拟 M_2）且 $S_{3,2} \subseteq States_3 \times States_2$（$M_2$ 模拟 M_3），那么就有如下关系：

$$S_{3,1} = \{(s_3, s_1) \in States_3 \times States_1 \mid 存在 \ S_2 \in States_2,$$
$$其中, (s_3, s_2) \in S_{3,2} \ 且 \ (s_2, s_1) \in S_{2,1}\}$$

示例 14.11 对于图 14-2 中的状态机，很容易证明 M_3 模拟 M_2 且 M_2 模拟 M_1。具体而言，具有如下模拟关系：

$$S_{a,b} = \{(a,ad), (b,be), (c,cf), (d,ad), (e,be), (f,cf)\}$$

以及

$$S_{b,c} = \{(ad,ad), (be,bcef), (cf,bcef)\}$$

由上述传递性可以得出 M_3 模拟 M_1，该模拟关系如下，其进一步支持状态名的提示性选择。

$$S_{a,c} = \{(a,ad), (b,bcef), (c,bcef), (d,ad), (e,bcef), (f,bcef)\}$$

14.4.4 模拟关系的非唯一性

当一个状态机 M_1 模拟另一个状态机 M_2 时，可能会具有多个模拟关系。

示例 14.12 在图 14-4 中，很容易检查 M_1 是否模拟 M_2。请注意，M_1 是非确定性的，且在它的两个状态中，其有两种不同方式来匹配 M_2 的移动。该状态机可以从这些可能的方式中任选一个来匹配移动。如果其总是选择从状态 b 返回到状态 a，那么该模拟关系如下所示：

$$S_{2,1} = \{(ac,a), (bd,b)\}$$

否则，如果其总是从状态 c 返回状态 b，那么模拟关系为如下形式：

$$S_{2,1} = \{(ac,a), (bd,b), (ac,c)\}$$

或者是如下所示的模拟关系：

$$S_{2,1} = \{(ac,a), (bd,b), (ac,c), (bd,d)\}$$

以上这三个都是有效的模拟关系，由此可见，模拟关系并不是唯一的。

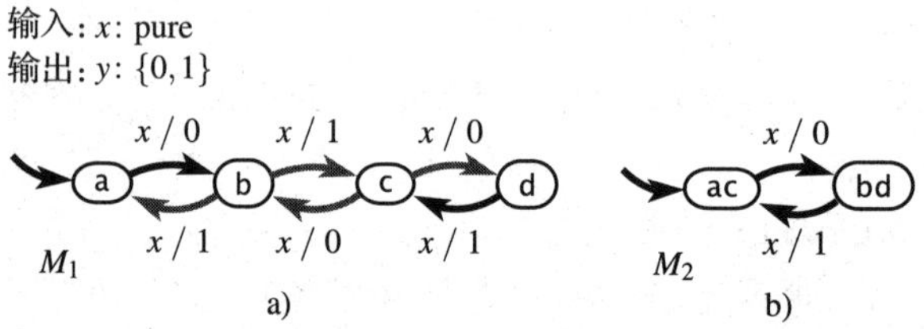

输入: x: pure
输出: y: $\{0,1\}$

图 14-4 模拟关系不唯一的互相模拟的两个状态机

14.4.5 模拟与语言包含的对比

与所有的抽象 – 精化关系一样，模拟通常被用于将一个较简单的规格 M_1 与一个更为复杂的实现 M_2 联系起来。当 M_1 模拟了 M_2，M_1 的语言就包含了 M_2 的语言，但这个保证要比语言包含更强。下面的定理对这一事实进行了总结。

定理 14.1 令 M_1 模拟 M_2，那么有 $L(M_2) \subseteq L(M_1)$。

证明 该定理的证明非常简单。对于一个行为 $(x, y) \in L(M_2)$，我们仅需要证明 $(x, y) \in L(M_1)$。

令模拟关系为 S。找出 M_2 中所有可能导致 (x, y) 行为的执行轨迹，形式如下（如果 M_2 是确定性的，那么将只有一条执行轨迹）：

$$((x_0, s_0, y_0), (x_1, s_1, y_1), (x_2, s_2, y_2), \cdots)$$

模拟关系确保我们能够为 M_1 找到如下形式的一个执行轨迹，其中 $(s_i, s_i') \in S$，从而在给定输入估值 x_i 时 M_1 将输出 y_i。

$$((x_0, s_0', y_0), (x_1, s_1', y_1), (x_2, s_2', y_2), \cdots)$$

由此，$(x, y) \in L(M_1)$。 ∎

示例 14.13 对于图 14-2 中的例子，M_2 没有模拟 M_3。为了理解这一点，仅需要说明状态机 M_2 的语言是 M_3 语言的一个严格子集，即 $L(M_2) \subset L(M_3)$，意味着状态机 M_3 具有 M_2 所没有的一些行为。

理解该定理阐明了什么以及没有述及什么是非常重要的。例如，该定理并没有说在 $L(M_2) \subseteq L(M_1)$ 时，M_1 就模拟了 M_2。实际上这个表述不成立，正如我们用图 14-3 所示示例已经证明过的：这两个状态机具有相同的语言，尽管它们的输入、输出行为相同，但这两个状态机显然是不同的。

当然，如果 M_1 和 M_2 是确定性的且 M_1 模拟 M_2，那么它们的语言完全相同且 M_2 模拟 M_1。因此，仅对于非确定性有限状态机而言，模拟关系与语言包含是有差异的。

14.5 互模拟

可能存在这样的两个状态机 M_1 和 M_2，M_1 模拟 M_2 且 M_2 模拟 M_1，同时这两个状态机仍然是明显不同的。请注意，基于上一节给出的定理，这两个状态机的语言必须完全相同。

示例 14.14 考虑图 14-5 中的两个状态机。这两个状态机互相模拟，其模拟关系如下所示。

$$S_{2,1} = \{(e,a), (f,b), (h,b), (j,b), (g,c), (i,d), (k,c), (m,d)\} \;(M_1 \text{ 模拟 } M_2)$$
$$S_{1,2} = \{(a,e), (b,j), (c,k), (d,m)\} \;(M_2 \text{ 模拟 } M_1)$$

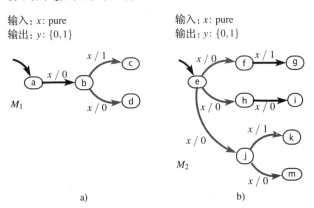

图 14-5 M_1 模拟 M_2 且 M_2 模拟 M_1 的两个状态机

然而，这里存在两个状态机明显不同的情况。具体而言，假设两个状态机进行非确定性选择的策略以如下方式运行。在每个响应中，它们"抛硬币"决定哪个状态机率先移动。给定一个输入估值，选定的状态机率先做出移动决定，第二个移动的状态机必须匹配它所有可能的选择。在这种情况下，两个状态机将在一个状态机不再能够匹配另一个状态机所有可能移动的状态中结束。

具体而言，假设在第一个移动中 M_2 率先移动。其有三个可能的移动，且 M_1 将不得不匹配这三个移动。假设其选择了移动到 f 或者 h。在下一轮，如果 M_1 率先移动，那么，M_2 就再也不能匹配所有可能的移动了。

请注意，这个观点并不会破坏这些状态机互相模拟的观察结果。如果在每一轮中 M_2 总是先移动，那么 M_1 将总是能够匹配 M_2 的每一个移动。相似地，如果在每一轮中 M_1 率先移动，那么 M_2 总是能够匹配 M_1 的每一次移动（在第一轮中总是选择移动到 j）。这个显著差异是由状态机交替率先移动的能力所引起的。

为了确保两个状态机在所有环境下都确实是完全相同的，我们就需要一个更强的等价关系，即**互模拟**（bisimulation）。如果我们能够继续修改的匹配游戏，即在每一轮任何一个状态机都可以率先移动，那么，我们就说 M_1 与 M_2 是互模拟的（或者说 M_1 互模拟 M_2）。

如同 14.4.2 节所述，我们可以使用非确定性有限状态机的形式化模型来定义一个互模拟关系。令，

$$M_1 = \{States_1, Inputs, Outputs, possibleUpdates_1, initialState_1\}$$
$$M_2 = \{States_2, Inputs, Outputs, possibleUpdates_2, initialState_2\}$$

假设这两个状态机是类型匹配的。如果任何一个状态机都是确定性的，那么它的 *possibleUpdates* 函数总是能够返回一个仅包含一个元素的集合。如果 M_1 互模拟 M_2，该模拟关系就是 $States_2 \times States_1$ 的一个子集。这里的顺序并不重要，是因为如果 M_1 互模拟 M_2，就会有 M_2 互模拟 M_1。

我们说 M_1 互模拟 M_2，则如果有一个子集 $S \subseteq States_2 \times States_1$，即有如下关系：

1）$(initialState_2, initialState_1) \in S$

2）如果 $(s_2, s_1) \in S$，那么 $\forall x \in Inputs$ 且 $\forall (s_2', y_2) \in possibleUpdates_2 (s_2, x)$ 那么存在 $(s_1', y_1) \in possibleUpdates_1 (s_1, x)$，同时满足以下关系：

（a）$(s_2', s_1') \in S$

（b）$y_2 = y_1$

3）如果 $(s_2, s_1) \in S$，那么 $\forall x \in Inputs$ 且 $\forall (s_1', y_1) \in possibleUpdates_1 (s_1, x)$ 那么存在 $(s_2', y_2) \in possibleUpdates_2 (s_2, x)$，同时满足以下关系：

（a）$(s_2', s_1') \in S$

（b）$y_2 = y_1$

如果存在的话，集合 S 就被称为互模拟关系，其建立了两个状态机状态之间的对应关系。如果其不存在，M_1 就不互模拟 M_2。

14.6 小结

本章聚焦于有限状态机的三个逐渐增强的抽象 – 精化关系。这些关系使得设计人员能够确定一个设计在何时可以安全地替代另一个，或者何时一个设计可以正确地实现一个规格。第一个关系是类型精化，其只考虑了输入和输出端口的存在以及它们的数据类型。第二个关系是语言精化，其关注输入和输出估值的序列。第三个关系是模拟，其聚焦于状态机的状态轨迹。在所有的三种情况中，我们都提供了一个精化关系和一个等价关系。最强的等价关系

是互模拟，其确保两个非确定性有限状态机是不可区分的。

习题

1. 在图 14-6 中有四个参元对。对于每个参元对，请确定是否有：
   - *A* 和 *B* 类型等价
   - *A* 是 *B* 的类型精化
   - *B* 是 *A* 的类型精化
   - 或者以上都不是

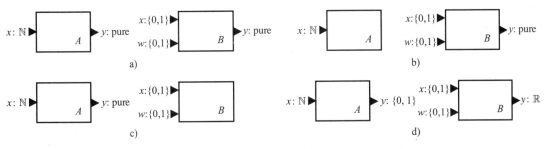

图 14-6   习题 1 中探讨类型精化关系的四个参元对

2. 在"有限序列和接受状态"注解栏中，给定的状态机 *M* 接受有限个形式为（1）、（1,0,1）、（1,0,1,0,1）等的输入 *x*。
   - （a）请写出一个描述这些输入的正则表达式（可以忽略发生阻塞的响应）。
   - （b）请用文字描述 $L_a(M)$ 中的输出序列，并给出这些输出序列的正则表达式（可以忽略发生阻塞的响应）。
   - （c）请创建一个接受（1）、（1,0,1）、（1,0,1,0,1）等形式的输出序列的状态机。假设输入 *x* 是纯信号，且每当输入是存在的就会产生一个存在的输出。如果存在确定性解决方案，请给出该方案，或者解释为什么不存在确定性方案的原因。你所创建的状态机接受什么样的输入序列？

3. 图 14-7 中的状态机具有在两个 0 之间输出至少一个 1 的属性。构建一个具有两个状态的非确定性状态机，其模拟该状态机并保持该属性。请给出其模拟关系。这两个状态机是互模拟的吗？

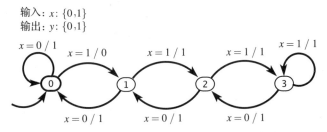

图 14-7   输出中两个 0 之间至少有一个 1 的状态机

4. 图 14-8 中给出了一个识别输入编码的有限状态机。图 14-9 中的状态机也识别相同的编码，但是较图 14-8 具有更多的状态。请通过给出一个与图 14-8 中状态机的互模拟关系，证明这是等价的。

5. 分析图 14-10 中的状态机。请找出一个只有两个状态的互模拟状态机，并给出其互模拟关系。

6. 假设状态机 *A* 有一个输入 *x* 和一个输出 *y*，两者的类型都为 {1,2}，状态机的状态包括 {*a*,*b*,*c*,*d*}，除此之外没有更多的信息。是否有足够的信息来构建一个模拟状态机 *A* 的状态机 *B*？如果有，请给出这样的一个状态机及其模拟关系。

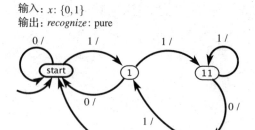

图 14-8   实现编码的识别器状态机（其在每一个输入序列 1100 的结尾输出 *recognize*；否则输出 *absent*）

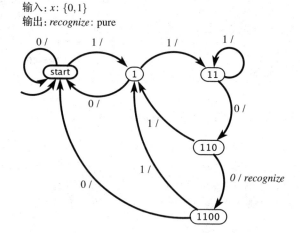

图 14-9   一个实现识别图 14-8 中相同编码的识别器状态机（但具有更多状态）

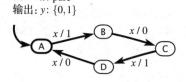

图 14-10   比所需有更多个状态的状态机

7. 考虑一个具有纯输入 x 且输出 y 的类型为 {0,1} 的状态机。假设状态机包括如下状态，且初始状态为 a。

$$States = \{a, b, c, d, e, f\}$$

update 函数由下表给出（忽略发生卡顿的）。

(*currentState, input*)	(*nextState, output*)
(a, x)	$(b, 1)$
(b, x)	$(c, 0)$
(c, x)	$(d, 0)$
(d, x)	$(e, 1)$
(e, x)	$(f, 0)$
(f, x)	$(a, 0)$

（a）请绘制该状态机的状态转换图。

（b）忽略发生卡顿的情形，请给出该状态机所有可能的行为。

（c）请找出一个互模拟该状态机的三个状态的状态机。请画出该状态机，并给出互模拟关系。

8. 就如下问题，给出简要的回答以及分析说明。

（a）判断真假：考虑状态机 A，其具有一个输入 x 和一个输出 y，两者的类型都为 {1,2}，同时具有两个标记为 true/1 和 true/2 自循环的单个状态 s。对于具有完全相同输入和输出（以及类型）的任何状态机 B，A 模拟 B。

（b）判断真假：假设 f 是对状态机 A 成立的任意线性时态逻辑公式，且 A 模拟另一个状态机 B，那么我们就可以安全地断定 f 对于 B 是成立的。

（c）判断真假：假设 A 和 B 是两个类型等价的状态机，且 f 是一个线性时态逻辑公式，其原子命题仅涉及状态机 A 和 B 的输入与输出，而不是它们的状态。如果该线性时态逻辑公式 f 对状态机 A 成立，且 A 模拟状态机 B，那么 f 就对状态机 B 成立。

可达性分析与模型检验

第 13 和第 14 章已经阐述了如何形式化地表示系统的模型和属性，以及比较这些模型的方法与技术。在本章，我们将学习用于**形式化验证**（即检查一个系统在特定的运行环境中是否满足其形式化规格的问题）的算法技术。具体地，我们将学习称为**模型检验**（model checking）的技术。模型检验是用于确定系统是否满足时态逻辑公式所表示的形式化规格的算法型方法。该方法由两位美国计算机科学家 Clarke 和 Emerson（1981）以及 Queille 和希腊计算机科学家 Sifakis 等（1981）提出，其中三位科学家因在模型检验技术领域的奠基性工作于 2007 年获得了计算机科学领域的最高荣誉——ACM 图灵奖。

模型检验的核心是系统可达状态集合这一概念。**可达性分析**（reachability analysis）是计算一个系统可达状态集合的过程。本章主要阐述可达性分析以及模型检验中的基础算法和思想。这些算法主要由嵌入式系统设计中的一些示例来说明，包括对高级模型、顺序及并发软件以及控制与机器人路径规划等的验证。模型检验是一个广阔且活跃的研究领域，相关更为详细的讨论超出了本章学习的范围。为了便于读者在本领域更为深入地开展学习，这里我们推荐 Clarke et al.（1999）和 Holzmann（2004）。

15.1 开放和封闭系统

一个**封闭系统**（closed system）是没有输入的系统。相反地，**开放系统**（open system）则是通过接收输入和（可能地）生成输出与其所处环境进行持续交互的系统。图 15-1 说明了相关概念。

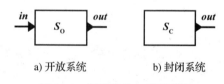

a) 开放系统　　　b) 封闭系统

图 15-1　开放系统与封闭系统

用于形式化验证的技术通常被应用于封闭系统 M 的模型，该模型可由构造系统 S 的模型来获得，且系统 S 的模型将要用其环境 E 的模型进行验证。S 和 E 通常为开放系统，且到 S 的所有输入都由 E 产生，反之亦然。由此，如图 15-2 所示，对于验证过程就要有如下三个输入：

- 一个将被验证的系统模型，S；
- 一个环境模型，E；
- 将被验证的属性 Φ。

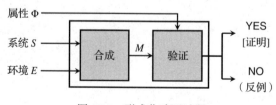

图 15-2　形式化验证过程

验证器生成结果为 YES/NO 的输出，以说明 S 在环境 E 中是否满足属性 Φ。通常，一个输出 NO 伴有一个反例，也被称为**错误轨迹**，是说明 Φ 如何被违反的一条系统轨迹。在调试过程中，反例是非常有效的手段。有些形式化验证工具还在输出 YES 时提供一个证明或者正确性的凭证，这样的一个输出对于系统正确性**认证**（certification）是有用的。

系统模型 S 与环境模型 E 的组合形式取决于系统与环境的交互形式。第 5 ～ 6 章给出了组合状态机模型的一些方法。所有这些组合形式都可被用于从 S 和 E 生成一个验证模型 M。注意，M 可能是非确定性的。

为了简单起见，本章我们将假设已经采用第 5 ～ 6 章中的某个技术实现了系统组合。在以下内容中讨论的所有算法都将在组合的验证模型 M 上运行，且将聚焦其对 M 是否满足属性 Φ 这一问题的回答。另外，我们还假设 Φ 被指定为线性时态逻辑中的一个属性。

15.2　可达性分析

首先考虑一个实际中有用的模型检验问题的特定情形。具体而言，假设 M 是一个有限状态机且 Φ 是 $\mathbf{G}p$ 形式的一个线性时态逻辑公式，其中 p 是一个命题。由第 13 章可知，$\mathbf{G}p$ 是时态逻辑公式，当命题 p 对一个轨迹的每个状态都成立时，$\mathbf{G}p$ 在该轨迹中成立。如我们在第 13 章所看到的，很多系统属性都可以表示为 $\mathbf{G}p$ 属性。

在 15.2.1 节，我们首先说明计算系统的可达状态如何能够验证一个 $\mathbf{G}p$ 属性。在 15.2.2 节，我们将阐述基于显式状态枚举的一种有限状态机可达性分析技术。最后，在 15.2.3 节中我们将讨论分析具有超大状态空间的系统的另一种可选方法。

15.2.1　$\mathbf{G}p$ 验证

为了让一个系统 M 满足 $\mathbf{G}p$，其中 p 是一个命题，那么 M 所能呈现的每一条轨迹就都必须满足 $\mathbf{G}p$。通过枚举 M 的所有状态并检查每个状态是否满足 p，就可以验证这个属性。

当 M 为有限个状态时，理论上这样的枚举通常是可行的。如第 3 章所述，M 的状态空间可以被看作一个有向图，图中的结点和边分别对应于 M 的状态和迁移。这个图被称作 M 的**状态图**（state graph），所有状态构成的集合就是状态机的状态空间。从图论的角度可以看出，对一个有限状态机 M 检验其 $\mathbf{G}p$ 就对应于相应状态图的遍历，从初始状态开始并检查遍历中到达的每个状态是否满足 p。由于 M 具有数量有限的状态，这个遍历必定会终止。

示例 15.1　令系统 S 就是图 3-10 中的交通灯控制器且其环境 E 是图 3-11 所示的行人模型。令 M 是 S 和 E 的同步组合，如图 15-3 所示。可以看到，M 是一个封闭系统。假设我们希望验证 M 是否满足如下属性。

$$\mathbf{G}\,\neg(\text{green} \wedge \text{crossing})$$

换言之，就是要验证交通灯为绿灯且行人正在通过的情形是否永远不会发生。

构建的系统 M 如图 15-4 所示，这是一个扩展的有限状态机。请注意，M 没有任何输入或者输出。M 共有 188 个有限状态（使用类似于示例 3.12 中的计算方法）。图 15-4 中的图并非 M 的完整状态图，因为每个结点都代表了一组状态，结点中的每个状态都有一个不同的 *count* 值。然而，通过直观地审视这个图，我们就可以自己检验满足命题 (green $\wedge$ crossing) 的状态不存在，从而每个轨迹都满足线性时态逻辑属性 $\mathbf{G}\neg$(green $\wedge$ crossing)。

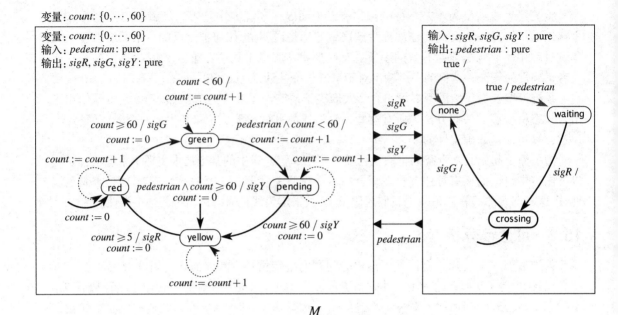

$$M$$

图 15-3   交通灯控制器模型（图 3-10）与行人模型（图 3-11）的组合

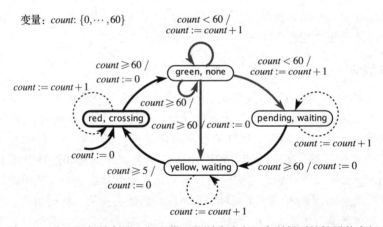

图 15-4   由交通灯控制器和行人模型的同步响应组合所得到的扩展状态机

在实际中，验证有限状态机 M 是否满足 **G**p 属性这一看似简单的任务并非真的如上例那样简单，这是由如下原因导致的。

- 通常，其开始时仅有初始状态和迁移函数，而且状态图必须在运行中构建。
- 系统可能有极大数量的状态，M 的语法描述数量可能是指数级的，因此不能用传统的数据结构，如邻接矩阵或关联矩阵来表示该状态图。

为此，以下两小节重点讨论如何来应对这些挑战。

15.2.2 显式状态模型检验

本节讨论如何通过在过程中生成和遍历状态图来计算可达状态集。

首先，基于前文所关注的系统 M 是封闭的、有限状态的，且可能是非确定性的。由于 M 没有输入，其下一组可能状态的集合仅是其当前状态的一个函数。我们用 M 的当前状态

函数 δ 来表示 M 的迁移关系，而不是用第 3 章中引入的 *possibleUpdates* 函数，虽然其也是当前输入的函数。由此，$\delta(s)$ 是 M 状态机 s 状态的下一组可能状态的集合。

算法 15.1 计算了初始状态为 s_0 且迁移关系为 δ 时 M 的可达状态集合。函数 DFS_Search 从状态 s_0 开始执行对 M 的状态图的深度优先遍历。在遍历过程中，重复地将 δ 应用到正在访问的状态就可以在此过程中生成一个图。

算法 15.1　通过深度优先的显式状态搜索来计算可达状态集

    输入：封闭有限状态系统 M 的初始状
        态 s_0 以及迁移关系 δ
    输出：M 的可达状态的集合 R

1　初始化：栈 Σ 包含单个状态 s_0；当前
        到达的状态集合为 $R := \{s_0\}$.
2　**DFS_Search**() {
3　**while** 栈 Σ 不为空 **do**
4　 将 Σ 的栈顶状态 s 弹栈
5　 计算从状态 s 一次迁移可达状态的
      集合 $\delta(s)$
6　 **for** 每一个 $s' \in \delta(s)$ **do**
7　 **if** $s' \notin R$ **then**
8　 $R := R \cup \{s'\}$
9　 将 s' 压入栈 Σ
10　 **end**
11　 **end**
12　**end**
13　}

本算法所需要的主要数据结构是栈 Σ，其存储了状态图中从 s_0 开始的当前路径，另一个是遍历中已到达状态的当前集合 R。因为 M 是有限状态的，在某个点由 s_0 可达的状态都将在 R 中，这表示没有新的状态将被压入栈 Σ，而且因此 Σ 将变为空。因此，DFS_Search 函数结束时，该函数最后的 R 值就是 M 所有可达状态的集合。

该算法的时间、空间需求与状态图大小呈线性关系（附录 B 介绍了该类复杂性概念）。然而，M 的状态图中结点和边的数量可能是 S 和 E 的描述的指数量级。例如，如果 S 和 E 一共有 100 个布尔状态变量（实际中是很小的！），那么 M 的状态图可能会有 2^{100} 个状态，其远远超过当代计算机的主存容量。因此，必须采用**状态压缩**（state compression）技术来对诸如 DFS_Search 等显式状态搜索算法进行增强。"延伸探讨：模型检验的实践"注解栏中对此类技术进行了部分概述。

并发系统模型检验的一个挑战是**状态爆炸问题**（state-explosion problem）。回顾 k 个有限状态系统 M_1，M_2，$\cdots$，M_k 组合之后的状态空间（假设使用了同步组合）是 M_1，M_2，$\cdots$，M_k 的状态空间的笛卡儿乘积。换句话说，如果 M_1，M_2，$\cdots$，M_k 分别具有 n_1，n_2，$\cdots$，n_k 个状态，它们的组合就可能有 $\prod_{i=1}^{k} n_i$ 个状态。很容易看出，这 k 个组件的并发组合具有随 k 值指数增长的状态数量。这明确地表示，组合系统的状态空间并不会发生比例变化。在下一节，我们将给出可以在某些情形下缓和该问题的一些技术。

15.2.3　符号化模型检验

符号化模型检验（symbolic model checking）的关键思想是将符号化的状态集表示成一个命题逻辑公式，而不是显式地表示为一组独立状态的集合。通常使用特定的数据结构来表示和操作这些公式。因此，不同于直接操作每个单独状态的显式状态模型检验，符号化模型检验操作的是这些状态的集合。

算法 15.2（Symbolic_Search）是一个用于计算封闭有限状态系统 M 的可达状态集合的符号化算法。该算法具有与上述显式状态算法 DFS_Search 相同的输入 – 输出规格，但 Symbolic_Search 中的所有操作都是集合操作。

算法 15.2 通过符号化搜索来计算可达状态集合

> 输入：符号化表示的封闭有限状态系统 M
>   的初始状态 s_0 以及迁移关系 δ
> 输出：符号化表示的 M 的可达状态集合 R
> 1 初始化：当前已达的状态集合 $R = \{s_0\}$
> 2 **Symbolic_Search**() {
> 3 $R_{new} = R$
> 4 **while** $R_{new} \neq \emptyset$ **do**
> 5 $R_{new} := \{s' \mid \exists s \in R \text{ s.t. } s' \in \delta(s) \land s' \notin R\}$
> 6 $R := R \cup R_{new}$
> 7 **end**
> 8 }

在 Symbolic_Search 算法中，R 代表在该搜索中任意点上所到达过的状态的集合，R_{new} 代表在该点上新产生的状态。当不再产生新的状态时算法结束，R 中存储从 s_0 开始的所有可达状态。算法的关键是在第 5 行，其中 R_{new} 是求得的所有状态 s' 的集合；s' 是在迁移关系 δ 的一步中，R 中任何状态 s 可到达的状态。这个操作被称作**镜像计算**（image computation），因为其包括了计算函数 δ 的镜像。直接操作命题逻辑公式的有效镜像计算实现是符号化可达性算法的核心。除镜像计算之外，Symbolic_Search 算法中的关键集合操作还包括集合的并以及对空集的检查。

示例 15.2 我们将使用图 15-4 中的有限状态机来说明符号化可达性分析。

开始之前，我们需要引入一些符号。令 v_l 变量表示交通灯控制器有限状态机 S 中每个响应开始时的状态；也就是说，$v_l \in \{green, yellow, red, pending\}$。类似地，令 v_p 表示行人状态机 E 的状态，$v_p \in \{crossing, none, waiting\}$。

组合系统 M 的初始状态集 $\{s_0\}$ 被表示为如下命题逻辑公式。

$$v_l=red \land v_p=crossing \land count=0$$

在如图 15-4 所示的扩展有限状态机中，从 s_0 唯一使能的引出迁移是初始状态上的自循环。因此，在一个可达性计算步骤之后，已到达的状态的集合 R 可以由下式表示。

$$v_l = red \land v_p=crossing \land 0 \leq count \leq 1$$

在两步之后，集合 R 可由下式给出。

$$v_l=red \land v_p=crossing \land 0 \leq count \leq 2$$

k 步之后 $(k \leq 60)$，集合 R 可由如下公式表示。

$$v_l=red \land v_p=crossing \land 0 \leq count \leq k$$

在第 61 步会退出状态（red，crossing），且可以用下式计算 R。

$$v_l=red \land v_p=crossing \land 0 \leq count \leq 60$$
$$\lor v_l=green \land v_p=none \land count=0$$

继续类似的运行，可达状态集 R 会不断增长，直到其不再发生变化。最终的可达状态集可表示为如下形式。

$$v_l\text{=red} \land v_p\text{=crossing} \land 0 \leqslant count \leqslant 60$$
$$\lor \; v_l\text{=green} \land v_p\text{=none} \land 0 \leqslant count \leqslant 60$$
$$\lor \; v_l\text{=pending} \land v_p\text{=waiting} \land 0 < count \leqslant 60$$
$$\lor \; v_l\text{=yellow} \land v_p\text{=waiting} \land 0 \leqslant count \leqslant 5$$

实际上，符号化表示比显式表示更加精炼。上例就很好地说明了这一点，其中，一组状态被精简地表示为不等式关系，如 $0 < count \leqslant 60$。从而，可以设计在符号表示上直接运行的计算机程序。该类程序的部分例子将在后面进行讨论。

符号化模型检验已经被成功地运用于处理很多种类系统的状态爆炸问题，最显著的是硬件模型。然而，在最坏情况下，即使符号化集合表示也可能导致系统变量的数量以指数进行增长。

15.3 模型检验中的抽象

模型检验中的一个挑战是用最简单的系统抽象开展工作，其将提供所需的安全性证明。越简单的模型拥有越小的状态空间，也就可以被更为有效地检查。当然，要面对的挑战是必须清楚哪些细节是可以从抽象中省略的。

系统中要被抽象的部分依赖于需要被验证的属性，以下示例就说明了这一点。

示例 15.3 考虑图 15-4 中的交通灯系统 M。假设与示例 15.1 一样，我们希望验证 M 是否满足如下属性。

$$G\neg(\text{green} \land \text{crossing})$$

假设我们通过隐藏模型对 $count$ 的所有引用（包括所有涉及它的监督条件以及所有对它的更新），从 M 中抽象出一个变量 $count$。由此，可得到图 15-5 所示的抽象模型 M_{abs}。

显然，这个抽象 M_{abs} 呈现出比 M 更多的行为。例如，对于状态（yellow，waiting），我们可以一直采取自循环迁移，且永久地处于该状态。然而在实际系统 M 中，必须在 5 个时钟节拍内退出该状态。另外，M 的每个行为都可以被 M_{abs} 进行呈现。

有意思的是，即使具有这个近似，我们也可以证明 M_{abs} 满足 $G\neg(\text{green} \land \text{crossing})$，即 $count$ 的值与该属性是不相关的。

请注意，虽然 M 共有 188 个状态，但 M_{abs} 仅有 4 个。由于要分析的状态非常少，因此 M_{abs} 的可达性分析也要比 M 容易得多。

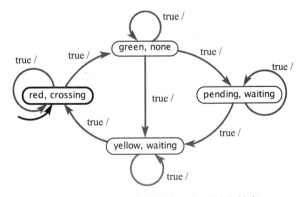

图 15-5 图 15-4 中所示交通灯系统的抽象

有很多方法可用于求得一个抽象。在这些简单且极为有用的方法中，有一个称为**定位归约**（localization reduction）或**定位抽象**（localization abstraction）的方法（Kurshan，1994）。在定位归约中，通常以隐藏状态变量子集的方式把设计模型中与待检验属性无关的部分提取出来。隐藏一个变量意味着该变量可以任意地演化。这也是上述示例 15.3 中使用的抽象形式，其中允许 *count* 任意地改变，且所有迁移都与 *count* 的值无关。

示例 15.4 考虑如下所示的多线程程序（Ball et al.，2001）。函数 lock_unlock 执行一个获取锁的循环，之后调用函数 randomCall 并根据其值来释放锁或者执行另一个循环迭代，或者退出循环（进而释放锁）。通过递增变量 new 的值确保另一个循环迭代的执行，从而，条件 old!=new 的估值为真。

```
1   pthread_mutex_t lock = PTHREAD_MUTEX_INITIALIZER;
2   unsigned int old, new;
3
4   void lock_unlock() {
5     do {
6       pthread_mutex_lock(&lock);
7       old = new;
8       if (randomCall()) {
9         pthread_mutex_unlock(&lock);
10        new++;
11      }
12    } while (old != new)
13    pthread_mutex_unlock(&lock);
14  }
```

假设我们想要验证的属性是"不会尝试连续两次调用函数 pthread_mutex_lock"。回顾11.2.4 节，如果线程在尝试获取锁时被永久地阻塞，系统可能会发生死锁。在上例中，如果已经持有了锁 lock 的线程再次尝试获取该锁时，就可能发生这种情况。

如果我们不采用任何抽象而对该程序进行精确建模，那么，除了程序的剩余状态之外，我们还需要对变量 old 和 new 的所有可能取值都进行推理。假设该系统中的字长是 32 位，那么状态空间的规模大约就是 $2^{32} \times 2^{32} \times n$，其中 2^{32} 是 old 和 new 的取值的数量，n 表示剩余状态空间的规模。

然而，没有必要对变量 old 和 new 的精确取值进行推理以证明程序是正确的。例如，假设编程语言具有 boolean 类型，且程序可以执行非确定性作业，那么就可以得到原有程序的如下抽象，以类似 C 的语法，且用布尔变量 b 代表谓词 old==new。

```
1   pthread_mutex_t lock = PTHREAD_MUTEX_INITIALIZER;
2   boolean b; // b represents the predicate (old == new)
3   void lock_unlock() {
4     do {
5       pthread_mutex_lock(&lock);
6       b = true;
7       if (randomCall()) {
8         pthread_mutex_unlock(&lock);
9         b = false;
10      }
11    } while (!b)
12    pthread_mutex_unlock(&lock);
13  }
```

容易看出，这个抽象只保留了必要的信息来证明程序满足期望的属性。具体而言，这个锁不会被获取两次，因为该循环仅在 b 被置为假时才会继续重复，这隐含地说明该锁在下次尝试获取前就已被释放。

　　另外可以观察到，待搜索状态空间的规模已经减少到仅为 $2n$。显然，这就是使用"正确"抽象的有益之处。

　　形式化验证面临的主要挑战是自动地计算简化的抽象。一个有效且被广泛运用的技术是由 Clarke 等（2000）最先提出的**反例引导的抽象精化**（CounterExample-Guided Abstraction Refinement，CEGAR），其基本思想（当使用定位归约时）是以隐藏除时态逻辑属性所引用变量之外的几乎所有状态变量为开始。该方法得到的抽象系统将较原有系统具有更多的行为。因此，如果该抽象系统满足一个线性时态逻辑公式 Φ（即其每一个行为都满足 Φ），那么原有系统也会满足。然而，如果抽象系统不满足 Φ，模型检验器会生成一个反例。如果这个反例对于原有系统是一个反例，这个过程就会结束，表示已经找到了一个真实的反例。否则，CEGAR 方法会分析这个反例以推断哪些隐藏的变量必须不再是隐藏的，同时用这些新引入的变量来重新计算一个抽象。该过程持续进行，要么以某个抽象系统被证明正确为结束，要么为原有系统产生一个有效的反例结束。

　　CEGAR 方法及后续的一些思想一直有助于推动软件模型检验领域的发展。我们在本章后面的注解栏中简述了其部分关键思想。

15.4　模型检验活性属性

　　迄今为止，我们只是限定于验证 **G**p 形式的属性，其中 p 是一个原子命题。认为 **G**p 对所有轨迹都成立是一类非常受限的安全属性。然而，如我们在第 13 章所见的，一些有用的系统属性并非安全属性。例如，描述"机器人必须访问位置 A"的属性就是一个活性属性：如果命题 q 代表访问位置 A，那么该属性就会断定 **F**q 必须对所有轨迹都成立。实际上，包括机器人路径规划问题、分布式并发系统的演进特性等在内的很多问题都可以被描述为活性属性。因此，扩展模型检验方法来处理该类属性就是有用的。

　　虽然 **F**p 形式的属性是活性属性，仍可以用前面内容中讨论的技术来部分地进行检验。回顾第 13 章，**F**p 对一条轨迹成立，当且仅当 ¬**G**¬p 也对该轨迹成立。也就是说，"p 在未来某些时间为真" iff[⊖] "¬p 总是为假"。因此，我们可以尝试验证该系统满足 **G**¬p。如果验证器确认 **G**¬p 对于所有轨迹都成立，我们就知道 **F**p 对任何轨迹都不成立。反之，如果验证器输出"NO"，伴随输出的反例就会提供一个说明 p 如何会最终变为真的证据。这个证据提供了 **F**p 成立的一个轨迹，但是它并不证明 **F**p 对所有轨迹都成立（除非状态机是确定性的）。

　　更完整的检验和更为复杂的活性属性都需要采用更复杂的方法。简要地，一个用于线性时态逻辑属性的显式状态模型检验方法可表述如下：

　　1）将属性 Φ 的否定描述为一个自动机 B，其中某些状态被标记为接受状态。

　　2）构建属性自动机 B 和系统自动机 M 的同步组合；属性自动机的接受状态引发乘积自动机 M_B 的接受状态。

　　3）如果乘积自动机 M_B 可以经常无限地访问一个接受状态，那么，这表示 M 不满足 Φ；否则 M 满足 Φ。

⊖ iff 是 if and only if（当且仅当）的缩写符号，通常认为是匈牙利裔美国数学家 Paul Halmos 发明并最先在数学领域使用。另外，Paul Halmos 还最早使用符号"■"取代传统的 Q.E.D（拉丁语 Quod Erat Demonstrandum，意为"这就是所要证明的"）来表示证明完毕，故有时也称为哈尔莫斯符。——译者注

上述方法就是**验证的自动机理论方法**，下面我们对相关内容进行简要阐述。要想了解更多的细节，可以参考与本主题相关的开创性论文（Wolper et al.（1983）；Vardi and Wolper（1986）），以及关于 SPIN 模型检验器的资料（Holzmann，2004）。

15.4.1   将属性作为自动机

我们来看把一组属性看作一个自动机的第一步。首先回顾前面注解栏中介绍的 Omega 正则语言，其所简要介绍的 Büchi 自动机和 Omega 正则语言的理论与模型检验活性属性相关。大致上，一个线性时态逻辑属性 Φ 与满足 Φ 的一个行为集合是一一对应的。这个行为集合构成了对应于 Φ 的 Büchi 自动机的语言。

对于这里讨论的线性时态逻辑模型检验方法，如果 Φ 是系统必须满足的属性，那么我们将其否定 ¬Φ 表示为一个 Büchi 自动机。以下给出几个说明性示例。

示例 15.5 假设有限状态机 M_1 建模了一个系统，该系统无限执行且输出一个纯信号 h（作为心跳），且每隔三个响应时至少输出一次。也就是说，如果在连续的两个响应中系统都没有输出 h，那么在第三个响应中就一定会输出。

我们可以利用线性时态逻辑将该属性形式化为如下 Φ_1 属性。

$$\mathbf{G}(h \vee \mathbf{X}h \vee \mathbf{X}^2 h)$$

该属性的否定形式如下。

$$\mathbf{F}(\neg h \wedge \mathbf{X}\neg h \wedge \mathbf{X}^2\neg h)$$

那么，就可以给出对应于该期望属性的否定的 Büchi 自动机 B_1，如下。

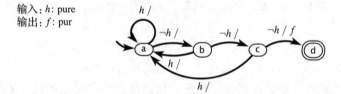

我们来检查一下该自动机。该自动机接受的语言包括所有进入并停留在状态 d 的行为。等价地，该语言包括了在某个响应中能够在 f 上输出 *present* 的所有行为。当在使用 M_1 来构造上述状态机时，如果生成的组合状态机永远不能输出 f=present，那么，可被组合状态机接受的语言就为空。如果能够证明其语言为空，就已经证明了 M 在连续的三个响应中会输出至少一个心跳 h。

可以看出上例中的 Φ_1 属性实际上是一个安全性属性，以下再给出一个活性属性的示例。

示例 15.6 假设有限状态机 M_2 要为必须定位一个房间且一直停留在那里的机器人建模一个控制器。令 p 是机器人进入目标房间时为真的命题，那么，期望的属性 Φ_2 可以在线性时态逻辑中表示为 $\mathbf{FG}p$。

该属性的否定是 $\mathbf{GF}\neg p$。如下给出对应于该逆否属性的 Büchi 自动机 B_2。

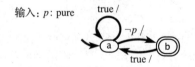

请注意，B_2 的所有接受行为对应于 ¬p 无限经常成立这一属性。对于 B_2 的 b 状态被反复访问的乘积自动机，这些行为对应了状态图中的一个环路。这个环路就是一个**接受环路**（acceptance cycle）。

GFp 形式的活性属性也是作为规格自然地出现的。属性的这种形式在表述**公平性**（fairness）属性（其断定某些期望的属性无限次成立）时非常有用，如下结合示例进行说明。

示例 15.7　考虑一个像示例 3.10 那样的交通灯系统。我们可能希望确定交通灯在任何执行中都无限多次地变为 green（绿灯），换句话说，green 状态被无限经常访问，其可被表示为 $\Phi_3 = $**GF** green。

对应于 Φ_3 的自动机与上述示例 15.6 中 Φ_2 的否定相同，其中用 green 替代了 ¬p。然而，在本例中该自动机的接受行为就是所期望的行为。

从这些示例可以看出，检测有限状态机中一个特定接受状态 s 是否可以被无限经常访问的问题，通常是对线性时态逻辑属性进行显式状态模型检验的重点。接下来，我们将就其给出一个算法。

15.4.2　寻找接受环路

接下来考虑如下问题：

给定一个有限状态机 M，M 的一个接受状态 s_a 能否被无限经常地访问？

换句话说，我们要寻找一个算法来检测：（i）从 M 的初始状态 s_0 起，状态 s_a 是否可达，以及（ii）状态 s_a 从其自身是否可达。请注意，询问一个状态是否能够被无限经常地访问不等同于询问其是否必须被无限经常地访问。

就像 15.2.1 节讨论 **G**p 的情况一样，图论的视角对本问题是非常有用的。为了便于论证，假设我们已经提前建立了整个状态图。那么，检测状态 s_a 是否从 s_0 可达的问题就简单地变为图的遍历问题，如可以用深度优先搜索（DFS）来解决。进而，检查 s_a 从其自身是否可达的问题就相当于检测在状态图中是否存在一个包含该状态的环路。

解决该问题最主要的挑战与 15.2.1 节中所讨论的那些非常相似：必须在运行过程中进行搜索，且必须应对大的状态空间。

在 SPIN 模型检验器（Holzmann，2004）中实现的**嵌套深度优先搜索**（嵌套 DFS）算法解决了这个问题，其逻辑如算法 15.3 所示。该算法以调用参数为 1 的 Nested_DFS_Search 函数开始，如底部的 Main 函数所示。将原有封闭系统 M 与代表线性时态逻辑公式 Φ 的否定的自动机 B 进行合成得到了 M_B。

算法 15.3　嵌套的深度优先搜索算法

> 输入：自动机 M_B 的初始状态 s_0 以及迁移关系 δ；M_B 的目标
> 　　　接受状态 s_a
> 输出：如果存在，输出包含 s_a 的接受环路
> 1　初始化：(i) 使栈 Σ_1 包含单个状态 s_0，且栈 Σ_2 为空；(ii) 两个
> 　　已到达状态集合 $R_1 := R_2 := \{s_0\}$；(iii) 设置标志 found:=false.
> 2　**Nested_DFS_Search**(Mode mode) {
> 3　**while** 栈 Σ_{mode} 不为空 **do**

```
4       弹出 Σ_mode 的栈顶状态 s
5       if (s = s_a 且 mode = 1) then
6           将 s 压入栈 Σ_2
7           Nested_DFS_Search(2)
8           return
9       end
10      计算 δ(s)，即从状态 s 一次迁移可达状态的集合
11      for 每一个 s' ∈ δ(s) do
12          if (s' = s_a 且 mode = 2) then
13              使用栈 Σ_1 和 Σ_2 的内容输出路径到具有接受环路的
                状态 s_a
14              found := true
15              return
16          end
17          if s' ∉ R_mode then
18              R_mode := R_mode ∪ {s'}
19              将 s' 压入栈 Σ_mode
20              Nested_DFS_Search(mode)
21          end
22      end
23  end
24  }
25  Main() {
26      Nested_DFS_Search(1)
27      if (found = false) then 输出 "没有包含 s_a 的接受环路" end }
28
```

顾名思义，该思想是执行两个深度优先搜索，一个嵌套于另一个之中。第一个深度优先搜索确定了从初始状态 s_0 到目标接受状态 s_a 的一条路径。进而，再从 s_a 开始另一个深度优先搜索以检查是否可以再次到达 s_a。mode 变量的值是 1 还是 2 取决于正在执行第一个搜索还是第二个搜索。栈 Σ_1 和 Σ_2 分别被用于模式 1 和模式 2 中的搜索。如果在第二个搜索中遇到了 s_a，该算法会产生在 s_a 上具有一个循环的 s_0 到 s_a 的路径作为输出。通过从栈 Σ_1 中读出内容，就可以简单地得到从 s_0 到 s_a 的路径。同样，可以从栈 Σ_2 得到从 s_a 到其自身的环路。否则，算法提示搜索失败。

搜索优化以及用于显式状态可达性分析的状态压缩技术，也可以与嵌套深度优先搜索算法一起使用。更多细节请参见 Holzmann（2004）。

延伸探讨：模型检验的实践

现在，已有一些工具可用于计算有限状态系统的可达状态集，以及检测它们是否满足时态逻辑中的规格。一个工具是 SMV（Symbolic Model Verifier，符号化模型验证器），是由 Kenneth McMillan 于卡耐基梅隆大学率先开发的。SMV 是第一个使用**二叉判定图**（Binary Decision Diagrams，BDD）的模型检验工具，BDD 是 Bryant（1986）提出的用于表示布尔函数的紧凑数据结构。这里 BDD 的使用已经被证明有助于分析更为复杂的系统。现在的符号化模型检验器还严重依赖于布尔可满足性（Boolean Satisfiability，SAT）求解器（Malik and Zhang，2009），这是用于确定一个命题逻辑公式是否可以评估为真的一组程序。SAT 求解器在模型检验中的一个最先应用是**有界模型检验**（bounded model checking）（Biere et al.，1999），其中系统的迁移关系仅可以有限次地展开。读者还可以在线找到 SMV 的一些不同版本（如 http://nusmv.fbk.eu/）。

20 世纪八九十年代期间，贝尔实验室的 Gerard Holzmann 等人开发了 SPIN 模型检验器（Holzmann，2004），这是模型检验的另一个主要工具（参见 http://www.spinroot.

com/)。该工具没有将模型直接表示为通信的有限状态机，而是使用了一个规格语言（称为 Promela，用于进程元语言），这使得设计与多线程程序非常相似的规格成为可能。SPIN 将状态压缩技术，如**散列压缩**（使用散列法来减少所存储状态集的规模）和**偏序化简**（通过仅考虑可能的进程交叉的一个子集来减少待搜索可达状态数量的技术）等，组合起来使用。

在将模型检验直接运用到软件的工作中，自动抽象扮演着重要的角色。基于抽象的软件模型检验的一个例子是微软研究院开发的 SLAM（Ball and Rajamani，2001；Ball et al.，2011）。SLAM 将 CEGAR 与称为谓词抽象的特定抽象形式相结合，在谓词抽象中，程序中的谓词被抽象为布尔变量。这些技术中的一个关键步骤是，检验抽象模型上产生的反例是否在实际中确实是一个真正的反例。对于比命题逻辑更为丰富的逻辑，要使用可满足性求解器来进行检查。这些求解器被称为**基于 SAT 的决策函数**或者**可满足性模理论**（SMT）求解器（更多细节请参考 Barrett et al.（2009））。

最近，基于**归纳学习**（inductive learning）的技术（也就是从样本数据中进行概括）已经开始在形式化验证中发挥重要作用（Seshia（2015）阐述了这个主题）。

15.5　小结

本章就形式化验证给出了一些基础算法，包括模型检验这个验证有限状态机是否满足以时态逻辑所标定属性的技术。将一个系统和它的运行环境相组合得到封闭系统，之后在该封闭系统上进行验证。第一个关键概念是可达性分析，其验证 **G**p 形式的属性。作为模型检验可扩展性的核心，抽象概念也在本章中得到了讨论。本章还阐明了显式状态模型检验算法如何处理活性属性，其中的一个关键是属性与自动机间的对应关系。

习题

1. 考虑一个用图 13-2 中建模中断驱动程序的分层状态机所建模的系统 M。

请使用一个验证工具（如 SPIN）的建模语言对 M 进行建模。为此，还必须构建一个请求中断的环境模型。使用验证工具来检测 M 是否满足第 13 章习题 5 中给出的属性 ϕ。

ϕ：主程序最终会到达程序中的位置 C。

请对此验证工具中所得到的输出结果进行解释。

2. 图 15-3 给出了图 3-10 中交通灯控制器和图 3-11 中行人模型的同步响应组合。

考虑用如下模型来替代图 15-3 中的行人模型。以下模型的初始状态非确定性地被选择为 none 或 crossing。

输入：*sigR*, *sigG*, *sigY* : pure
输出：*pedestrian* : pure

（a）请使用一个验证工具（如 SPIN）的建模语言对该组合系统进行建模。该组合系统具有多少个可达状态？其中有多少个是初始状态？

（b）请形式化给出表示"每当一个行人到来，该行人最终会被允许通过"（即交通灯进入 red 状态）的线性时态逻辑属性。

（c）使用验证工具检测（a）中构建的模型是否满足（b）中表示的线性时态逻辑属性。请对验证工具的输出进行解释。

3. 可达性概念具有良好的对称性。其不只是描述从某个初始状态可达的所有状态，也可以描述能够到达某个状态的所有状态。给定一个有限状态系统 M，状态集 F 的**后向可达状态**（backward reachable state）是可到达 F 中某个状态的所有状态的集合 B。以下算法为给定的状态集 F 计算其后向可达状态集。

输入：封闭有限状态系统 M 的状态集合 F 及迁移关系 δ
输出：M 中从 F 向后可达状态的集合 B

1 初始化：$B := F$
2 $B_{new} := B$
3 **while** $B_{new} \neq \emptyset$ **do**
4 | $B_{new} := \{s \mid \exists s' \in B \text{ s.t. } s' \in \delta(s) \wedge s \notin B\}$
5 | $B := B \cup B_{new}$
6 **end**

请解释，该算法如何检验 M 上的属性 $\mathbf{G}p$，其中 p 是 M 的每个状态中易于检验的某个属性。可以假设 M 只有一个初始状态 s_0。

定量分析

线控刹车系统会在一毫秒内准确地进行刹车吗？要回答这个问题，就需要在某种程度上对线控刹车系统中电子控制单元（ECU）上运行的软件进行**执行时间分析**（execution-time analysis）。软件的执行时间是嵌入式系统**定量属性**（quantitative property）的一个例子。系统在一毫秒内准确刹车的约束是一个**定量约束**（quantitative constraint）。对定量属性进行符合定量约束的分析是嵌入式系统正确性的核心，也是本章所要讨论的主要内容。

嵌入式系统的定量属性是任何可以被测量的属性，包括一系列物理参数，如由嵌入式系统控制的车辆当前位置与速度、系统的重量、运行温度、能耗或者响应时间。在本章中，我们关注由软件控制的系统的相关属性，特别是其执行时间，并将阐述可以确保满足执行时间约束的程序分析技术。同样，也将讨论如何使用类似的技术来分析软件的其他定量属性，特别是电源、能量和存储器等资源的使用。

定量属性的分析需要足够的系统软件组件以及软件运行环境的模型。运行环境包括处理器、操作系统、输入输出设备、与软件交互的物理组件以及通信网络（如适用的话）。环境有时也被称为软件运行平台。对执行时间分析进行综合处理需要更多的知识，而本章的目标则更为聚焦。我们对程序以及在定量分析中所必须考虑的环境关键属性进行说明，同时，我们也会定性地阐述所使用的分析技术。对于正确性，我们聚焦于一个单独的量，即执行时间，并对其他与资源相关的定量属性进行简要讨论。

16.1 关注的问题

典型的定量分析问题包括由程序 P 定义的一个软件任务、程序运行的环境 E 以及关注量 q。假设 q 可以由如下函数 f_P 给出：

$$q = f_P(x, w)$$

其中 x 表示程序 P 的输入（例如，从存储器或传感器读取的数据，或者从网络接收的数据等），w 表示环境参数（如网络延时或者程序开始执行时 Cache 的内容等）。完整地定义 f_P 函数通常是既不可行也没有必要的；相反，实际的定量分析将为 q 生成极值（最大值或最小值）、平均值或者 q 满足特定阈值约束的证明。接下来，我们将对这些内容进行详细说明。

16.1.1 极端情况分析

在极端情况分析中，我们可能想要对所有的 x 和 w 估计 q 的最大值，如式（16.1）所示。

$$\max_{x,w} f_P(x, w) \tag{16.1}$$

或者，采用式（16.2）来估计 q 的最小值。

$$\min_{x,w} f_P(x, w) \tag{16.2}$$

如果 q 代表程序或者程序片段的执行时间，那么其最大值就被称为**最坏执行时间**（Worst-Case Execution Time，WCET），最小值被称为**最好执行时间**（Best-Case Execution Time，BCET）。精确地确定这些数值可能是非常困难的，但对于很多应用而言，一般只需要 WCET 的上界或者 BCET 的下界。当计算得到的界等于实际的 WCET 或者 BCET 时，就说其是一个**紧确界**（tight bound）；反之，如果它们之间存在明显的差距，那么就称其是一个**松弛界**（loose bound）。计算松弛界可能比找出紧确界要容易得多。

16.1.2　阈值分析

阈值属性（threshold property）检查对于任何的 x 和 w，q 的值是否总是限定在一个阈值 T 以上或以下。形式化地，该属性可以表示为式（16.3）或式（16.4）。

$$\forall x, w, \quad f_P(x, w) \leqslant T \tag{16.3}$$

$$\forall x, w, \quad f_P(x, w) \geqslant T \tag{16.4}$$

阈值分析可以提供一个满足定量约束的保证，如要求线控刹车系统在一毫秒内精确刹车。

阈值分析的实施比极端情况分析要更加容易。与极端情况分析不同，阈值分析不会要求精确地确定最大或最小值，甚至找出这些值的紧确界。相反，其是以目标值 T 的形式的某些导向来支持分析。当然，也能够使用极端情况分析来检查阈值属性。具体地，如果 WCET 不超过 T，式（16.3）的约束成立；如果 BCET 不低于 T，式（16.4）的约束成立。

16.1.3　平均情况分析

分析中更为常见的是对典型资源使用的关注，而不是其最坏情形，这被形式化为平均情况分析。这里，假设输入 x 的值以及环境参数 w 分别是依据概率分布 D_x 和 D_w 从可能取值的空间 X 和 W 中随机选取的。形式上，我们试图用式（16.5）来估计该值，其中 $\mathbb{E}_{D_x, D_w}$ 表示在分布 D_x 和 D_w 上 $f_P(x, w)$ 的期望值。

$$\mathbb{E}_{D_x, D_w} f_P(x, w) \tag{16.5}$$

在平均情况分析中，困难在于定义出真实的分布 D_x 和 D_w，使其可以刻画输入和程序运行环境参数的实际分布。

在本章的后续部分，我们将关注一个称为 WCET 估计的代表性问题。

16.2　将程序表示为图

在程序分析中经常使用的一个基本抽象是将程序表示为图，该图给出了一个代码段到另一个代码段的控制流。我们将使用如下运行示例来说明该抽象以及本章中的相关概念。

示例 16.1　函数 modexp 执行**模幂运算**（modular exponentiation），该运算是很多加密算法中的一个关键步骤。在模幂运算中，给定一个底数 b、指数 e 以及一个模数 m，必须计算 b^e 模 m 的值。在如下程序中，base、exponent 和 mode 分别代表了 b、e 以及 m。EXP_BITS 表示指数中的位数。该函数使用了一个标准的移位 – 平方 – 累积算法，其中对于指数中的每个位，底数都要进行一次平方运算，并且仅当该位的值为 1 时底数才会被累积到结果 result 变量中。

```
1   #define EXP_BITS 32
2
3   typedef unsigned int UI;
4
5   UI modexp(UI base, UI exponent, UI mod) {
6     int i;
7     UI result = 1;
8
9     i = EXP_BITS;
10    while(i > 0) {
11      if ((exponent & 1) == 1) {
12        result = (result * base) % mod;
13      }
14      exponent >>= 1;
15      base = (base * base) % mod;
16      i--;
17    }
18    return result;
19  }
```

16.2.1　基本块

基本块（basic block）是一个连续的程序语句序列，其中，控制流仅从该序列的开始进入且仅在结束时离开，在结束之前不会终止或者出现可能的分支。

示例 16.2 示例 16.1 中 modexp 函数的如下三条语句构成了一个基本块。

```
14      exponent >>= 1;
15      base = (base * base) % mod;
16      i--;
```

另一个基本块的例子是函数顶部的初始化部分，从代码的第 7 行到第 9 行。

```
7   result = 1;
8
9   i = EXP_BITS;
```

16.2.2　控制流图

程序 P 的**控制流图**（Control-Flow Graph，CFG）是一个有向图 $G=(V, E)$，其中顶点集合 V 由程序 P 的基本块组成，边的集合 E 则对应了基本块之间的控制流。图 16-1 刻画了示例 16.1 中 modexp 程序的控制流图。该控制流图的每个结点用其对应的基本块进行标记。在大多数情况下，这些标记只是如同示例 16.1 中的代码。唯一的例外是条件语句，如 while 循环和 if 语句中的条件。在这些情况下，我们依惯例用带有问号的条件来表示条件分支。

尽管这一控制流图的说明性示例是 C 源代码级的，但是在其他程序表示层级使用控制流图也是可能的，包括高级模型以及低级汇编语言。所采用的表示层级取决于上下文所要求的详细程度。为了使其更易于理解，我们的控制流图将处于源代码层。

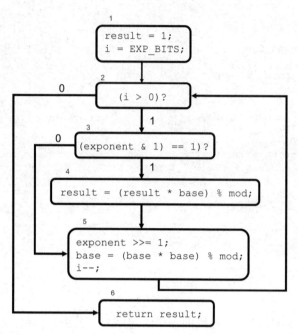

图 16-1   示例 16.1 中 modexp 函数的控制流图（结点的所有入射边表示到该结点所对应基本块
开始的控制切换，所有的出射边则表示从该结点所对应基本块的末端的出口。为了清
楚起见，我们用 0 或 1 来标记从分支语句引出的边，分别表示分支估值为假或真时的
控制流。在基本块的结点上方标注了该基本块的 ID，本例中 ID 的范围为 1 到 6）

16.2.3   函数调用

程序通常被分解为一组函数，以系统地组织代码并提升其复用性和可读性。通过引入特
定的**调用**（call）和**返回**（return）边，可以对控制流图的表示进行扩展，以便于对具有函数
调用的代码进行推理。这些边连接**调用者函数**和**被调用者函数**的控制流图。**调用边**说明了从
调用者到被调用者的控制转换，**返回边**则说明从被调用者返回到调用者的控制转换。

示例 16.3 如下是示例 16.1 中模幂运算程序的另一个版本，其使用了函数调用而且可
以由具有调用边和返回边的控制流图来表示，如图 16-2。

```
1   #define EXP_BITS 32
2   typedef unsigned int UI;
3   UI exponent, base, mod;
4
5   UI update(UI r) {
6     UI res = r;
7     if ((exponent & 1) == 1) {
8       res = (res * base) % mod;
9     }
10    exponent >>= 1;
11    base = (base * base) % mod;
12    return res;
13  }
14
15  UI modexp_call() {
16    UI result = 1; int i;
```

```
17    i = EXP_BITS;
18    while(i > 0) {
19      result = update(result);
20      i--;
21    }
22    return result;
23  }
```

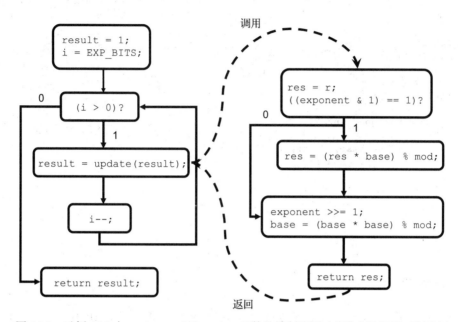

图 16-2   示例 16.3 中 modexp_call 和 update 函数的控制流图（虚线表示调用 / 返回边）

非递归函数调用也可以由**内联化**（inlining）进行处理，即将被调用函数的代码拷贝到调用者函数的代码中。在必须被分析的代码中，如果是对所调用的全部函数传递地执行内联化，那么就可以在内联化所生成代码的控制流图上进行分析，而不需要使用调用边和返回边。

16.3   执行时间的决定因素

为了估计程序的最坏执行时间，必须要考虑很多方面的因素。本节将列出一些主要因素并结合示例进行说明。在讨论这些因素的过程中，我们基于程序员的视角，从程序结构开始分析环境如何影响程序的执行时间。

16.3.1   循环边界

在限定程序执行时间时，首先必须要考虑的一点是程序是否结束。顺序程序没有结束可能是由非终止循环或者函数所调用无限序列所引起的。因此，当编写实时嵌入式软件时，程序员必须确保所有的循环一定会被终止。为了保证这一点，就必须为每个循环确定一个在最坏执行情况下的循环执行次数限制。类似地，所有函数调用必须具有有限的递归深度。确定循环迭代或递归深度边界的问题通常是不可判定的，因为图灵机的停机问题可以被归约为两者之中的任何一个问题（参见附录 B 来了解图灵机和可判定性）。

本节仅关注对循环的推理。尽管问题具有不可判定的本质，但面向实际中出现的几种模式，自动确定循环边界已经取得了进展。确定循环边界的技术是当前的一个研究主题，当然对这些方法的全面阐述已经超出了本章的范围。本书将只限定于阐述循环边界推导的一些说明性示例。

最简单的情况是具有确定常数边界的 for 循环，如示例 16.4 所示。这种情况在嵌入式软件中经常出现，这在一定程度上源于设计人员结合实时约束和有限资源进行编程时所要执行的编程规则。

示例 16.4 看看如下的 modexp1 函数。这是示例 16.1 中执行模幂运算 modexp 函数的变体，这里用等价的 for 循环替代了 while 循环。

```
1   #define EXP_BITS 32
2
3   typedef unsigned int UI;
4
5   UI modexp1(UI base, UI exponent, UI mod) {
6     UI result = 1; int i;
7
8     for(i=EXP_BITS; i > 0; i--) {
9       if ((exponent & 1) == 1) {
10        result = (result * base) % mod;
11      }
12      exponent >>= 1;
13      base = (base * base) % mod;
14    }
15    return result;
16  }
```

在本函数所示的情形中，很容易看出 for 循环将精确地执行 EXP_BITS 次迭代，这里 EXP_BITS 被定义为常量 32。

在很多情况下，循环边界并不是很明显（如上例所示）。为了解决这个问题，如下给出示例 16.4 的另一个变体。

示例 16.5 如下给出的函数也执行与示例 16.4 相同的模幂运算。然而，在本例中，for 循环被采用不同循环条件的 while 循环所代替——exponent 为 0 时 while 循环退出。现在检查一下 while 循环是否结束（如果是，原因是什么）。

```
1   typedef unsigned int UI;
2
3   UI modexp2(UI base, UI exponent, UI mod) {
4     UI result = 1;
5
6     while (exponent != 0) {
7       if ((exponent & 1) == 1) {
8         result = (result * base) % mod;
9       }
10      exponent >>= 1;
11      base = (base * base) % mod;
12    }
13    return result;
14  }
```

现在，我们来分析该循环结束的原因。请注意，exponent 是一个无符号整型数，且假设是 32 位宽。如果其开始时等于 0，该循环立即结束且函数返回 result=1。如果不是，在每次循环迭代中，第 10 行代码将 exponent 向右移动一位。由于 exponent 是一个无符号整型数，因此，在向右移位之后，其最高位将为 0。由此推定，在最多 32 次向右移位之后，exponent 的所有位都必将被设置为 0，从而使得循环结束。由此，我们可以得出该循环的边界是 32。

让我们再来思考上例中采用的推理技术。可以看到，该"结束证据"的关键组件是每次循环执行中 exponent 的位数会减 1。通过定义一个把每个程序状态映射到称为**良序**（well order）的数学结构的**进度度量**（progress measure）或者**次序函数**（ranking function），就形成了证明终止的一个标准依据。直观上，良序与从某个实数初值倒数到 0 的程序相似。

16.3.2　指数路径空间

执行时间是一个路径属性。换句话说，程序消耗的时间是关于程序中分支语句怎样估值为真或假的函数。导致执行时间分析（以及其他程序分析问题）复杂性的一个主要因素是程序路径的数量非常庞大，其是程序规模的指数级。以下示例说明了这一点。

示例 16.6　考虑如下所示的 count 函数，其运行于一个二维数组之上，分别统计数组中非负值和负值元素的数量及其数据的和。

```
1   #define MAXSIZE 100
2
3   int Array[MAXSIZE][MAXSIZE];
4   int Ptotal, Pcnt, Ntotal, Ncnt;
5   ...
6   void count() {
7     int Outer, Inner;
8     for (Outer = 0; Outer < MAXSIZE; Outer++) {
9       for (Inner = 0; Inner < MAXSIZE; Inner++)  {
10        if (Array[Outer][Inner] >= 0) {
11          Ptotal += Array[Outer][Inner];
12          Pcnt++;
13        } else {
14          Ntotal += Array[Outer][Inner];
15          Ncnt++;
16        }
17      }
18    }
19  }
```

该函数有一个嵌套的循环。每个循环执行 MAXSIZE（即 100）次。由此，最内侧的循环体（第 10 ～ 16 行）将执行 10 000 次——与数组 Array 中元素的数量一样多。在最内侧循环体的每次迭代中，第 10 行的条件可以估计为真或者为假，由此导致 2^{10000} 条循环可能执行的路径。换句话说，程序具有 2^{10000} 条路径。

幸运的是，如我们将在 16.4.1 节看到的，为了分析执行时间，我们不需要显式地枚举所有可能的程序路径。

16.3.3　路径可行性

导致程序分析复杂性的另一个原因是并非所有程序路径都是可执行的。如果计算开销大的函数从未执行，那么它与执行时间分析就是无关的。

如果存在一个输入 x 使得程序 P 在该输入上执行路径 p，这条路径 p 就被认为是**可行的**（feasible）。一般而言，即使已知 P 将会终止，确定路径 p 是否可行仍然是一个棘手的计算问题。我们可以将典型的 NP 完全问题、布尔可满足性问题（见附录 B）编码为在特定结构的程序中检查路径可行性的问题。在大多数的实际情况下，确定路径可行性是可能的。

示例 16.7 回顾示例 13.3，这是从开源 Paparazzi 无人飞行器（UAV）项目中提取的一个软件任务（Nemer et al.，2006）。

```
1   #define PPRZ_MODE_AUTO2 2
2   #define PPRZ_MODE_HOME 3
3   #define VERTICAL_MODE_AUTO_ALT 3
4   #define CLIMB_MAX 1.0
5   ...
6   void altitude_control_task(void) {
7     if (pprz_mode == PPRZ_MODE_AUTO2
8        || pprz_mode == PPRZ_MODE_HOME) {
9       if (vertical_mode == VERTICAL_MODE_AUTO_ALT) {
10        float err = estimator_z - desired_altitude;
11        desired_climb
12              = pre_climb + altitude_pgain * err;
13        if (desired_climb < -CLIMB_MAX) {
14          desired_climb = -CLIMB_MAX;
15        }
16        if (desired_climb > CLIMB_MAX) {
17          desired_climb = CLIMB_MAX;
18        }
19      }
20    }
21  }
```

这个程序总共有 11 条路径。然而，可行的程序路径只有 9 条。为了理解这一点，请注意第 13 行的 desired_climb<-CLIMB_MAX 和第 16 行的 desired_climb>CLIMB_MAX 这两个条件不能同时为真。因此，经过最内部两个条件语句的四条路径中仅有三条是可行的。这条不可行的内部路径在第 7 ~ 8 行最外部条件的两个可能估值上可能执行，即 pprz_mode==PPRZ_MODE_AUTO2 为真，或者如果其为假，但 pprz_mode==PPRZ_MODE_HOME 的值为真。

16.3.4　存储器分级体系

前几节的内容聚焦于影响执行时间的程序属性。现在，我们来讨论执行平台的属性（特别是 Cache 存储器）如何对执行时间产生巨大影响。这里将用示例 16.8 进行说明[⊖]。9.2.3 节中的 Cache 知识与本讨论相关。

示例 16.8 看看如下列出的 dot_product 函数，其计算两个浮点数向量的点积[⊖]。每个向量的维数就是函数的输入 n。循环的迭代次数取决于 n 的值。然而，即使我们知道 n 的一个上界，硬件效应仍然会使得相近 n 值的执行时间有较大差异。

```
1   float dot_product(float *x, float *y, int n) {
2     float result = 0.0;
3     int i;
```

⊖ 本例基于 Bryant and O'Hallaron（2003）中一个相似的示例。

⊖ 也称标量积、数量积。——译者注

```
4    for(i=0; i < n; i++) {
5      result += x[i] * y[i];
6    }
7    return result;
8  }
```

假设程序运行在具有直接映射 Cache 的 32 位处理器上,且 Cache 可以容纳两个分组,每一组可以存放 4 个浮点数。最后,假设 x 和 y 存放在起始地址为 0 的连续存储区域。

我们先来看看当 n=2 时的情形。此时,整个数组 x 和 y 将在相同的块中,也就是在相同的 Cache 分组中。由此,在循环的每一个迭代中,第一次访问 x[0] 将出现 Cache 未命中,但之后每次读取 x[i] 和 y[i] 将会是 Cache 命中,负载性能最好。

再来看 n=8 的情形。此时,每个 x[i] 和 y[i] 都映射到相同的 Cache 分组。由此,不仅第一次访问 x[0] 时将出现 Cache 未命中,第一次访问 y[0] 也将不会命中。此外,后一个访问将替换包含 x[0] ~ x[3] 的块,从而导致后续的 x[1]、x[2] 和 x[3] 访问未命中。读者可以看到,对 x[i] 或 y[i] 的每次访问都将会引起 Cache 未命中。

因此,将 n 值从 2 改变为 8 这个看上去非常小的变化可能导致该函数执行时间的巨大变化。

16.4 执行时间分析基础

执行时间分析是当前的一个研究主题,很多问题仍然是有待解决的。相关研究工作已经开展了二十多年,并形成了大量的文献。本章不会对这些方法进行全面阐述。反之,我们将讨论一些当前在 WCET 分析技术和工具中广泛使用的基本概念。对相关细节感兴趣的读者可以进一步参阅一些综述文章(Wilhelm et al.,2008)、书籍(如 Li and Malik(1999))和某些书籍的章节(如 Wilhelm(2005))。

16.4.1 优化的形式化表示

WCET 问题的形式化表示可以使用将程序表示为图的方法来进行直观的构建。给定一个程序 P,用 $G=(V, E)$ 表示其控制流图(CFG)。令 $n=|V|$ 是图 G 中结点(即基本块)的数量,$m=|E|$ 表示边的数量。我们通过基本块的索引 i 来引用它们,其中 i 的范围是 1 到 n。

假设控制流图具有唯一的开始结点或者源结点 s 以及唯一的汇聚结点或结束结点 t。该假设并非限制性的:如果有多个开始结点或结束结点,可以添加一个哑开始结点或哑结束结点来实现这个条件。通常,我们将设置 $s=1$,$t=n$。

令 x_i 表示基本块 i 已经执行的次数,且将其称为基本块 i 的**执行计数**(execution count)。令 $x=(x_1, x_2, \cdots, x_n)$ 是记录执行计数的变量的向量。并非 x 的所有估值都对应于有效的程序执行。我们说,如果 x 中的元素对应于一次(有效的)程序执行,x 就是有效的。以下示例说明了这个问题。

示例 16.9 考虑示例 16.1 中模幂运算函数 modexp 的控制流图。该函数中有 6 个基本块,在图 16-1 中标记为 1 到 6。由此,$x=(x_1, x_2, \cdots, x_6)$。基本块 1 和 6(即开始结点和结束结点)均只执行一次。所以,$x_1=x_6=1$;其他任何估值都不能对应于任何的程序执行。

再来看基本块 2 和 3,分别对应于条件分支 i>0 和 (exponent & 1)==1。可以看到,x_2 必须等于 x_3+1,因为除了循环退出至 6 号块之外,在 2 号块执行时 3 号块也会相应地执行。

基于类似的方法,可以得出基本块 3 和 5 的执行次数必须是相等的。

流的约束

示例 16.9 中的直观表述可以用**网络流**（network flow）理论来形式化，该理论应用于很多场合，包括交通、流体流量以及电路中的电流建模等。具体而言，在我们的问题上下文中，流必须满足如下两条属性。

1）源结点的单元流：从源结点 $s=1$ 到汇聚结点 $t=n$ 的控制流是单次执行的，因此对应于从源结点到汇聚节点的单元流。这条属性可由式（16.6）和式（16.7）所示的两条约束来获得。

$$x_1 = 1 \qquad\qquad\qquad (16.6)$$
$$x_n = 1 \qquad\qquad\qquad (16.7)$$

2）流的保持：对于每个结点（基本块）i，从 i 的前驱结点进入 i 的流与从 i 到其后继结点发出的流的数量相等。

为了获得这一属性，我们引入附加变量来记录控制流图中每条边的执行次数。依据 Li 和 Malik（1999）给出的符号，令 d_{ij} 表示控制流图中从结点 i 到结点 j 的边的执行次数。之后，对于每一个结点 i，$1 \leqslant i \leqslant n$，要求式（16.8）成立。其中，$P_i$ 是结点 i 的前驱结点，S_i 是结点 i 的后继结点。对于源结点，$P_1 = \varnothing$，因此前驱结点上的和被省略。类似地，对于汇聚结点有 $S_n = \varnothing$，因此其后继结点上的和被省略。

$$x_i = \sum_{j \in P_i} d_{ji} = \sum_{j \in S_i} d_{ji} \qquad\qquad (16.8)$$

将上述两组约束合起来就足以隐含地定义程序中所有从源结点到汇聚结点的执行路径。由于这种基于约束的表示方法是程序路径的隐式表示方法，因此该方法在文献中也被称作**隐式路径枚举**（Implicit Path Enumeration）或 **IPET**。

下面我们用一个例子来说明上述约束的产生过程。

示例 16.10 再次看看示例 16.1 中的 modexp 函数，图 16-1 给出了其控制流图。该控制流图的约束如下所示。

$x_1 = 1$

$x_6 = 1$

$x_1 = d_{12}$

$x_2 = d_{12} + d_{52} = d_{23} + d_{26}$

$x_3 = d_{23} = d_{34} + d_{35}$

$x_4 = d_{34} = d_{45}$

$x_5 = d_{35} + d_{45} = d_{52}$

$x_6 = d_{26}$

以上方程组的任何解都将产生 x_i 和 d_{ij} 变量的整数值。另外，该解为每个基本块生成有效的执行计数。例如，以下就可以是一个有效的解。

$x_1 = 1, d_{12} = 1, x_2 = 2, d_{23} = 1, x_3 = 1, d_{34} = 0, d_{35} = 1,$

$x_4 = 0, d_{45} = 0, x_5 = 1, d_{52} = 1, x_6 = 1, d_{26} = 1$

请读者再找出其他解并进行检验。

整体优化问题

现在我们就能够形式化整个优化问题来确定最坏执行时间。本节中做出的关键假设是我

们知道基本块 i 执行时间的上界 w_i（我们将在 16.4.3 节看到如何来限定单个基本块的执行时间）。之后，可以由基于有效执行计数 x_i 的最大值 $\sum_{i=1}^{n} w_i x_i$ 给出 WCET。

结合之前的形式化约束，我们的目标就是求出一组满足下式的 x_i 值。

$$\max_{x_i, 1 \leqslant i \leqslant n} \sum_{i=1}^{n} w_i x_i$$

其约束条件如下。

$$x_1 = x_n = 1$$
$$x_i = \sum_{j \in P_i} d_{ji} = \sum_{j \in S_i} d_{ij}$$

该优化问题是线性规划（Linear Programming 或 Linear Program，LP）问题的一种形式，且是多项式时间内可解的。

然而，这里依然存在两个主要挑战：

- 该形式化表示假设控制流图中从源结点到汇聚结点的所有路径都是可行的，而且该形式化表示不会在路径中限制循环。如我们在 16.3 节中所见，通常情况却并非如此。由此，解决上述最大化问题可能会在 WCET 上产生一个令人感到沮丧的松弛界。我们将在 16.4.2 节继续关注这一挑战。
- 基本块 i 的执行时间上界 w_i 仍然有待确定。我们将在 16.4.3 节对该问题进行简要阐述。

16.4.2　逻辑流约束

为了确保 WCET 优化问题不会因为包含无法执行的路径而引起麻烦，我们必须增加所谓的**逻辑流约束**（logical flow constraint）。这些约束排除了不可行路径并在循环迭代的次数上增加了边界。以下用两个例子来说明这些约束。

循环边界

对于有循环的程序，有必要使用循环迭代边界来限定基本块的执行次数。

示例 16.11　考虑示例 16.1 中的模幂运算程序，示例 16.10 给出其流约束。

请注意这些约束并没有为 x_2 或 x_3 设立上界。如示例 16.4 和示例 16.5 中所讨论的，本例中循环迭代次数的边界为 32。然而，没有施加这个附加约束，x_2 或 x_3 就没有上界，所以 WCET 优化问题的解就是无限的，这意味着 WCET 没有上界。如下单个约束足够解决这个问题。

$$x_3 \leqslant 32$$

由 x_3 上的这一约束，我们可以得出 $x_2 \leqslant 32$ 的约束，以及 x_4 和 x_5 的上界。那么，由此形成的优化问题将会为有限个 w_i 值返回一个有限的解。

在 x_i 的值上增加这样的边界并不会改变该优化问题的复杂性。这仍然是一个线性规划问题。

不可行路径

一些逻辑流约束排除了在单个路径上不可能同时出现的基本块组合。

示例 16.12   下面来看示例 16.7 所描述开源 Paparazzi 无人机项目软件任务（Nemer et al., 2006）的代码片段。

```
1  #define CLIMB_MAX 1.0
2  ...
3  void altitude_control_task(void) {
4    ...
5    err = estimator_z - desired_altitude;
6    desired_climb
7        = pre_climb + altitude_pgain * err;
8    if (desired_climb < -CLIMB_MAX) {
9      desired_climb = -CLIMB_MAX;
10   }
11   if (desired_climb > CLIMB_MAX) {
12     desired_climb = CLIMB_MAX;
13   }
14   return;
15  }
```

以上代码片段的控制流图如图 16-3 所示。根据 16.4.1 节中的规则，可给出如下控制流图的流约束方程组。

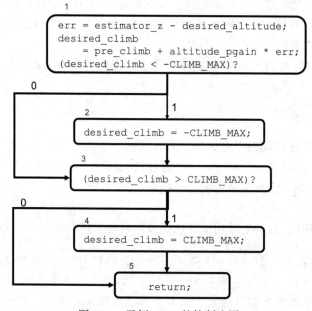

图 16-3   示例 16.12 的控制流图

$$x_1 = 1$$
$$x_5 = 1$$
$$x_1 = d_{12} + d_{13}$$
$$x_2 = d_{12} = d_{23}$$
$$x_3 = d_{13} + d_{23} = d_{34} + d_{35}$$
$$x_4 = d_{34} = d_{45}$$
$$x_5 = d_{35} + d_{45}$$

如下给出这个方程组的一组解。

$$x_1 = x_2 = x_3 = x_4 = x_5 = 1$$

其表示每个基本块仅被执行一次，且两个条件的估值都为 true。然而，如示例 16.7 中所讨论的，两个条件的估值都为 true 是不可能的。因为 CLIMB_MAX=1.0，如果在基本块 1 中 desired_climb 的值小于 −1.0，那么其将在基本块 3 的开始被设置为 −1.0。

式（16.9）所示的规则排除了不可行的路径。

$$d_{12} + d_{34} \leqslant 1 \tag{16.9}$$

该约束指明两个条件语句不能都为 true。当然，这两个条件可以同时为 false。在将其添加到原有系统时，可以检查该约束是否排除了不可行的路径。

更为形式化地，对于没有循环的程序，如果控制流图中 k 条边的集合如下：

$$(i_1, j_1), (i_2, j_2), \cdots, (i_k, j_k)$$

其不能在一次程序执行中被同时采用，那么需要将式（16.10）所示的约束添加至该优化问题中。

$$d_{i_1 j_1} + d_{i_2 j_2} + \cdots + d_{i_k j_k} \leqslant k - 1 \tag{16.10}$$

对于具有循环的程序，由于可以多次经过一条边，该约束就变得更为复杂了，因此变量 d_{ij} 的值就可能会大于 1。在本例中，我们忽略了这些细节，感兴趣的读者可以参阅文献 Li and Malik（1999）以了解更为深入的信息。

一般而言，由于必须同时增加如下**完整性**（integrality）约束，增加以上用于排除不可行边的组合的约束就会改变优化问题的复杂度。

$$x_i \in N, \ \text{对于所有} \ i = 1, 2, \cdots, n \tag{16.11}$$

$$d_{ij} \in N, \ \text{对于所有} \ i, j = 1, 2, \cdots, n \tag{16.12}$$

在缺少这样的完整性约束时，优化求解器可能会返回 x_i 和 d_{ij} 变量的部分值。然而，增加这些约束会引起整数线性规划（ILP）问题。ILP 问题被认为是 NP 难问题（参见附录 B.4 节）。即使如此，在许多实际情况下，仍然可以相当有效地求解这些 ILP 问题（参考 Li and Malik（1999）中的相关示例）。

16.4.3　基本块的边界

为了求解 WCET 分析的优化问题，我们需要计算这些基本块的执行时间上界——16.4.1 节开销函数中的 w_i 系数。执行时间通常以 CPU 周期来衡量。生成这些边界则需要详细的微架构建模，本节将简要地列出一些方法。

对该类问题而言，一个相当简单的方法是对基本块中每条指令的执行时间生成保守的上界，之后，将这些上界相加来获得整个基本块执行时间的上界。

该方法存在的问题在于这些指令执行时间的变化可能会非常大，从而产生基本块执行时间的松弛上界。例如，考虑具有数据 Cache 的系统中访存指令（装载与存储）的延迟。在某些平台上，Cache 未命中与命中之间延迟的差异可能达到 100 倍。在这些情况下，如果该分析不能区分 Cache 命中与未命中，那么计算的边界就可能比实际占用的执行时间大上百倍。

为了更好地使用程序上下文来精确地预测指令执行时间，发展过程中陆续出现了一些技术。这些技术包括了详细的微架构建模等，如下我们介绍两种主要的方法。

- 整数线性规划（ILP）方法：Li 等人（1999）最先提出该方法，其给 16.4.1 节的 ILP 形式化增加了 Cache 约束。Cache 约束是用于限定基本块中 Cache 命中和未命中次数的线性表达式。该方法跟踪引起 Cache 冲突（标识不同但映射到相同的 Cache 分组）的内存位置，并且增加线性约束来记录该类冲突对 Cache 命中和未命中的影响。那么，必须通过模拟或者在实际平台上执行等测量方法来获得命中和未命中的周期数。ILP 的开销约束被修改以用于计算程序路径，沿着该路径的总周期数最大（包括 Cache 命中与未命中）。本方法的更多细节请参阅 Li and Malik（1999）。

- **抽象解释方法：抽象解释**是对数学结构的近似理论，特别是那些出现在计算机系统语义模型定义中的数学结构（Cousot and Cousot，1977）。具体而言，在抽象解释中会进行**合理近似**（sound approximation），系统行为的集合是抽象解释所产生的模型行为的一个子集。在 WCET 分析的情形中，抽象解释已经被用于推理某些程序位置上的不变量，以生成循环边界以及处理器流水线状态约束或者基本块入口和出口位置的 Cache 约束。例如，这样一个约束可能指定在什么条件下变量在数据 Cache 中可用（从而将产生 Cache 命中）。一旦生成了这样的约束，就可以从满足这些约束的状态进行测量，以计算出执行时间的估计。关于该方法的更多细节请参阅 Wilhelm（2005）。

除如上所述的技术之外，精确的执行时间测量对于找到 WCET 的紧确界是非常关键的。如下给出一些测量技术。

1）采样 CPU 周期计数器：某些处理器包含一个记录自复位后 CPU 周期数的寄存器。例如，x86 体系结构中的**时间戳计数寄存器**（time stamp counter register）就完成这一功能，且可以通过一条读取时间戳计数器的 rdtsc 指令来进行访问。然而，随着多核设计以及电源管理特性的出现，使用该 CPU 周期计数器来精确测量时间就必须要非常谨慎。例如，可能必须将一个进程锁定在特定的 CPU 上。

2）使用逻辑分析仪：**逻辑分析仪**（logic analyzer）是用于测量信号并跟踪数字系统事件的电子仪器。在当前上下文中，所关注的事件是要被测定时间的代码的入口点和出口点，例如，其可定义为程序计数器的值。逻辑分析仪较周期计数器对原有系统的影响更小，因为它们并不需要测量代码，而且通常更为精确。然而，其测量的设置非常复杂。

3）使用周期精确模拟器：在很多情况下，必须在实际硬件还不可用时进行定时分析。此时，该平台的周期精确模拟器就是不错的选择。

16.5　其他定量分析问题

虽然本章重点关注执行时间，但还存在其他与嵌入式系统相关的定量分析问题。本节简要介绍其中的两个。

16.5.1　内存边界分析

与通用计算机相比，嵌入式计算平台具有非常有限的存储资源。如第 9 章中所述，Luminary Micro LM3S8962 控制器仅提供了 64KB 的 RAM。因此，必须设计出能够有效使用存储器的程序。对此，分析内存消耗并计算内存访问边界的工具是非常有用的。

与嵌入式系统相关的内存边界分析有两种。**栈规模分析**（或栈分析）中需要计算分配给程序使用的栈空间的规模上界。回顾 9.3.2 节，每当调用一个函数或处理一个中断时，就会分配栈内存。如果程序使用了超出所分配的栈内存，就会发生栈的溢出。

如果程序不包含递归函数且无中断地运行，就可以通过遍历程序的调用图（call graph，记录函数调用其他函数的图）来确定栈的使用边界。如果每个栈帧结构的空间是已知的，那么就可以沿着调用图中的路径来跟踪调用和返回序列，以计算最坏情况下栈的大小。

对中断驱动的软件进行栈规模分析则更加复杂，我们向感兴趣的读者推荐 Brylow et al.（2001）。

堆分析（heap analysis）是另一个与嵌入式系统相关的内存边界分析问题。该问题比栈的边界分析更难，因为函数所使用的堆空间大小可能取决于输入数据的值，而且在运行之前是不可获知的。另外，程序所使用堆空间大小的精确程度可能还要取决于动态内存分配和垃圾收集器的实现。

执行时间分析工具

当前可用于执行时间分析的技术主要分为基于**静态分析**（static analysis）的技术和**基于测量的**（measurement-based）技术。

静态工具依赖于抽象解释以及**数据流分析**（dataflow analysis）来计算所选定程序特定位置的实际状况。这些实际状况被用于确定两个代码段之间的依赖关系，生成循环边界并确定关于平台状态的当前信息，如 Cache 状态等；同时，被用于指导基本块的定时测量，并与本章所述的优化问题相结合。静态工具的目标是找到极端情况下执行时间的保守边界；然而，它们很难被移植到新的平台上，移植工作通常需要数个人月（工作量的计量单位）的努力。

基于测量的工具主要是采用多个输入对程序进行测试，进而从这些测量结果中估计所关注的量（如 WCET 等）。静态分析通常用于对程序路径空间和测试用例生成进行引导性探索。基于测量的工具易于被移植到新平台，且广泛应用于极端情况分析和平均情况分析；然而，并非所有技术都可以为找出极端情况的执行时间提供保证。

关于这些工具的更多细节请参阅 Wilhelm et al.（2008）和 Seshia and Rakhlin（2012）。如下给出部分工具的信息和连接。

名称	主要类型	机构和网址 / 参考文献
aiT	静态	AbsInt Angewandte Informatik GmbH (Wilhelm, 2005) http://www.absint.com/ait/
Bound-T	静态	Tidorum Ltd. http://www.bound-t.com/
Chronos	静态	National University of Singapore (Li et al., 2005) http://www.comp.nus.edu.sg/~rpembed/chronos/
Heptane	静态	IRISA Rennes http://www.irisa.fr/aces/work/heptane-demo/heptane.html
SWEET	静态	Mälardalen University http://www.mrtc.mdh.se/projects/wcet/
GameTime	测量	UC Berkeley Seshia and Rakhlin (2008)
RapiTime	测量	Rapita Systems Ltd. http://www.rapitasystems.com/
SymTA/P	测量	Technical University Braunschweig http://www.ida.ing.tu-bs.de/research/projects/symtap/
Vienna M./P.	测量	Technical University of Vienna http://www.wcet.at/

16.5.2 功耗和能耗分析

功耗和能耗分析正在日益成为嵌入式系统设计中的重要因素。如今很多嵌入式系统自主运行且受到电池电力的约束，因此，设计人员必须确保在能耗有限时任务可以完成。另外，日益普适化的嵌入式计算的能耗规模正在不断增加，这必须被降低以实现可持续发展。

对第一点而言，嵌入式设备上运行的程序所消耗的能量取决于其执行时间。然而，仅单独估计执行时间是不够的。例如，能耗取决于电路切换行为，其又可能更加依赖于指令执行时的数据值。

鉴于该原因，面向嵌入式软件能量和功耗估计的很多技术都聚焦于估计平均情况下的消耗。平均情况通常是参照软件基准对几种不同数据值的指令进行估算之后得出的。文献Tiwari et al.（1994）给出了该主题的相关介绍。

16.6 小结

包括物理参数或者指定资源的约束等在内的定量属性对于嵌入式系统而言非常重要。本章阐述了定量分析中的相关基本概念。首先，我们考虑了不同类型的定量分析问题，包括极端情况分析、平均情况分析以及验证阈值属性。作为代表性示例，本章聚焦于执行时间分析，并采用几个示例来说明一些主要问题，包括循环边界、路径可行性、路径搜索和Cache效应等。进而，阐述了一个构成执行时间分析主体的优化的形式化表示。最后，我们简要地讨论了其他两个定量分析问题，包括对存储资源的使用以及对功耗或能耗的边界进行计算。

定量分析依然是研究中的活跃领域——尤其是在弥合嵌入式系统的信息和物理特性方面所面临的挑战上。

习题

1. 本题是关于执行时间分析的，请看如下一段 C 程序。

```
 1   int arr[100];
 2
 3   int foo(int flag) {
 4     int i;
 5     int sum = 0;
 6
 7     if (flag) {
 8       for(i=0;i<100;i++)
 9         arr[i] = i;
10     }
11
12     for(i=0;i<100;i++)
13       sum += arr[i];
14
15     return sum;
16   }
```

假设该程序运行在具有足够大数据 Cache 的处理器上，该 Cache 可以存放整个 arr 数组。

（a）该程序中 foo 函数共有多少条路径？请给出描述。

（b）令 T 表示程序中第二个 for 循环的执行时间。执行第一个 for 循环对 T 的值有什么影响？请证明所给出的答案。

2. 给出如下程序。

```
1   void testFn(int *x, int flag) {
2     while (flag != 1) {
3       flag = 1;
4       *x = flag;
5     }
6     if (*x > 0)
7       *x += 2;
8   }
```

假设 x 不为 NULL，请回答如下问题。

（a）请画出该程序的控制流图，并从 1 开始对基本块进行唯一标号。

　　请注意，我们已经增加了一个哑开始结点，编号为 0，代表函数的入口。为了方便起见，同样也引入一个哑汇聚结点，虽然其不是严格需要的。

（b）while 循环的迭代次数是否存在边界？请证明所给出的答案。

（c）该程序共有多少条路径？有多少条是可行的，为什么？

（d）就本程序的控制流图，请写出包括任何逻辑流约束的流约束组。

（e）考虑在具有数据 Cache 的平台上连续运行该程序。假设函数开始时 x 指向的数据不在 Cache 中。

　　对于访问 *x 的每一个读 / 写操作，请讨论是否将会出现 Cache 命中或未命中的情形。现在，假设 *x 在函数开始时就在 Cache 中。请指出哪些基本块的执行时间将被所修改的假设所影响。

3. 考虑如下具有用户标识（ID）uid 和用户密码 pwd 两个参数（为了简单，两个参数都建模为 int 型）的函数 check_password。该函数根据存储在数组中的用户标识列表和密码来验证用户，如果密码匹配则返回 1，否则返回 0。

```
1    struct entry {
2      int user;
3      int pass;
4    };
5    typedef struct entry entry_t;
6
7    entry_t all_pwds[1000];
8
9    int check_password(int uid, int pwd) {
10     int i = 0;
11     int retval = 0;
12
13     while(i < 1000) {
14       if (all_pwds[i].user == uid && all_pwds[i].pass == pwd) {
15         retval = 1;
16         break;
17       }
18       i++;
19     }
20
21     return retval;
22   }
```

（a）请画出 check_password 函数的控制流图，并给出控制流图中的结点（基本块）数量。（请注意，每条条件语句本身就被认为是一个基本块。）

　　同时，请给出从入口点到出口点的路径数量（忽略路径可行性）。

（b）假设数组 all_pwds 是基于密码存储的（升序或者降序）。在这一问题中，我们探索调用 check_password 的外部用户能否通过重复调用该函数并记录其执行时间，来推断出任何关于存放在 all_pwds 中的密码的信息。从"物理"信息中找出保密的数据（如运行时间）被称为旁路攻击（side-channel attack）。

　　在如下两种情况中，用户可以推断出关于 all_pwds 中密码的什么信息（如果有的话）？

　　i. 该用户拥有 all_pwds 中存在的（uid,password）对。

　　ii. 该用户没有 all_pwds 中存在的（uid,password）对。

　　假设该用户仅知道该程序，但不知道数组 all_pwds 中的内容。

4. 请阅读如下代码，该代码实现了一个非常简单的车辆自动变速器系统的逻辑。该代码的目标是基于传感器输入 rpm 的值来设置 current_gear 的值。LO_VAL 和 HI_VAL 均为常量，其精确取值与本题无关（可以假设 LO_VAL 严格小于 HI_VAL）。

```
1    volatile float rpm;
2
3    int current_gear; // 值的范围为 1 到 6
4
5    void change_gear() {
6      if (rpm < LO_VAL)
7        set_gear(-1);
8      else {
9        if (rpm > HI_VAL)
10         set_gear(1);
11     }
12
13     return;
14   }
15
16   void set_gear(int update) {
17     int new_gear = current_gear + update;
18     if (new_gear > 6)
19       new_gear = 6;
20     if (new_gear < 1)
21       new_gear = 1;
22
23     current_gear = new_gear;
24
25     return;
26   }
```

这是一个 6 速自动变速器系统，由此，current_gear 的取值范围为 1 到 6。

请根据上述代码回答以下问题。

(a) 请绘制程序从 change_gear 开始的控制流图（CFG），无需内联 set_gear 函数。换句话说，请使用调用和返回边来绘制该控制流图。

简洁起见，无需为控制流图结点中的基本块写出代码，只需要使用上述代码中的行号来说明哪些状态进入哪个结点即可。

(b) 统计从 set_gear 的入口点到出口点（即返回状态）的执行路径数量。对于本题，请忽略其可行性问题。同时，请统计从 change_gear 的入口点到出口点（即返回状态）的路径数量，包括通过 set_gear 的路径。请说明每种情形下路径的数量。

(c) 现在，请考虑路径的可行性。如前所述，current_gear 的范围在 1 至 6 之间，那么，change_gear 拥有多少条可行的路径？请证明所得出的答案。

(d) 请给出贯穿整个 change_gear 函数的一条可行路径的例子以及一个不可行路径的例子。请将每条路径描述为行号的序列，并请忽略那些对应于函数定义和返回状态的行号。

安全性与隐私性

安全性（security）与**隐私性**（privacy）是当今信息物理融合系统所面临的两个最为重要的设计问题。从广义而言，安全性即处于被保护不受伤害的状态，隐私性则是处于防止被窥探的状态。随着嵌入式系统和信息物理融合系统之间及其与互联网之间的联系日益紧密，解决安全性与隐私性问题现已成为系统设计人员的重要任务。

正式地讲，可以从两个主要方面将安全性和隐私性与其他设计标准进行区别。首先，认为系统的运行环境在本质上较一般系统设计中的更具对抗性。其次，指定期望行为和不期望行为的属性类型也与传统的系统规格有所不同（通常要对传统的属性增加额外的要求）。下面我们依次来考虑这些方面。

攻击者（attacker）和**对手**（adversary）是安全性和隐私性相关理论与实践的核心概念。攻击者是一个恶意对象，其目标是以某种方式破坏系统的运行。具体的破坏方式取决于系统的特性、其目标与需求以及攻击者的能力。通常，这些特性被组合为一个称为**威胁模型**（threat model）或**攻击者模型**的实体。例如，当设计一辆没有无线网络连接的汽车时，设计人员可以假设威胁仅来自于实际接近汽车且了解汽车组件的人，如经过良好训练的技工。将一个非形式化的威胁模型（如前一句）转换为攻击者目标的精确数学描述是一项极具挑战性的任务，但原则上这对基于模型的安全嵌入式系统设计是必要的。

安全性与隐私性范畴的第二个典型特性是它所关注的独特属性。一般来讲，这些属性可以被分为以下类型：保密性、完整性、真实性和可用性。**保密性**（confidentiality）即对攻击者保密的状态。一个很好的保密数据示例是用于访问银行账户的密码或 PIN[⊖]。**完整性**（integrity）即防止被攻击者修改的状态。一个完整性例子是攻击者没有获得访问银行账户的授权，就不能修改账户中的内容。**真实性**（authenticity）即在一定保证级别上确定正在通信或交互的对象身份的状态。例如，当用户连接到声称是某银行的网站时，肯定希望这确实就是该银行的网站而不是某个恶意网站。证明真实性的过程被称为**认证**（authentication）。最后，**可用性**（availability）是系统为其用户提供足够服务质量的属性。例如，用户可能希望其银行的网站在 99% 的时间都是可用的。

值得注意的是，安全性和隐私性并非绝对属性。请不要相信任何声称其系统"完全安全"的人！实际上，仅在针对特定威胁模型和特定属性集时安全性和隐私性才能得到保证。作为系统设计人员，如果安全性和隐私性是需要关注的重要问题，那么就必须首先定义相应的威胁模型并形式化属性。否则，所采用的任何解决方案本质上都是没有意义的。

本章力图使读者对信息物理融合系统设计相关的安全性和隐私性概念有一个基本的理解。安全性与隐私性领域非常广阔，无法在一章中进行综合阐述，在此向感兴趣的读者推荐一些关于该主题的优秀书籍，如（Goodrich and Tamassia, 2011；Smith and Marchesini,

---

⊖ 个人识别码。——译者注

2007）。相反，我们的目标更为集中：介绍一些重要的基本概念，并强调针对嵌入式、信息物理融合系统或与之相关的一些主题。

17.1 密码学原语

密码学是安全性与隐私性的基石之一。"密码学"（cryptography）一词源于拉丁语词根"crypt"（kryptós，意为隐藏的、秘密的）和"graphia"（gráphein，意为书写），由此，其字面意思是"秘密书写的研究"。

本节从阐述用于加密和解密、安全散列及认证的**密码学原语**（cryptographic primitive）开始，并强调与嵌入式和信息物理融合系统设计与分析特别相关的问题。需要提醒读者的是，本章给出的例子（尤其是列出的代码）都是高度抽象的，同时省略了对开发安全密码实现至关重要的细节。更多、更深入的内容请参阅其他文献和书籍（Menezes et al., 1996；Ferguson et al., 2010）。

17.1.1 加密与解密

加密（encryption）就是将一段信息翻译为一个编码形式，其意图是使对手不能从后者中恢复出前者。原有消息通常被称为**明文**（plaintext），其加密形式被称为**密文**（ciphertext）。**解密**（decryption）是从密文中恢复明文的过程。

典型的加密方法依赖于一个称为**密钥**（key）的保密对象。一个加密算法以规定的方式使用密钥和明文来得到密文。将要进行信息安全交换的参与方之间共享密钥。根据共享的模式，加密被分为两大类。**对称密钥加密**（symmetric-key cryptography）中密钥是收、发双方共同知晓的一个对象。而**公开密钥加密**（public-key cryptography），也称为**非对称加密**（asymmetric cryptography）中，将密码分成两部分：一个公开部分和一个私有部分，**公钥**（public key）是众人所知（包括对手），而**私钥**（private key）则仅接收者知晓。在本节后面，我们将对这两种加密方法进行简要介绍。

密码学的基本原则之一是**柯克霍夫**[⊖]**原则**（Kerckhoff's principle），其指出：即使一个密码系统（算法）除密钥之外的所有信息都是公开的，该密码系统（算法）也是安全的。实际上，这表示即使对手知道了密码算法设计和实现的所有细节，只要其不知道密钥，就不能从密文中恢复出明文。

1. 对称密钥加密

假设 Alice 和 Bob 是即将进行安全通信的通信双方。在对称密钥加密中，他们使用一个共享的密钥 K 来实现这一过程。假设 Alice 希望向 Bob 加密传送一个 n 位的明文消息，$M=m_1m_2m_3\cdots m_n \in \{0, 1\}^n$。我们希望有这样一个加密机制，给定一个共享密钥 K 时，该机制使用如下两条属性将 M 编码为密文 C。第一，期望的接收者 Bob 应该可以从 C 中容易地恢复出 M。第二，不知道 K 的任何对手都不能通过观察 C 而获取关于 M 的更多信息。

我们使用一个简单且理想的机制，称为**单次密本**（one-time pad，或一次一密随机数本），来直观地说明对称密钥加密的运行过程。在该机制中，通信双方 Alice 和 Bob 共享了一个 n 位的密钥 $K=k_1k_2k_3\cdots k_n \in \{0, 1\}^n$，其中，这 n 位都是随机、独立选取的。K 就是单次密本。

⊖ Auguste Kerckhoffs（1835—1903），荷兰语言学家、密码学家，法国巴黎高等商业研究学院语言学教授。——译者注

给定 K，通过对 M 和 K 的按位异或（XOR）进行加密，即 $C=M \oplus K$，其中 $\oplus$ 表示 XOR。之后，Alice 将 C 发送给 Bob，Bob 则通过对 C 和 K 的按位异或操作实现对 C 的解密，这使用了 XOR 操作的属性，即 $C \oplus K=M$。

假设对手 Eve 观察到 C。我们声明，Eve 并不比她没有观察到 C 时掌握更多关于 M 或 K 的信息。为了理解这一点，先来准备一个明文消息 M。之后，每个唯一的密文 $C \in \{0, 1\}^n$ 可由 M 和唯一选取的相应密钥 K 而获得——简单地，设置 $K=C \oplus M$，C 是期望的密文。换句话说，由随机位串 $K \in \{0, 1\}^n$ 生成一个一致的随机密文 $C \in \{0, 1\}^n$。由此，面对这样的一个密文，Eve 所能做的事情也就只有随机猜测一致的 K 值了。

请注意，Alice 只能使用该密钥 K 一次！我们来看一下当她两次使用该密钥时会发生什么。Eve 得到了两个密文 $C_1=M_1 \oplus K$ 和 $C_2=M_2 \oplus K$。如果 Eve 计算 $C_1 \oplus C_2$，基于 XOR 的属性，她将可以得到 $M_1 \oplus M_2$。由此，Eve 就获得了这些消息中的部分信息。具体而言，如果 Eve 碰巧知道其中一条消息，那么她将解算出另外一条，同时也就能恢复出密钥 K。显然，如果相同的密钥在通信中被多次使用，该机制就不安全了，从而将这种密钥命名为单次密本。幸运的是，还存在更强的对称密钥加密机制。

最常见的对称密钥加密方法使用了称为**分组密码**（block cipher）的一个构造分组。分组密码是一个加密算法，其使用 k 位密钥 K 将 n 位明文消息 M 转换为 n 位密文 C。基于加密函数 $E : \{0, 1\}^k \times \{0, 1\}^n \rightarrow \{0, 1\}^n$ 可以给出该方法的数学描述，即 $E(K, M)=C$。对于一个固定的密钥 K，由 $E_K(M)=E(K, M)$ 定义的函数 E_K 必须是从 $\{0, 1\}^n$ 到 $\{0, 1\}^n$ 的一个置换。解密是加密的逆函数。请注意，因为 E_K 是可逆的，所以每个 K 都存在一个逆。我们用 $D_K=E_K^{-1}$ 来表示 E_K 对应的解密函数。为了简单起见，这个加密模型（仅）将其抽象为一个消息和密钥的函数，而在实际中，必须小心地使用合适的分组密码模式，如其并不总是将同一个明文加密为相同的密文。

一个经典的分组密码是**数据加密标准**（Data Encryption Standard，DES）。DES 出现于 20 世纪 70 年代中期，是第一个基于现代密码技术的分组密码，其具有一个开放的规范且通常被认为是"商用级"。虽然 DES 的细节已经超出本章的范围，但要说明的是，DES 的很多版本仍被用于某些嵌入式系统。例如，3DES 会使用 DES 对一个分组加密三次，该方法被广泛用于全世界范围的某些"芯片密码系统"（chip and PIN）支付卡。DES 的基础版本使用了 56 位的密钥，并在 64 位的信息分组上进行操作。虽然 DES 最初提供了可接受的安全级别，但至 20 世纪 90 年代中期，使用"蛮力"[⊖]方法来破解该算法变得越来越容易。因此，在 2001 年，美国国家标准与技术研究院（NIST）又推出了一套新的密码标准体系，称为**高级加密标准**（Advanced Encryption Standard，AES）。该标准基于比利时两位学者 Joan Daemen 和 Vincent Rijmen 所提出的 Rijndael 加密机制。AES 采用了长度为 128 位的消息块，以及 128、192 和 256 位三种不同的密钥长度。自被采用以来，AES 已经被证明是一个强大的密码算法，可以在硬件和软件中高效实现。据估计，当前最快的超级计算机也无法在太阳系的预计寿命内成功地对 AES 进行蛮力攻击。

2. 公开密钥加密

为了使用对称密钥加密，Alice 和 Bob 需要提前设置一个共享的密钥。但这并非总是那么易于处理。为此，就设计了公开密钥加密（简称为公钥加密）来解决这个问题。

⊖ brute-force，也称暴力。——译者注

在公开密钥加密系统中，每位当事人（Alice 和 Bob 等）都拥有两个密钥：一个公开的公钥，以及仅当事人知道的一个私钥。当 Alice 想要向 Bob 发送一个秘密消息时，她获取 Bob 的公钥 K_B 并加密她的消息。当 Bob 接收到该消息时，他使用自己的私钥 k_B 解密消息。换句话说，基于 K_B 的加密函数对于基于 k_B 的解密函数必须是可逆的，而且对于没有 k_B 的函数必须不可逆。

我们来看最后一点。使用公钥的加密必须是一个**单向函数**（one-way function）：一个公开已知的函数 F，其很容易计算 $F(M)$，但在没有匹配的秘密数据（私钥）信息时（几乎）是不可逆转的。值得注意的是，目前已经有很多可用的公开密钥加密机制，每一个都是基于数学、算法设计以及实现技巧的巧妙结合。这里我们关注 1978 年提出的 RSA 算法，其以创建者 Rivest、Shamir 和 Adleman [⊖] 的名字首字母命名。为了简洁地进行说明，我们的讨论主要聚焦于 RSA 算法背后的基础数学概念。

考虑 Bob 想要创建他的公 - 私密钥对以便于其他人向他发送加密消息的情形。RSA 方案包括三个主要步骤，具体如下。

1）密钥生成：选择两个大素数 p 和 q 并计算它们的乘积 $n=pq$。之后计算 $\varphi(n)$，φ 是**欧拉函数**（Euler's totient function）。该函数求出小于或等于 n 的正整数中与 n 互质的数的数量。对于特定素数积 $\varphi(n)=(p-1)(q-1)$ 的情况，选择一个随机整数 e，$1<e<\varphi(n)$，使得 e 和 $\varphi(n)$ 的最大公约数 $GCD(e, \varphi(n))$ 等于 1 [⊜]。之后求得 d，$1<d<\varphi(n)$，令 $ed \equiv 1(mod\ \varphi(n))$。至此，密钥生成过程结束。Bob 的公钥 K_B 是 (n, e) 对，私钥是 $k_B=d$。

2）加密：当 Alice 要向 Bob 发送消息时，她首先获取 Bob 的公钥 $K_B=(n, e)$。假设要发送的消息为 M，她用 $C=M^e(mod\ n)$ 求得密文 C，并将 C 发送给 Bob。

3）解密：在收到 C 之后，Bob 计算 $C^d(mod\ n)$。依据欧拉函数和模运算的属性，该结果与 M 相等，这就允许 Bob 从接收的消息中恢复出明文。

对于以上方法我们给出两点认识。第一，RSA 不同步骤的操作大量使用了大数上的非线性运算，特别是大整数的模乘法以及模幂运算。为了有效地运行，必须慎重地实现这些运算，尤其是在嵌入式平台上。例如，模幂运算通常使用第 16 章示例 16.1 中提及的某种平方乘方法。第二，该方法的效果极大地依赖于存储和维护公钥的基础设施。没有这样一个**公钥基础设施**（public-key infrastructure），攻击者 Eve 就可以伪装成 Bob，并将她的公钥发布为 Bob 的，从而欺骗 Alice 将本要发送给 Bob 的消息发送给她。虽然现在已经使用所谓的"认证中心"为互联网上的服务器建立了这样的一个公钥基础设施，但是由于种种原因，要将该方法扩展到网络化嵌入式系统还具有很多挑战，如存在大量可以作为服务器的设备、网络的 ad-hoc 特性以及很多嵌入式系统中的资源约束。[⊜] 鉴于这一原因，公开密钥加密在嵌入式设备中的应用并不像对称密钥加密那样广泛。

⊖ Ronald Linn Rivest，美国密码学家，麻省理工学院电气工程与计算机科学系教授；Adi Shamir，以色列密码学家；Leonard Max Adleman，美国理论计算机科学家以及南加州大学计算机科学和分子生物学教授。2002 年，三人因在公钥密码学 RSA 加密算法中做出的杰出贡献而获得图灵奖。——译者注

⊜ 即 e 和 $\varphi(n)$ 互质。——译者注

⊜ Let's Encrypt 是一个正在不断努力开发的免费、自动化、开放式授权中心，其可能会减弱这些挑战。详细信息请参见 https://letsencrypt.org/。

> **密码学的实施问题**
>
> 嵌入式平台通常是资源有限的，如存储和能量，而且必须满足如实时行为等物理约束。密码学相关的计算要求可能非常苛刻。因为秘密数据必须在被发送到网络之前在端设备进行加密，所以这些计算并不能被简单地转移到云端。因此，密码学原语必须要以遵从嵌入式平台约束的方式实现。
>
> 举例说明，我们来看一下公钥加密。这些原语包含可能需要大量时间、存储和能量的模幂及乘法运算。因此，研究人员已经开发出高效的算法以及软硬件实现。一个优秀的例子是**蒙哥马利乘法**（Montgomery multiplication）（Montgomery，1985），其巧妙之处在于运用加法替代了模幂运算中的除法（隐含在模数计算中）。另一个前景不错的技术是**椭圆曲线加密**（elliptic curve cryptography），其允许一个与 RSA 方法相比密钥位宽更小的相同安全级别，减少了实现对内存的占用，更多细节可参考 Paar and Pelzl（2009）。鉴于公钥的加密开销，其通常被用于交换后续所有通信中使用的共享对称密钥。
>
> 实现加密机制的另一个重要方面是**随机数生成**（Random Number Generation，RNG）的设计和使用。高质量的随机数生成要求输入一个高熵的随机源。可以推荐的高熵源有很多，包括物理过程，如大气噪声或原子衰变等，但是这些方法很难在嵌入式系统中使用，特别是在硬件实现中。作为替代，可以使用片上热噪声、网络事件和物理世界输入事件的时间属性等。轮询物理世界中这些随机源可能会消耗更多电量，从而引起实现中的权衡，Perrig et al.（2002）给出了一个示例。

17.1.2 数字签名与安全散列函数

用于加密和解密的密码学原语有助于支持数据的保密性，然而，其本身不非是设计来提供完整性和真实性保证的。这些属性需要使用相关但不同的原语：数字签名、安全散列函数以及消息认证码（MAC）。本节将简要阐述这些原语。

1. 安全散列函数

安全散列函数（也称为密码散列函数）是一个确定性的无密钥函数 $H: \{0, 1\}^n \rightarrow \{0, 1\}^k$，其将 n 位的消息映射到 k 位的散列值。通常，n 可以任意大（即消息可以是任意长度），而 k 则是一个相对较小的固定值。例如，SHA-256 就是一个将消息映射到 256 位散列值的安全散列函数，已经被用于一些软件包的授权以及散列处理一些 Linux 发行版本中的密码。对于一个消息 M，我们称 $H(M)$ 为 "M 的散列"。

安全散列函数 H 具有一些重要的属性，可以将其与用于非安全目的的传统散列函数区别开来。

- 高效计算性：给定一个消息 M，可高效地计算出 $H(M)$。
- 抗原像性：对于一个散列（值）h，计算上不能找到一个消息 M，使得 $h=H(M)$。
- 抗第二原像性：给定一个消息 M_1，计算上不能找到另一个消息 M_2，使得 $H(M_1)=H(M_2)$。这条属性防止攻击者采用一个已知的消息 M_1 并修改该消息以匹配一个期望的散列值（从而找出相应的消息 M_2）。
- 抗碰撞性：计算上不能找到两条不同的消息 M_1 和 M_2，使得 $H(M_1)=H(M_2)$。这条属性是抗第二原像性的强化版本，防止攻击者获取任何起始消息并修改该消息以匹配一个给定的散列值。

安全散列函数的一个基本应用就是验证消息或一段数据的完整性。例如，在计算机上安装一个软件更新之前，用户可能希望验证所下载的更新是否为一个有效的软件包且没有被攻击者做过任何修改。在软件更新包之外单独地提供其安全散列可以提供这样的保证。在独立地下载该散列值之后，用户可以自行用软件来计算更新包的散列值，进而验证所提供的散列值是否的确与所计算的散列值相一致。随着嵌入式系统日益网络化以及从网络接收软件补丁包的趋势，安全散列函数被期望作为所有保持系统完整性的解决方案中的核心组件。

2. 数字签名

数字签名（digital signature）是一个基于公钥加密的加密机制，用于数字文档（消息）的作者向第三方证明他的身份并保证文档的完整性。数字签名的使用包括如下三个阶段：

1）密钥生成：这一步与公钥加密的密钥生成阶段相同，生成一个公钥–私钥对。

2）签名：在这一步，作者/消息发送方对将要发送到接收方的文档进行数字签名。

3）验证：接收已签名文档的用户使用数字签名来验证文档的发送者是否的确是所声称的发送者。

现在，我们来说明该基本方法如何运行于 RSA 密码系统。假设 Bob 希望对消息 M 进行数字签名，之后发送给 Alice。回顾 17.1.1 节，Bob 可以使用 RSA 生成他的公钥 $K_B=(n, e)$ 以及私钥 $k_B=d$。对于 Bob 而言，一个简单的认证机制是逆向使用他的密钥对：要对 M 签名，他用他的私钥对消息进行简单加密，即计算 $S=M^d(\bmod\ n)$，并将 S 和 M 一起发送给 Alice。Alice 收到这条签名的消息后，用 K_B 从签名 S 中恢复 M 并通过将其与所接收的消息进行比对以实现验证。如果它们是匹配的，该消息就被认证；否则，Alice 就会检测到该消息或者其签名已经被篡改。

上述机制虽然简单，但存在不足。具体来讲就是，为消息 M_1 和 M_2 分别给定签名 S_1 和 S_2，请注意，攻击者可以通过将 S_1 和 $S_2(\bmod\ n)$ 相乘来简单地构造出消息 $M_1 \cdot M_2$ 的签名。为了防止该类攻击，可以先计算 M_1 和 M_2 的一个安全散列，然后在所得到的散列上而不是消息上计算出签名。

3. 消息认证码

消息认证码（Message Authentication Code，MAC）是一种基于对称密钥加密的密码机制，用于为文档提供完整性和真实性保证。可以说，它就是数字签名的对称密钥模拟。与在其他对称密钥机制中一样，消息认证码的使用首先要求在发送者和接收者之间设置一个共享密钥，使用该密钥他们就可以认证另一方发送的消息。鉴于该原因，消息认证码适合于容易设置共享密钥的场合。例如，现代化的汽车系统中包含了多个基于板载网络（如**控制器区域网络**总线，即 CAN 总线）互相通信的电子控制单元（ECU）。在这种情况下，如果每个 ECU 被预编程了一个公钥，那么每个 ECU 就可以使用消息认证码对其他 ECU 通过 CAN 总线发来的消息进行认证。

17.2　协议与网络安全性

攻击者通常通过网络连接或者连接其他组件的某种介质来获得对系统的访问。另外，越来越多的嵌入式系统包括多个基于网络连接的分布式组件。因此，必须弄清楚关于网络上以及所使用各种通信协议的安全性的基本问题，该领域的术语是**协议安全性**（protocol security）或者**网络安全性**（network security）。本节将阐述与嵌入式系统特别相关的两个主题中的基本概念：密钥交换和加密协议设计。

17.2.1 密钥交换

我们已经看到密钥对于对称和非对称密码体系是非常关键的组件。起初，这些密钥是怎么建立的？在对称密码体系中，需要一个机制让通信双方商定一个共享的密钥。而在非对称密码体系中，需要一个基础设施来建立和维护公钥，从而使得网络上的任何一方都能够查找其所希望发起通信的另一方的公钥。本节将聚焦于对称密码体系，讨论**密钥交换**的一个经典方法以及一些面向特定嵌入式系统设计问题所定制的可选机制。

1. Diffie-Hellman 密钥交换

1976 年，美国密码学家 Whitfield Diffie 和 Martin Hellman [⊖] 共同创建了公认的第一个公钥密码体系。该体系的关键在于一个巧妙的设计，使得通信双方可以通过公共通信介质基于一个共享密钥进行协商。这个方法通常被称为**迪菲 – 赫尔曼**（Diffie-Hellman）密钥交换。

假设有两个通信方 Alice 和 Bob 希望商定一个密钥。Alice 发给 Bob 的任何信息（反之亦然）均可能被攻击者 Eve 得到。Alice 和 Bob 希望商定一个密钥，同时要确保 Eve 不能通过观察他们的通信计算出这个密钥。那么，Alice 和 Bob 如何使用迪菲 – 赫尔曼密钥交换来达到这一目标呢？

开始时，Alice 和 Bob 需要商定两个参数。在此过程中他们可以使用不同的方法，包括硬编码方法（例如，将参数硬编码到他们所使用的相同程序中）或者他们中的一人可以以某个确定的方式将这些参数发布给另一个人（例如，基于它们网络地址之间的固定排序）。第一个参数是一个极大的素数 p，第二个是一个数 z（$1<z<p-1$）。请注意，攻击者可以看到 z 和 p。

在商定参数 z 和 p 之后，Alice 从集合 $\{0, 1, \cdots, p-2\}$ 中随机选择一个数 a 并使其保密。类似地，Bob 也随机选择一个数 $b \in \{0, 1, \cdots, p-2\}$ 并使其保密。Alice 计算出一个量 $A=z^a(\mathrm{mod}\ p)$ 并将其发送给 Bob。同样，Bob 计算 $B=z^b(\mathrm{mod}\ p)$ 并将其发送给 Alice。除了 z 和 p，攻击者 Eve 可以看到 A 和 B，但看不到 a 和 b。

收到 B 之后，Alice 使用她的密数 a 来计算 $B^a(\mathrm{mod}\ p)$。Bob 执行类似的步骤，计算 $A^b(\mathrm{mod}\ p)$。现在，可以得到如下关系。

$$A^b(\mathrm{mod}\ p) = z^{ab}(\mathrm{mod}\ p) = B^a(\mathrm{mod}\ p)$$

从而，令人惊讶地，Alice 和 Bob 仅通过公共信道上的通信就建立了一个共享密钥 $K=z^{ab}(\mathrm{mod}\ p)$。请注意，他们没有将密数 a 和 b 透露给攻击者 Eve。没有获得 a 和 b 的信息，Eve 就不能可靠地计算出 K。另外，对于 Eve 而言，仅通过获得 z、p、A 或 B 来计算 a 或者 b 是非常困难的，因为这实际上是一个**离散对数**（discrete logarithm）问题，针对该问题还没有已知有效的（多项式时间）算法。换句话说，函数 $f(x)=z^x(\mathrm{mod}\ p)$ 是一个单向函数。

迪菲 – 赫尔曼密钥交换是简单、周密且有效的，但不幸运的是，这个方法对于资源受限的嵌入式系统而言通常是不现实的。其计算包括了大素数（典型的密钥大小可达 2048 位）的模幂运算，这对于必须遵守实时约束的能量受限平台而言是不切实际的。因此，接下来我们要讨论一些作为替代的机制。

2. 定时密钥发布

许多网络化嵌入式系统使用**广播**（broadcast）介质进行通信——发送方在公共信道上发送数据，连接在该信道上的接收方，无论是指定的还是非指定的，都可以读取该数据。这些

⊖ Whitfield Diffie 和 Martin Hellman 因提出 Diffie-Hellman 密钥交换于 2015 年获图灵奖。——译者注

例子包括使用 CAN 总线的车载网络以及无线传感器网络等。广播介质具有很多优势：简单、需要很少的基础设施，以及发送方可以快速与大量接收方交互。然而，其也存在一些不足，恶意方可以轻易地窃听并注入恶意数据包。另外，广播机制的可靠性也值得关注。

在时间约束以及能耗约束的情况下，如何才能基于这种广播介质实现安全密钥的交换呢？该问题的研究开始于 21 世纪初，且第一个研究成果率先部署于无线传感器网络（请参阅 Perrig et al.(2004)；Perrig and Tygar(2012)）。一个新的思想是利用这些网络的时间特性，其思想之源可追溯至 1998 年发表的一篇论文，请参见 Anderson et al.（1998）。

第一条属性是**时钟同步**（clock synchronization），网络上的不同结点都有时钟，该属性使得任何两个时钟之间的差值都被一个很小的常量所限制。许多传感器结点可以通过 GPS 或者如**精确时间协议**（Precision Time Protocol，PTP）（Eidson，2006）等协议来拥有同步的时钟。

第二条属性是预定传播（scheduled transmission）。按照时间表，网络中的每个结点都按照预定的时间发送数据包。

上述两条属性组合起来就允许使用一个安全的广播协议，称为 μTESLA（Perrig et al.，2002）。该协议用于由基站和传感器结点组成的广播式网络。μTESLA 协议的一条关键属性是安全认证——正在接收消息的结点应该可以确定谁是可信的发送方，并丢弃欺骗性消息。结点通过使用消息中基于密钥计算的消息认证码（MAC）来进行认证。该密钥在原始消息被发送之后的某个时间以广播方式发送，允许接收方为自己计算消息认证码并确定所接收消息的真实性。由于每条消息具有时间戳，在收到消息之后接收方基于这个时间戳、本地时钟、最大时钟脉冲相位差以及密钥发布的时间表来验证用于计算消息认证码的密钥是否还未被发布。如果检查失败，该消息被丢弃；否则，当接收到该密钥时，通过计算消息认证码并与接收到的消息认证码进行比对来检查消息的真实性。这样，结合验证消息的目的，密钥的定时发布就被用于在广播式的发送方和接收方之间共享密钥。

一个相类似的方法已经被应用于基于 CAN 的车载网络。Lin 等（2013）已经面向 CAN 总线给出了扩展 μTESLA 的方法，这些结点之间无需共享一个公共的全局时间概念。另外，面向时间触发以太网（Time Triggered Ethernet，TTE）的密钥定时延迟发布也已被实现（Wasicek et al.，2011）。

3. 其他方案

在特定应用领域中，已基于该领域特点开发出多种定制的密钥交换机制。例如，Halperin 等（2008）讨论了面向心脏起搏器、心脏除颤器等**可植入医疗设备**（Implantable Medical Devices，IMD）的密钥交换机制。文章基于射频（RF）能量捕获提出了可植入医疗设备上的"零功耗"安全性机制。新的密钥交换方案还包括了一个与可移植医疗设备发起通信的"编程器"设备（其向该类医疗设备提供射频信号从而使后者获得能量）。可植入医疗设备产生一个患者可感知的、微弱调制声波传输的随机值。该方法的安全性依赖于一个基于患者周围物理环境安全性的威胁模型，这对于特定应用看上去是合理的。

17.2.2　加密协议设计

在写作本书时，网络化嵌入式系统中一些广为提及的弱点仍然是由于通信协议设计中很少或者没有考虑安全性而引起的（参见后面的"对系统进行逆向工程以提高安全性"注解栏）。然而，即使是基于密码学原语设计的安全性协议，其也可能存在缺陷。就算有完善的密码技术以及密钥交换和密钥管理基础设施，协议的设计质量仍可能影响保密性、完整性和真实性。以下结合一个示例进行说明和讨论。

示例 17.1　对协议的**重放攻击**（replay attack）是指攻击者可以通过重放协议上的某些消息来破坏安全性，其可能修改所携带的数据。

这里我们描述一个在虚构的无线传感器网络协议上的重放攻击。该网络包括了以广播方式通信的基站 S 和一组能量受限的传感器结点 $N_1, N_2, \cdots, N_k$。每个结点更多地处于休眠模式以节省能量。当 S 要与一个特定结点 N_i 通信以读取传感器数据时，其向该结点发送基于 S 和 N_i 间所商定共享密钥 K_i 进行加密的消息 M。之后，N_i 用一个加密的传感器读数 R 进行响应。换句话说，该协议具有如下消息交换。

$$S \rightarrow N_i : E(K_i, M)$$
$$N_i \rightarrow S : E(K_i, R)$$

从表面上看，该协议似乎是安全的。然而，它的缺陷在于可能会影响网络的运行。由于这些结点使用了广播通信方式，攻击者可以很容易地记录下消息 $E(K_i, M)$。之后，攻击者就能够以较低的能量多次重放这个消息，从而使 N_i 检测到该消息，且不被 S 感知。N_i 将持续用加密的传感器读数来响应，从而比预期更快地耗尽电池电量，并停止工作。

请注意，本协议中所使用的每个加密步骤并没有什么错误。问题在于系统的时态行为——N_i 无法检查一个消息是否"新鲜"。一个对抗该攻击的简单方法是附加一个"新鲜"的随机数，称之为 nonce 随机数⊖或者为每个消息增加一个时间戳。

该攻击也是**拒绝服务攻击**（Denial-of-Service attack，即 DoS 攻击）的一个例子，该攻击的效果是使传感器结点不能继续提供服务。

幸运的是，很多技术和工具允许在部署加密协议之前形式化地建模这些协议并验证它们对特定属性和威胁模型的正确性。为了提高协议的安全性，需要更加广泛地使用这些技术。

对系统进行逆向工程以提高安全性

一些嵌入式系统是在安全性还属于次要设计问题的时候（如果有的话）设计的。近年来的研究表明，这种缺乏对安全性的关注可能导致不同领域中的系统受到损害。所采用的主要解决方法是对系统访问的协议及组件的运行进行逆向工程处理。

这里，我们给出已在实际嵌入式系统中得到证明的三个代表性缺陷示例。Halperin 等（2008）阐明了可植入医疗设备如何被无线读取和重编程。Koscher 等（2010）证明了车载板上诊断总线（OBD-II）协议如何被颠覆，以破坏性地控制更大范围的功能，包括使刹车无效、关闭引擎等。Ghena 等（2014）研究了交通灯交叉路口，并证明如何无线控制它们的部分功能以进行诸如引起交通堵塞等的拒绝服务攻击。

基于对"遗留"嵌入式系统进行逆向工程可以理解它们的机能并发现潜在的安全缺陷，该类研究构成了保护信息物理设施过程中的一个重要组成部分。

17.3　软件安全性

软件安全性（software security）领域主要关注软件实现中的错误如何影响期望的系统安

⊖　使用一次的随机数。——译者注

全性和隐私性等属性。软件中的缺陷也可能被用于窃取数据、使系统瘫痪，而且更为糟糕的是，允许攻击者获取任意级别的系统控制能力。软件实现中的不足是实际中最大的安全问题类型之一。这些不足对于嵌入式系统是尤其危险的。很多嵌入式软件基于如 C 语言等低级语言编写，编程人员很少编写进行语言级检查的代码。另外，软件通常运行在裸机上，没有底层的操作系统或者其他能够监视并限制非法访问或操作的软件层。最后，我们注意到在嵌入式系统中，即使只是"瘫痪"，系统也可能产生严重的后果，因为其可以完全损害系统与物理世界的交互过程。例如，心脏起搏器等医疗设备瘫痪的后果可能是设备停止工作（如停止起搏），进而对患者造成潜在的生命威胁。

本节采用一些说明性示例为读者简要地介绍软件的安全性问题。读者可以查阅关于安全性的书籍（如 Smith and Marchesini（2007）等）来获得更多的细节。

这里的例子说明一个被称为**缓冲区溢出**的安全隐患。这类错误在 C 等低级语言中特别常见，其主要是由于缺少对 C 程序中访问数组或指针的自动化边界检查所引起的。更为确切地，缓冲区溢出是由于缺少边界检查所导致的越过数组或内存区域结束位置的程序写操作引起的。攻击者可以使用这种越界写操作来破坏程序中的可信位置，如加密变量的值或者函数的返回地址。（提示：与该内容相关的是第 9 章，有必要对这些内容进行复习。）

接下来，我们结合如下一个简单示例进行讨论。

示例 17.2 某些嵌入式系统中的传感器使用通信协议，从指定端口或网络套接字（socket）以字节流的方式读取不同板上传感器的数据。如下的代码示例说明这样的一个场景。这里，程序员希望读取最多 16 字节的传感器数据，并将它们存放在数组 sensor_data 中。

```
1   char sensor_data[16];
2   int secret_key;
3
4   void read_sensor_data() {
5     int i = 0;
6
7     // 如果有多个数据，more_data 返回 1
8     // 否则返回 0
9     while(more_data()) {
10      sensor_data[i] = get_next_byte();
11      i++;
12    }
13
14    return;
15  }
```

这段代码的问题是其默认地相信传感器数据流不会超过 16 字节长度。假设攻击者无论是通过物理访问传感器还是网络来控制这个流，其可以提供超过 16 字节的数据，从而导致程序越过 sensor_data 数组的结束位置进行写操作。请再注意，变量 secret_key 恰好在 sensor_data 之后定义，且假设编译器为它们分配相邻的地址。在这种情况下，攻击者就可以利用缓冲区溢出漏洞，提供一个 20 字节长度的流并用其所设定的密钥来重写 secret_key。这种漏洞还可被用来对系统造成其他损害。

上例包括了对全局内存中数组的越界写操作，接下来考虑该数组存放在栈中的情形。在该情形下，缓冲区溢出漏洞可以被利用来重写函数的返回地址，从而使其执行攻击者所希望的某些代码。这可以使得攻击者任意地控制嵌入式系统。

示例 17.3 再来看示例 17.2 中代码的如下变体，这里 sensor_data 数组存放在栈中。与之前示例一样，函数读取字节流并将其存储在 sensor_data。然而在本例中，读取的传感器数据随后被函数处理并用于设置某些全局存储的标志位（其可被用于进行控制决策）。

```
1   int sensor_flags[4];
2
3   void process_sensor_data() {
4     int i = 0;
5     char sensor_data[16];
6
7     // 如果有多个数据, more_data 返回 1
8     // 否则返回 0
9     while(more_data()) {
10      sensor_data[i] = get_next_byte();
11      i++;
12    }
13
14    // 这里的代码设置 sensor_flags
15    // 基于 sensor_data 中的值
16
17    return;
18  }
```

先来回顾第 9 章中函数栈帧的布局，函数 process_sensor_data 的返回地址可能会正好存放在 sensor_data 的内存地址之后。为此，攻击者可以利用缓冲区溢出的漏洞来重写返回地址并跳转到他所希望的位置执行。这个版本的缓冲区溢出漏洞有时（很恰当地）被称为**栈粉碎**（stack smashing）。

另外，攻击者可以向内存写更长的字节序列并在该序列中包含任意代码。重写的返回地址可以被设定在这个重写的内存区域内，从而导致攻击者可以控制将被执行的代码！这个攻击通常被称为**代码注入攻击**（code injection attack）。

那么，如何避免缓冲区溢出攻击呢？一个简单的方法是通过跟踪缓冲区长度来显式地检查我们是否从来不会越过缓冲区的结束位置。另一个方法是使用支持**内存安全性**的高级语言——防止程序对其无权访问或者程序员不希望其访问的内存位置进行读写。习题 1 要求编写防止缓冲区溢出的代码。

17.4 信息流

很多安全属性指定了参与者双方之间信息流的约束。保密性属性限制攻击者对通道上秘密数据流的访问。例如，用户的银行卡余额应该只能被用户以及被授权的银行员工查看，而对攻击者不可见。类似地，完整性属性限制攻击者控制的不可信数据流向信任的通道或者位置。银行余额应该仅由被信任的存、取操作来写入，而不能被恶意方任意地写。**安全信息流**（secure information flow）系统地研究系统中信息流如何影响其安全性和隐私性，这也是本节的一个核心主题。

给定一个嵌入式系统组件，理解信息如何从秘密位置流动到攻击者可读的"公开"位置，或者从攻击者控制的不可信通道流到可信位置是非常重要的。我们需要检测非法信息流并量化其对整个系统安全性影响的相关技术。另外，给定安全性和隐私性策略，我们还需要通过适当地限制信息流以在系统上实施这些策略的技术。本节的目标是让读者掌握安全信息流的基本原理，从而可以开发这样的技术。

17.4.1 几个示例

为了说明安全信息流问题，我们首先给出几个例子。虽然这些例子更侧重于保密性，但这些问题和方法也同样适合于完整性属性。

示例 17.4 医疗设备正在日益成为软件控制的个性化、网络化装置。该类设备的一个例子就是用于监测患者血糖水平的血糖仪。假设有这样一款血糖仪，其获取患者的血糖水平，在设备屏幕上显示结果并将该值通过网络发送给患者就医的医院。以下给出执行这些任务的软件的高度抽象版本。

```
1   int patient_id; // 初始化为
2                   // 患者的唯一标识 (ID)
3   void take_reading() {
4     float reading = read_from_sensor();
5
6     display(reading);
7
8     send(network_socket, hospital_server,
9         reading, patient_id);
10
11    return;
12  }
```

函数 take_reading 记录单次血糖读数（例如，单位为 mg/dL）并将其存入一个浮点变量 reading 中。之后，以特定格式将该数据进行显示。最后，设备将该数据与患者的 ID 一起以无加密的方式通过网络发送到医院的服务器，以便于主治医生进行分析。

假设患者希望对其血糖水平进行保密，或者说，只有他和他的医生可以知道这个数据。那么，该程序能够达到这一目标吗？很容易看到情况并非如此，这主要是因为 reading 的值会在网络上明文传输。我们可以将这个对隐私性的破坏建模为从 reading 到 network_socket 的非法信息流，前者是一个秘密位置而后者则是攻击者可见的公开通道。

基于本章之前所述的密码学原语知识，我们知道这可以做得更好。具体而言，我们假设在患者端设备和使用对称密钥加密机制的医院服务器之间有一个共享密钥。进而，就可以有如下新的程序版本。

示例 17.5 在本程序中，我们使用对称密钥加密技术 AES 来保护数据。加密过程由函数 enc_AES 进行抽象表示，send_enc 和 send 仅在第三个参数的类型上有所不同。

```
1   int patient_id; // 初始化为
2                   // 患者的唯一标识
3   long cipher_text;
4
5   struct secret_key_s {
6     long key_part1; long key_part2;
7   }; // 存储 128 位 AES 密钥的结构类型
8
9   struct secret_key_s secret_key; // 共享密钥
10
11  void take_reading() {
12    float reading = read_from_sensor();
13
14    display(reading);
15
16    enc_AES(&secret_key, reading, &cipher_text);
```

```
17
18      send_enc(network_socket, hospital_server,
19              cipher_text, patient_id);
20
21      return;
22  }
```

本例中，仍然存在由 reading 到 network_socket 的一个信息流。实际上，还存在一个从 secret_key 到 network_socket 的信息流。然而，这两个流都经过了一个加密函数 enc_AES 的处理。在安全性文献中，这样的函数被称为**销密器**（declassifier），因为它以某种方式对秘密数据进行编码，使得在攻击者可读的通道上传输编码的"销密"结果是可接受的。换句话说，销密器发挥了阻拦秘密信息流"大坝"的作用，并且，通过密码学原语的属性仅会发布不为攻击者提供比之前信息量更多的信息。

虽然以上对代码的修正阻止了关于患者血糖读数的信息流，但请注意这并没有完全地保护程序。具体地，患者 ID 仍然是以明文的形式在网络上传输！因此，即使攻击者没有密钥也不知道患者的监测数据，但其可以知道是谁向医院发送了这个数据（以及在什么时间）。一些隐私数据仍然被泄露。解决该问题的方法很简单——我们可以在发送之前先用密钥将 reading 和 patient_id 这两个变量进行加密。

截至目前，我们已经假设了一个攻击者只可以读取网络上发送的信息的隐式威胁模型。然而，对许多嵌入式系统而言，攻击者也可以对设备进行物理访问。例如，读者可以考虑当患者丢失了他的设备且由一个未授权的人（攻击者）对其进行访问时可能会发生什么。如果患者的监测参数存储在设备中，那么在这样的一个非法信息流出现时攻击者就可能读取存储在其中的数据。防止该类攻击的一个方法是让患者创建一个密码，就像为其他个人设备创建密码一样，并在设备开机时提示输入密码。在下例中我们来讨论这个想法。

示例 17.6 假设在设备上存放了过去 100 次监测数据的日志。如下代码给出了 show_readings 函数的实现，该函数提示用户输入一个整数密码，且仅当该密码通过存储密码 patient_pwd 的验证后才显示存储的读数，否则显示一个不包含任何存储读数的错误信息。

```
1   int patient_id; // 初始化
2                   // 患者的唯一标识
3   int patient_pwd; // 存储患者的密码
4
5   float stored_readings[100];
6
7   void show_readings() {
8     int input_pwd = read_input(); // 提示用户
9                                   // 输入密码并读入
10    if (input_pwd == patient_pwd) // 验证密码
11      display(&stored_readings);
12    else
13      display_error_mesg();
14
15    return;
16  }
```

假设攻击者并不知道 patient_pwd 的值，可以看到以上代码不会泄露这 100 个数中的任何一个。但是，这还是泄露了一点信息：攻击者输入的密码是否与正确密码相同。实际上认为这样的泄露是可接受的，因为对于强度很高的密码，即使是最坚决的攻击者也要进行指数级的登录尝试，而且这可以通过限制仅允许少数几次输入正确密码的尝试来消除。

上例说明了**定量信息流**（Quantitative Information Flow，QIF）的概念。定量信息流通常使用测量从秘密位置流向公开位置的信息总量的函数来定义。例如，有人可能关注计算已泄露位的数量，如上例所示。如果认为该数量足够小，那么信息泄露是可以容忍的，否则，程序必须被重写。然而，示例17.6中的代码具有一个潜在的缺陷。再次说明，该缺陷源自相应的威胁模型。特别是考虑这种情形：攻击者不仅拥有设备实物，其还具有知识和资源来进行侵入式攻击，即打开设备并在设备运行时读出其内存内容。在这种情形下，攻击者可以仅通过启动设备并在系统初始化时读取内存内容就能得到 patient_pwd 的值。

我们如何才能防止这样的侵入式攻击呢？一种方法是使用具有安全散列函数的安全硬件或者固件。假设硬件提供了安全存储，可以得出用户密码的安全散列且检测出任何篡改。那么，仅需要在主存中存储安全散列，而不是实际的密码。根据安全散列函数的属性，攻击者仅用获得的散列信息来逆向获取密码在计算上是不可行的。

类似的缺陷也存在于示例17.5中，其密钥以明文的形式存放在内存中。然而，在这种情形中，仅采用密钥的安全散列是不够的，因为需要用实际的密钥来执行加密和解密以保障与服务器的安全通信。那么，我们如何保护这个函数呢？一般而言，这需要一个诸如安全密钥管理器的附加组件，如采用硬件或可信操作系统来实现，管理器使用一个主密钥为应用加密或解密密钥。

最后，尽管这些例子通过软件中的变量值说明了信息流，但信息流也可能从其他通道泄露。**旁路**（side channel）这一术语被用于表示包含有非传统通信信息方式的通道，通常使用一个物理量，诸如时间、功耗、音频信号的振幅与频率，或者导致传统信息泄露的系统的物理改动，如故障等。在17.5.2节，我们将阐述一些关于旁路攻击的基本概念。

17.4.2 理论

至此，我们仅非形式化地讨论了保密性和完整性属性。那么，我们如何能够像第13章引入的概念那样来确切地描述这些属性呢？事实证明，形式化地给出安全性与隐私性属性可能是非常棘手的。这些年来，文献中已经提出了不同的形式化机制，但尚未形成关于诸如保密性或完整性等概念的一致性定义。然而，一些基础性概念和原理已经开始浮现。本节将介绍这些基础性概念。

第一个关键概念是**非干预**（non-interference）。"非干预"一词被用于指定任何一类（安全性）属性，这些属性规定了一个或多个参与方采取的动作如何能够或者不能影响（干扰、妨碍）其他方采取的动作。例如对于完整性，就要求攻击者的动作不能影响特定信任数据或计算的值。类似地，对于保密性，要求攻击者的动作不能针对于保密的值（意味着攻击者没有任何关于这些值的信息）。

面向不同类型的安全性或者隐私性属性，非干预具有多种形式。在定义这些概念的过程中，通常使用高和低来表示两个安全级别。对于保密性，高级别表示秘密数据/通道，低级别则表示公开数据/通道。对于完整性，高级别是指信任的数据/通道，而低级别则是非信任的数据/通道。非干预通常定义在系统的轨迹之上，其中的每个输入、输出和状态元素都被归类到低级或者高级类别。

我们第一个要阐述的是**观察确定性**（observational determinism）（McLean，1992；Roscoe，1995），其定义如下：如果系统的两条路径被初始化到与低级别元素完全相同的那些状态中，且它们接收相同的低级别输入，那么这就意味着该轨迹中所有状态和输出的低级别元素必须是相同的。换句话说，一条系统轨迹的低级别部分是低级别初始状态和低级别输入的确定性函数，而不是其他。反过来，这意味着仅控制或者观察系统轨迹上低级别部分的攻击者并不能推断出任何关于高级别部分的信息。

其另一个形式是**广义非干预**（generalized non-interference）（McLean，1996），要求系统呈现具有某个特定属性的一组轨迹：对于任意两条轨迹 τ_1 和 τ_2，必然存在一条新构建的轨迹 τ_3，在 τ_3 的每一步中，高级别输入与 τ_1 相同，且低级别输入、状态和输出都与 τ_2 相同。显然，通过观察低级别状态和输出，攻击者不能断定其是否正在查看 τ_1 或者 τ_2 中的高级别输入。

然而，不同的非干预形式共享了某些共同特性。从数学上讲，它们都是**超属性**（hyperproperty）（Clarkson and Schneider，2010）。形式化地，一个超属性是一组轨迹的集合。如第 13 章所述，可以将该定义与定义为一个轨迹集合的属性进行对比。更为确切地，后者被称为**轨迹属性**（trace property），因为可以在单个独立的系统轨迹上评估其真值。相比较而言，超属性的真值通常⊖不能通过观察单条轨迹来确定。这就需要观察多条轨迹并计算它们之间的关系，以确定它们是否共同满足或者共同违反一个超属性。

示例 17.7　考虑图 17-1 中的两个状态机。每个状态机都有一个保密输入 s 和一个公开输出 z。另外，M_1 有一个公开输入 x。攻击者可以直接读 x 和 z 的值，但不能读取 s。

状态机 M_1 满足观察确定性（OD）。对于任何的输入序列，M_1 生成一个仅取决于公开输入 x 且不依赖 s 的二进制输出序列。

然而，M_2 并不满足 OD。例如，以输入序列 1010^ω 为例。M_2 的相应输出为 0101^ω。如果输入序列切换到 0101^ω，则该输出也将切换到 1010^ω。仅通过观察输出 z，对手就能够获得关于输入 s 的信息。

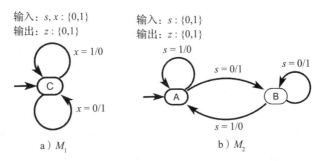

图 17-1　状态机满足观察确定性（a）和不满足（b）的示例。输入 s 是一个保密（高级别）输入，
　　　　输出 z 是一个公开（低级别）输出

17.4.3　分析与实施

一些已开发的技术被用来分析和跟踪软件系统中的信息流，而且在某些情形下，需要在设计时或运行时实施信息流策略。如下我们介绍这样的一些方法，但需要说明的是这是一个快速发展的领域且我们只选择了一些代表性方法，而并非全部。

污点分析（taint analysis）。在污点分析中，通过使用附加于数据项的标签（"污点"）以

⊖　显然，每一个（轨迹）属性都有一个等价的超属性，这是我们使用"通常"一词的原因。

及对内存操作的监测来跟踪信息流。当监测到一个非法信息流时产生一个警告。污点分析主要是面向软件系统开发的，其可以在编译软件时静态执行，也可以在运行时动态执行。例如，对于示例 17.4 中的代码，污点分析可以检测出从 reading 到 network_socket 的保密数据流。运行时，在写到网络接口之前就可以发现该信息流，并引发一个运行时异常或者其他预防动作。静态污点分析是一个简单且易于应用的概念，但是其可能发出假的警告。动态污点分析则既简单又精确，但其会引入运行负载。系统设计人员必须根据其场景自行评估两种机制的适用性。

信息流的形式化验证。用于形式化验证的技术（如第 15 章的模型检验方法）也可被用于验证安全信息流。通常，在原有分析问题已被归约为某个适当模型的安全属性检查问题之后，这些方法才被运用（Terauchi and Aiken，2005）。相较于污点分析，该类方法更加精确，但是它们同样有较高的计算开销。由于这些方法仍在快速地演化和发展，详细地讨论这些方法超出了本章当前内容的范围。

运行时实施策略。污点的概念允许我们指定简单的信息流策略，如任何时候都不允许保密数据流向任何公开位置。然而，一些安全性和隐私性策略会更加复杂。例如有这样一条策略：用户的位置信息有时是公开的（如他们在工作场所或者在机场等公共空间时），但有时必须是保密的（如他们看医生时）。这样的一条策略在存放用户位置的变量上增加了一条时间可变的保密标签。制定、检验及实施这些有表达力的策略是一个活跃的研究领域。

17.5 高级主题

安全性和隐私性中的某些问题对于信息物理融合系统的情形特别重要。本节回顾其中的两个问题并强调说明一些关键内容。

17.5.1 传感器与执行器安全

传感器与执行器构成了信息世界和物理世界之间的接口。在很多信息物理融合系统中，这些组件很容易被攻击者观察或者控制。由此，在这些组件上检测攻击并保护其安全就成为一个重要问题。这两个工作的核心是开发真实的威胁模型和机制来描述这些威胁。我们回顾近来**传感器安全性**领域的两个代表性工作。

近期的工作侧重于模拟传感器攻击，即面向这些攻击开发相应的威胁模型以及解决措施。该类攻击的主要模式是采用**电磁干扰**（ElectroMagnetic Interference，EMI）来修改感知的信号。近期的两个项目已经研究了不同应用中的电磁干扰攻击。Foo Kune 等（2013）研究了不同功率和距离下对可植入医疗设备及消费电子产品的电磁干扰攻击。Shoukry 等（2013）研究了篡改某种类型车载传感器数据的电磁干扰攻击。结合这两个项目，下面简要阐述一些基本原理。

1. 威胁模型

在传感器安全性的情境下，可以根据多个维度对电磁干扰进行分类。首先，该类干扰可能是侵入的，包括对传感器组件的修改；或者是非侵入的，包括窥察数据或者伪造数据的远程注入。其次，它可能是非蓄意的（如由雷击或者变压器引起）或者是蓄意的（由攻击者注入）。第三，它可能是高强度的，潜在地向传感器注入故障或者使传感器失去能力；或者是低强度的，其仅注入虚假数据或修改传感器的读数。这些维度可以被用于定义非形式化的安全模型。

Foo Kune 等（2013）给出了一个蓄意、低强度、非侵入攻击的威胁模型。这些特性的组合是最难防御的情形之一，因为这些攻击的低强度和非入侵特性使其潜在地难以被检测。这些研究人员设计了两种电磁干扰攻击。基带攻击向传感器数据所在的频带注入信号。它们对可以滤除工作频带外信号的传感器可能是有效的。调幅攻击从传感器相同频段中的载波信号开始，并用攻击信号对其进行调制。它们可以匹配传感器的共振频率，从而放大即使是低强度攻击信号的影响。研究人员证明了这些攻击如何在可植入医疗设备上实施：从距离设备 1～2 米距离的地方对这些引脚注入伪造信号、抑制起搏或者引起除颤等。

Shoukry 等（2013）所关注的威胁模型是面向蓄意非侵入攻击的，主要是汽车中的防抱死（ABS）系统。通过在距离车轮速度磁传感器很近的地方布放一个恶意执行器（可从车外安装）对其进行攻击，该执行器会修改 ABS 传感器所测量的磁场。在某种攻击情形下，即在该攻击中执行器扰乱磁场但其攻击者不能精确控制，其可能"仅仅是"欺骗性的，其影响与非蓄意、高强度电磁干扰相似。更加麻烦的情况是欺骗攻击，如通过在执行器周围实现一个主动磁场来向 ABS 系统提供一个车轮或所有车轮不正确但精确的速度。读者可以参考该文献来获取更多信息。作者们证明他们的攻击如何可以施加到真实的车辆传感器上，并仿真证明 ABS 如何能够被欺骗从而在结冰路面环境下做出不正确的刹车决策，使得车辆滑出路面。

2. 应对措施

以上所述的两个研究项目中也讨论了应对这些攻击的潜在措施。

Foo Kune 等（2013）侧重于基于硬件和软件的防御范围。硬件或电路级的方法包括屏蔽传感器、过滤输入信号以及共模噪声抑制。然而据报告，这些方法的有效性比较有限。为此，还引入了基于软件的防御方法，包括环境中的电磁干扰水平评估、自适应滤波、心脏探测等以判断感知的信号是否遵从了某个期望的模式，进而使用恢复到默认值、通知受害人（患者）或医生可能的攻击等方式使得他们采用适当措施以离开电磁干扰源。

Shoukry 等（2015；2016）采用了一个源自控制论和形式化方法的略有不同的途径。该方法的思想是创建一个传感器攻击的数学模型，并设计状态估计算法来确定被攻击的传感器子集，进而隔离它们并使用剩余的（未被攻击的）传感器来进行状态估计与控制。

17.5.2 旁路攻击

对于很多嵌入式系统而言，攻击者不仅可以通过网络访问也可以实际接近目标系统。因此，这些系统就会暴露在其他环境里不可能受到的各种类型的攻击中。一种类型的攻击被称为**旁路攻击**，其在旁路中带入了非法的信息流。自 Kocher（1996）的开创性工作以来，使用不同类型旁路的攻击已经被证明，包括定时（Brumley and Boneh, 2005；Tromer et al., 2010）、功耗（Kocher et al., 1999）、故障（Anderson and Kuhn, 1998；Boneh et al., 2001）、内存访问模式（Islam et al., 2012）、声音信号（Zhuang et al., 2009）以及数据剩磁（Anderson and Kuhn, 1998；Halderman et al., 2009）等。**定时攻击**涉及对系统时间行为的观察，而不是其所输出的值。**功耗攻击**涉及对功耗的观察；一个尤其有效的形式是**差分功耗分析**（differential power analysis），其对不同环境下功耗进行对比分析。在**内存访问模式攻击**中，通过观察被访问内存位置的地址就可以提取出关于加密数据的信息。**故障攻击**通过故障注入改变正常的执行过程，从而引起信息的泄露。

虽然关于旁路攻击的详细论述并不属于本书的范畴，但我们可以用如下示例来说明信息在通过一个定时旁路时可能被泄露。

示例 17.8 考虑示例 16.1 中模幂运算函数 modexp 的 C 语言实现。在图 17-2 中，我们给出了 modexp 函数的执行时间随着 exponent 值改变的函数变化。再来回顾指数通常是如何与 RSA 或 Diffie-Hellman 等公钥加密机制中的密钥实现进行对应的。执行时间对应于 y 轴上的 CPU 周期，exponent 的取值范围为 0 到 15。该测量是在 ARMv4 指令集的处理器上进行的。

请注意，有五个测量簇分别在 600、700、750、850 以及 925 个周期左右。实际情况表明每个簇对应的 exponent 的值：当以二进制表示时这些值中设置为 1 的位数相同。例如，对于 1、2、4 和 8 的执行时间（其每个都有一位被置为 1），都汇聚在 700 个 CPU 周期附近。

由此，仅通过观察 modexp 的执行时间以及底层硬件平台的一些信息（或者访问它），攻击者就能够推断 exponent（即密钥）中设置为 1 的位数。对于密钥的暴力列举破解过程而言这些信息显著地缩小了搜索范围。

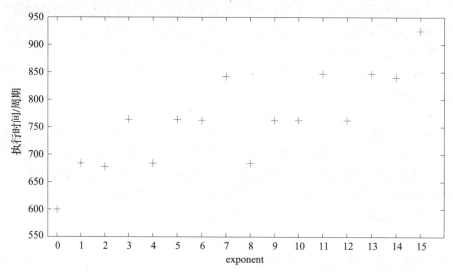

图 17-2　示例 16.1 中 modexp 函数的时间特性数据。该图显示 modexp 函数的执行时间（以 CPU 周期数为单位的 y 轴）如何随着 4 位 exponent（x 轴）的值的函数发生改变

在示例 17.8 中，假设了攻击者可以测量一个大程序中的一小段代码（如 modexp）的执行时间。这是现实的吗？可能并非如此，但这并不意味着无法进行定时攻击。攻击者可以使用更为复杂的方法来测量函数的执行时间。例如，Tromer 等（2010）证明了使用定时攻击如何破解 AES，该攻击仅引起另一个进程中的 Cache 命中或未命中（通过写入其内存片段中精心选定的内存位置），以及间接地测量被攻击进程是否发生了 Cache 命中或未命中。这可以让攻击者知道特定的表项是否在 AES 计算过程中被使用，由此使攻击者可以重构该密钥。

旁路攻击提醒我们，安全性问题通常是由打破系统设计人员的假设来实现的。在嵌入式系统的设计中，必须仔细考虑所做出的这些假设以及看似合理的那些威胁模型，以达到系统安全性的合理级别。

17.6　小结

安全性与隐私性现在已成为嵌入式信息物理融合系统设计中主要关注的问题之一。本章从侧重于信息物理融合系统的角度对安全性和隐私性进行了阐述，内容涵盖了加密与解密技术的基本密码学原语、安全散列函数以及数字签名等。本章同样阐述了协议安全性、软件安全性以及安全信息流（这是贯穿于很多安全性与隐私性子领域的基本问题）。最后，本章总结了一些高级主题，主要包括传感器安全性和旁路攻击。

习题

1. 结合示例 17.2 中的缓冲区溢出漏洞，请修改该代码以防止缓冲区溢出。

2. 假设一个系统 M 具有保密输入 s、公开输入 x 以及一个公开输出 z。令这三个变量均为布尔型。请回答以下判定真假的问题并说明理由。

　（a）假设 M 满足线性时态逻辑属性 $\mathbf{G} \neg z$，那么 M 一定也满足观察确定性。

　（b）假设 M 满足线性时态逻辑属性 $\mathbf{G}[(s \wedge x) \Rightarrow \neg z]$，那么 M 一定也满足观察确定性。

3. 如下是一个具有单输入 x 和单输出 z 的有限状态机，其二者都在 {0,1} 中取值。从安全的视角，x 和 z 都被看作公开（"低级别"）信号。然而，有限状态机（即" A "或者" B "）的状态被认为是秘密的（"高级别"）。

输入：$x : \{0,1\}$
输出：$z : \{0,1\}$

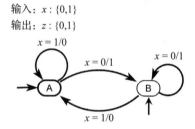

　True 还是 False：存在一个攻击者可以采用的输入序列，其可以告诉攻击者该状态机是从状态 A 中还是从状态 B 中开始执行。

|第四部分|

Introduction to Embedded Systems: A Cyber-Physical Systems Approach, 2E

附　　录

本部分包括了有助于更深入地理解本书内容中有关形式化和算法的一些数学和计算机科学的背景知识。附录 A 回顾逻辑学中的基本符号，特别关注集合与函数。附录 B 则回顾复杂性和可计算性的一些符号，可帮助系统设计人员理解系统实现的开销以及使得某些系统不可实现的根本性限制。

集合与函数

本附录回顾了集合与函数的一些基本符号。

A.1 集合

在本节我们回顾集合的符号表示。**集合**（set）是一组对象的汇集。若对象 a 在集合 A 中，就记为 $a \in A$。如下给出一些集合的定义。

- $\mathbb{B} = \{0, 1\}$，**二进制数**集合。
- $\mathbb{N} = \{0, 1, 2, \cdots\}$，**自然数**集合。
- $\mathbb{Z} = \{\cdots, -1, 0, 1, \cdots\}$，**整数**集合。
- $\mathbb{R}$，**实数**集合。
- $\mathbb{R}_+$，**非负实数**集合。

当一个集合 A 完全包含于集合 B，就说集合 A 是集合 B 的一个**子集**（subset），记为 $A \subseteq B$。例如，$\mathbb{B} \subseteq \mathbb{N} \subseteq \mathbb{Z} \subseteq \mathbb{R}$。这些集合可能是相等的，因此 $\mathbb{N} \subseteq \mathbb{N}$ 这一表述为真。集合 A 的**幂集**（powerset）定义为所有子集的集合，记作 2^A。**空集**（empty set），记作 ϕ，通常是幂集的一个成员，$\phi \in 2^A$。

对于所有集合 A 和 B，**差集**（set subtraction）的定义如下。这个符号读作"属于集合 A 但不属于集合 B 的元素 a 的集合"。

$$A \backslash B = \{a \in A : a \notin B\}$$

集合 A 和 B 的**笛卡儿积**（cartesian product）是一个集合，记为 $A \times B$，其定义如下。该集合中的成员 (a, b) 被称为一个**元组**（tuple），读作"由属于集合 A 的元素 a 与属于集合 B 的元素 b 所构成的元组 (a, b) 的集合"。

$$A \times B = \{(a, b) : a \in A, b \in B\}$$

笛卡儿积可以由三个或更多的集合所构成，此时每个元组就会有三个或更多的元素。例如，我们可以记作 $(a, b, c) \in A \times B \times C$。集合 A 与其自己的笛卡儿积记作 $A^2 = A \times A$。集合 A 与其自己的 n（$n \in N$）次笛卡儿积记作 A^n。A^n 集合的一个成员被称为一个 n 元组。依惯例，A^0 是一个**单元素集**（singleton set），或者说是一个只有一个元素且不考虑 A 的大小的集合。具体而言，可以定义 $A^0 = \{\phi\}$。但请注意，A^0 本身并不是一个空集，它是一个包含了空集的单元素集合（为了深入理解这个定义的基本原理，请参阅本附录后面的注解栏）。

A.2 关系与函数

从集合 A 到集合 B 的一个**关系**（relation）是 $A \times B$ 的一个子集。从集合 A 到集合 B 的一个**偏函数**（partial function）f 是一个关系，即当 $(a, b) \in f$ 且 $(a, b') \in f$ 时有 $b = b'$，这样的一个偏函数记作 $f : A \rightharpoonup B$。从集合 A 到集合 B 的一个**全函数**（total function）（或简单地称

为函数）f 是一个偏函数，其对于所有的 $a \in A$ 都存在一个 $b \in B$ 使得 $(a, b) \in f$。这样的函数记为 $f : A \to B$，且集合 A 被称为它的**定义域**（domain），集合 B 被称为它的**到达域**[⊖]。此时，将其等价地写为 $f(a)=b$，而不是 $(a, b) \in f$。

示例 A.1 一个偏函数的例子是 $f : \mathbb{R} \rightharpoonup \mathbb{R}$，该函数由 $f(x) = \sqrt{x}$（$x \in \mathbb{R}_+$）定义。该函数对于其域 $\mathbb{R}$ 中任何的 $x < 0$ 都是未定义的。

一个偏函数 $f : A \rightharpoonup B$ 可以由一条**赋值规则**（assignment rule）来定义，如上例，赋值规则仅解释在给定 $a \in A$ 时如何获得 $f(a)$ 的值。或者，该函数可以由它的**图**（graph）来定义，该图是 $A \times B$ 的一个子集。

示例 A.2 之前例子中的偏函数具有图 $f \subseteq \mathbb{R}^2$，其定义可由下式给出。
$$f = \{(x, y) \in \mathbb{R}^2 : x \geq 0 \text{ 且 } y = \sqrt{x}\}$$
请注意，当讨论的语境明确时，我们可以为该函数和它的图使用相同的符号 f。

所有函数 $f : A \to B$ **的集合**记为 $(A \to B)$ 或者 B^A。当指数符号难以使用时就使用前一个符号。关于符号 B^A 的说明，请参见后文的注解栏。

函数 $f : A \to B$ 和函数 $g : B \to C$ 的**函数组合**（function composition）被记作 $(g \circ f)$：$A \to C$，对于所有的 $a \in A$ 有如下定义。
$$(g \circ f)(a) = g(f(a))$$
请注意，在符号 $(g \circ f)$ 中，首先应用 f 函数。对于一个函数 $f : A \to A$，其与自身的复合可被写为 $(f \circ f) = f^2$，或者更为一般地，对于任何一个 $n \in \mathbb{N}$，有如下定义。
$$\underbrace{f \circ f \circ \cdots \circ f}_{n \text{ 次}} = f^n$$

当 $n=1$，$f^1 = f$。对于 $n=0$ 的特殊情形，函数 f^0 习惯上称为**恒等函数**（identity function），因此对于所有的 $a \in A$，有 $f^0(a) = a$。当函数的定义域与到达域相同时，即 $f \in A^A$，对于所有的 $n \in \mathbb{N}$，$f^n \in A^A$。

对于每一个函数 $f : A \to B$，存在一个关联的**象函数**（image function）$\hat{f} : 2^A \to 2^B$，其定义在 A 的幂集上，形式如下。
$$\forall A' \subseteq A, \hat{f}(A') = \{b \in B : \exists a \in A', f(a) = b\}$$

象函数 $\hat{f}$ 作用于定义域元素的所有集合 A' 上，而不是单个元素。给定 A' 的一个元素作为参数，其不是返回一个单个值，而是返回 f 函数所有返回值的集合。我们将 $\hat{f}$ 称作 f 的**提升**版本。不存在歧义时，我们可以将 f 的提升版本简单地写为 f 而不是 $\hat{f}$（习题 2（b）中给出了一个有歧义的情形）。

对于任何 $A' \subseteq A$，$\hat{f}(A')$ 被称为函数 f 的 A' 的**象**（image）。定义域的象 $\hat{f}(A)$ 被称为函数 f 的**值域**[⊖]（range）。

示例 A.3 由 $f(x) = x^2$ 定义的函数 $f : \mathbb{R} \to \mathbb{R}$ 的象 $\hat{f}(\mathbb{R})$ 是 $\mathbb{R}_+$。

⊖ codomain，也译为陪域、上域。——译者注

⊖ 函数的值域是其到达域（codomain）的子集。——译者注

如果 $\hat{f}(A)=B$，那么函数 $f：A \to B$ 就是**满射**（onto 或 surjective）函数[注]。如果对于所有的 $a, a' \in A$ 有式（A.1）成立，那么函数 $f：A \to B$ 是**一对一**（或者**单射**）函数。

$$a \neq a' \Rightarrow f(a) \neq f(a') \tag{A.1}$$

也就是说，定义域中两个不同的值不会在到达域中产生相同的值。一个既是单射又是满射的函数是**双射**（bijective）函数。

示例 A.4 由 $f(x)=2x$ 定义的函数 $f：\mathbb{R} \to \mathbb{R}$ 是一个双射函数。由 $f(x)=2x$ 定义的函数 $f：\mathbb{Z} \to \mathbb{Z}$ 是一个单射但非满射函数。由 $f(x, y)=xy$ 定义的函数 $f：\mathbb{R}^2 \to \mathbb{R}$ 是满射但非单射函数。

上例重点说明了一个事实，一个函数定义的必要部分是其定义域和到达域。

命题 A.1 如果 $f：A \to B$ 是满射函数，那么就存在一个单射函数 $h：B \to A$。

证明 令 h 定义为 $h(b)=a$，a 是集合 A 中的任一元素，且使得 $f(a)=b$。因为 f 是满射的，必然存在至少一个这样的元素。现在我们可以证明 h 是单射的。为了证明，考虑任意两个元素 $b, b' \in B$ 且 $b \neq b'$。我们需要证明 $h(b) \neq h(b')$。相反地，假设对于某个 $a \in A$，有 $h(b)=h(b')=a$。但根据 h 的定义，有 $f(a)=b$ 且 $f(a)=b'$，其表示 $b=b'$，互相矛盾。∎

该命题的逆命题同样容易被证明。

命题 A.2 如果 $h：B \to A$ 是一个单射函数，那么就会存在一个满射函数 $f：A \to B$。

任何双射函数 $f：A \to B$ 都有一个**反函数**（inverse）$f^{-1}：B \to A$，对于所有的 $b \in B$，其定义如式（A.2）所示。

$$f^{-1}(b) = a \in A \text{ 使得 } f(a)=b \tag{A.2}$$

因为 f 是满射的，所以该函数定义在所有的 $b \in B$ 上。因为 f 是单射的，对于每一个 $b \in B$，存在一个唯一的 $a \in A$ 满足式（A.2）。对于任何双射函数 f，它的反函数也是双射的。

限制与投影

给定一个函数 $f：A \to B$ 以及一个子集 $C \subseteq A$，我们可以定义一个新函数 $f|_C$，其是函数 f 对 C 的一个**限制**（restriction）。该定义使得对于所有的 $x \in C$，有 $f|_C(x)=f(x)$。

示例 A.5 由 $f(x)=x^2$ 定义的函数 $f：\mathbb{R} \to \mathbb{R}$ 不是单射函数，但 $f_{\mathbb{R}_+}$ 是单射函数。

考虑一个 n 元组 $a=(a_0, a_1, \cdots, a_{n-1}) \in A_0 \times A_1 \times \cdots \times A_{n-1}$。该 n 元组的**投影**（projection）从该元组提取元素来创建一个新的元组。具体而言，对于某个 $m \in \mathbb{N} \setminus \{0\}$，令存在如下关系：

$$I = (i_0, i_1, \cdots, i_m) \in \{0, 1, \cdots, n-1\}^m$$

也就是说，I 是一个索引的 m 元组。那么，我们可以定义 a 在 I 上的投影如下。

⊖ 满射函数的值域等于其到达域。——译者注

$$\pi_I(a) = (a_{i_0}, a_{i_1}, \cdots, a_{i_m}) \in A_{i_0} \times A_{i_1} \times \cdots \times A_{i_m}$$

投影可被用于变换、丢弃或者重复元组的某些元素。

元组的投影与函数的限制是相关的。对于一个 n 元组 $a \in A^n$, $a=(a_0, a_1, \cdots, a_{n-1})$ 可被看作 a: $\{0, 1, \cdots, n-1\} \to A$ 的函数, 其中 $a(0)=a_0$, $a(1)=a_1$ 等。该函数的投影与限制相似, 不同于限制的是, 其本身没有提供变换、重复或者重编号元素的能力。但从概念上, 这些操作相似, 这里用如下示例进行说明。

示例 A.6 有一个 3 元组 $a=(a_0, a_1, a_2) \in A^3$。这可由函数 a: $\{0, 1, 2\} \to A$ 来表示。令 $I=\{1, 2\}$。投影 $b=\pi_I(a)=(a_1, a_2)$ 可被表示为函数 b: $\{0,1\} \to A$, 其中 $b(0)=a_1$, $b(1)=a_2$。

然而, 限制 $a|_I$ 并不是与 b 完全相同的函数。第一个函数的定义域是 $\{1, 2\}$, 而第二个函数的定义域为 $\{0, 1\}$。具体地, $a|_I(1)=b(0)=a_1$, $a|_I(2)=b(1)=a_2$。

投影可以像普通函数一样被提升。给定一个 n 元组 $B \subseteq A_0 \times A_1 \times \cdots \times A_{n-1}$ 以及一个索引 $I=\{0, 1, \cdots, n-1\}^m$ 的 m 元组, 那么**提升的投影**（lifted projection）如下。

$$\hat{\pi}_I(B) = \{\pi_I(b) : b \in B\}$$

A.3 序列

元组 $(a_0, a_1) \in A^2$ 可以被解释为一个长度为 2 的序列。该序列中元素的顺序非常重要, 而且实际上是根据自然数的自然排序得到的, 即数字 0 在数字 1 之前。我们可以概括这一概念, 可以看到长度为 n 的集合 A 中元素的**序列**（sequence）就是集合 A^n 中的一个 n 元组。A^0 代表空序列的集合, 是一个单元素集（空序列只有一个）。

集合 A 中元素所组成的全部**有限序列**（finite sequence）的集合记为 A^*, 其中 * 是在 $\mathbb{N}$ 中任何值上可以使用的通配符。该集合中长度为 n 的成员是一个 n 元组, 是一个**有限序列**。

集合 A 中元素组成的所有**无限序列**（infinite sequence）的集合记为 $A^{\mathbb{N}}$ 或者 A^ω。**有限和无限序列**的集合记为如下形式。

$$A^{**} = A^* \cup A^{\mathbb{N}}$$

有限和无限序列在并发程序的语义中具有重要作用。例如, 它们可被用于代表从程序某个部分发送至另一部分的消息流。或者表示对一个变量的连续赋值。对于终将结束的程序, 有限序列已经足够了。对于不会终止的程序, 才需要使用无限序列。

函数集的指数符号

对于形如 f: $A \to B$ 的函数集合, 需要解释指数符号 B^A。回顾 A^2 是集合 A 与其自身的笛卡儿积, 2^A 是集合 A 的幂集。这两个符号本质上都被认为是函数的集合。约翰·冯·诺依曼提出的结构将自然数定义为如下形式。

$$0 = \phi$$
$$1 = \{0\} = \{\phi\}$$
$$2 = \{0, 1\} = \{\phi, \{\phi\}\}$$
$$3 = \{0, 1, 2\} = \{\phi, \{\phi\}, \{\phi, \{\phi\}\}\}$$
$$\cdots$$

基于这一定义, 幂集 2^A 是将集合 A 映射到集合 2 的函数的集合。给定一个函数 $f \in 2^A$, 其对于每个 $a \in A$, 要么 $f(a)=0$, 要么 $f(a)=1$。如果我们说 "0" 意味着 "非成员"且"1"意味着"成员",那么,函数的集合 2^A 就的确代表了 A 的所有子集的集合。每个这样的函数都被定义为一个子集。

类似地,笛卡儿积 A^2 可被解释为 $f:2 \to A$ 形式函数的集合,或者使用冯·诺依曼数 $f:\{0,1\} \to A$。假设一个元组 $a=(a_0, a_1) \in A^2$,其本质上与函数 $a:\{0,1\} \to A$ 相关联,其中,$a(0)=a_0$ 且 $a(1)=a_1$。该函数的参数是元组中的索引。现在,我们可以将 $f:A \to B$ 形式函数的函数集合 B^A 解释为一个由集合 A 而不是自然数实现索引的元组的集合。

令 $\omega=\{\phi, \{\phi\}, \{\phi, \{\phi\}\}, \cdots\}$ 表示冯·**诺依曼数**(von Neumann number)的集合。该集合与自然数集合 N 紧密联系(见习题2)。给定一个集合 A,现在就可以自然地将 A^ω 解释为由 A 中元素所组成的所有无限序列的集合,等同于 A^N。

现在,可以将单元素集 A^0 解释成定义域为空集、到达域为 A 的所有函数的集合。确切地讲,只存在一个这样的函数(不存在两个不同的这样的函数),且该函数有一个空图。之前,我们已经定义了 $A^0=\{\phi\}$。使用冯·诺依曼数,$A^0=1$,这很好地对应了普通数的零次幂。另外,可以将 $A^0=\{\phi\}$ 当作具有空图的所有函数的集合。在文献中,习惯上忽略 A^0、2^A 和 A^2 的加粗字体,而是简单地写作 A^0、2^A 和 A^2。

习题

1. 本题探讨满射和单射函数的属性。
   (a) 请证明,如果 $f:A \to B$ 是满射的且 $g:B \to C$ 也是满射的,那么 $(g \circ f):A \to C$ 就是满射的。
   (b) 请证明,如果 $f:A \to B$ 是单射的且 $g:B \to C$ 也是单射的,那么 $(g \circ f):A \to C$ 就是单射的。
2. 令 $\omega=\{\phi, \{\phi\}, \{\phi, \{\phi\}\}, \cdots\}$ 表示冯·诺依曼数,如本附录注解栏中定义。本题探讨该集合与自然数集合 N 之间的关系。
   (a) 假设函数 $f:\omega \to N$ 定义为如下形式。

   $$f(x)=|x|, \qquad x \in \omega$$

   也就是说,$f(x)$ 是集合 x 的大小。请证明 f 是一个双射函数。
   (b) 本题(a)中函数 f 的提升版本记为 $\hat{f}$。那么,$\hat{f}(\{0, \{0\}\})$ 的值是什么?$f(\{0, \{0\}\})$ 的值是什么?请注意,在附录 A 曾提及,没有歧义时 $\hat{f}$ 可被记作 f。对于本函数,是否存在歧义?

复杂性与可计算性

复杂性理论（complexity theory）和**可计算性理论**（computability theory）是研究效率和计算限制的计算机科学领域。通俗地讲，可计算性理论研究计算机可以解决哪些问题，而复杂性理论则研究计算机可以多么高效地解决一个问题。两个领域都是以计算为中心的，表示它们更多地关注于问题固有的难易程度，较少关注解决这些问题的具体技术（算法）。

在本附录中，我们将简要地阐述与本书相关的一些复杂性和可计算性主题。关于这些主题有很多优秀的书籍，如 Papadimitriou（1994）、Sipser（2005）和 Hopcroft 等（2007）等。我们将从讨论算法的复杂性开始。算法是由计算机程序实现的，我们将阐明计算机程序所能做的还存在着一些限制。之后，我们将讨论图灵机，其可被用来定义我们接受的"计算"，并说明程序的局限性如何使其成为不可判定的问题。最后，我们以讨论问题的复杂性结束。注意，问题的复杂性有别于解决问题的算法的复杂性。

B.1 算法的有效性与复杂性

算法（algorithm）是用于逐步解决一个问题的过程。为了让算法是**有效的**（effective），一个算法必须在有限步之内完成并使用有限数量的资源（如内存）。为了让算法是**有用的**（useful），一个算法必须在合理的步数内完成并使用合理数量的资源。当然，什么是"合理的"将取决于需要解决的问题。

有些问题被认为尚不存在有效的算法，我们讨论不可判定性时将会看到这些问题。对于其他问题，已存在一个或多个有效的算法，但并不清楚是否已经根据某个"最佳"测量依据找到了最佳算法。甚至还有一些问题，我们知道存在一个有效算法，但仍没有找到这个有效的算法。以下示例讨论这样一个问题。

示例 B.1 有一个函数 $f : \mathbb{N} \to \{\text{YES}, \text{NO}\}$，如果在 π 的小数表示中存在 n 个连续 5 的序列，$f(n)=\text{YES}$，否则，$f(n)=\text{NO}$。该函数是以下两种形式之一。

$$f(n) = \text{YES} \qquad \forall\, n \in \mathbb{N}$$

或者，存在一个 $k \in \mathbb{N}$，使得下式成立。

$$f(n) = \begin{cases} \text{YES} & \text{如果 } n < k \\ \text{NO} & \text{其他} \end{cases}$$

我们并不清楚哪一种形式是正确的，或者如果第二种形式是正确的，k 应该是多少。然而无论是哪个答案，都存在求解该问题的一个有效算法。实际上，该算法相当简单。要么算法立即返回一个 YES，或者将 n 与 k 进行比较，如果 $n<k$ 就返回 YES。我们知道其中的一个是正确的算法，但是我们并不清楚是哪一个。所以，只是知道有一个是正确的并不足以知道存在一个有效的算法。

对于有已知有效算法的问题，通常会存在许多解决该问题的算法。一般而言，我们更加倾向于复杂性更低的算法。那么，我们如何在这些算法中进行选择？在下一小节中我们将对此进行讨论。

大 O 符号

许多问题都具有多个已知的求解算法，如下例所述。

示例 B.2 假设有一个升序排列的 n 个整数的列表（$a_1, a_2, \cdots, a_n$），我们想要确定该列表中是否包含了一个特定的整数 b。以下两个算法可以解决这个问题。

1）使用**线性搜索法**（linear search）。从该列表的起始处开始，将输入 b 与列表中的每个项进行比较。如果相等就返回 YES。否则，与列表中的下一项进行比较。在最坏情况下，算法在给出结果之前要进行 n 次比较。

2）使用**折半查找法**（binary search）。从列表的中间开始，用 b 和列表的中间项 $a_{n/2}$ 进行比较。如果相等，返回 YES，否则判断是否 $b < a_{n/2}$。如果是，仅在该列表的前半段上重复该搜索，否则在该列表的后半段上重复该搜索。即使该算法的每一步都比第一个算法的步骤复杂，但所需的步骤通常更少。在最坏情况下，共需要 $\log_2(n)$ 步。

如果 n 是一个很大的数，这两个算法的差异就非常显著了。假设 $n=4096$，第一个算法在最坏情况下需要执行 4096 步，而第二个算法在最坏情况下仅需要执行 12 步。

一个算法所需要执行的步数是算法的时间**复杂度**（time complexity）。在对比算法时，习惯上会通过忽略某些细节来简化时间复杂度的评价。在前一个例子中，我们可以忽略算法每一步的复杂度，仅考虑该复杂度随着输入规模 n 如何增长。因此，如果示例 B.2 中的算法 1 的执行花费 $K_1 n$ 秒，且算法 2 的执行需要 $K_2 \log_2(n)$ 秒，我们通常会忽略常数因子 K_1 和 K_2。就一个大数 n 而言，这些常数因子通常对于确定哪个算法更优并不是很重要。

为了方便这样的比较，通常使用**大 O 符号**。对于那些大的输入，该符号找出时间复杂度测量中随着输入规模变化增长最快的项，并忽略所有其他项。另外，其丢弃了该项中的所有常数因子。这样的一个度量是**渐近复杂度**（asymptotic complexity）度量，因为其仅是输入规模增加时的极限增长率。

示例 B.3 假设一个算法的时间复杂度为 $5+2n+7n^3$，其中 n 是输入的大小。那么，就可以说该算法具有 $O(n^3)$ 时间复杂度，读作"n 的立方阶"。$7n^3$ 项随着 n 的增加增长最快，且系数 7 是相对并不重要的常数因子。

如下列出一些常用的时间复杂度度量。
1）**常数时间**（constant time）：时间复杂度完全不取决于输入的大小，复杂度为 $O(1)$。
2）**对数时间**（logarithmic time）：对于任何常数 m，复杂度为 $O(\log_m(n))$。
3）**线性时间**（linear time）：复杂度为 $O(n)$。
4）**平方时间**（quadratic time）：复杂度为 $O(n^2)$。
5）**多项式时间**（polynomial time）：对于任何常数 $m \in \mathbb{N}$，复杂度为 $O(n^m)$。
6）**指数时间**（exponential time）：对于任何 $m>1$，复杂度为 $O(m^n)$。
7）**阶乘时间**（factorial time）：复杂度为 $O(n!)$。

以上复杂性度量按照开销的递增排列。靠后的算法通常较靠前的算法具有更大开销，至

少对于大数 n 而言是这样的。

示例 B.4 示例 B.2 中的算法 1 是一个线性时间算法,而算法 2 则是一个对数时间算法。对于大数 n,算法 2 更为高效。

当然,一个算法需要的步数并不是衡量其开销的唯一指标。一些算法仅执行很少的步数,但可能会需要相当大的内存空间。所需要的内存大小可以类似地用大 O 符号来刻画,从而给出**空间复杂度**(space complexity)的评价。

B.2 问题、算法与程序

算法是用来解决问题的。我们如何知道是否已经找到解决问题的最佳算法?虽然可以比较已知算法的时间复杂度,但还有没有我们尚未想到的算法呢?是否存在无算法可解的问题?这些都堪称难题。

假设一个算法的输入是所有可能输入的集合 W 的一个成员,而输出是所有可能输出的集合 Z 的一个成员。该算法计算一个函数 $f: W \rightarrow Z$。函数 f 是一个数学对象,就是一个待解的**问题**(problem),而算法则是解决该问题的**机制**(mechanism)。

理解问题和机制之间的区别非常重要。很多不同的算法可以解决相同的问题,有些算法将比其他的要更好,如一个算法可能较其他算法具有更低的时间复杂度。以下说明两个值得讨论的问题。

- 是否存在 $f: W \rightarrow Z$ 形式的函数,没有算法能够在其所有输入 $w \in W$ 上求解该函数?这是一个可计算性问题。
- 假设一个特定函数 $f: W \rightarrow Z$,计算该函数的算法是否存在一个时间复杂度的下界?这是一个复杂性问题。

如果 W 是一个有限集,那么第一个问题的答案显然是否定的。对于一个特定函数 $f: W \rightarrow Z$,一个永远运行的算法可使用查找表来列出所有 $w \in W$ 对应的 $f(w)$。给定一个输入 $w \in W$,该算法可简单地在该表上查找答案。这是一个常数时间算法,其仅需要一步——执行一个表查找。因此,该算法为第二个问题提供了答案,如果 W 是一个有限集,那么最低时间复杂度是一个常数时间。

查找表算法可能并非最佳选择,即使其时间复杂度是常数。假设 W 是全部 32 位整数的集合。这是一个有 2^{32} 个元素的有限集合,因此该表将会有超过四十亿的表项。除了时间复杂度,我们还必须考虑实现算法所需的内存大小。

当输入集合 W 是无限的,上述这些问题就变得特别值得思考了。这里我们聚焦于**判定问题**(decision problem),即两个元素的集合 $Z=\{YES,NO\}$。一个判定问题为每一个 $w \in W$ 寻找一个是或否的答案。一个最简单的输入无限集是 $W=\mathbb{N}$,即自然数集合。由此,我们接下来考虑 $f: \mathbb{N} \rightarrow \{YES, NO\}$ 形式判定问题上的基本限制。我们会看到对于该类问题,上述第一个问题的答案是存在。也就是说,存在该形式的、不可计算的函数。

程序的基本限制

描述算法的一种方式是给出一个计算机程序。计算机程序通常可以被表示为集合 $\{0,1\}^*$ 的一个成员,即有限数位序列的集合。**编程语言**(programming language)是 $\{0,1\}^*$ 的一个子集。实践证明,并非所有的判定问题都能用计算机程序来求解。

命题 B.1 没有任何编程语言能够为每一个形式是 $f: \mathbb{N} \to \{\text{YES,NO}\}$ 的函数给出一个程序。

证明 为了证明这个命题，证明 $f: \mathbb{N} \to \{\text{YES,NO}\}$ 形式的函数严格多于基于编程语言的程序就足够了。从而，证明集合 $\{\text{YES,NO}\}^{\mathbb{N}}$ 严格大于集合 $\{0,1\}^*$ 即可，因为编程语言是 $\{0,1\}^*$ 的一个子集。这可以用德国数学家**康托尔的对角论证法**（diagonal argument，或译为对角线法）的一个变体来实现，如下。

首先，请注意可以顺序列出集合 $\{0,1\}^*$ 的元素。具体而言，我们以二进制数的顺序列出这些元素，如式（B.1），其中 λ 为空序列。这个列表是无限的，但是其包括了集合 $\{0,1\}^*$ 的所有元素。因为该集合的元素可以被这样列出，就说集合 $\{0,1\}^*$ 是**可数的**（countable）或者**可数无限的**（countably infinite）。

$$\lambda, 0, 1, 00, 01, 10, 11, 000, 001, 010, 011, \cdots \tag{B.1}$$

对于任何编程语言，每个可以被写出的程序将出现在列表（B.1）中的某个位置。假设该列表中的第一个这样的程序实现判定函数 $f_1: \mathbb{N} \to \{\text{YES,NO}\}$，该列表中的第二个函数实现了 $f_2: \mathbb{N} \to \{\text{YES,NO}\}$ 等。现在，我们可以构造一个函数 $g: \mathbb{N} \to \{\text{YES,NO}\}$，其不能被列表中的任何程序计算。具体来说，对于所有的 $i \in \mathbb{N}$，函数 g 定义如下：

$$g(i) = \begin{cases} \text{YES} & \text{如果 } f_i(i) = \text{NO} \\ \text{NO} & \text{如果 } f_i(i) = \text{YES} \end{cases}$$

函数 g 不同于列表中的每个函数 f_i，由此它不包括在该列表中。所以，没有基于该语言的计算机程序来计算函数 g。

■

该理论告诉我们，程序以及算法并不能求解所有判定性问题。接下来我们将探讨它们可求解的问题，称为**有效可计算**（effectively computable）函数。这里使用图灵机来展开讨论。

B.3 图灵机与不可判定性

1936 年，**阿兰·图灵**（1936）提出了一个计算模型，之后被称为**图灵机**（Turing machine）。如图 B-1 所示，图灵机类似于一个有限状态机，但是具有无限大的存储器。该存储器的形式是图灵机可以读写的无限长纸带。图灵机包含一个有限状态机控制器、一个读写头以及一条划分为格子序列的无限长纸带。每个格子包含了一个从有限集 Σ 中提取的值或者表示空白的特定值"□"。有限状态机通过产生输出控制读写头在纸带上移动。

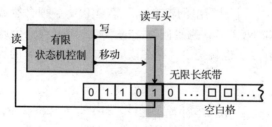

图 B-1 图灵机原理

在图 B-1 中，纸带非空格子上的符号是从集合 $\Sigma = \{0,1\}$ 中提取的二进制数。该有限状态机有两个输出端口。上部的输出是写输出端口，其类型为 Σ 且输出一个要写到读写头当前位置格子的值。下部的输出端口是移动端口，其类型为 {L,R}，输出符号 L 使得读写头向左移动（但不越过纸带的开始位置），符号 R 使得读写头向右移动。该有限状态机有一个输入端口，即读端口，其类型为 Σ 并接收读写头下方格子上的当前值。

初始时，纸带上有一个**输入串**（input string），其是集合 Σ 中元素组成的有限序列的集合 $Σ^*$ 的一个元素，且该串之后是空白格的无限序列。图灵机从有限状态机的初始状态启动，读写头位于纸带的最左端。在每一个响应中，有限状态机从当前读写头下方格子接收输入值，并产生一个设定该格子新值的输出（其可能与当前值相等），以及一个向左或向右移动读写头的命令。

该图灵机的控制有限状态机有两个最终状态：一个接受状态（accept）和一个**拒绝状态**（reject）。如果图灵机在有限数量的响应之后到达 accept 或者 reject 状态，那么就说它**终止**（terminate），而且该执行被称为**停机计算**（halting computing）。如果它在 accept 状态终止，该执行被称为一个**接受计算**；如果在 reject 状态终止，就称该执行为一个**拒绝计算**。图灵机也可能既不到达 accept 状态也不到达 reject 状态，这意味着图灵机不会停机。此时，就说图灵机在**循环**。

当该有限状态机是确定性的，就说图灵机也是确定性的。给定一个输入串 $w \in Σ^*$，确定性图灵机 D 将呈现出唯一的计算结果。因此，给定一个输入串 $w \in Σ^*$，确定性图灵机 D 将要么停机，要么不停机，而且如果它停机，其将要么接受 w，要么拒绝。为了简单起见，除非给出明确说明，我们在本节限定为确定性图灵机。

B.3.1 图灵机结构

更为形式化地，每个**确定性图灵机**（deterministic Turing machine）可以被表示为一个符号集与状态机对即 $D = (Σ, M)$，其中 Σ 是一个有限符号集，M 是遵从如下属性的任何有限状态机：

- 一个有限集合 $States_M$，其包括两个结束状态 accept 和 reject。
- 一个类型为 Σ 的输入端口 *read*。
- 一个类型为 Σ 的输出端口 *write*。
- 一个类型为 {L,R} 的输出端口 *move*。

与任何有限状态机一样，其还必须具有一个初始状态 s_0 以及一个迁移函数 $update_M$（如 3.3.3 节所述）。如果读写头在内容为"□"的格子上方，那到有限状态机 *read* 端口的输入就是 *absent*。如果在一个响应中，有限状态机的 *write* 输出为 *absent*，那么读写头下面的格子将被擦除，将其内容设置为"□"。

由 $D = (Σ, M)$ 描述的图灵机是有限状态机 M 和纸带 T 这两个状态机的同步组合。纸带 T 无疑并非一个有限状态机，因为其并非拥有有限个状态。尽管如此，纸带仍然是一个（扩展的）状态机，而且可使用 3.3.3 节中为有限状态机使用的相同五元组来进行描述，除了集合 $States_T$ 现在是无限的。纸带上的数据可以被建模为定义域为 ℕ、到达域为 Σ ∪ { □ } 的一个函数，而且，读头的位置可被建模为一个自然数，由此

$$States_T = ℕ × (Σ ∪ \{ □ \})^ℕ$$

状态机 T 具有类型为 Σ 的输入端口 *write*、类型为 {L,R} 的输入端口 *move*，以及类型为 Σ 的输出端口 *read*。现在，迁移函数 $update_T$ 就易于被形式化地定义了（见习题 1）。

请注意状态机 T 对于所有图灵机都是相同的，因此就不需要将其包括在一个特定的图灵机表示 $D = (\Sigma, M)$ 中。D 可以被理解为以相当特殊的编程语言编写的程序。由于图灵机形式化表示中的所有集合都是有限的，所以任何图灵机都可被编码为由集合 $\{0,1\}^*$ 中的位所组成的一个有限序列。

尽管控制有限状态机 M 以及纸带状态机 T 两者都产生输出，但是图灵机本身并不产生输出。其仅是控制有限状态机在状态间进行迁移、更新纸带以及向左（L）或向右（R）移动来进行计算。在任何输入串 w 上，我们仅关心图灵机是否停机、（而如果是的话）其是接受还是拒绝 w。由此，图灵机尝试把一个输入串 $w \in \Sigma^*$ 映射到 $\{accept, reject\}$，但对于某些输入串，其有可能不会产生一个结果。

现在我们就看到命题 B.1 是适用的，而且图灵机不能在某些输入串上产生结果这一事实也并不令人惊讶。令 $\Sigma = \{0,1\}$，那么任何输出串 $w \in \Sigma^*$ 可以被解释为 $\mathbb{N}$ 中一个自然数的二进制编码。由此，图灵机实现了一个形式为 $f : \mathbb{N} \to \{accept, reject\}$ 的偏函数。该函数是偏函数，是因为对于某些 $n \in \mathbb{N}$，状态机可能会循环。因为图灵机是一个程序，命题 B.1 断定图灵机不能实现形式为 $f : \mathbb{N} \to \{accept, reject\}$ 的所有函数。这种限制本身表现为循环。

邱奇 – 图灵论题[⊖] 是计算机科学的核心原理之一，其断定每一个有效可计算的函数都可以用一个图灵机来实现。该原理使用美国数学家 Alonzo Church 和英国计算机科学家 Alan Turing 的名字命名（阿兰·图灵同时也是数学家、逻辑学家、密码分析学家和理论生物学家）。正如当今的计算机所体现的，直观的计算概念相当于这种意义上的图灵机计算模型。计算机可以完全实现图灵机所能实现的功能：不多也不少。算法的非形式化概念和精确的图灵机计算模型之间的这种联系不是一个定理：其不能被证明。它是一个原理，是我们所讨论计算的基础。

B.3.2　可判定与不可判定问题

如本部分所讨论的，图灵机被设计来解决结果仅为 YES 或 NO 的判定问题。图灵机的输入串代表了**问题实例**（problem instance）的编码。如果图灵机接受编码，其被看作一个 YES 结果，如果图灵机拒绝，其被看作 NO 结果。存在的第三种可能性是图灵机循环。

示例 B.5　考虑确定性问题，给定一个有向图 G，图 G 中有两个结点 s 和 t，是否存在一条从 s 到 t 的路径。读者可能想到将该问题写成一个列出 G 的所有结点和边的串，其后是 s 和 t。由此，该路径问题的一个实例可以以图灵机纸带上的输入串呈现给图灵机。该问题的这一实例是特定的图 G 以及结点 s 和 t。如果在图 G 中存在一条从 s 到 t 的路径，那么，这就是一个 YES 问题实例；否则，就是一个 NO 问题实例。

图灵机通常被用于解决问题，而不是指定问题实例。在本例中，我们一般设计一个图灵机，其对于任何图 G 以及结点 s 和 t，确定是否在图 G 中存在一条从 s 到 t 的路径。

如前所述，判定问题是一个函数 $f : W \to \{YES, NO\}$。对于一个图灵机，定义域是由集合 Σ 中符号所构成有限序列的集合 $W \subseteq \Sigma^*$。问题实例是一个特定的 $w \in W$，对其而言，问题的"结果"要么是 $f(w)=YES$，要么是 $f(w)=NO$。令 $Y \subseteq W$ 表示问题 f 的所有 YES 实例

⊖　Church-Turing thesis，又称邱奇 – 图灵猜想。——译者注

的集合，定义如下。

$$Y = \{w \in W \mid f(w) = \text{YES}\}$$

给定一个判定问题 f，如果图灵机 $D = (\Sigma, M)$ 接受每个串 $w \in Y$ 且拒绝每个 $w \in W\backslash Y$（其中 "\\" 表示集合减法），那么 D 被称为 f 的**判定程序**。请注意，对于任何输出串 $w \in W$，判定程序总会停机。

对于一个问题 f，如果存在一个图灵机是 f 的判定程序，就说 f 是**可判定的**（或者可解的）。否则，我们说该问题是**不可判定的**（或者不可解的）。对于一个不可判定问题 f，以及所有的输入串 $w \in W$，不存在能以正确结果 $f(x)$ 终止的图灵机。

在 20 世纪，数学和计算机科学领域中的一个重要哲理性结论就是不可判定问题的存在性。要被证明为不可判定的重要问题之一就是所谓的图灵机**停机问题**（halting problem）。以下给出该问题的描述：

给定一个以纸带上的输入串 $w \in \Sigma^*$ 初始化的图灵机 $D = (\Sigma, M)$，判定 M 是否会停机。

命题 B.2（Turing，1936）停机问题是不可判定的。

证明　这是一个判定问题 $h : W' \to \{\text{YES, NO}\}$，其中 W' 表示所有图灵机及其输入的集合。该命题可用康托尔对角论证法的一个变体来证明。

对具有二进制纸带符号 $\Sigma = \{0,1\}$ 的图灵机子集证明该定理就足够了。另外，我们可以不失普遍性地假设该集合中的每个图灵机可以被表示为一个二进制数的有限序列，由此 W' 表示为如下形式。

$$W' = \Sigma^* \times \Sigma^*$$

进一步假设二进制位的每个有限序列表示了一个图灵机，那么，判定问题的形式就可以表示为

$$h : \Sigma^* \times \Sigma^* \to \{\text{YES, NO}\} \tag{B.2}$$

我们寻找一个程序来确定 $h(D, w)$ 的值，其中 D 是一个表示图灵机的二进制位有限序列，w 是表示图灵机输入的二进制位有限序列。如果输入 w 时图灵机 D 停机，那么结果 $h(D, w)$ 是 YES，如果其循环则为 NO。

考虑如下形式的所有有效可计算函数的集合：

$$f : \Sigma^* \times \Sigma^* \to \{\text{YES, NO}\}$$

这些函数可以由图灵机给出（依据邱奇 - 图灵论题），因此，该类函数的集合可以被枚举为 $f_0, f_1, f_2, \cdots$。我们将证明停机问题式（B.2）不在该序列中。也就是说，不存在 f_i 使得 $h = f_i$。

再来看一个图灵机的序列 $D_0, D_1, \cdots$，其中 D_i 是代表第 i 个图灵机的二进制位序列，而且如果 $f_i(D_i, D_i) = $NO，$D_i$ 停机，否则循环。由于 f_i 是一个可计算函数，我们无疑可以构造这样一个图灵机。$f_0, f_1, f_2, \cdots$ 中的可计算函数没有一个可能等于函数 h，因为该列表中的每个函数 f_i 对输入（D_i, D_i）都会给出错误的结果。如果图灵机 D_i 在输入为 $w = D_i$ 时停机，那么函数 f_i 的估值为 $f_i(D_i, D_i) = $NO，而 $h(D_i, D_i) = $YES。由于可计算函数的列表 $f_0, f_1, f_2, \cdots$ 中没有函数可运行，因此函数 h 就是不可计算的。

延伸探讨：递归函数与集合

  逻辑学家对可由图灵机实现的函数进行了区分。所谓的**全递归函数**（total recursive function）是这样的函数，实现该函数的图灵机对于所有的输入 $w \in \Sigma^*$ 都会终止。**偏递归函数**（partial recursive function）是指，图灵机在一个特定输入 $w \in \Sigma^*$ 上可能会也可能不会终止。基于这些定义可知，每个全递归函数也是一个偏递归函数，但反之不成立。

  逻辑学家还使用图灵机在集合之间得出了一些有用的差异。考虑自然数集合，以及一个图灵机 $\Sigma=\{0,1\}$ 且输入 $w \in \Sigma^*$ 是自然数的二进制编码。如果有一个图灵机，其对所有输入 $w \in \mathbb{N}$ 都终止，而且在 $w \in C$ 时产生 *accept*，并在 $w \notin C$ 时产生 *reject*，那么自然数集合 C 就是一个**可计算集**（或者说是**递归集**或**可判定集**）。对于集合 $E \subset \mathbb{N}$，如果存在一个图灵机，当且仅当输入 w 在 E 中时终止，那么集合 E 就是**可计算可枚举集**（或者**递归可枚举集**、**半可判定集**）。

B.4 P 和 NP 难题

  B.1 节学习了渐近复杂度，其度量特定算法解决一个问题的开销（时间或空间）随着输入的规模会如何增长。在本节，我们重点来看问题而不是算法。我们感兴趣的是是否存在一个具有特定渐近复杂度的算法来求解一个问题。这与是否已知有一个特定复杂度类的算法这一问题并不相同。

  对于有相同渐近复杂度的算法的一类问题，它们的汇集就形成了一个**复杂度类**（complexity class）。在本节，我们将非常简要地介绍复杂度类 **P** 和 **NP**。

  首先由前节来回顾确定性图灵机的概念。一个**非确定性图灵机** $N = (\Sigma, M)$ 与它的确定性版本完全相同，除了控制有限状态机 M 是非确定性有限状态机之外。对于任何输入串 $w \in \Sigma^*$，一个非确定性图灵机 N 可能呈现出多种计算。如果任何计算都接受 w，就说 N 接受 w，如果所有计算都拒绝 w，就说 N 拒绝 w。

  判定问题是一个函数 $f : W \to \{\text{YES, NO}\}$，其中 $W \subseteq \Sigma^*$。如果对于每个输入 $w \in W$，无论做出什么样的非确定性选择，它的所有计算都会停机，就说 N 对于 f 是一个判定程序。请注意，非确定性图灵机 N 的一个特定执行可能会给出错误的结果。也就是说，对于输入 w 其可能产生 NO 结果，而不是正确结果 $f(x)=$YES。然而，这仍然可能是一个判定程序，因为我们定义如果任何执行产生 YES 最终结果就为 YES，而并不需要所有的执行都产生 YES。这一巧妙的方式是非确定性图灵机表达力的基础。

  接受一个输入 w 的执行被称为**认证**（certificate）。一个认证可表示成图灵机为接受 w 所做出选择的一个有限列表。我们仅需要一个有效认证就能知道 $f(x)=$YES。

  基于上述定义，我们就可以来讨论 P 和 NP 问题。**P** 是通过确定性图灵机在多项式时间内可判定问题的集合，而 **NP** 是非确定性图灵机在多项式时间内可判定问题的集合。也就是说，如果有一个非确定性图灵机 N，其是问题 f 的判定程序且对于所有的输入 $w \in W$ 以及某个 $m \in \mathbb{N}$，图灵机的每个执行的时间复杂度不大于 $O(n^m)$，那么 f 就是 NP 中的问题。

  NP 的另一个等价定义是可在多项式时间内对 YES 结果检查该认证有效性的所有问题的集合。具体来讲，如果有一个非确定性图灵机 N，其是问题 f 的判定程序且对于给定的一个输入 w 和认证，我们可以在多项式时间内检查该认证是否有效（即，列出的选择是否的确使

其接受 w），那么 f 就是 NP 中的问题。请注意，这没有涉及任何 NO 结果。不对称性是 NP 内涵的一部分。

　　一个有助于复杂度类学习系统化的重要概念是**完备性**（completeness），该概念中我们确定的问题都是一个复杂度类的"代表"。在 NP 的上下文中，如果 NP 中的任何其他问题 B 可在多项式时间内被归约（"翻译"）为问题 A，我们就说问题 A 是 **NP 难**的（NP-hard）。直观地，A 和 NP 中的其他问题"一样困难"——如果我们有一个用于 A 的多项式时间算法，我们就可以通过先将问题 B 的实例转换为 A、再调用算法来求解 A 的方式得出 B 的多项式时间算法。如果：（i）问题 A 在 NP 中，且（ii）A 是 NP 难的，就说问题 A 是 **NP 完全**的（NP-complete）。换句话说，一个 NP 完全问题是 NP 中与其他问题一样困难的问题。

　　嵌入式系统建模、设计及分析中的很多核心问题都是 NP 完全问题。这些问题之一恰恰就是首先要被证明为 NP 完全的**布尔可满足性**（Boolean Satisfiability，SAT）问题。布尔可满足性问题是，给定一个用布尔变量 $x_1, x_2, \cdots, x_n$ 表达的命题逻辑公式 ϕ，判定是否存在着 x_i 变量的一个估值使得 $\phi(x_1, x_2, \cdots, x_n)$=true。如果存在这样一个估值，我们就说 ϕ 是**可满足的**；否则，就说 ϕ 是**不可满足的**。布尔可满足性问题是形式为 $f：W \to \{\text{YES,NO}\}$ 的一个判定问题，其中每个 $w \in W$ 都是一个命题逻辑公式 ϕ 的编码。

　　示例 B.6　给定如下命题逻辑公式 ϕ：

$$(x_1 \vee \neg x_2) \wedge (\neg x_1 \vee x_3 \vee x_2) \wedge (x_1 \vee \neg x_3)$$

　　我们可以看到，设置 $x_1=x_3$=true 将使得 ϕ 的估值为 true。那么，就可能构造一个以该公式的编码为输入的非确定性图灵机，其中非确定性选择对应于变量 x_i 的每个估值选择，而且，如果该输入公式是可满足的，图灵机将接受该公式，否则拒绝。如果输入 w 对上述公式 ϕ 进行编码，那么，证明 $f(x)$=YES 的认证之一就是选择 $x_1=x_2=x_3$=true。

　　接下来再看另一个公式 ϕ'：

$$(x_1 \vee \neg x_2) \wedge (\neg x_1 \vee x_2) \wedge (x_1 \vee x_2) \wedge (\neg x_1 \vee \neg x_2)$$

　　此时，无论我们怎样给变量 x_i 赋予布尔值，都不能使 ϕ'=true。由此，当 ϕ 是可满足的时，ϕ' 就是不可满足的。与之前相同的非确定性图灵机将拒绝作为 ϕ' 编码的输入 w'。拒绝这个输入意味着所有选择都会导致在 reject 状态中终止的执行。

　　另一个有用但非 NP 完全的问题是检查一个**整数线性规划**（ILP）的可行性。通俗地讲，整数线性规划的可行性问题是找到整数变量的一个估值，使得这些变量上的线性不等式组中每个不等式都被满足。

　　如上所述，既然布尔可满足性问题和整数线性规划问题都是 NP 完全问题，那么也就可以在多项式时间内将某个问题的实例转换为另一个问题的实例。

　　示例 B.7　以下整数线性规划等价于示例 B.6 中公式 ϕ' 的布尔可满足性问题。

请找出 $x_1, x_2 \in \{0, 1\}$

使得：

$$x_1 - x_2 \geqslant 0$$
$$-x_1 + x_2 \geqslant 0$$
$$x_1 + x_2 \geqslant 1$$
$$-x_1 - x_2 \geqslant -1$$

我们可以看到，并不存在 x_1 和 x_2 的估值可以使上述不等式同时成立。

NP 完全问题似乎比 P 中的问题更难；对于足够大的输入规模，这些问题可能变得**不易求解**，意味着实际中它们是不可解的。一般而言，在没有给定认证的情况下，为了对某个 w 确定 $f(x)=$YES，我们可能必须在找到接受 w 的一个执行之前对非确定性图灵机的所有执行进行尝试。可能执行的数量是输入规模的指数级别。的确，也确实不存在已知的可求解 NP 完全问题的多项式时间算法。当然，在写作本书时也没有证据表明不存在这样的算法。人们普遍相信，NP 是较 P 严格更大的问题集合，但因没有证据，我们也仍不能确定。**P 对 NP** 问题是当今数学领域中尚未解决的重大问题之一。

尽管缺少解决 NP 完全问题的多项式时间算法，但实践中许多这样的问题已变得可以解决。例如，布尔可满足性问题通常可以被很快地求解，而且出现了多个非常高效的**布尔可满足性求解器**。这些求解器使用了具有最坏指数复杂度的算法，这意味着对于某些输入，它们可能需要非常长的时间才能完成。然而，对于大多数输入，它们是可以快速完成的。因此，不能仅因为一个问题是 NP 完全的就阻止我们对这个问题的探索和解决。

B.5　小结

本附录非常简要地介绍了两个相当大且相互关联的主题，即复杂性和可计算性理论。首先从讨论算法复杂度的度量开始，之后给出了待求解问题与求解问题的算法之间的根本区别，并阐明存在一些不能被求解的问题。随后，我们讨论了图灵机，其能够描述所有被认为"可计算"问题的求解过程。最后简要地讨论复杂度类 P 和 NP，它们是可以被算法在可比较的复杂度上进行求解的问题类。

习题

1. 通过给出纸带状态机 T 的初始状态及其迁移函数 $update_T$ 的数学描述，完善 T 的形式化定义。

2. 有向无环图（Directed Acyclic Graph，DAG）在嵌入式系统的建模、设计与分析中有多种用途。例如，它们可被用于表示任务的优先图（见第 12 章）以及无循环程序的控制流图（见第 16 章）。

   有向无环图上的一个常见操作是对图中结点的拓扑排序。形式化地，一个有向无环图 $G=(V,E)$，其中 V 是顶点的集合 $\{v_1, v_2, \cdots, v_n\}$，$E$ 是边的集合。G 的一个**拓扑排序**（topological sort）是顶点的线性排序 $\{v_1, v_2, \cdots, v_n\}$，使得如果 $(v_i, v_j) \in E$（即从 v_i 到 v_j 有一条有向的边），那么在该排序中顶点 v_i 出现在顶点 v_j 之前。

   Kahn（1962）提出的如下算法对一个有向无环图中的顶点进行拓扑排序。

算法 B.1　有向无环图中顶点的拓扑排序
输入： 具有 n 个顶点和 m 条边的有向无环图 $G=(V,E)$
输出： 以拓扑排序生成的图 V 中顶点列表 L

```
1   L ← 空值
2   S ← {v | v 是一个没有入射边的顶点 }
3   while S 非空 do
4       将 v 从 S 移除
5       将 v 插入列表 L 的末尾
6       for 每个顶点 u 使得边 (v,u) 在 E 中 do
```

```
7              建立边 (v,u)
8              if 所有到 u 的入射边都被标记 then
9                  将 u 添加到集合 S
10             end
11         end
12     end
        L 包含了图 G 中以拓扑排序方式生成的所有顶点
13
```

请使用大 O 符号来说明算法 B.1 的渐近时间复杂度，并请证明所给答案的正确性。

参 考 文 献

Abelson, H. and G. J. Sussman, 1996: *Structure and Interpretation of Computer Programs*. MIT Press, 2nd ed.

Adam, T. L., K. M. Chandy, and J. R. Dickson, 1974: A comparison of list schedules for parallel processing systems. *Communications of the ACM*, **17(12)**, 685–690.

Adve, S. V. and K. Gharachorloo, 1996: Shared memory consistency models: A tutorial. *IEEE Computer*, **29(12)**, 66–76.

Allen, J., 1975: Computer architecture for signal processing. *Proceedings of the IEEE*, **63(4)**, 624– 633.

Alpern, B. and F. B. Schneider, 1987: Recognizing safety and liveness. *Distributed Computing*, **2(3)**, 117–126.

Alur, R., 2015: *Principles of Cyber-Physical Systems*. MIT Press.

Alur, R., C. Courcoubetis, and D. Dill, 1991: Model-checking for probabilistic real-time systems. In *Proc. 18th Intl. Colloquium on Automata, Languages and Programming (ICALP)*, pp. 115–126.

Alur, R. and D. L. Dill, 1994: A theory of timed automata. *Theoretical Computer Science*, **126(2)**, 183–235.

Alur, R. and T. A. Henzinger, 1993: Real-time logics: Complexity and expressiveness. *Information and Computation*, **104(1)**, 35–77.

Anderson, R., F. Bergadano, B. Crispo, J.-H. Lee, C. Manifavas, and R. Needham, 1998: A new family of authentication protocols. *ACM SIGOPS Operating Systems Review*, **32(4)**, 9–20.

Anderson, R. and M. Kuhn, 1998: Low cost attacks on tamper resistant devices. In *Security Protocols*, Springer, pp. 125–136.

André, C., 1996: SyncCharts: a visual representation of reactive behaviors. Tech. Rep. RR 95–52, revision: RR (96–56), University of Sophia-Antipolis. Available from: `http://www-sop.inria.fr/members/Charles.Andre/CA%20Publis/SYNCCHARTS/overview.html`.

ARM Limited, 2006: Cortex^{TM}- M3 technical reference manual. Tech. rep. Available from: `http://www.arm.com`.

Audsley, N. C., A. Burns, R. I. Davis, K. W. Tindell, and A. J. Wellings, 2005: Fixed priority pre-emptive scheduling: An historical perspective. *Real-Time Systems*, **8(2-3)**, 173–198. Available from: `http://www.springerlink.com/content/w602g7305r125702/`.

Ball, T., V. Levin, and S. K. Rajamani, 2011: A decade of software model checking with SLAM. *Communications of the ACM*, **54(7)**, 68–76.

Ball, T., R. Majumdar, T. Millstein, and S. K. Rajamani, 2001: Automatic predicate abstraction of c programs. In *ACM SIGPLAN Conference on Programming Language Design and Implementation*, vol. 36 of *ACM SIGPLAN Notices*, pp. 203–213.

Ball, T. and S. K. Rajamani, 2001: The SLAM toolkit. In *13th International Conference on Computer Aided Verification (CAV)*, Springer, vol. 2102 of *Lecture Notes in Computer Science*, pp. 260–264.

Barr, M. and A. Massa, 2006: *Programming Embedded Systems*. O'Reilly, 2nd ed.

Barrett, C., R. Sebastiani, S. A. Seshia, and C. Tinelli, 2009: Satisfiability modulo theories. In Biere, A., H. van Maaren, and T. Walsh, eds., *Handbook of Satisfiability*, IOS Press, vol. 4, chap. 8, pp. 825–885.

Ben-Ari, M., Z. Manna, and A. Pnueli, 1981: The temporal logic of branching time. In *8th Annual ACM Symposium on Principles of Programming Languages*.

Benveniste, A. and G. Berry, 1991: The synchronous approach to reactive and real-time systems. *Proceedings of the IEEE*, **79(9)**, 1270–1282.

Berger, A. S., 2002: *Embedded Systems Design: An Introduction to Processes, Tools, & Techniques*. CMP Books.

Berry, G., 1999: *The Constructive Semantics of Pure Esterel - Draft Version 3*. Book Draft. Available from: http://www-sop.inria.fr/meije/esterel/doc/main-papers.html.

—, 2003: The effectiveness of synchronous languages for the development of safety-critical systems. White paper, Esterel Technologies.

Berry, G. and G. Gonthier, 1992: The Esterel synchronous programming language: Design, semantics, implementation. *Science of Computer Programming*, **19(2)**, 87–152.

Biere, A., A. Cimatti, E. M. Clarke, and Y. Zhu, 1999: Symbolic model checking without BDDs. In *5th International Conference on Tools and Algorithms for Construction and Analysis of Systems (TACAS)*, Springer, vol. 1579 of *Lecture Notes in Computer Science*, pp. 193–207.

Boehm, H.-J., 2005: Threads cannot be implemented as a library. In *Programming Language Design and Implementation (PLDI)*, ACM SIGPLAN Notices, vol. 40(6), pp. 261 – 268.

Boneh, D., R. A. DeMillo, and R. J. Lipton, 2001: On the importance of eliminating errors in cryptographic computations. *Journal of cryptology*, **14(2)**, 101–119.

Booch, G., I. Jacobson, and J. Rumbaugh, 1998: *The Unified Modeling Language User Guide*. Addison-Wesley.

Brumley, D. and D. Boneh, 2005: Remote timing attacks are practical. *Computer Networks*, **48(5)**, 701–716.

Bryant, R. E., 1986: Graph-based algorithms for Boolean function manipulation. *IEEE Transactions on Computers*, **C-35(8)**, 677–691.

Bryant, R. E. and D. R. O'Hallaron, 2003: *Computer Systems: A Programmer's Perspective*. Prentice Hall.

Brylow, D., N. Damgaard, and J. Palsberg, 2001: Static checking of interrupt-driven software. In *Proc. Intl. Conference on Software Engineering (ICSE)*, pp. 47–56.

Buck, J. T., 1993: *Scheduling Dynamic Dataflow Graphs with Bounded Memory Using the Token Flow Model*. Ph.d. thesis, University of California, Berkeley. Available from: `http://ptolemy.eecs.berkeley.edu/publications/papers/93/jbuckThesis/`.

Burns, A. and S. Baruah, 2008: Sustainability in real-time scheduling. *Journal of Computing Science and Engineering*, **2(1)**, 74–97.

Burns, A. and A. Wellings, 2001: *Real-Time Systems and Programming Languages: Ada 95, Real-Time Java and Real-Time POSIX*. Addison-Wesley, 3rd ed.

Buttazzo, G. C., 2005a: *Hard Real-Time Computing Systems: Predictable Scheduling Algorithms and Applications*. Springer, 2nd ed.

—, 2005b: Rate monotonic vs. EDF: judgment day. *Real-Time Systems*, **29(1)**, 5–26. `doi:10.1023/B:TIME.0000048932.30002.d9`.

Cassandras, C. G., 1993: *Discrete Event Systems, Modeling and Performance Analysis*. Irwin.

Cataldo, A., E. A. Lee, X. Liu, E. Matsikoudis, and H. Zheng, 2006: A constructive fixed-point theorem and the feedback semantics of timed systems. In *Workshop on Discrete Event Systems (WODES)*, Ann Arbor, Michigan. Available from: `http://ptolemy.eecs.berkeley.edu/publications/papers/06/constructive/`.

Chapman, B., G. Jost, and R. van der Pas, 2007: *Using OpenMP: Portable Shared Memory Parallel Programming*. MIT Press.

Chetto, H., M. Silly, and T. Bouchentouf, 1990: Dynamic scheduling of real-time tasks under precedence constraints. *Real-Time Systems*, **2(3)**, 181–194.

Clarke, E. M. and E. A. Emerson, 1981: Design and synthesis of synchronization skeletons using branching-time temporal logic. In *Logic of Programs*, pp. 52–71.

Clarke, E. M., O. Grumberg, S. Jha, Y. Lu, and H. Veith, 2000: Counterexample-guided abstraction refinement. In *12th International Conference on Computer Aided Verification (CAV)*, Springer, vol. 1855 of *Lecture Notes in Computer Science*, pp. 154–169.

Clarke, E. M., O. Grumberg, and D. Peled, 1999: *Model Checking*. MIT Press.

Clarkson, M. R. and F. B. Schneider, 2010: Hyperproperties. *Journal of Computer Security*, **18(6)**, 1157–1210.

Coffman, E. G., Jr., M. J. Elphick, and A. Shoshani, 1971: System deadlocks. *Computing Surveys*, **3(2)**, 67–78.

Coffman, E. G., Jr. (Ed), 1976: *Computer and Job Scheduling Theory*. Wiley.

Conway, R. W., W. L. Maxwell, and L. W. Miller, 1967: *Theory of Scheduling*. Addison-Wesley.

Cousot, P. and R. Cousot, 1977: Abstract interpretation: A unified lattice model for static analysis of programs by construction or approximation of fixpoints. In *Symposium on Principles of Programming Languages (POPL)*, ACM Press, pp. 238–252.

Dennis, J. B., 1974: First version data flow procedure language. Tech. Rep. MAC TM61, MIT Laboratory for Computer Science.

Derenzo, S. E., 2003: *Practical Interfacing in the Laboratory: Using a PC for Instrumentation, Data Analysis and Control*. Cambridge University Press.

Diffie, W. and M. E. Hellman, 1976: New directions in cryptography. *Information Theory, IEEE Transactions on*, **22(6)**, 644–654.

Dijkstra, E. W., 1968: Go to statement considered harmful (letter to the editor). *Communications of the ACM*, **11(3)**, 147–148.

Eden, M. and M. Kagan, 1997: The Pentium® processor with MMX™ technology. In *IEEE International Conference (COMPCON)*, IEEE, San Jose, CA, USA, pp. 260–262.

Edwards, S. A., 2000: *Languages for Digital Embedded Systems*. Kluwer Academic Publishers.

Edwards, S. A. and E. A. Lee, 2003: The semantics and execution of a synchronous block-diagram language. *Science of Computer Programming*, **48(1)**, 21–42. `doi:10.1016/S0167-6423(02)00096-5`.

Eidson, J. C., 2006: *Measurement, Control, and Communication Using IEEE 1588*. Springer.

Eidson, J. C., E. A. Lee, S. Matic, S. A. Seshia, and J. Zou, 2009: Time-centric models for designing embedded cyber-physical systems. Technical Report UCB/EECS-2009-135, EECS Department, University of California, Berkeley. Available from: `http://www.eecs.berkeley.edu/Pubs/TechRpts/2009/EECS-2009-135.html`.

Einstein, A., 1907: Uber das relativitatsprinzip und die aus demselben gezogene folgerungen. *Jahrbuch der Radioaktivitat und Elektronik*, **4**, 411–462.

Emerson, E. A. and E. M. Clarke, 1980: Characterizing correctness properties of parallel programs using fixpoints. In *Proc. 7th Intl. Colloquium on Automata, Languages and Programming (ICALP)*, Lecture Notes in Computer Science 85, pp. 169–181.

European Cooperation for Space Standardization, 2002: Space engineering – SpaceWire – links, nodes, routers, and networks (draft ECSS-E-50-12A). Available from: `http://spacewire.esa.int/`.

Ferguson, N., B. Schneier, and T. Kohno, 2010: *Cryptography Engineering: Design Principles and Practical Applications*. Wiley.

Fielding, R. T. and R. N. Taylor, 2002: Principled design of the modern web architecture. *ACM Transactions on Internet Technology (TOIT)*, **2(2)**, 115–150. `doi:10.1145/514183.514185`.

Fishman, G. S., 2001: *Discrete-Event Simulation: Modeling, Programming, and Analysis*. Springer-Verlag.

Foo Kune, D., J. Backes, S. S. Clark, D. B. Kramer, M. R. Reynolds, K. Fu, Y. Kim, and W. Xu, 2013: Ghost talk: Mitigating EMI signal injection attacks against analog sensors. In *Proceedings of the 34th Annual IEEE Symposium on Security and Privacy*.

Fujimoto, R., 2000: *Parallel and Distributed Simulation Systems*. John Wiley and Sons.

Gajski, D. D., S. Abdi, A. Gerstlauer, and G. Schirner, 2009: *Embedded System Design - Modeling, Synthesis, and Verification*. Springer.

Galison, P., 2003: *Einstein's Clocks, Poincaré's Maps*. W. W. Norton & Company, New York.

Galletly, J., 1996: *Occam-2*. University College London Press, 2nd ed.

Gamma, E., R. Helm, R. Johnson, and J. Vlissides, 1994: *Design Patterns: Elements of Reusable Object-Oriented Software*. Addison Wesley.

Geilen, M. and T. Basten, 2003: Requirements on the execution of Kahn process networks. In *European Symposium on Programming Languages and Systems*, Springer, LNCS, pp. 319–334.

Ghena, B., W. Beyer, A. Hillaker, J. Pevarnek, and J. A. Halderman, 2014: Green lights forever: analyzing the security of traffic infrastructure. In *Proceedings of the 8th USENIX conference on Offensive Technologies*, USENIX Association, pp. 7–7.

Ghosal, A., T. A. Henzinger, C. M. Kirsch, and M. A. Sanvido, 2004: Event-driven programming with logical execution times. In *Seventh International Workshop on Hybrid Systems: Computation and Control (HSCC)*, Springer-Verlag, vol. LNCS 2993, pp. 357–371.

Goldstein, H., 1980: *Classical Mechanics*. Addison-Wesley, 2nd ed.

Goodrich, M. T. and R. Tamassia, 2011: *Introduction to Computer Security*. Addison Wesley.

Graham, R. L., 1969: Bounds on multiprocessing timing anomalies. *SIAM Journal on Applied Mathematics*, **17(2)**, 416–429.

Halbwachs, N., P. Caspi, P. Raymond, and D. Pilaud, 1991: The synchronous data flow programming language LUSTRE. *Proceedings of the IEEE*, **79(9)**, 1305–1319.

Halderman, J. A., S. D. Schoen, N. Heninger, W. Clarkson, W. Paul, J. A. Calandrino, A. J. Feldman, J. Appelbaum, and E. W. Felten, 2009: Lest we remember: cold-boot attacks on encryption keys. *Communications of the ACM*, **52(5)**, 91–98.

Halperin, D., T. S. Heydt-Benjamin, B. Ransford, S. S. Clark, B. Defend, W. Morgan, K. Fu, T. Kohno, and W. H. Maisel, 2008: Pacemakers and implantable cardiac defibrillators: Software radio attacks and zero-power defenses. In *Proceedings of the 29th Annual IEEE Symposium on Security and Privacy*, pp. 129–142.

Hansson, H. and B. Jonsson, 1994: A logic for reasoning about time and reliability. *Formal Aspects of Computing*, **6**, 512–535.

Harel, D., 1987: Statecharts: A visual formalism for complex systems. *Science of Computer Programming*, **8**, 231–274.

Harel, D., H. Lachover, A. Naamad, A. Pnueli, M. Politi, R. Sherman, A. Shtull-Trauring, and M. Trakhtenbrot, 1990: STATEMATE: A working environment for the development of complex reactive systems. *IEEE Transactions on Software Engineering*, **16(4)**, 403 – 414. doi:10.1109/32.54292.

Harel, D. and A. Pnueli, 1985: On the development of reactive systems. In Apt, K. R., ed., *Logic and Models for Verification and Specification of Concurrent Systems*, Springer-Verlag, vol. F13 of *NATO ASI Series*, pp. 477–498.

Harter, E. K., 1987: Response times in level structured systems. *ACM Transactions on Computer Systems*, **5(3)**, 232–248.

Hayes, B., 2007: Computing in a parallel universe. *American Scientist*, **95**, 476–480.

Henzinger, T. A., B. Horowitz, and C. M. Kirsch, 2003: Giotto: A time-triggered language for embedded programming. *Proceedings of IEEE*, **91(1)**, 84–99. `doi: 10.1109/JPROC.2002.805825`.

Hoare, C. A. R., 1978: Communicating sequential processes. *Communications of the ACM*, **21(8)**, 666–677.

Hoffmann, G., D. G. Rajnarqan, S. L. Waslander, D. Dostal, J. S. Jang, and C. J. Tomlin, 2004: The Stanford testbed of autonomous rotorcraft for multi agent control (starmac). In *Digital Avionics Systems Conference (DASC)*. `doi:10.1109/DASC.2004.1390847`.

Holzmann, G. J., 2004: *The SPIN Model Checker – Primer and Reference Manual*. Addison-Wesley, Boston.

Hopcroft, J. and J. Ullman, 1979: *Introduction to Automata Theory, Languages, and Computation*. Addison-Wesley, Reading, MA.

Hopcroft, J. E., R. Motwani, and J. D. Ullman, 2007: *Introduction to Automata Theory, Languages, and Computation*. Addison-Wesley, 3rd ed.

Horn, W., 1974: Some simple scheduling algorithms. *Naval Research Logistics Quarterly*, **21(1)**, 177 – 185.

Islam, M. S., M. Kuzu, and M. Kantarcioglu, 2012: Access pattern disclosure on searchable encryption: Ramification, attack and mitigation. In *19th Annual Network and Distributed System Security Symposium (NDSS)*.

Jackson, J. R., 1955: Scheduling a production line to minimize maximum tardiness. Management Science Research Project 43, University of California Los Angeles.

Jantsch, A., 2003: *Modeling Embedded Systems and SoCs - Concurrency and Time in Models of Computation*. Morgan Kaufmann.

Jensen, E. D., C. D. Locke, and H. Tokuda, 1985: A time-driven scheduling model for real-time operating systems. In *Real-Time Systems Symposium (RTSS)*, IEEE, pp. 112–122.

Jin, X., A. Donzé, J. Deshmukh, and S. A. Seshia, 2015: Mining requirements from closed-loop control models. *IEEE Transactions on Computer-Aided Design of Circuits and Systems*, **34(11)**, 1704–1717.

Joseph, M. and P. Pandya, 1986: Finding response times in a real-time system. *The Computer Journal (British Computer Society)*, **29(5)**, 390–395.

Kahn, A. B., 1962: Topological sorting of large networks. *Communications of the ACM*, **5(11)**, 558–562.

Kahn, G., 1974: The semantics of a simple language for parallel programming. In *Proc. of the IFIP Congress 74*, North-Holland Publishing Co., pp. 471–475.

Kahn, G. and D. B. MacQueen, 1977: Coroutines and networks of parallel processes. In Gilchrist, B., ed., *Information Processing*, North-Holland Publishing Co., pp. 993–998.

Kamal, R., 2008: *Embedded Systems: Architecture, Programming, and Design*. McGraw Hill.

Kamen, E. W., 1999: *Industrial Controls and Manufacturing*. Academic Press.

Klein, M. H., T. Ralya, B. Pollak, R. Obenza, and M. G. Harbour, 1993: *A Practitioner's Guide for Real-Time Analysis*. Kluwer Academic Publishers.

Kocher, P., J. Jaffe, and B. Jun, 1999: Differential power analysis. In *Advances in CryptologyCRYPTO99*, Springer, pp. 388–397.

Kocher, P. C., 1996: Timing attacks on implementations of diffie-hellman, rsa, dss, and other systems. In *Advances in CryptologyCRYPTO96*, Springer, pp. 104–113.

Kodosky, J., J. MacCrisken, and G. Rymar, 1991: Visual programming using structured data flow. In *IEEE Workshop on Visual Languages*, IEEE Computer Society Press, Kobe, Japan, pp. 34–39.

Kohler, W. H., 1975: A preliminary evaluation of the critical path method for scheduling tasks on multiprocessor systems. *IEEE Transactions on Computers*, **24(12)**, 1235–1238.

Koopman, P., 2010: *Better Embedded System Software*. Drumnadrochit Education. Available from: `http://www.koopman.us/book.html`.

Kopetz, H., 1997: *Real-Time Systems : Design Principles for Distributed Embedded Applications*. Springer.

Kopetz, H. and G. Bauer, 2003: The time-triggered architecture. *Proceedings of the IEEE*, **91(1)**, 112–126.

Kopetz, H. and G. Grunsteidl, 1994: TTP - a protocol for fault-tolerant real-time systems. *Computer*, **27(1)**, 14–23.

Koscher, K., A. Czeskis, F. Roesner, S. Patel, T. Kohno, S. Checkoway, D. McCoy, B. Kantor, D. Anderson, H. Shacham, et al., 2010: Experimental security analysis of a modern automobile. In *IEEE Symposium on Security and Privacy (SP)*, IEEE, pp. 447–462.

Kremen, R., 2008: Operating inside a beating heart. *Technology Review*, October 21, 2008. Available from: `http://www.technologyreview.com/biomedicine/21582/`.

Kurshan, R., 1994: Automata-theoretic verification of coordinating processes. In Cohen, G. and J.-P. Quadrat, eds., *11th International Conference on Analysis and Optimization of Systems – Discrete Event Systems*, Springer Berlin / Heidelberg, vol. 199 of *Lecture Notes in Control and Information Sciences*, pp. 16–28.

Lamport, L., 1977: Proving the correctness of multiprocess programs. *IEEE Trans. Software Eng.*, **3(2)**, 125–143.

—, 1979: How to make a multiprocessor computer that correctly executes multiprocess programs. *IEEE Transactions on Computers*, **28(9)**, 690–691.

Landau, L. D. and E. M. Lifshitz, 1976: *Mechanics*. Pergamon Press, 3rd ed.

Lapsley, P., J. Bier, A. Shoham, and E. A. Lee, 1997: *DSP Processor Fudamentals – Architectures and Features*. IEEE Press, New York.

Lawler, E. L., 1973: Optimal scheduling of a single machine subject to precedence constraints. *Management Science*, **19(5)**, 544–546.

Le Guernic, P., T. Gauthier, M. Le Borgne, and C. Le Maire, 1991: Programming real-time applications with SIGNAL. *Proceedings of the IEEE*, **79(9)**, 1321 – 1336. `doi: 10.1109/5.97301`.

Lea, D., 1997: *Concurrent Programming in Java: Design Principles and Patterns.* Addison-Wesley, Reading MA.

—, 2005: The java.util.concurrent synchronizer framework. *Science of Computer Programming*, **58(3)**, 293–309.

Lee, E. A., 1999: Modeling concurrent real-time processes using discrete events. *Annals of Software Engineering*, **7**, 25–45. `doi:10.1023/A:1018998524196`.

—, 2001: Soft walls - modifying flight control systems to limit the flight space of commercial aircraft. Technical Memorandum UCB/ERL M001/31, UC Berkeley. Available from: `http://ptolemy.eecs.berkeley.edu/publications/papers/01/softwalls2/`.

—, 2003: Soft walls: Frequently asked questions. Technical Memorandum UCB/ERL M03/31, UC Berkeley. Available from: `http://ptolemy.eecs.berkeley.edu/papers/03/softwalls/`.

—, 2006: The problem with threads. *Computer*, **39(5)**, 33–42. `doi:10.1109/MC.2006.180`.

—, 2009a: Computing needs time. Tech. Rep. UCB/EECS-2009-30, EECS Department, University of California, Berkeley. Available from: `http://www.eecs.berkeley.edu/Pubs/TechRpts/2009/EECS-2009-30.html`.

—, 2009b: Disciplined message passing. Technical Report UCB/EECS-2009-7, EECS Department, University of California, Berkeley. Available from: `http://www.eecs.berkeley.edu/Pubs/TechRpts/2009/EECS-2009-7.html`.

Lee, E. A. and S. Ha, 1989: Scheduling strategies for multiprocessor real-time DSP. In *Global Telecommunications Conference (GLOBECOM)*, vol. 2, pp. 1279 –1283. `doi:10.1109/GLOCOM.1989.64160`.

Lee, E. A., S. Matic, S. A. Seshia, and J. Zou, 2009: The case for timing-centric distributed software. In *IEEE International Conference on Distributed Computing Systems Workshops: Workshop on Cyber-Physical Systems*, IEEE, Montreal, Canada, pp. 57–64. Available from: `http://chess.eecs.berkeley.edu/pubs/607.html`.

Lee, E. A. and E. Matsikoudis, 2009: The semantics of dataflow with firing. In Huet, G., G. Plotkin, J.-J. Lévy, and Y. Bertot, eds., *From Semantics to Computer Science: Essays in memory of Gilles Kahn*, Cambridge University Press. Available from: `http://ptolemy.eecs.berkeley.edu/publications/papers/08/DataflowWithFiring/`.

Lee, E. A. and D. G. Messerschmitt, 1987: Synchronous data flow. *Proceedings of the IEEE*, **75(9)**, 1235–1245. `doi:10.1109/PROC.1987.13876`.

Lee, E. A. and T. M. Parks, 1995: Dataflow process networks. *Proceedings of the IEEE*, **83(5)**, 773–801. `doi:10.1109/5.381846`.

Lee, E. A. and S. Tripakis, 2010: Modal models in Ptolemy. In *3rd International Workshop on Equation-Based Object-Oriented Modeling Languages and Tools (EOOLT)*,

Linköping University Electronic Press, Linköping University, Oslo, Norway, vol. 47, pp. 11–21. Available from: `http://chess.eecs.berkeley.edu/pubs/700.html`.

Lee, E. A. and P. Varaiya, 2003: *Structure and Interpretation of Signals and Systems.* Addison Wesley.

—, 2011: *Structure and Interpretation of Signals and Systems.* LeeVaraiya.org, 2nd ed. Available from: `http://LeeVaraiya.org`.

Lee, E. A. and H. Zheng, 2005: Operational semantics of hybrid systems. In Morari, M. and L. Thiele, eds., *Hybrid Systems: Computation and Control (HSCC)*, Springer-Verlag, Zurich, Switzerland, vol. LNCS 3414, pp. 25–53. `doi:10.1007/978-3-540-31954-2_2`.

—, 2007: Leveraging synchronous language principles for heterogeneous modeling and design of embedded systems. In *EMSOFT*, ACM, Salzburg, Austria, pp. 114 – 123. `doi:10.1145/1289927.1289949`.

Lee, I. and V. Gehlot, 1985: Language constructs for distributed real-time programming. In *Proc. Real-Time Systems Symposium (RTSS)*, San Diego, CA, pp. 57–66.

Lee, R. B., 1996: Subword parallelism with MAX2. *IEEE Micro*, **16(4)**, 51–59.

Lemkin, M. and B. E. Boser, 1999: A three-axis micromachined accelerometer with a cmos position-sense interface and digital offset-trim electronics. *IEEE J. of Solid-State Circuits*, **34(4)**, 456–468. `doi:10.1.1.121.8237`.

Leung, J. Y.-T. and J. Whitehead, 1982: On the complexity of fixed priority scheduling of periodic real-time tasks. *Performance Evaluation*, **2(4)**, 237–250.

Li, X., Y. Liang, T. Mitra, and A. Roychoudhury, 2005: Chronos: A timing analyzer for embedded software. Technical report, National University of Singapore.

Li, Y.-T. S. and S. Malik, 1999: *Performance Analysis of Real-Time Embedded Software.* Kluwer Academic Publishers.

Lin, C.-W., Q. Zhu, C. Phung, and A. Sangiovanni-Vincentelli, 2013: Security-aware mapping for can-based real-time distributed automotive systems. In *Computer-Aided Design (ICCAD), 2013 IEEE/ACM International Conference on*, IEEE, pp. 115–121.

Liu, C. L. and J. W. Layland, 1973: Scheduling algorithms for multiprogramming in a hard real time environment. *Journal of the ACM*, **20(1)**, 46–61.

Liu, J. and E. A. Lee, 2003: Timed multitasking for real-time embedded software. *IEEE Control Systems Magazine*, **23(1)**, 65–75. `doi:10.1109/MCS.2003.1172830`.

Liu, J. W. S., 2000: *Real-Time Systems.* Prentice-Hall.

Liu, X. and E. A. Lee, 2008: CPO semantics of timed interactive actor networks. *Theoretical Computer Science*, **409(1)**, 110–125. `doi:10.1016/j.tcs.2008.08.044`.

Liu, X., E. Matsikoudis, and E. A. Lee, 2006: Modeling timed concurrent systems. In *CONCUR 2006 - Concurrency Theory*, Springer, Bonn, Germany, vol. LNCS 4137, pp. 1–15. `doi:10.1007/11817949_1`.

Luminary Micro®, 2008a: Stellaris® LM3S8962 evaluation board user's manual. Tech. rep., Luminary Micro, Inc. Available from: `http://www.luminarymicro.com`.

—, 2008b: Stellaris® LM3S8962 microcontroller data sheet. Tech. rep., Luminary Micro, Inc. Available from: http://www.luminarymicro.com.

—, 2008c: Stellaris® peripheral driver library - user's guide. Tech. rep., Luminary Micro, Inc. Available from: http://www.luminarymicro.com.

Maler, O., Z. Manna, and A. Pnueli, 1992: From timed to hybrid systems. In *Real-Time: Theory and Practice, REX Workshop*, Springer-Verlag, pp. 447–484.

Maler, O. and D. Nickovic, 2004: Monitoring temporal properties of continuous signals. In *Proc. International Conference on Formal Modelling and Analysis of Timed Systems (FORMATS)*, Springer, vol. 3253 of *Lecture Notes in Computer Science*, pp. 152–166.

Malik, S. and L. Zhang, 2009: Boolean satisfiability: From theoretical hardness to practical success. *Communications of the ACM*, **52(8)**, 76–82.

Manna, Z. and A. Pnueli, 1992: *The Temporal Logic of Reactive and Concurrent Systems*. Springer, Berlin.

—, 1993: Verifying hybrid systems. In *Hybrid Systems*, vol. LNCS 736, pp. 4–35.

Marion, J. B. and S. Thornton, 1995: *Classical Dynamics of Systems and Particles*. Thomson, 4th ed.

Marwedel, P., 2011: *Embedded System Design - Embedded Systems Foundations of Cyber-Physical Systems*. Springer, 2nd ed. Available from: http://springer.com/978-94-007-0256-1.

McLean, J., 1992: Proving noninterference and functional correctness using traces. *Journal of Computer security*, **1(1)**, 37–57.

—, 1996: A general theory of composition for a class of possibilistic properties. *Software Engineering, IEEE Transactions on*, **22(1)**, 53–67.

Mealy, G. H., 1955: A method for synthesizing sequential circuits. *Bell System Technical Journal*, **34**, 1045–1079.

Menezes, A. J., P. C. van Oorschot, and S. A. Vanstone, 1996: .*Handbook of Applied Cryptography*. CRC Press.

Milner, R., 1980: *A Calculus of Communicating Systems*, vol. 92 of *Lecture Notes in Computer Science*. Springer.

Mishra, P. and N. D. Dutt, 2005: *Functional Verification of Programmable Embedded Processors - A Top-down Approach*. Springer.

Misra, J., 1986: Distributed discrete event simulation. *ACM Computing Surveys*, **18(1)**, 39–65.

Montgomery, P. L., 1985: Modular multiplication without trial division. *Mathematics of Computation*, **44(170)**, 519–521.

Moore, E. F., 1956: Gedanken-experiments on sequential machines. *Annals of Mathematical Studies*, **34(Automata Studies, C. E. Shannon and J. McCarthy (Eds.))**, 129–153.

Murata, T., 1989: Petri nets: Properties, analysis and applications. *Proceedings of IEEE*, **77(4)**, 541–580.

Nemer, F., H. Cass, P. Sainrat, J.-P. Bahsoun, and M. D. Michiel, 2006: Papabench: A free real-time benchmark. In *6th Intl. Workshop on Worst-Case Execution Time (WCET) Analysis*.   Available from: `http://www.irit.fr/recherches/ARCHI/MARCH/rubrique.php3?id_rubrique=97`.

Noergaard, T., 2005: *Embedded Systems Architecture: A Comprehensive Guide for Engineers and Programmers*. Elsevier.

Oshana, R., 2006: *DSP Software Development Techniques for Embedded and Real-Time Systems*. Embedded Technology Series, Elsevier.

Ousterhout, J. K., 1996: Why threads are a bad idea (for most purposes) (invited presentation). In *Usenix Annual Technical Conference*.

Paar, C. and J. Pelzl, 2009: *Understanding cryptography: a textbook for students and practitioners*. Springer Science & Business Media.

Papadimitriou, C., 1994: *Computational Complexity*. Addison-Wesley.

Parab, J. S., V. G. Shelake, R. K. Kamat, and G. M. Naik, 2007: *Exploring C for Microcontrollers*. Springer.

Parks, T. M., 1995: Bounded scheduling of process networks. Ph.D. Thesis Tech. Report UCB/ERL M95/105, UC Berkeley. Available from: `http://ptolemy.eecs.berkeley.edu/papers/95/parksThesis`.

Patterson, D. A. and D. R. Ditzel, 1980: The case for the reduced instruction set computer. *ACM SIGARCH Computer Architecture News*, **8(6)**, 25–33.

Patterson, D. A. and J. L. Hennessy, 1996: *Computer Architecture: A Quantitative Approach*. Morgan Kaufmann, 2nd ed.

Perrig, A., J. Stankovic, and D. Wagner, 2004: Security in wireless sensor networks. *Communications of the ACM*, **47(6)**, 53–57.

Perrig, A., R. Szewczyk, J. D. Tygar, V. Wen, and D. E. Culler, 2002: SPINS: Security protocols for sensor networks. *Wireless networks*, **8(5)**, 521–534.

Perrig, A. and J. D. Tygar, 2012: *Secure Broadcast Communication in Wired and Wireless Networks*. Springer Science & Business Media.

Plotkin, G., 1981: *A Structural Approach to Operational Semantics*.

Pnueli, A., 1977: The temporal logic of programs. In *18th Annual Symposium on Foundations of Computer Science (FOCS)*, pp. 46–57.

Pottie, G. and W. Kaiser, 2005: *Principles of Embedded Networked Systems Design*. Cambridge University Press.

Price, H. and R. Corry, eds., 2007: *Causation, Physics, and the Constitution of Reality*. Clarendon Press, Oxford.

Queille, J.-P. and J. Sifakis, 1981: Iterative methods for the analysis of Petri nets. In *Selected Papers from the First and the Second European Workshop on Application and Theory of Petri Nets*, pp. 161–167.

Ravindran, B., J. Anderson, and E. D. Jensen, 2007: On distributed real-time scheduling in networked embedded systems in the presence of crash failures. In *IFIFP Workshop on Software Technologies for Future Embedded and Ubiquitous Systems (SEUS)*, IEEE ISORC.

Rice, J., 2008: Heart surgeons as video gamers. *Technology Review*, June 10, 2008. Available from: `http://www.technologyreview.com/biomedicine/20873/`.

Rivest, R. L., A. Shamir, and L. Adleman, 1978: A method for obtaining digital signatures and public-key cryptosystems. *Communications of the ACM*, **21(2)**, 120–126.

Roscoe, A. W., 1995: Csp and determinism in security modelling. In *Security and Privacy, 1995. Proceedings., 1995 IEEE Symposium on*, IEEE, pp. 114–127.

Sander, I. and A. Jantsch, 2004: System modeling and transformational design refinement in forsyde. *IEEE Transactions on Computer-Aided Design of Circuits and Systems*, **23(1)**, 17–32.

Schaumont, P. R., 2010: *A Practical Introduction to Hardware/Software Codesign*. Springer. Available from: `http://www.springerlink.com/content/978-1-4419-5999-7`.

Scott, D. and C. Strachey, 1971: Toward a mathematical semantics for computer languages. In *Symposium on Computers and Automata*, Polytechnic Institute of Brooklyn, pp. 19–46.

Seshia, S. A., 2015: Combining induction, deduction, and structure for verification and synthesis. *Proceedings of the IEEE*, **103(11)**, 2036–2051.

Seshia, S. A. and A. Rakhlin, 2008: Game-theoretic timing analysis. In *Proc. IEEE/ACM International Conference on Computer-Aided Design (ICCAD)*, pp. 575–582. `doi:10.1109/ICCAD.2008.4681634`.

—, 2012: Quantitative analysis of systems using game-theoretic learning. *ACM Transactions on Embedded Computing Systems (TECS)*, **11(S2)**, 55:1–55:27.

Sha, L., T. Abdelzaher, K.-E. Årzén, A. Cervin, T. Baker, A. Burns, G. Buttazzo, M. Caccamo, J. Lehoczky, and A. K. Mok, 2004: Real time scheduling theory: A historical perspective. *Real-Time Systems*, **28(2)**, 101–155. `doi:10.1023/B:TIME.0000045315.61234.1e`.

Sha, L., R. Rajkumar, and J. P. Hehoczky, 1990: Priority inheritance protocols: An approach to real-time synchronization. *IEEE Transactions on Computers*, **39(9)**, 1175–1185.

Shoukry, Y., M. Chong, M. Wakiaki, P. Nuzzo, A. Sangiovanni-Vincentelli, S. A. Seshia, J. P. Hespanha, and P. Tabuada, 2016: SMT-based observer design for cyber physical systems under sensor attacks. In *Proceedings of the International Conference on Cyber-Physical Systems (ICCPS)*.

Shoukry, Y., P. D. Martin, P. Tabuada, and M. B. Srivastava, 2013: Non-invasive spoofing attacks for anti-lock braking systems. In *15th International Workshop on Cryptographic Hardware and Embedded Systems (CHES)*, pp. 55–72.

Shoukry, Y., P. Nuzzo, A. Puggelli, A. L. Sangiovanni-Vincentelli, S. A. Seshia, and P. Tabuada, 2015: Secure state estimation under sensor attacks: A satisfiability modulo theory approach. In *Proceedings of the American Control Conference (ACC)*.

Simon, D. E., 2006: *An Embedded Software Primer*. Addison-Wesley.

Sipser, M., 2005: *Introduction to the Theory of Computation*. Course Technology (Thomson), 2nd ed.

Smith, S. and J. Marchesini, 2007: *The Craft of System Security*. Addison-Wesley.

Sriram, S. and S. S. Bhattacharyya, 2009: *Embedded Multiprocessors: Scheduling and Synchronization*. CRC press, 2nd ed.

Stankovic, J. A., I. Lee, A. Mok, and R. Rajkumar, 2005: Opportunities and obligations for physical computing systems. *Computer*, 23–31.

Stankovic, J. A. and K. Ramamritham, 1987: The design of the Spring kernel. In *Real-Time Systems Symposium (RTSS)*, IEEE, pp. 146–157.

—, 1988: *Tutorial on Hard Real-Time Systems*. IEEE Computer Society Press.

Sutter, H. and J. Larus, 2005: Software and the concurrency revolution. *ACM Queue*, **3(7)**, 54–62.

Terauchi, T. and A. Aiken, 2005: Secure information flow as a safety problem. In *In Proc. of Static Analysis Symposium (SAS)*, pp. 352–367.

Tiwari, V., S. Malik, and A. Wolfe, 1994: Power analysis of embedded software: a first step towards software power minimization. *IEEE Transactions on VLSI*, **2(4)**, 437–445.

Tremblay, M., J. M. O'Connor, V. Narayannan, and H. Liang, 1996: VIS speeds new media processing. *IEEE Micro*, **16(4)**, 10–20.

Tromer, E., D. A. Osvik, and A. Shamir, 2010: Efficient cache attacks on aes, and countermeasures. *Journal of Cryptology*, **23(1)**, 37–71.

Turing, A. M., 1936: On computable numbers with an application to the entscheidungsproblem. *Proceedings of the London Mathematical Society*, **42**, 230–265.

Vahid, F. and T. Givargis, 2010: *Programming Embedded Systems - An Introduction to Time-Oriented Programming*. UniWorld Publishing, 2nd ed. Available from: `http://www.programmingembeddedsystems.com/`.

Valvano, J. W., 2007: *Embedded Microcomputer Systems - Real Time Interfacing*. Thomson, 2nd ed.

Vardi, M. Y. and P. Wolper, 1986: Automata-theoretic techniques for modal logics of programs. *Journal of Computer and System Sciences*, **32(2)**, 183–221.

von der Beeck, M., 1994: A comparison of Statecharts variants. In Langmaack, H., W. P. de Roever, and J. Vytopil, eds., *Third International Symposium on Formal Techniques in Real-Time and Fault-Tolerant Systems*, Springer-Verlag, Lübeck, Germany, vol. 863 of *Lecture Notes in Computer Science*, pp. 128–148.

Wang, Y., S. Lafortune, T. Kelly, M. Kudlur, and S. Mahlke, 2009: The theory of deadlock avoidance via discrete control. In *Principles of Programming Languages (POPL)*, ACM SIGPLAN Notices, Savannah, Georgia, USA, vol. 44, pp. 252–263. `doi:10.1145/1594834.1480913`.

Wasicek, A., C. E. Salloum, and H. Kopetz, 2011: Authentication in time-triggered systems using time-delayed release of keys. In *14th IEEE International Symposium on Object/Component/Service-Oriented Real-Time Distributed Computing (ISORC)*, pp.

31–39.

Wiener, N., 1948: *Cybernetics: Or Control and Communication in the Animal and the Machine*. Librairie Hermann & Cie, Paris, and MIT Press.Cambridge, MA.

Wilhelm, R., 2005: Determining Bounds on Execution Times. In Zurawski, R., ed., *Handbook on Embedded Systems*, CRC Press.

Wilhelm, R., J. Engblom, A. Ermedahl, N. Holsti, S. Thesing, D. Whalley, G. Bernat, C. Ferdinand, R. Heckmann, T. Mitra, F. Mueller, I. Puaut, P. Puschner, J. Staschulat, and P. Stenstr, 2008: The worst-case execution-time problem - overview of methods and survey of tools. *ACM Transactions on Embedded Computing Systems (TECS)*, **7(3)**, 1–53.

Wolf, W., 2000: *Computers as Components: Principles of Embedded Computer Systems Design*. Morgan Kaufman.

Wolfe, V., S. Davidson, and I. Lee, 1993: RTC: Language support for real-time concurrency. *Real-Time Systems*, **5(1)**, 63–87.

Wolper, P., M. Y. Vardi, and A. P. Sistla, 1983: Reasoning about infinite computation paths. In *24th Annual Symposium on Foundations of Computer Science (FOCS)*, pp. 185–194.

Young, W., W. Boebert, and R. Kain, 1985: Proving a computer system secure. *Scientific Honeyweller*, **6(2)**, 18–27.

Zeigler, B., 1976: *Theory of Modeling and Simulation*. Wiley Interscience, New York.

Zeigler, B. P., H. Praehofer, and T. G. Kim, 2000: *Theory of Modeling and Simulation*. Academic Press, 2nd ed.

Zhao, Y., E. A. Lee, and J. Liu, 2007: A programming model for time-synchronized distributed real-time systems. In *Real-Time and Embedded Technology and Applications Symposium (RTAS)*, IEEE, Bellevue, WA, USA, pp. 259 – 268. `doi:10.1109/RTAS.2007.5`.

Zhuang, L., F. Zhou, and J. D. Tygar, 2009: Keyboard acoustic emanations revisited. *ACM Transactions on Information and System Security (TISSEC)*, **13(1)**, 3.

符 号 说 明

$x|_{t \leqslant \tau}$	时间上限制
$\neg$	否定（或者非）
$\wedge$	合取
$\vee$	析取
$L(M)$	语言
$:=$	赋值
V_{CC}	供电电压
$\Rightarrow$	蕴涵
$\mathbf{G}\phi$	全局（全部）
$\mathbf{F}\phi$	永远（最终）
$\mathbf{U}\phi$	直到
$\mathbf{X}\phi$	下一个状态
$L_a(M)$	一个有限状态机接受的语言
λ	空序列
$\mathbb{B}=\{0, 1\}$	二进制数
$\mathbb{N}=\{0, 1, 2, \cdots\}$	自然数
$\mathbb{Z}=\{\cdots, -1, 0, 1, 2, \cdots\}$	整数
$\mathbb{R}$	实数
$\mathbb{R}_+$	非负实数
$A \subseteq B$	子集
2^A	幂集
ϕ	空集
$A \backslash B$	差集
$A \times B$	笛卡儿积
$(a, b) \in A \times B$	元组
A^0	单元素集
$f{:}A \rightarrow B$	函数
$f{:}A \longrightarrow B$	偏函数（部分函数）
$g \circ f$	复合函数
$f^n{:}A \rightarrow A$	函数到幂
$f^0(a)$	恒等函数
$\hat{f} : 2^A \rightarrow 2^B$	象函数
$(A \rightarrow B)$	A 到 B 的所有函数的集合
B^A	A 到 B 的所有函数的集合

π_I	投影
$\hat{\pi}_I$	提升的投影
$f|_C$	限制
A^*	有限序列
$A^{\mathbb{N}}$	无限序列
$\omega=\{\phi,\{\phi\},\{\phi,\{\phi\}\},\cdots\}$	冯·诺依曼数
A^{ω}	无限序列
A^{**}	有限和无限序列
$\square$	空白格

推荐阅读

信息物理系统应用与原理

作者：[印] 拉杰·拉杰库马尔 [美] 迪奥尼西奥·德·尼茨
译者：李士宁 张羽 李志刚 等 ISBN：978-7-111-59810-7 定价：79.00元

信息物理融合系统（CPS）原理

作者：[美] 拉吉夫·阿卢尔 译者：董云卫 张雨
ISBN：978-7-111-55904-7 定价：79.00元

信息物理系统计算基础：概念、设计方法和应用

作者：[德] 迪特玛 P.F.莫勒
译者：张海涛 罗丹琪 ISBN：978-7-111-59145-0 定价：99.00元

信息物理融合系统（CPS）设计、建模与仿真——基于Ptolemy II平台

作者：[美] 爱德华·阿什福德·李 译者：吴迪 李仁发
ISBN：978-7-111-55843-9 定价：79.00元